新时代大学计算机通识教育教材

多媒体技术与应用教程

（第3版）

田惠英 林雪芬 唐伟 编著

清華大學出版社
北京

内 容 简 介

本书从多媒体技术及应用角度出发,采用理论和实践相结合的方法,介绍多媒体技术的原理和应用开发。全书分为两部分:第一部分为教学篇,主要介绍多媒体硬件环境、音频处理技术、数字图像处理技术、视频处理技术、动画制作技术、多媒体作品的设计与制作、虚拟现实技术与系统开发;第二部分为实验指导篇,通过生动有趣、实用性和可操作性强的详尽实例,指导读者学习并掌握常用多媒体处理软件的操作及应用开发。

本书可作为高等院校相关专业的多媒体技术及应用基础课程的教材和参考书,也适合多媒体技术制作爱好者自学使用。

本书配有电子课件并提供与书中案例配套的素材、源文件、案例制作演示视频等,需要的教师和学习者可登录清华大学出版社官网免费下载。也可扫描书中案例的二维码观看案例演示视频。

图书在版编目(CIP)数据

多媒体技术与应用教程 / 田惠英,林雪芬,唐伟编著. -- 3 版. -- 北京:清华大学出版社,2025. 4.
(新时代大学计算机通识教育教材). -- ISBN 978-7-302-68904-1

Ⅰ. TP37

中国国家版本馆 CIP 数据核字第 2025JQ6152 号

责任编辑:袁勤勇
封面设计:常雪影
责任校对:韩天竹
责任印制:杨　艳

出版发行:清华大学出版社
　　网　　址:https://www.tup.com.cn,https://www.wqxuetang.com
　　地　　址:北京清华大学学研大厦 A 座　　**邮　　编**:100084
　　社 总 机:010-83470000　　**邮　　购**:010-62786544
　　投稿与读者服务:010-62776969,c-service@tup.tsinghua.edu.cn
　　质量反馈:010-62772015,zhiliang@tup.tsinghua.edu.cn
　　课件下载:https://www.tup.com.cn,010-83470236
印 装 者:三河市龙大印装有限公司
经　　销:全国新华书店
开　　本:185mm×260mm　　**印　　张**:19.5　　**字　　数**:490 千字
版　　次:2008 年 9 月第 1 版　2025 年 5 月第 3 版　　**印　　次**:2025 年 5 月第1 次印刷
定　　价:59.00 元

产品编号:087987-01

前　言

多媒体技术涵盖面广泛，发展迅速，引发了人类社会的生产、工作和生活方式的巨大变革。本书从多媒体应用的角度出发，对多媒体技术的基本理论、创作工具和应用等方面进行系统的介绍。

本书在内容设计上既注重理论、方法和标准的介绍，又兼顾实际应用的示例，理论与实践相结合。重视学习者对基础知识的理解和掌握，加强了案例和实验的实用性、趣味性和可操作性。针对案例和实验的详细操作步骤和图文并茂的讲解编排，能帮助学习者快速掌握多媒体编辑创作技术。书中所用软件为当前的主流版本。另外配有电子课件，案例和实验配套的演示视频、素材、源文件等，期望对读者有所帮助。

本书基于第 2 版修订而成，主要做了如下修改：删除了第 3 章有关音频接口、语音合成与语音识别的内容，更新了音频编辑软件的内容和实例；第 4 章新增了通道计算及应用案例等内容；更新了第 5 章和第 6 章的内容，其中第 6 章增加了 3D 动画编辑和案例内容；删除了第 2 版第 7 章内容；重新编写了原第 8 章中多媒体作品案例，并编排为第 7 章；第 2 版附录 A 新增虚拟现实系统开发及案例等内容，并编排为第 8 章。

本书由长期从事多媒体技术课程教学的一线教师编写。各章编写分工如下：第 4 章及相关的实验由田惠英编写，第 5 章及相关的实验由林雪芬编写，第 6 章及相关的实验由唐伟和林雪芬编写，第 7 章由唐伟编写，第 8 章及相关的实验由田惠英和朱承昊编写，其余章节的编写由雷运发和田惠英完成。

本书获得田惠英主持的华北电力大学教改项目“多媒体应用基础微课教学资源建设与应用研究”、浙江科技大学林雪芬主持的浙江省一流课程“视频制作原理与技术”、浙江科技大学唐伟主持的浙江省一流课程“二维动画原理与设计”的支持。

本书在编写和出版过程中得到了清华大学出版社的大力支持，在此表示衷心的感谢。

由于多媒体技术及其相关技术的发展迅速，加之编者的学识和水平有限，书中难免存在疏漏和不妥之处，敬请各位专家和广大读者批评指正。

编　者

2025 年 1 月

目　录

第二部分 实验指导篇

第一部分

教　学　篇

第1章　多媒体技术概述

学习目标

（1）了解媒体、多媒体的基本概念及媒体的分类。

（2）了解多媒体的相关技术及其应用。

（3）掌握多媒体的特征和多媒体系统的构成。

（4）了解多媒体的发展历史及发展趋势。

多媒体技术是20世纪80年代发展起来的一门综合电子信息技术，它给人们的工作、生活和学习带来了深刻的变化，多媒体的开发与应用使计算机改变了单一的人机界面，转向多种媒体协同工作的环境，为用户展现了一个更为丰富多彩的计算机世界。

本章主要介绍多媒体的基本概念、多媒体技术的特征、多媒体信息的基本元素、多媒体关键技术，以及多媒体技术的发展与应用。

1.1　多媒体的基本概念

1.1.1　媒体及其分类

1. 媒体

“媒体”一词源于英文medium，它是人们用于信息表示和传输的载体，如日常生活中的报纸、广播、电视、杂志等。在计算机科学中，媒体(media)包括两个方面的含义：一是指承载信息的物理实体，如磁盘、光盘、半导体存储器等；二是指表示信息的逻辑载体（表现形式），如文字、声音、图形图像、视频和动画等。

2. 媒体的分类

现代科技的发展为媒体赋予了许多新的内涵，根据国际电信联盟电信标准局（ITU-T）的定义，媒体可划分为以下5种类型。

（1）感觉媒体(perception medium)：指直接作用于人的听觉、视觉、触觉等感官，使人直接产生感觉的媒体，如语言、音乐、图形、图像、文本等。

（2）表示媒体(representation medium)：指为了加工、处理和传输感觉媒体而人为研究、构造出来的媒体，主要用以定义信息的特征，在计算机中的表现方式为不同类型的文件。

表示媒体以各种编码方式描述,如文本用ASCII码编制,音频用PCM脉冲编码调制等方法编码,静态图像采用JPEG等编码标准,运动图像用MPEG编码等。

(3) 展示媒体(presentation medium):指将感觉媒体输入计算机中或通过计算机展示感觉媒体的物理设备,即获取和还原感觉媒体的计算机输入和输出设备,如键盘、鼠标、摄像机、扫描仪、写字板、显示器、扬声器、打印机等。

(4) 存储媒体(storage medium):指存储表示媒体信息的物理介质,如硬盘、光盘、U盘、磁盘阵列等。

(5) 传输媒体(transmission medium):指传输表示媒体的物理介质,如同轴电缆、光纤、双绞线、红外线和电磁波等。

在上述各种媒体中,表示媒体是核心,计算机信息处理过程就是处理表示媒体的过程。

从人机交互的角度可把媒体分为视觉类媒体、听觉类媒体和触觉类媒体等几大类。在人的感知系统中,视觉获取的信息占60%以上;听觉获取的信息占20%左右;其余则为触觉、嗅觉、味觉等信息占比。

1.1.2 多媒体与多媒体技术

1. 多媒体

"多媒体"一词译自英文multimedia,multimedia是由media和multi两部分组成。顾名思义,多媒体就是"多重媒体",由多种媒体复合而成。概括来说,多媒体是两个或两个以上不同类型的信息媒体融合而成的信息综合表现形式,是多种媒体综合、处理和利用的结果。

2. 多媒体技术

通常,人们说的多媒体技术都与计算机联系在一起,是以计算机技术为主体,结合通信、微电子、激光、广播电视等多种技术形成的用来综合处理多种媒体信息的交互性信息处理技术。具体来说,多媒体技术是以计算机(或微处理芯片)为中心,将文本、图形、图像、音频、视频和动画等多种媒体信息通过计算机进行数字化综合处理,使多种媒体信息建立逻辑连接,并集成一个具有交互性系统的技术。这里说的"综合处理"主要是指对这些媒体信息的采集、压缩、存储、控制、编辑、变换、解压缩、播放、传输等。

多媒体技术使得计算机由处理单一文字信息发展为能够综合处理文本、图形、图像、音频、视频和动画等多种媒体,并通过多种操控手段进行人机交互,极大地改善了人们使用计算机的方式,给人们的工作、学习和生活带来了深刻的变化。

3. 多媒体技术的特征

从研究和发展的角度看,多媒体技术具有多样性、集成性、交互性、实时性和数字化5个基本特征,这也是多媒体技术要解决的5个基本问题。

(1) 多样性。多样性指媒体种类及其处理技术的多样化。多媒体技术提供了多种媒体信息的获取和表示方法,综合利用音频处理技术、图形处理技术、图像处理、视频处理技术等。人们与计算机的交流方式也变得多样化和多维度，能交互处理多种信息。

(2) 集成性。集成性要表现在两个方面。一方面是指信息媒体的集成，即将各种不同的媒体信息(如文字、声音、图像、视频等)有机地同步组合后，形成一个完整的多媒体信息，这些信息可能会从多通道同时统一采集、存储与加工处理。另一方面集成性表现在处理这些媒体的软硬件技术及其设备的集成。多媒体硬件(包括能处理多媒体信息的高速并行的CPU、多通道的输入/输出接口及外设、宽带通信网络接口及大容量的存储器等)集成为统一的系统。软件的集成主要指集成一体化的多媒体操作系统和设备驱动软件以及多媒体信息管理软件等。

(3) 交互性。交互性是指通过各种手段，有效地控制和使用信息，使参与的各方(不论是发送方还是接收方)都可以进行信息的加工、控制和传递。除了操作上的控制自如(可通过键盘、鼠标、触摸屏、语音、图像与视频等操作)外，在媒体综合处理上也可做到随心所欲。

(4) 实时性。由于声音及活动的视频图像是和时间密切相关的连续媒体，因此多媒体技术必须要支持实时快速处理。

(5) 数字化。计算机只能处理二进制形式的数据，将各种媒体信息数字化后，就能进行存储、加工、控制、编辑、交换等处理。数字化是多媒体技术的基础。

1.1.3　多媒体系统

多媒体系统(multimedia system)是指由多媒体网络设备、多媒体终端设备、多媒体软件、多媒体服务系统及相关的多媒体数据组成的有机整体。多媒体系统是一种趋于人性化的多维信息处理系统，它以计算机系统为核心，利用多媒体技术，实现多媒体信息(包括文本、声音、图形、图像、视频、动画等)的采集、数据压缩编码、实时处理、存储、传输、解压缩、还原输出等综合处理功能，并提供友好的人机交互方式。

随着计算机网络技术与多媒体技术的迅猛发展，多媒体系统已逐渐发展成通过网络获取服务并与外界进行联系的网络多媒体系统。

由于多媒体数据的多样性，原始素材往往分布在不同的空间和时间里，因此分布式多媒体数据库的建立和管理以及多媒体通信等成为了多媒体计算机系统的关键技术。

多媒体资源具有一些特殊性质，因此多媒体系统操作和管理往往需要一些专门的技术，例如多媒体的计算机表示与压缩、多媒体数据库管理、多媒体逻辑描述模型、多媒体数据存储技术、多媒体通信技术等。

从目前多媒体系统的开发和应用趋势来看，多媒体系统大致分为两大类：一类是具有编辑和播放双重功能的开发系统，这种系统适合专业人员制作多媒体软件产品；另一类则是面向实际用户的多媒体应用系统。

1.1.4　多媒体信息的基本元素

目前，多媒体信息在计算机中的基本形式可划分为文本、图形、图像、音频、视频和动画等几类，这些基本信息形式也称为多媒体信息的基本元素。

1. 文本

文本(text)是以文字、数字和各种符号表达的信息形式,是现实生活中使用最多的信息媒体,主要用于对知识的描述。

文本有两种主要形式,即格式化文本和无格式化文本。如果文本文件中只有文本信息,没有其他任何有关格式的信息,就称为非格式化文本文件或纯文本文件;而带有各种文本排版信息等格式信息的文本文件,则称为格式化文本文件。文本内容按线性方式顺序组织。文本信息的处理是最基本的信息处理。文本可以在文本编辑软件里制作(如Word等编辑工具所编辑的文本文件大都可被输入多媒体应用设计之中),也可以直接放在制作图形的软件或多媒体编辑软件中一起制作。

2. 图形

图形(graphic)是指用计算机绘图软件绘制的从点、线、面到3D空间的各种有规则的图形,如直线、矩形、圆、多边形以及其他可用角度、坐标和距离表示的几何图形。

图形文件只记录生成图的算法和图上的某些特征点,因此也称矢量图。通过读取这些指令并将其转换为屏幕上显示的形状和颜色而生成图形的软件通常称为绘图程序。在计算机还原输出时,相邻的特征点之间用特定的诸多段小直线连接形成曲线,若曲线是一个封闭的图形,也可靠着色算法来填充颜色。因此,图形主要用于表示线框型的图画、工程制图、美术字等。绝大多数计算机辅助设计(CAD)软件和3D造型软件使用矢量图形,常用的矢量图形存储格式有“.3ds”(用于3D造型)、“.dxf”(用于CAD)、“.wmf”(用于桌面出版)等。

3. 图像

图像是指静止图像。图像(image)可以从现实世界中捕获,也可以利用计算机生成数字化图像。图像由单位像素组成的位图来描述,每个像素点都用二进制数编码,来反映像素点的颜色和亮度。常用的图像存储格式有“.gif”“.jpg”“.png”等。

图形与图像是多媒体中两个不同的概念,其主要区别如下。

(1) 构造原理不同。图形的基本元素是图元,如点、线、面等元素;图像的基本元素是像素,一幅位图图像可被认作是由一个个像素点组成的矩阵。

(2) 数据记录方式不同。图形存储的是画图的函数,图像存储的则是像素的位置信息、颜色信息以及灰度信息。

(3) 处理操作不同。图形通常用绘图程序编辑,主要采用描述图元的位置、维数和形状的指令和参数来生成矢量图形,可对矢量图形及图元分别控制,进行移动、缩放、旋转和扭曲等变换;图像一般用图像处理软件(Paint、Brush、Photoshop等)进行编辑处理,这些处理主要是对位图文件及相应的调色板文件进行常规性的加工和编辑。图形在进行缩放时不会失真,可以适应不同的分辨率;图像放大时则会失真,能明显看出整个图像由很多像素组合而成。

(4) 处理显示速度不同。图形的显示过程是根据图元顺序进行的,它使用专门软件将描述图形的指令转换成屏幕上的形状和颜色,其过程需要一定的时间。图像是将对象以一定的分辨率分辨以后,再将每个点的信息以数字化方式呈现,可直接、快速地在屏幕上显示。

(5) 表现力不同。图形用于描述轮廓不是很复杂、色彩阶调连续性不是很丰富的对象,如几何图形、工程图纸等。图像能表现含有大量细节(如明暗变化、场景复杂、轮廓与色彩丰富)的对象(如照片),通过图像软件还可进行图像的处理以得到更复杂的图像或产生特殊效果。

4. 音频

音频(audio)是指在 20Hz～20kHz 频率范围连续变化的声波信号,声音具有音调、音强、音色 3 要素。音调与频率有关,音强与幅度有关,音色由混入基音的泛音决定。从用途上可分为语音、音乐和合成音效 3 种形式,从处理的角度可分为波形音频和 MIDI 音频等。

(1) 波形音频:波形音频以数字方式表示声波,即利用声卡等专用设备对语音、音乐、效果声等声波进行采样、量化和编码,使之转换成数字形式,并压缩存储,使用时再解码还原成原始的声波波形。常用的波形音频文件格式有".wav"".mp3"".wma"等。

(2) MIDI 音频:MIDI 即电子乐器数字接口,MIDI 技术最初应用在电子乐器上,用来记录乐手的弹奏,以便日后重播。引入支持 MIDI 合成的声卡之后才正式地成为一种计算机的数字音频格式。MIDI 是一种记录"乐谱"和音符演奏方式的数字指令序列音频格式,数据量极小,常用".mid"文件格式保存。

MIDI 音频与波形音频不同,它不对声波采样、量化和编码,而是将电子乐器键盘的演奏信息(包括键名、力度和时间长短等)记录下来,这些信息称之为 MIDI 消息,是乐谱的一种数字式描述。对应于一段音乐的 MIDI 文件不记录任何声音信息,而只是包含一系列产生音乐的 MIDI 消息。播放时只需读出 MIDI 消息,由 MIDI 合成器生成所需的乐器声音波形,经放大处理即可输出。

将音频信号集成到多媒体中,可提供其他任何媒体不能比拟的效果,不仅能烘托气氛,更可增加活力。音频信息增强了对其他类型媒体所表达的信息的理解。

5. 视频

视频(video)是指从摄像机、录像机、影碟机以及电视接收机等影像输出设备得到的连续活动图像信号,即若干有联系的图像数据连续播放便形成了视频。这些视频图像使多媒体应用系统功能更强、更精彩。但由于上述视频信号的输出大多是标准的彩色全电视信号,要将其输入到计算机中,不仅要有视频信号的捕捉,将其由模拟信号转换为数字信号,还要有压缩和快速解压缩及播放的相应软硬件处理设备配合。同时在处理过程中免不了受电视技术的各种影响。

电视主要有 3 大制式,即 NTSC(525/60)、PAL(625/50)、SECAM(625/50)3 种,括号中的数字为电视显示的线行数和频率。当计算机对其进行数字化时,就必须要在规定时间内(如 1/30 秒内)完成量化、压缩和存储等多项工作。视频文件的存储格式有 AVI、MPG、MOV 等。

对动态视频的操作和处理除了在播放过程的动作与动画相同外,还可以增加特技效果(如硬切、淡入、淡出、复制、镜像、马赛克、万花筒等)用于增加表现力。

6. 动画

动画(animation)采用计算机动画设计软件创作而成,是由若干幅图像播放而产生的具有运动感觉的连续画面。动画的连续播放既指时间上的连续,也指内容上的连续,即播放的相邻两幅图像之间内容相差不大。动画压缩和快速播放也是动画技术要解决的重要问题,其处理方法有多种。计算机设计动画方法有两种:一种是造型动画,另一种是帧动画。前者是对每一个运动的物体分别进行设计,赋予每个对象一些特征,如大小、形状、颜色等,然后用这些对象构成完整的帧画面。造型动画每帧由图形、声音、文字、调色板等造型元素组成,控制动画中每一帧的图元表演和行为的是脚本。帧动画则是由一幅幅位图组成的连续的画面,就像电影胶片或视频画面一样,要分别设计每幅画面。

使用计算机制作动画时,只要制作好主动作画面即可,其余的中间画面都可以由计算机内插来完成。不运动的部分直接复制过去,与主动作画面保持一致。当这些画面仅是2D(二维)的透视效果时,即为2D动画。如果是通过CAD等建模软件创造出3D(三维)空间形象的画面,则是3D动画;如果使其具有真实的光照效果和质感,就成为3D真实感动画。存储动画的文件格式有FLC、MMM等。

视频和动画的共同特点是,每幅图像都是前后关联的,通常后幅图像是前幅图像的变形,每幅图像均被称为一帧。多个帧以一定的速率(帧/秒)顺序投射在屏幕上,就会产生持续的视感;当播放速率在24fps以上时,观看者便能产生连续的视觉体验。

1.2 多媒体相关技术简介

多媒体技术是多学科、多技术交叉的综合性技术,主要涉及3大类技术,即从系统角度研究的多媒体基础技术、从应用角度研究的多媒体信息处理技术以及从人性化交互方式角度研究的人机交互技术。

从系统性能的层面上看,人们关心的重点在多媒体系统的构成与实现上,因此必须研究解决多媒体信息的快速处理、多媒体数据的压缩与还原、大容量信息存储与检索以及多媒体信息的快速传输等基本问题,这就形成了多媒体的基础技术。

从应用研究角度看,多媒体技术就是将多种媒体信息通过计算机进行数字化综合处理的技术,这就是多媒体信息处理技术包含的内容,即图、文、声、像(视频和动画)技术和多媒体信息集成技术。

人机交互技术是从人性化角度提出的,主要解决多媒体信息的输入/输出问题,更着重于多媒体系统的交互方式和交互性能研究,是对多媒体技术的扩展和深化。

本书主要讨论的是多媒体信息处理技术,即通常所说的多媒体应用技术。

1.2.1 多媒体数据压缩技术

多媒体数据压缩编码技术是多媒体技术中最为关键的技术。数字化多媒体信息的超大数据量对计算机的处理速度、存储器的存储容量和网络带宽带来极大的压力,解决的办法就是通过多媒体数据压缩编码技术对数据进行大量压缩。

数据压缩一般由两个过程组成:一是编码过程,即将原始数据经过编码进行压缩;二是解码过程,即对编码数据进行解码,还原为可以使用的数据。

数字化的图像、视频和音频数据中存在大量数据冗余(空间冗余、时间冗余、结构冗余、知识冗余、视觉冗余、图像区域相同性冗余、纹理统计冗余等),由于多媒体数据之间存在着很大的相关性,利用数据之间的相关性,可以只记录它们之间的差异,而不必每次都保存它们的共同点,这样就可以减少文件的数据量。另外,利用人类的不敏感因素,如人类的视觉系统对图像场的敏感性是非均匀和非线性的;听觉也存在类似的生理特性,对某些频率的音频信号不敏感。对敏感和不敏感的部分同等对待就会产生比理想编码(把敏感和不敏感的部分区分开来编码)更多的数据。

多媒体数据压缩技术的实质是在满足还原信息质量要求的前提下,将原先比较庞大的多媒体数据以较少的数据量表示,即减少承载信息的数据量。与数据压缩相对的处理称为解压缩。解压缩是将被压缩数据通过一定的解码算法还原到原始信息的过程。通常,人们把包括压缩与解压缩的技术统称为数据压缩技术。

数据压缩的类型,根据解码后信息质量有无损失,分为无损压缩和有损压缩两类。无损压缩利用数据的编码冗余进行压缩,在还原过程中可完全恢复原始数据,多媒体信息没有任何损失;有损压缩利用了人类视觉、听觉的某些不敏感特性,以牺牲这部分信息为代价,采用一些较高的有限失真数据压缩算法,在还原过程中虽然不能完全恢复原始数据,却换来了较高的压缩比。

数据压缩的核心是压缩算法,不同的算法产生不同形式的压缩编码。常用的无损压缩编码有哈夫曼编码(Huffman Coding)、行程编码(Run Length Encoding,RLE)、算术编码、LZW(Lempel-Ziv&Welch)编码;常用的有损压缩编码包括预测编码(Predictive Coding)、变换编码、混合编码等。

在众多的压缩编码方法中,衡量压缩编码方法的优劣有3个重要指标:压缩比要高,数据压缩前后所需存储量之比要大;实现算法要简单,压缩与解压缩速度要快;解压缩质量要好,尽可能完全恢复原始数据。在选用编码方法时还应考虑信源本身的统计特征、多媒体硬软件系统的适应能力、应用环境及技术标准等。

研究结果表明,选用合适的数据压缩技术,可能将字符数据量压缩到原来的1/2左右,语音数据量压缩到原来的1/20～1/2,图像数据量压缩到原来的1/60～1/2。

1.2.2　多媒体信息存储技术

多媒体数据有两个显著的特点,一是其数据表现有多种形式,且数据量很大,尤其是动态的声音和视频图像更为明显,即使经过压缩处理,仍然需要相当大的存储空间;二是多媒体数据传输具有实时性,声音和视频必须严格同步。这要求存储设备的存储容量必须足够大,存储速度足够快,方才能够高速传输数据,使得多媒体数据能够实时传输和显示。

多媒体信息存储技术主要研究多媒体信息的逻辑组织、存储体的物理特性、逻辑组织到物理组织的映射关系、多媒体信息的存取访问方法、访问速度、存储可靠性等问题。包括磁盘存储技术、光存储技术及其他存储技术。

光盘存储技术通过激光在记录介质上读写数据。光盘存储器是一种外部存储媒体,具有容量大、密度高、介质可交换、数据保存时间长、价格低廉、便于携带等特点。从存储方式上可分为只读型、可写型和可重写型。从存储格式上可分为数据CD(Compact Disc)、音乐

CD(CD-Audio)、视频VCD(CD-Video)、Photo-CD等不同格式标准的光盘,CD光盘的存储容量约为700MB。DVD(Digital Versatile Disc)光盘的DVD-Video格式使得数字视盘驱动器能从单个盘片上读取4.7～17GB的数据量。蓝光光盘(Blue-ray Disc,BD)是DVD之后的光盘格式,用以存储高品质的影音以及高容量的数据存储,一个单层的蓝光光盘的容量高达25GB。CD光盘采用波长为780nm的近红外不可见激光读写数据,DVD光盘采用波长为650nm的红色激光进行读写操作,而蓝光光盘采用波长为405nm的蓝紫色激光进行读写操作。

U盘是USB(Universal Serial Bus)盘的简称,使用的存储载体是闪存(Flash Memory)。U盘是使用USB接口的无需物理驱动器的微型高容量移动存储器,即插即用,便于携带。当前U盘的存储容量小的有几GB,大的可以达到1～2TB。现在的U盘都支持USB2.0标准,数据传输率为20～40MB/s,USB 3.0标准的数据传输率更高。

硬盘是计算机最主要的存储设备。目前,硬盘容量从几百GB到几十TB不等。按照原理可以将硬盘分为机械硬盘(Hard Disk Drive,HDD)、固态硬盘(Solid State Drive,SSD)及混合硬盘(SSHD)3种。机械硬盘利用磁记录原理进行数据的读写操作;固态硬盘用固态电子芯片存储阵列制作而成;混合硬盘(SSHD)是SSD+HDD的组合,是一种集闪存介质的稳定性、低功耗和速度快与磁性驱动器的超高存储密度和低成本优势于一身的产品。按照接口可以将硬盘分为IDE、SATA、SCSI和光纤通道(FC)4种。IDE、SATA接口硬盘多用于家用产品,而SCSI接口硬盘多用于服务器市场,而光纤通道只用于高端服务器。

除了常用的硬盘、光盘和U盘等存储设备之外,近年来还出现了如NAS和SAN等先进的存储设备。网络附加存储(Network Attached Storage,NAS)是连接在网络上具备资料存储功能的装置,也称为网络存储器或者网络磁盘阵列。存储区域网络(Storage Area Network,SAN)是一种通过光纤集线器、光纤路由器、光盘交换机等连接设备将磁盘阵列、磁带等存储设备与相关服务器连接起来的高速专用子网。它可以实现大容量存储设备间的数据共享、高速计算机与高速存储设备间的高速连接,具有灵活存储设备配置要求、数据快速备份等功能,提高了数据的可靠性和安全性。

随着多媒体技术的发展,多媒体数据的多样性、地理位置的分散性,重要数据的安全、共享、管理等对数据存储技术提出了更多的挑战。

1.2.3 多媒体网络通信技术

多媒体通信对通信网络的要求相当高。多媒体网络与通信技术是指通过对多媒体信息特点和网络技术的研究,建立适合文本、图形、图像、声音、视频、动画等多媒体信息传输的信道、通信协议和交换方式等,解决多媒体信息传输中的实时与媒体同步等问题。

原有通信网络大体上可分为3类:电信网络(包括移动多媒体网络)、计算机网络和有线电视网络。多媒体通信网络技术主要解决网络吞吐量、传输可靠性、传输实时性和服务质量(QoS)等问题,可实现多媒体通信和多媒体数据及资源的共享。

多媒体通信对多媒体产业的发展、普及和应用有着举足轻重的作用,但由于多媒体信息及大部分的网络多媒体应用对网络带宽的要求非常高,因此多媒体通信构成了整个产业发展的关键和瓶颈。多媒体通信是一个综合性的技术,涉及多媒体、计算机及通信等领域,它们之间相互影响并相互促进。大数据量的连续媒体在网上的实时传输不仅向窄带网络及包交换协议提出了挑战,同时对媒体技术本身(如数据的压缩、各媒体间的时空同步等)也提出了更高的要求。

宽带综合业务数字网(B-ISDN)采用异步转移模式交换技术为多媒体通信提供新型的传输网络,其特点是传输通道带宽大,以固定长度的信元进行高速交换,网络时延小,可以动态分配带宽。为适应多媒体通信业务的不断发展,提供一个可扩展的多媒体通信网络来支撑多媒体业务的发展,采用基于IP的宽带多媒体通信网络是一种经济的、高效率的做法。

1.2.4 多媒体专用芯片技术

专用芯片是改善多媒体计算机硬件体系结构和提高其性能的关键。为了实现音频、视频信号的快速压缩、解压缩和实时播放,需要大量的快速计算。只有不断研发高速专用芯片,才能取得满意的处理效果。专用芯片技术的发展依赖于大规模集成电路(Vast Large Scale Integration,VLSI)技术的发展。

多媒体计算机专用芯片可归纳为两种类型:一种是固定功能的芯片,主要用于提高图像数据的压缩率;另一种是可编程数字信号处理器(Digital Signal Processor,DSP)芯片,其主要用于提高图像的运算速度。

最早推出的固定功能的专用芯片是图像处理的压缩处理芯片,即将实现静态图像的数据压缩/解压缩算法做在一个专用芯片上,从而大大提高其处理速度。如C-Cube公司生产的MPEG解压缩芯片被广泛地应用于VCD播放机中。此后,许多半导体厂商或公司又推出执行国际标准压缩编码的专用芯片,由于压缩编码的国际标准较多,一些厂家和公司还因此推出了多功能视频压缩芯片。

可编程数字信号处理器(DSP)芯片是一种非常适合进行数字信号处理的微处理器,由于采用多处理器并行技术,计算能力超强,特别适合高密度、重复运算及大数据流量的信号处理。这些高档的专用多媒体处理器芯片,不仅大大提高了音频、视频信号处理速度,而且在音频、视频数据编码时增加了特技效果。

1.2.5 多媒体人机交互技术

人机交互(Computer Human Interaction,CHI)技术是研究人与计算机之间相互通信的技术,它涉及认知心理学、人机工程学和虚拟现实等多学科的内容。多媒体人机交互技术是指人们通过多种媒体与计算机系统进行通信的技术,主要研究多媒体信息的输入/输出以及人与计算机系统的交互方式和交互性能,其主要内容如下。

(1) 媒体变换技术指改变媒体的表现形式;

(2) 媒体识别技术是对信息进行一对一的映像过程;

(3) 媒体解析技术是对信息进行更进一步的分析处理并理解信息内容。

目前,人们能够与计算机系统便捷地交互,具体应用的交互方式有键盘交互、鼠标交互、触摸屏交互、手写文字交互、语音交互、图像与视频交互、虚拟现实系统中的交互等。

(1) 触摸屏交互。触摸屏是一种定位装置,安装在显示屏幕前方,它的功能是报告手指

(或物体)触及屏幕的位置。用户可以直接用手指触摸屏幕,实现与计算机的交互。其工作过程为手指触摸屏幕,触摸屏控制器(以坐标形式)检测位置,通过计算机接口送到CPU确定用户输入的信息。"伸手即得"的优点,改善了人与计算机的交互方式。

(2) 手写文字交互。手写输入是把要输入的字符写在被称作"书写板"的数字化设备上,这种设备将笔尖划过的轨迹按时间采样后发送到计算机中,通过手写识别技术将手写内容识别成相应的字符内容(如汉字、数字、字母等),从而达到手写输入的目的。

(3) 语音交互。语音识别技术是指通过计算机的识别和理解过程,将语音信号转换为相应的文字信息,从而识别说话人的语音指令以及文字内容的技术。语音合成技术是指将文本信息转换为语音数据,再以语音播放出来的技术。语音识别技术与语音合成技术的结合,使人和计算机之间能够实现双向语言交流,摆脱键盘对人机交互的束缚。

人机交互技术就是充分利用人的多种感知通道,与计算机系统进行交互,旨在提高人机交互的人性化、自然化和高效性。

1.2.6 多媒体软件技术

1. 多媒体操作系统

多媒体操作系统是多媒体软件技术的核心,负责多媒体环境下多任务的调度,提供多媒体信息的各种基本操作和管理,保证音频、视频同步控制以及信息处理的实时性,具备综合处理和使用各种媒体的能力,能灵活地调度多种媒体数据并能进行相应的传输和处理,改善工作环境并向用户提供友好的人机交互界面等。

多媒体操作系统是多媒体应用软件的操作支撑环境,支持处理多媒体信息的各种复杂技术的要求,支持提供丰富的制作多媒体素材的工具软件。

2. 多媒体数据库技术

数据的组织和管理是任何信息系统都要面临和解决的核心问题。数据量大、种类繁多、关系复杂是多媒体数据的基本特征,这使得数据在库中的组织方法和存储方法变得复杂。因此,以什么样的数据模型表达和模拟这些多媒体信息空间,如何组织存储这些数据,如何管理这些数据,如何操纵和查询这些数据,都是传统数据库系统难以解决的。

多媒体数据库不但要处理大量结构化和非结构化数据,还要解决数据模型、数据压缩与还原、多媒体数据库操作及多媒体数据对象表现等主要问题。

多媒体数据库技术主要从3个方面开展研究:研究分析多媒体数据对象的固有特性;在数据模型方面开展研究,实现多媒体数据库管理;研究基于内容的多媒体信息检索策略。

3. 多媒体信息处理与应用开发技术

多媒体信息处理主要研究各种媒体信息(如文本、图形、图像、声音、视频等)的采集、编辑、处理、存储、播放等技术。多媒体应用开发技术主要是在多媒体信息处理的基础上,研究和利用多媒体著作或编程工具,开发面向应用的多媒体系统,并通过光盘或网络发布。

1.2.7　多媒体信息检索技术

随着多媒体技术的发展和应用，产生了大量的图像、视频和音频等多媒体信息，并形成了多媒体信息库。多媒体信息检索是根据用户的信息需求，从信息集合中检索出与用户信息需求相关的信息子集。

多媒体信息检索主要分为基于文本的信息检索和基于内容的信息检索两种方式。目前，基于内容的检索技术已成为国内外研究的热点。

（1）基于文本的检索。首先是对多媒体信息进行人工分析，利用文本标注媒体内容，然后对这些文本进行著录或标引，从而将多媒体信息检索转换为基于文本描述的检索。检索时，系统根据用户输入的关键词按照相似度大小排序返回部分匹配的结果。

基于文本的图像检索是依据图像描述的字符匹配程度提供检索结果，简称"以字找图"。由于文本描述难以充分表达媒体的丰富内容，且具有一定的主观性，因此有些图像很难用有限的关键词描述清楚，即准确性不够。

（2）基于内容的检索。基于内容的检索（Content-Based Retrieval，CBR）在传统的检索框架中融合了对媒体内容的理解，是对多媒体对象的内容及上下文语义环境进行检索。基于内容的检索原理是，提取媒体特征并进行量化，表示为向量空间，建立索引库；将用户提问转换成向量，并与已有信息的向量空间进行相似度匹配计算。基于内容的检索主要包括基于内容的音频检索、图像检索、视频检索。

基于内容的图像检索（Content-Based Image Retrieval，CBIR）系统可基于用户输入的图片，查找具有相同或相似内容的其他图片。图像媒体特征主要表现在颜色、纹理、形状及空间关系等方面。目前，图像搜索引擎（如百度图片搜索、谷歌图片搜索以及电商平台等）都支持通过图片检索实现信息查找。电商平台则通过知识图谱技术构建了大量的商品画像，不但支持文本搜索，还支持图像搜索商品，可显著提升购物体验。

1.2.8　虚拟现实技术

虚拟现实技术是多媒体技术的重要发展和应用方向，涉及计算机图形学、多媒体技术、传感技术、人机交互、显示技术、人工智能等多个领域，交叉性非常强。

虚拟现实（Virtual Reality，VR）是一种可以创建和体验虚拟世界的计算机系统，一种逼真地模拟人在自然环境中视觉、听觉和运动等行为的高级人机交互（界面）技术。当用户置身于这种由计算机硬件、软件以及各种传感器所构成的3D信息的人工环境，即虚拟环境（包括现实的和虚拟的事物及环境）中时，就可与之交互作用。当用户戴上专用的头盔时，多媒体计算机就会把这些虚拟世界图像从头盔的显示器显示给用户。当用户戴上专用的数据手套，手部的动作（如开门）就会被传感器捕捉到，传给计算机，计算机接到这一信息，便会控制图像，打开门，用户眼前立刻会呈现出室内的图像景物，并响起相应的声音，产生动感。

虚拟现实技术出现于20世纪80年代末，已在娱乐游戏、医疗、工程和建筑、教育和培训、军事模拟、科学和金融可视化、艺术体育等方面获得应用。例如，3D地形图在VR中用于地貌环境的虚拟仿真，而这些图像多数是十分逼真的有照片效果的风景名胜图像，也有非常直观的3D地形透视效果图。虚拟节目主持人可以借助合成的虚拟声音、3D动作和表情来主持节目。艺术家可以借助虚拟现实技术实现大胆,甚至荒唐地构思,以及几乎任何惊奇的影视特技、夸张的场景。

目前,虚拟现实技术的应用仍处于初步阶段,要达到实用化、普遍化,发展道路还很长。虚拟现实技术具有极大的潜力,具有广阔的应用前景。

虚拟现实技术与应用开发详见本书第8章。

1.3 多媒体技术的发展与应用

1.3.1 多媒体技术的发展

20世纪50年代诞生的计算机从只能辨认0、1组合的二进制代码的低端机,逐渐发展成能处理文本和简单几何图形的高端系统,并具备了处理更复杂信息的技术潜力。随着技术的发展,20世纪70年代中期出现了广播、出版和计算机三者融合发展的电子媒体的趋势,这为多媒体技术的快速形成创造了良好的条件。习惯上,人们把1984年美国Apple公司推出Macintosh机作为计算机多媒体时代到来的标志。

1984年,Apple公司率先推出的Macintosh机引入了位图(bitmap)的概念来对图形进行处理,并使用了窗口图形符号(icon)作为用户接口。这是当前普遍应用的Windows系列操作系统的雏形。Macintosh机的推出,标志着计算机多媒体时代的到来。

1986年3月,飞利浦公司与索尼公司联合推出了交互式紧凑光盘系统CD-I,把各种多媒体信息以数字化的形式存放在容量为650 MB的只读光盘上。

1987年3月,RCA公司推出了交互式数字视频(DVI)系统,它以计算机技术为基础,用标准光盘片存储和检索静止图像、活动图像、声音和其他数据。

1990年11月由微软公司、飞利浦公司等14家厂商组成多媒体个人计算机市场协会(Multimedia PC Marketing Council)应运而生,该协会旨在对计算机的多媒体技术进行规范化管理和制定相应的标准。1991年至1995年,其相继制定了MPC1标准、MPC2标准、MPC3标准。

自20世纪90年代至20世纪末,国际标准化组织(ISO)和国际电信联盟(CCITT)等先后制定并颁布了JPEG、MPEG-1、G721、G727和G728等国际标准,有力地推动了多媒体技术的快速发展。

随着多媒体各种标准的制定和应用,多媒体技术得到蓬勃发展。多媒体计算机硬件和软件的不断改进,特别是大容量存储设备、数据压缩技术、高速处理器、高速通信网、人机交互方式创新,也推动着多媒体技术及应用向更深层次发展。

(1) 网络化。将地理上分散的具有多媒体处理功能的计算机和终端,通过高速通信线路互联起来,实现多媒体通信和信息共享。随着5G、移动通信网络技术的发展和应用,服务器、路由器、转换器等网络设备的性能越来越高,用户端的硬件性能也得到空前提升,受益于充裕的带宽,人们开始从单个的用户环境转向多用户环境和个性化环境;从集中式、局部环境转向分布式、远程环境；从专用平台、和系统有关的一致性解决方案转向开放式、可移植的解决方案。利用网络可以超越时空限制，更方便、更广泛地实现多媒体通信和信息共享，相互交流，协同合作。

(2) 智能化。随着多媒体计算机硬件体系结构以及多媒体计算机的视频、音频接口软件不断改进，尤其是硬件体系结构设计和软件、算法相结合的方案的采用，多媒体计算机的性能指标进一步提高，智能化更高，如多媒体终端增加了文字的识别和输入、语音的识别和输入、自然语言理解和机器翻译、图形的识别和理解、机器人视觉和计算机视觉智能等。人工智能领域的研究和多媒体计算机技术的结合，是多媒体技术的长远发展方向。

(3) 嵌入化。与传统多媒体计算机不同，嵌入式多媒体是针对特定的应用环境创造的。在工业控制和商业管理领域，有智能工控设备、POS/ATM 机、IC 卡等；在家庭领域，有数字机顶盒、数字式电视、Web TV、网络冰箱、网络空调等消费类电子产品。此外，嵌入式多媒体系统还在医疗类电子设备、智能手机、车载导航器、娱乐等领域有着巨大的应用前景。

多媒体技术正处于高速发展的过程中，随着各种技术的不断发展创新和社会需求的不断增长，它的应用会越来越广泛地渗透到社会生活的各个领域。

1.3.2　多媒体技术的应用

多媒体技术的发展使计算机的信息处理在规范化和标准化的基础上更加多样化和人性化，特别是多媒体技术与网络通信技术的结合，使得远距离多媒体应用成为可能，也加速了多媒体技术在办公、生产、经济、科技、教育、医疗、文化、传媒、娱乐等各个领域的广泛应用。多媒体技术已成为信息社会的主导技术之一，以下介绍多媒体技术的若干典型应用。

1. 家庭娱乐

(1) 交互式电视。交互式电视将会成为电视传播的主要方式。通过增加机顶盒和铺设高速光纤电缆，可以将现有的单向有线电视改造成为双向交互电视系统。这样，电视观众将可以使用点播、选择等方式随心所欲地找到自己喜欢的节目，轻松实现家庭购物、多人游戏等多种娱乐活动。

(2) 交互式影院。交互式影院是交互式娱乐的另一形式。通过互动的方式，观众可以以一种参与的方式“看”电影。这种电影不仅可以通过声音、画面制造效果，还可以通过座椅产生触感和动感。而观众则可以控制电影情节的进展。电影全数字化后，电影制片厂只要把电影的数字文件通过网络发往电影院或家庭就可以了，而质量和效果都比普通电影好很多。

(3) 交互式立体网络游戏。多媒体游戏会给人们的日常生活带来更多的乐趣，从 2D 平面世界到 3D 立体空间，用户可以沉浸在虚拟的游戏世界中，去驾车、去旅游、去战斗、去飞行。

2. 教育培训

利用多媒体技术编制的教学课件，甚至测试和考试课件能创造出图文并茂、绘声绘色、生动逼真的教学环境和交互式学习方式，从而大大激发学生的学习积极性和主动性，大面积提高教学质量。通过多媒体通信网络,可以建立起具有虚拟课堂、虚拟实验室和虚拟图书馆的远程学习系统。学生通过该系统即可加入学校的课堂、讨论、实验和考试,甚至是导师的面对面的指导。实时交互式远程教学模式,是在较高的网络传输率下,实现远程音频、视频实时交流,这种教学模式可将双向交流扩展到任何有网络的地方。

员工培训是生产或商业活动中不可缺少的重要环节。多媒体技能培训系统不仅可以省去大量的设备和原材料消耗费用以及不必要的身体伤害,而且可借助直观生动且自由交互的教学内容,加深培训印象,改善培训效果。

3. 信息咨询

可使用多媒体技术编制的各种图文并茂的软件开展各类信息咨询服务。公司、企业、学校、部门甚至个人都可以建立自己的信息网站,进行自我展示并提供信息服务。旅游、邮电、交通、商业、气象等公共信息都可存放在多媒体系统中,向公众提供多媒体咨询服务。用户可通过触摸屏查询所需的多媒体信息资料。

4. 数字出版

数字出版物不仅包括只读光盘这种有形载体,还包括在网络上传播的无形载体网络电子出版物。

数字出版通过数字技术对出版内容进行组织、记录、制作、复制、传播,供读者阅读和使用。数字出版物主要包括数字图书、数字期刊、数字报纸,以及数字音乐、网络动漫、网络地图等。数字出版物通常具有容量大、文件小、成本低、检索快、易于保存和复制以及能存储图、文、声、像信息等特点。多媒体技术在出版方面的应用,为用户的阅读提供了巨大的便利。

5. 医疗

多媒体技术为现代医学的应用提供了广阔的发展空间。运用数字成像技术能够很方便地对人体的健康状况进行检查。多媒体医疗影像系统在媒体种类、媒体存储及管理方式等方面优势是传统医疗无法企及的。通过诊疗可视化技术能够方便地实现对手术过程的监控,大幅提高手术的准确性。多媒体远程医疗可充分发挥大医院或专科医疗中心的优势,组织医疗专家为病人进行远程咨询、诊断和治疗。

医疗手术训练的VR系统,用已经掌握的人体数据在计算机中重构几何模型,并赋予一定的物理特征(如密度、韧度、组织比例等),通过机械手或数据手套等高精度的交互工具模拟手术过程,达到训练、研究的目的。

6. 安全防范系统

安全防范系统是以维护社会公共安全为目的的系统。运用多媒体技术,可以组建入侵报警系统、视频安防监控系统、出入口控制系统和防爆安全检查系统等安全防范系统。得益于多媒体技术的发展,安全防范系统可集图像、声音和防盗报警于一体,可存储数据以备日后查询检索,安全性能大幅提升,可广泛应用于工业生产、银行安全监控和交通安全保障等方面。将安全防范系统与网络相连,还可以实现远程监控。

1.4　本章小结

本章主要介绍了媒体、多媒体、多媒体技术以及多媒体系统等基本概念，并简述了多媒体技术的产生、发展和应用情况。

(1) 按照CCITT的分类标准，媒体分为感觉媒体、表示媒体、表现媒体、存储媒体和传输媒体5大类。

(2) 多媒体是由两种以上的单一媒体有机融合而成的信息综合表现形式，是多种媒体综合、处理和利用的结果。多媒体信息的主要表现形式有文本、图形、图像、音频、视频与动画等。

(3) 多媒体技术是以计算机(或微处理芯片)为中心，把文本、图形、图像、音频、视频与动画等不同媒体形式的信息集成在一起，进行加工处理的交互性综合技术，具有多样性、集成性、交互性、实时性和数字化5个基本特性。

(4) 多媒体技术的具体内容主要涉及多媒体的基础技术、关键技术、体系结构以及信息处理技术等内容。

(5) 多媒体技术朝着高速、简单、智能、综合以及更人性化的方向发展。多媒体技术在教育、出版、商业、医疗、安防等各行各业都得到了广泛应用。

思考与练习题

一、单选题

1. 媒体有两种含义，即表示信息的载体和(　　)。
   A. 表达信息的实体　　B. 存储信息的实体
   C. 传输信息的实体　　D. 显示信息的实体
2. (　　)是指用户接触信息的感觉形式，如视觉、听觉和触觉等。
   A. 感觉媒体　　B. 表示媒体　　C. 显示媒体　　D. 传输媒体
3. 多媒体技术是将(　　)融合在一起的一种新技术。
   A. 计算机技术、音频技术和视频技术
   B. 计算机技术、电子技术和通信技术
   C. 计算机技术、视听技术和通信技术
   D. 音频技术、视频技术和网络技术
4. 根据多媒体的特性可知，(　　)属于多媒体的范畴。
   A. 交互式视频游戏　　B. 光盘
   C. 彩色画报　　D. 立体声音乐
5. (　　)不是多媒体技术的典型应用。
   A. 教育和培训　　B. 娱乐和游戏

C. 视频会议系统　　　　　　　　D. 计算机支持协同工作

6. 多媒体技术中使用数字化技术,与模拟方式相比,(　　)不是数字化技术的专有特点。

A. 经济,造价低

B. 数字信号不存在衰减和噪声干扰问题

C. 数字信号在复制和传送过程中不会因噪声的积累而产生衰减

D. 适合数字计算机进行加工和处理

7. (　　)属于表示媒体。

A. 照片　　B. 显示器　　C. 纸张　　D. 条形码

8. (　　)不属于多媒体的基本特性。

A. 多样性　　B. 交互性　　C. 集成性　　D. 主动性

二、多选题

1. 传输媒体包括(　　)。

A. Internet　　B. 光盘　　C. 光纤　　D. 局域网

E. 城域网　　F. 双绞线

2. 多媒体实质上是指表示媒体,包括(　　)。

A. 数值　　B. 文本　　C. 图形　　D. 无线传输介质

E. 视频　　F. 语音　　G. 音频　　H. 动画

I. 图像

3. 多媒体技术的主要特性有(　　)。

A. 多样性　　B. 交互性　　C. 实时性　　D. 可靠性

E. 数字化　　F. 集成性

三、简答题

1. 什么是媒体?媒体如何分类?

2. 什么是多媒体?它有哪些关键特性?

3. 多媒体的集成性的具体内容是什么?集成所要达到的目标是什么?

4. 多媒体技术的主要发展方向体现在哪几方面?

5. 多媒体数据处理技术中包含媒体的创作技术和多媒体集成技术。请查阅有关资料分析说明两者之间的区别。

6. 虚拟现实技术主要应用在哪些领域?

第2章 多媒体硬件环境

学习目标

(1) 熟悉多媒体计算机系统的组成。

(2) 了解几种光存储器的存储原理、技术指标和数据格式。

(3) 熟悉几种常用外部设备的工作原理、功能和特点。

多媒体计算机可以综合处理文本、图像、声音、视频等多种信息,是基于多媒体计算机的硬件平台。在多媒体计算机系统(简称多媒体系统)中,需要对多种媒体进行数字化处理,数字化的多媒体数据需要大容量的存储器。音频、视频信号的输入和输出都要求实时进行,这就要求计算机提供高速处理能力来满足多媒体处理的实时性要求,一般需要专用芯片或功能卡来支持这种需求。同时,多媒体系统信息获取和表现也需要有专门的外设来提供支持。本章主要介绍多媒体个人计算机系统的组成、多媒体存储设备、多媒体输入/输出设备等内容,与多媒体音频和视频有关的硬件在后续章节中介绍。

2.1 多媒体系统的组成结构

一般而言,如果一台计算机具备了多媒体的硬件条件和适当的软件系统,那么该计算机就具备了多媒体功能。人们最为熟悉的、使用最广泛的是具有多媒体功能的微型计算机系统,被称为多媒体个人计算机(Multimedia Personal Computer,MPC)。

多媒体系统能灵活地调度和使用多种媒体信息,使之与硬件协调地工作,并且具有交互性。因此,多媒体系统是一个软硬件结合的综合系统,其层次结构如图2-1所示。

<table>
<tr><td colspan="2">多媒体应用系统</td><td>第7层</td><td rowspan="5">软件系统</td></tr>
<tr><td colspan="2">多媒体开发工具</td><td>第6层</td></tr>
<tr><td colspan="2">多媒体信息处理软件</td><td>第5层</td></tr>
<tr><td colspan="2">多媒体操作系统</td><td>第4层</td></tr>
<tr><td colspan="2">多媒体I/O驱动程序</td><td>第3层</td></tr>
<tr><td colspan="2">多媒体扩展硬件(音/视频卡)</td><td>第2层</td><td rowspan="2">硬件系统</td></tr>
<tr><td>计算机硬件</td><td>其他多媒体I/O设备</td><td>第1层</td></tr>
</table>

图2-1 多媒体系统的层次结构

2.1.1 多媒体硬件系统

多媒体个人计算机硬件系统平台包括计算机硬件及各种媒体的输入/输出设备,如扫描仪、照相机、摄像机、刻录光驱、打印机、投影仪和触摸屏等。所有媒体的输入/输出基础均来自计算机中安装的多媒体接口卡(如显卡、声卡、视频卡等),接口卡通过相应的驱动程序进行管理和控制。

多媒体个人计算机的硬件系统由计算机传统硬件设备、CD-ROM驱动器、音频输入/输出和处理设备、视频输入/输出和处理设备等选择性组合而成。一个典型的功能较齐全的多媒体计算机硬件系统如图2-2所示。

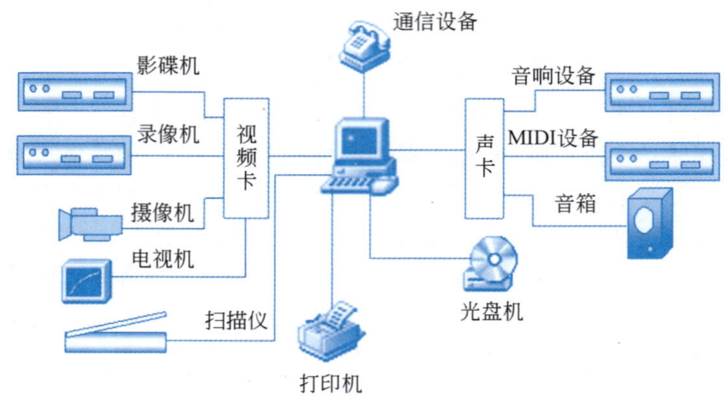

图2-2 多媒体计算机硬件系统

在多媒体硬件系统中,计算机主机是基础性部件。计算机主机是决定多媒体性能的重要因素,这就要求计算机具有高速的CPU、大容量的内外存储器、高分辨率的显示设备、宽带传输总线等。

声卡是处理和播放多媒体声音的关键部件。通常,声卡插入主板的扩展插槽中,再通过声卡上的输入/输出接口与相应的输入/输出设备相连。常见的输入设备包括麦克风、收录机和电子乐器等,常见的输出设备包括扬声器和音响设备等。声卡的主要作用是对声音信号进行采集、编码、解压、回放等处理。声卡由声源获取声音,并进行模拟/数字转换或压缩,而后存入计算机中进行处理。声卡还可以把经过计算机处理的数字化声音通过解压缩、数字/模拟转换后,送到输出设备进行播放或录制。声卡支持语音合成和语音识别;声卡还提供MIDI音乐合成功能,通过MIDI接口连接电子乐器。声卡是多媒体计算机硬件系统中必不可少的部件。

视频卡是用于处理视频信号的部件。视频卡通过插入主板扩展槽与主机相连。卡的输入/输出接口可以与摄像机、影碟机、录像机和电视机等设备相连。视频卡采集来自输入设备的视频信号,并完成由模拟量到数字量的转换、压缩,以数字化形式存入计算机中。一般的多媒体系统用户如果只做多媒体演示应用而不用对视频进行实时处理,则多媒体硬件环境可不考虑配置视频卡。

光盘是一种大容量的存储设备,可存储任何多媒体信息。它便于携带,是最经济、最实用的数据载体。如果多媒体计算机系统需要读取存储在光盘中的数据,则应配置一台CD-ROM

光盘驱动器。

多媒体信息输入、输出还需要一些专门的设备。例如，使用扫描仪把图片转换成数字化信息输入到计算机中，通过打印机输出图文信息，使用刻录机将开发的多媒体应用系统制作成光盘进行传播等。

根据应用不同，多媒体个人计算机系统的硬件构成配置可多可少。MPC 的基本硬件构成只包括计算机传统硬件、CD-ROM 光盘驱动器和声卡。

随着多媒体技术的发展，多媒体系统在输入/输出方面出现了很多新的形式和设备。在输入方面，如手写输入、触摸屏输入、语音输入等；在输出方面，有语音合成输出、影像实时输出、投影输出、网络输出等。

2.1.2　多媒体软件系统

任何计算机系统都由硬件和软件构成，多媒体系统除了具有前述的有关硬件外，还需配备相应的软件。

1. 多媒体设备驱动程序

多媒体设备驱动程序是与多媒体设备的硬件特性紧密相关的软件。它完成设备的初始化、各种操作以及设备的关闭等。驱动软件一般常驻内存，每种多媒体硬件都需要一个相应的驱动软件。这些软件一般由厂商提供。

2. 多媒体操作系统

操作系统是计算机的核心，负责控制和管理计算机的所有软、硬件资源，对各种资源进行合理的调度和分配，改善资源的共享和利用情况，最大限度地发挥计算机的效能。它还控制计算机的硬件和软件之间的协调运行，改善工作环境向用户提供友好的人机界面。操作系统是最基本的系统软件，其他所有软件都是建立在操作系统基础之上的。

多媒体操作系统是一个实时多任务的软件系统，必须具备对多媒体数据和多媒体设备的管理和控制功能，具有综合使用各种媒体的能力，能灵活地调度多种媒体数据并进行相应的传输和处理，且使各种媒体硬件和谐地工作。目前流行的 Windows 系列操作系统均适用于多媒体个人计算机。

3. 多媒体信息处理软件

多媒体信息处理软件的主要功能包括不同媒体信息的采集、压缩、编辑、播放等。例如，音频的录制编辑软件、MIDI 文件的制作编辑软件、图像扫描及预处理软件、全动态视频采集软件、动画生成与编辑软件等。常见的音频编辑软件有 GoldWave、Sound Forge、Audition 等，图形图像编辑软件有 CorelDraw、Photoshop 等，非线性视频编辑软件有 Premiere、Ulead Studio 等，动画编辑软件有 Animator 和 3ds Max 等。

4. 多媒体开发软件

多媒体开发工具有两种类型。一种是桌面设计型的多媒体开发工具，其特点是大量的桌面设计,较少采用编程,例如不同版本的 Authorware、Directort 等;另一种是基于程序设计的多媒体编程工具,如 MS Visual Studio.net 集成开发环境等。它们都能够对文本、声音、图像、视频等多种媒体信息进行控制和管理,并按要求连接成完整的多媒体应用软件。

5. 多媒体应用系统

多媒体应用系统位于多媒体计算机系统的最高层,它是利用多媒体创作工具设计开发的面向应用领域的多媒体软件系统。来自各种应用领域的专家或开发人员,利用多媒体开发工具软件或计算机语言,组织编排大量的多媒体数据,使其成为最终的多媒体产品。多媒体应用系统直接面向用户,所涉及的应用领域主要有文化教育教学软件、信息系统、电子出版、音像、影视特技、动画等。

2.2 光存储设备

多媒体信息的数据量非常大,存储和传输问题比较突出。光存储技术自诞生后已得到迅速发展,为存储和发行多媒体信息提供了保证。光盘存储器具有存储密度高、存储容量大、工作稳定、寿命长、价格低廉、便于携带等优点,成为普遍使用的信息存储载体。

光存储技术是通过激光在记录介质上进行数据读写的存储技术。其基本原理是:改变一个存储单元的某种性质(如反射率、反射光极化方向等),使其性质的变化反映被存储为二进制数0、1。在读取数据时,光电检测器通过检测到的光强和光极性的变化,从而读出存储在介质上的数据。

2.2.1 光存储设备的类型

1. 光存储系统的组成

光存储系统由光盘驱动器和光盘盘片组成。光盘驱动器是读、写光盘数据的控制和驱动设备,光盘盘片是存储数据的介质。

2. 光存储设备分类

按照光存储器的读写能力,可分为3类:只读型、可写型、可重写型。

(1) 只读型。只读型光盘的数据是在制作光盘时写入的,这种光盘上的数据只能读取,无法改变。用户可使用光盘驱动器从只读光盘上多次读出存储的数据。它通常用于存储大量的、不需要改变的数据信息,如各类电子音像出版物等。常见的 CD-ROM、CD-DA、VCD 和 DVD 等都属于只读型光盘。

(2) 可写型。用户不但可以使用可写型光盘驱动器对可写型光盘写入数据,还能在光盘未记录的部分追加新的数据,但是已经写入的数据不能再修改(可多次读出)。CD-R 就属于这类光盘。

(3) 可重写型。可重写型光盘像磁盘一样具有可擦写性,也就是说,可以使用可重写型光盘驱动器对其进行数据的追加、删除和改写。CD-RW 和 DVD-RW 是可重写型光盘的代表。

2.2.2　光盘存储格式标准

光盘从问世以来，出现了各种各样的应用于不同领域的光盘存储格式。下面介绍几种常见的光盘存储格式。

(1) CD-DA。CD-DA(Compact Disc-Digital Audio)是 1982 年推出的激光唱盘标准，其信息存放标准根据国际标准化组织(ISO)“红皮书”(Red Book)定义，专门用来以音轨的方式存储数字化的高保真音频信息，常见的音乐 CD 盘就是这种格式。

(2) CD-ROM。CD-ROM 信息存放标准根据 ISO9660“黄皮书”(Yellow Book)标准定义而成。CD-ROM 主要用于作为计算机的辅助存储器，存储计算机使用的数据。CD-ROM 标准是在 CD-DA 之后产生的，两者之间有许多相似之处，也有根本区别，即 CD-DA 只能存放音乐，而 CD-ROM 可以存放文本、图形、声音、视频及动画。

(3) CD-R。CD-R(Compact Disk Recordable)是基于“橙皮书”的一种可刻录多次的光盘。CD-R 空白盘上一旦按照某种文件格式写入数据，就变成了 CD-DA、CD-ROM 或 VCD 光盘形式。

(4) Photo CD。Photo CD 是 Kodak 公司推出的使用光盘存储数字照片的标准。照片的分辨率非常高，还可以加上解说词和背景音乐，成为有声的电子相册。

(5) VCD。VCD(Video-CD)是激光视盘标准。它是 JVC、Philips 等公司于 1993 年联合制定的数字电视视盘技术规范，称为“白皮书”标准。VCD 采用 MPEG-1(活动图像压缩国际标准-1)数据压缩技术把视频和音频信息记录在轨道上。其视频效果略高于录像带，音质则同 CD 唱盘相当。VCD 按照 MPEG-1 标准对音频、视频数据进行压缩后，提高了存储空间的利用率，使一张盘片能存放 74 分钟的活动图像与伴音。

(6) DVD。DVD(Digital Versatile Disc)光盘具有更高的存储密度，其容量为 4.7～17GB(是普通 CD 的 8～25 倍)，读取速度是 CD 的 9 倍以上。DVD 与新一代音频、视频处理技术(如 MPEG-2、HDTV)相结合，可提供近乎完美的声音和影像。

(7) BD 和 HD DVD。2002 年 2 月，以 Sony 和 Philips 等公司为核心的生产商联合发布了蓝光(Blu-ray Disc，BD)技术标准，标志着下一代 DVD 的产生。单层蓝光盘可以存储 25GB 的数据，双层蓝光盘可存储 50GB 的数据，这使得光存储器容量有了很大的突破，可用来保存更大容量的高清晰画质和音质。

HD DVD 格式是由日本东芝公司等开发的一种高清晰 DVD 光盘格式，它的激光规格与 DVD 规格很相似，但其容量有较大的提高。HD DVD 盘片分只读型和可重写型两种，其只读型单面双层可达 30GB，可重写型单面双层可达 40GB。HD DVD 的规格较易与 DVD 产品兼容。

CD 光盘采用波长为 780nm 的近红外不可见激光读写数据，DVD 光盘采用波长为 650nm 的红色激光进行读写操作，而蓝光光盘采用波长为 405nm 的蓝紫色激光进行读写操作。

表 2-1 列出了 VCD 光盘、DVD 光盘与 BD 光盘的特征。

表 2-1　VCD 光盘、DVD 光盘与 BD 光盘的特征

项　　目	种　　类		
	VCD	DVD	BD
盘片直径	120mm	120mm	120mm
盘片厚度	1.2mm	0.6mm×2(两片黏合而成)	1.2mm(1.1mm+0.1mm)
存储容量	0.688GB	4.7GB(单面单层) 8.5GB(单面双层) 9.4GB(双面单层) 17GB(双面双层)	25GB(单层) 50GB(双面)
信道间距	1.6μm	0.74μm	0.32μm
记录信息的最小长度	0.83μm	0.4μm	0.14μm
激光波长	780nm	635/650nm	405nm
盘片旋转速度	1.2 m/s	4.0m/s(CLV)	36～72m/s
视频压缩标准	MPEG-1	MPEG-2	MPEG-2、MPEG-4、AVC/H.264
音频压缩标准	MPEG1 Audio	MPEG2 Audio、A3-C、DTS	Dobly TrueHD、Dobly Digital Plus、DTS

2.2.3　CD-ROM 光存储系统

CD-ROM(Compact Disc-Read Only Memory)是只读光盘存储器,包括 CD-ROM 驱动器和 CD-ROM 盘片两部分组成。其中,CD-ROM 盘片中的信息是制作光盘时采用专用设备一次性装入的。CD-ROM 驱动器的主要任务是读取 CD-ROM 盘片上的数据。

1. CD-ROM 光盘的结构

CD-ROM 盘片是直径为 120mm 的圆盘,中心定位孔为 15mm,盘片厚度为 1.2mm。CD-ROM 盘片用单面存储数据,另一面用来印刷商标。

CD-ROM 盘片的结构从下到上由盘基、反射层和保护层组成,截面如图 2-3 所示。

盘基是用聚碳酸酯塑料压制成的透明衬底,光盘中的数据在聚碳酸酯层上以一系列凹坑和非凹坑的形式记录下来。

图 2-3　CD-ROM 盘片的结构截面

盘基上层为反射层,是喷镀的金属膜(通常为铝)。当光盘驱动器读取数据时用来反射激光光束。

反射层之上是保护层,一般使用树脂材料。它直接涂在反射层上。该层上印刷有盘片标识、商标等。

与磁盘以同心圆方式排列的磁道存储数据不同,CD-ROM 光盘信息以沿着盘面由内向外的螺旋形信息轨道(光道)的一系列凹坑和非凹坑的形式存储。光道上不论是内圈还是外圈,各处的存储密度相同。光道的间距为 1.6μm,光道宽度为 0.6μm,光道上凹坑深约 0.12μm。

2. CD-ROM 光盘的制作过程

CD-ROM 光盘的制作包含以下几个阶段。

（1）预处理。预处理包括数据准备和预制作光盘两个阶段。数据准备是把要存储到光盘上的文件收集、整理并存储到硬盘等存储介质上；预制作光盘是指把准备好的数据按照需要的光盘存储格式进行转换。

（2）母盘制作。首先把经过预处理的数据送入激光光盘编码器，经过编码调制的激光束照射玻璃主盘上的感光胶，形成长度不同的曝光区与非曝光区。然后用化学方法使曝光区脱落产生凹坑，而非曝光区被保留，二进制数据即以凹坑和非凹坑的形式记录下来。之后对该盘进行化学电镀处理，在表面形成一层银或镍，分离后就得到了金属原版盘。通过金属原版盘再制作母盘，最后由母盘制作出压模。

（3）压模复制光盘。光盘的盘基采用聚碳酸酯塑料制作。把加热后的聚碳酸酯注入批量复制设备成型机的盘模中，压模上的数据压制到正在冷却的塑料盘上。然后，在盘上涂覆一层铝用于读出数据时反射激光束。最后，涂上一层保护漆和印制标识。

3. CD-ROM 驱动器的工作原理

CD-ROM 光盘驱动器的激光头由激光发射器、半反射棱镜、透镜和光电二极管组成。

光盘驱动器在读取光盘数据时，激光发射器发出的激光束透过半反射棱镜汇聚在透镜上，经透镜聚焦成极小的光点并透过光盘表面的透明基底照射到凸凹面上。此时光盘的反射层就会将照射的光线反射回去，透过透镜再照射到半反射棱镜上。由于半反射棱镜是半反射结构，因此不会让光线再穿过它返回到激光发射器，而是反射到光电二极管上。由于从凹坑和非凹坑反射回来的光强度不同，在边沿发生突变，光强度突变被表示为 1，持续一段时间的连续光强被表示为 0。光电二极管检测到的是用 0 或 1 排列的数据，供解码器解析成保存的数据。

4. CD-ROM 驱动器的主要技术指标

（1）平均存取时间：平均存取时间是指从计算机向光盘驱动器发出命令开始，到光盘驱动器在光盘上找到需读/写的信息的位置并接受读/写命令为止的一段时间。平均存取时间越小越好，一般不超过 95ms。

（2）数据传输速率：数据传输速率一般是指单位时间内光盘驱动器读取出的数据量。该数值与光盘转速和存储密度有关。单速（150kb/s）、倍速（300kb/s）、四速（600kb/s），以此类推。目前，光盘驱动器的数据传输速率已达到 40 倍速甚至更高。

（3）接口方式：光盘驱动器接口标准有 SCSI 接口、IDE 接口和 USB 接口。SCSI 接口型驱动器需采用专门的 SCSI 接口卡与计算机主板连接，它的速度快，数据传输率高，价格较高；IDE 接口的光驱采用普通的 IDE 接口方式与计算机主板相连，在实用性上好于其他接口，价格便宜、兼容性好，应用最广泛。USB 接口的光驱使用 USB 接口与计算机相连，其优点是便于携带、安装，但它的数据传输率要比 SCSI 和 IDE 接口低。

（4）缓存大小：缓存大小是衡量光盘驱动器性能的重要技术指标之一。CD-ROM 驱动器读取数据时，先将数据暂时存储到缓存中，然后进行传输。缓存容量越大，一次读取的数据量越大,获取数据的速度越快。CD-ROM 驱动器的缓存容量一般在 128～512KB。

2.2.4 CD-R 光存储系统

CD-R 光盘是一种记录式光盘。基于“橙皮书”的 CD-R 空白光盘实际上没有记录任何信息。一旦按照某种文件格式并通过刻写程序和设备将需要长期保存的数据写入空白的 CD-R 盘片上,这时的 CD-R 光盘就会变成基于“红皮书”“绿皮书”和“黄皮书”等格式。写入 CD-R 盘的数据可在 CD-ROM 驱动器上读出。

CD-R 驱动器被称为“光盘刻录机”。通过光盘刻录机可将数据写到 CD-R 光盘上。写入 CD-R 盘上的数据不能擦除,但允许在 CD-R 盘的空白部分多次写入数据。

1. CD-R 盘片的结构

CD-R 盘片的结构从下到上共有 4 层,依次为盘基、感光层、反射层和保护层。其中,感光层为有机染料层,反射层用金(或纯银)材料取代铝反射层。

压制 CD-R 盘的印模具有很长的螺旋形脊背,使压制的 CD-R 盘形成预刻槽。预刻槽是摆动的,用于跟踪记录期间的轨迹。

2. CD-R 的刻录和读取原理

CD-R 刻录原理如下:用输入数据调制刻录机写激光光线的强弱;光线通过 CD-R 空白盘的聚碳酸酯层照射到有机染料层表面的一个特定部位上,强的激光束照射时产生的热量将有机染料烧熔,形成光痕(凹坑);光痕处与原染料层的反射率不相同,因而可以记录 0、1 数字信号。

必须注意,CD-R 刻录数据过程不能被中断。如果 CD-R 在螺旋轨道上顺序刻写数据时,中途由于某种原因(如缓冲存储区欠载或人为中止刻录等)使得刻录中断,这张 CD-R 盘就报废了。

当 CD-ROM 驱动器读取 CD-R 盘上的信息时,激光将透过聚碳酸酯和有机染料层照射镀金层的表面,并反射到 CD-ROM 的光电二极管检测器上。由于光痕会改变激光的反射率,因此 CD-ROM 驱动器的光电检测器根据反射回来的光线的强弱来分辨数据 0 和 1。

2.2.5 CD-RW 光存储系统

CD-RW 是 Compact Disc-Rewriteable 的缩写。CD-RW 驱动器也称为“可擦写光盘刻录机”,CD-RW 盘片具有反复擦写功能。

1. CD-RW 盘片的结构

CD-RW 盘片的多层结构由基盘上沉积的电介质层、相变记录层、冷却层和保护层等形成。

2. CD-RW 盘片擦写原理

CD-RW 盘片的记录介质层采用了相变材料。这种材料在固态时存在两种状态:非晶态和晶态。该盘片正是利用记录介质的非晶态和晶态之间的互逆变化来实现数据的记录和擦除。写过程是把记录介质的信息点从晶态转变为非晶态;擦过程是写过程的逆过程,即把激光束照射的信息点从非晶态恢复到晶态。为了实现反复擦写数据,CD-RW 刻录机使用了 3 种能量不相同的激光。

(1) 高能激光:又被称为写入激光(Write Power),使记录材料达到非晶态。

(2) 中能激光:也称为擦除激光(Erase Power),使记录材料转化为晶态。

(3) 低能激光:也称为读出激光(Read Power),它不能改变记录材料的状态,通常用于读取盘片数据。

3. CD-RW 盘片的擦写过程

在写入数据期间,用写入激光束照射在空白 CD-RW 盘片的某一特定区域上,让激光温度高于相变材料融化点温度(500~700℃)。这时被照射区域内的相变材料融化形成液态,然后迅速充分冷却下来,液态时的非晶态就被固定下来。这种状态造成了相变材料体积的收缩,从而在激光照射的地方形成了一个凹坑,以便存储数据。而当擦除激光束照射相变材料时,由于激光束的温度未达到相变材料融化点但又高于结晶温度(200℃),照射一段充足的时间(至少长于最小结晶时间),则还原到晶态。

2.2.6 DVD 光存储系统

尽管 CD 光存储家族成员众多,且覆盖了许多领域,但其存储容量还局限于 650MB 左右。随着计算机软硬件技术的发展和多媒体技术被广泛应用,人们对光盘存储容量和读取速度提出了更高的要求,DVD 光存储便应运而生。DVD 光存储达到了 17GB 级的容量,并在多媒体视听领域发挥出越来越重要的作用。

1. DVD 光存储系统的类型

同 CD 光存储系统一样,DVD 光存储设备也分只读型 DVD-ROM、写读型 DVD-R 和可重写型 DVD-RW。

(1) DVD-ROM 存储系统。DVD-ROM 驱动器是只读型,它与 CD-ROM 驱动器的作用相似。DVD 标准向下兼容,DVD-ROM 驱动器可以读取 CD-ROM 光盘;第二代 DVD-ROM 驱动器还与 CD-R 兼容,可读取 CD-R 驱动器和 CD-RW 驱动器刻录出来的光盘。大部分 DVD-ROM 驱动器具有低于 100ms 的平均寻道时间和大于 1.3Mb/s 的数据传输率。

DVD 盘片和 CD 盘片在外观和尺寸上很相似。直径相同,厚度也相同。但 CD 盘片厚度为 1.2mm,而 DVD 盘片由两片 0.6mm 厚的衬底黏合而成。DVD 盘片有单面单层、单面双层、双面单层、双面双层 4 种。

DVD 驱动器通过缩短激光器的波长来提高聚焦激光束的精度并加大聚焦透镜的数值孔径,因此 DVD 盘片的光道间距和记录信息的最小凹坑、非凹坑长度减小了许多,这是 DVD 盘存储容量提高的主要原因。DVD 信号的调制方式和错误校正方法也做了相应的修正以适合高密度的需要。

(2) DVD-R 存储系统。DVD-R 是可写数据的 DVD 规格。DVD-R 驱动器可对空白的

DVD-R 盘片进行一次性写入数据的操作。

(3) DVD-RW 存储系统。DVD-RW 是可重写数据的 DVD 规格。DVD-RW 驱动器可对 DVD-RW 盘片进行追加、删除、改写数据。

2. DVD 存储格式标准

DVD 在发展初期的原名为 Digital Video Disc,后来因其不光可以存储视频信息还有更广泛的用途而改名为 Digital Versatile Disc(数字多用光盘)。

(1) DVD-Video。DVD-Video 为数字视频信息的 DVD 规格,专门存放以 MPEG-2 数据压缩技术压缩的视频和音频信息。DVD-Video 画质比以往的 MPEG-1 标准的 VCD 清晰得多,并可提供杜比数码环绕立体声效果。DVD-Video 提供 4∶3 和 16∶9 两种屏幕比例的选择,可以有 8 种语言的配音以及 32 种字幕。DVD 视盘在制作过程中通过加密或干扰来防止拷贝。一张单面单层 DVD-Video 盘可容纳 133 分钟的视频节目。

(2) DVD-Audio。DVD-Audio 为数字音乐信息的 DVD 规格,着重超高音质的表现。

(3) DVD-ROM。DVD-ROM 存储计算机使用的各种数据。

2.2.7 BD 光存储系统

蓝光光盘(Blu-ray Disc,BD)是 DVD 之后的下一代光盘格式之一,具有高存储量、高可靠性、高安全性、存储时间长等特点。

蓝光技术属于相变光盘(Phase Change Disk)技术,相变光盘利用激光使存储介质在非晶态和晶态之间发生可逆变化来实现信息的记录和擦除。在写数据时,聚焦激光束加热存储介质的目的是改变相变存储介质晶体状态,用结晶状态和非结晶状态来区分 0 和 1。读数据时,利用结晶状态和非结晶状态具有不同反射率这个特性来检测 0 和 1 信号。

在光盘结构方面,蓝光光盘彻底脱离了 DVD 光盘“0.6mm+0.6mm”设计,采用了“1.1mm 盘基+0.1mm 保护层”结构,并配合高 NA(数值孔径)值保证极低的光盘倾斜误差。0.1mm 覆盖保护层结构对倾斜角的容差较大,不需要倾斜伺服,从而减少了盘片在转动过程中由于倾斜而造成的读写失常,使数据读取更加容易。但由于覆盖层变薄,光盘的耐损、抗污性能随之降低,为了保护光盘表面.光盘外面必须加装光盘盒。

在存储方式上,蓝光使用了槽内(ingroove)记录方式,寻址方面则采用了基于 STW+MSK 技术改良后的摆动寻址(或称为抖颤寻址)方式。蓝光的地址信息的基本单位被称为预刻槽地址(ADIP)。一个单位存储 1b 地址信息,每个 ADIP 由 56 个槽内摆动构成。56 个摆动可分为利用 MSK(最小频移键控)方式调制的区域和利用 STW(锯齿摆动)方式调制的区域,前者通过 MSK 方式调制来确定摆动槽内位置,后者则是利用 STW 方式的“锯齿”方向来判断 0、1 信息。

独特的安全系统是蓝光存储与众不同的特点。蓝光盘采用 128b AES(Advanced Encryption Standard,AES)加密密钥,AES 能让每 6KB 数据就执行一次防盗密钥更新。如果反防盗锁入侵蓝光光盘,则只能盗取 6KB 数据。

蓝光驱动器是利用波长较短的蓝色激光(405nm)读取和写入数据。获得授权的蓝光光驱均可以向下兼容,包括 DVD-ROM、VCD 以及 CD,但部分 CD 在一些蓝光播放器中无法播放。

近年来，随着 HHD 硬盘、SSD 全固态硬盘、移动硬盘、U 盘等存储技术的快速发展，其存储速度、存储密度、存储容量不断增大，成本不断降低。而后又随着网络速度的不断提高，云存储的应用，经历了数代进步的光盘市场开始不断萎缩。

随着云计算、物联网、人工智能、大数据云存储时代的到来，面对大数据时代长期保存、低能耗、高可靠的存储要求，光存储技术又开始受到重视和发展。未来光存储技术研究主要围绕新的存储方式工程化和性能更优良的存储介质材料。

2.3　多媒体常用外部设备

多媒体信息输入计算机以及从计算机输出到外部需要一些专门的设备。例如，照片可使用扫描仪数字化并输入到计算机；摄像机、录像机的视频信号也可数字化并存储到计算机中；图像信息可通过打印机输出；开发的多媒体应用系统需要使用刻录机将软件制作成光盘传播等。

2.3.1　扫描仪

扫描仪是一种图像输入设备。利用光电转换原理，通过扫描仪光电管的移动或原稿的移动，可以把黑白或彩色的原稿信息数字化后输入计算机中。它还用于文字识别、图像识别等领域。

1. 扫描仪的结构和原理

1）结构

扫描仪主要由电荷耦合器件阵列（Charge Coupled Device，CCD）、光源及聚焦透镜组成。CCD 排成一行或一个阵列。阵列中的每个器件都能把光信号变为电信号。光敏器件所产生的电量与所接收的光量成正比。

2）信息数字化原理

以平面式扫描仪为例。把原件面朝下放在扫描仪的玻璃台上，扫描仪内发出光照射原件，反射光线经一组平面镜和透镜导向后，照射到 CCD 的光敏器件上。来自 CCD 的电量送到模数转换器中，将电压转换成代表每个像素色调或颜色的数字值。步进电机驱动扫描头沿平台做微增量运动，每移动一步，即获得一行像素值。

扫描彩色图像时分别用红、绿、蓝滤色镜捕捉各自的灰度图像，然后把它们组合成为 RGB 图像。有些扫描仪为了获得彩色图像，扫描头要分三遍扫描。而另一些扫描仪则只需要旋转光源前的各种滤色镜，扫描一遍即可完成扫描工作。

2. 扫描仪的类型与性能

1）按扫描方式分类

按扫描方式的不同，可以将扫描仪分为 4 种：手持式、平板式、滚筒式和胶片式。

（1）手持式扫描仪体积小，重量轻，携带方便。一次扫描宽度仅为 105mm，其分辨率通常为400dpi，扫描精度低。

(2) 平板式扫描仪用线性CCD阵列作为光转换元件，单行排列，称为CCD扫描仪。CCD扫描仪使用长条状光源投射原稿，原稿可以是反射原稿，也可以是透射原稿。这种扫描方式速度较快，价格较低，应用最广。

(3) 滚筒式扫描仪使用圆柱形滚筒设计，把待扫描的原稿装贴在滚筒上，滚筒在光源和光电倍增管(PMT)的管状光接收器下面快速旋转，扫描头做慢速横向移动，形成对原稿的螺旋式扫描，其优点是可以完全覆盖所要扫描的文件。滚筒式扫描仪对原稿的厚度、硬度及平整度均有限制，因此滚筒式扫描仪主要用于大幅面工程图纸的输入。

(4) 胶片扫描仪主要用来扫描透明的胶片。胶片扫描仪的工作方式较特别，光源和CCD阵列分居于胶片的两侧。扫描仪的步进电机驱动的不是光源和CCD阵列，而是胶片本身，光源和CCD阵列在整个过程中是静止不动的。

2) 按扫描幅面分类

幅面表示可扫描原稿的最大尺寸，最常见的为A4和A3幅面的台式扫描仪，此外，还有A0大幅面扫描仪。

3) 按接口标准分类

扫描仪按接口标准分为3种：SCSI接口、EPP增强型并行接口、USB通用串行总线接口。

4) 按反射式或透射式分类

反射式扫描仪用于扫描不透明的原稿，它利用光源照在原稿上的反射光来获取图形信息；透射式扫描仪用于扫描透明胶片，如胶卷、X光片等。目前已有两用扫描仪。它是在反射式扫描仪的基础上再加装一个透射光源附件，使扫描仪既可扫反射稿，又可扫透射稿。

5) 按灰度与彩色分类

扫描仪可分灰度和彩色两种。灰度扫描仪只能获取灰度图形。彩色扫描仪则可还原彩色图像。彩色扫描仪的扫描方式有三次扫描和单次扫描两种。三次扫描方式又分三色和单色灯管两种。前者采用R、G、B三色卤素灯管做光源，扫描3次形成彩色图像，这类扫描仪色彩还原准确；后者用单色灯管扫描3次，棱镜分色形成彩色图像，也有的通过切换R、G、B滤色片扫描3次，形成彩色图像，采用单次扫描的彩色扫描仪，扫描时灯管在每线上闪烁红、绿、蓝3次，形成彩色图像。

3. 扫描仪的技术指标

描述扫描仪的技术指标主要包括扫描精度、灰度级、色彩深度、扫描速度、鲜锐度等。

1) 扫描精度

扫描精度通常用光学分辨率×机械分辨率来衡量。

(1) 光学分辨率(水平分辨率)：指的是扫描仪上的CCD感光元件每英寸能捕捉到的图像点数，表示扫描仪对图像细节的表达能力。光学分辨率用每英寸点数(Dot Per Inch，DPI)表示。光学分辨率取决于扫描头里的CCD数量。

(2) 机械分辨率(垂直分辨率)：指的是带动CCD感光元件的步进电机在机构设计上每英寸(1英寸=2.54厘米)可移动的步数。

(3) 最大分辨率(插值分辨率)：指通过数学算法得到的每英寸的图像点数。做法是，将感光元件扫描的图像资料通过数学算法(如内差法)在两个像素之间插入另外的像素。适度地利用数学演算手法提高分辨率，可提升原稿扫描图像的品质。

一个完整的扫描过程是，感光元件扫描完原稿的第一条水平线后，再由步进电机带动感光元件进行第二条水平线扫描。如此周而复始直到整个原稿都被扫描完毕。

一台具有 600×1200dpi 分辨率的扫描仪表示其横向光学分辨率及纵向机械分辨率分别为 600dpi 及 1200dpi。分辨率越高，所扫描的图片越精细，产生的图像就越清晰。

2) 灰度级

灰度级是表示灰度图像的亮度层次范围的指标，是指扫描仪识别和反映像素明暗程度的能力。换句话说就是扫描仪从纯黑到纯白之间平滑过渡的能力。灰度级越大，扫描层次越丰富，扫描的效果也就越好。目前，多数扫描仪用 8b 编码即 256 个灰度等级。

3) 色彩精度

彩色扫描仪不仅要对像素分色，把一个像素点分解为 R、G、B 三基色的组合，还要用灰度级表示每个基色的深浅程度，这就是色彩精度。

色彩精度表示彩色扫描仪的颜色范围，通常用标识每个像素点上颜色的数据位数(b)来描述。常见扫描仪的色彩位数为 24，30，36，48。

4) 扫描速度

扫描仪的扫描速度也是一个不容忽视的指标，时间太长就会使其他配套设备出现闲置等待状态。扫描速度不能仅由扫描仪将一页文稿扫入计算机的速度评定，还应考虑将一页文稿扫入计算机后再完成处理所需的时间。

5) 鲜锐度

鲜锐度是指图片扫描后的图像清晰程度。扫描仪必须具备边缘扫描处理锐化的能力。调整幅度应广而细致，锐利而不粗化。

2.3.2　数码相机

普通相机的成像原理是，通过镜头聚焦被摄物体发射或反射的光线，将影像记录于卤化银感光胶片上。感光胶片的片基上涂覆有银的卤化物小颗粒。这种化合物在光线的照射下会分解生成银单质。通过显影、定影等一系列操作，洗去未分解的卤化物后可得到稳定的负片，最后在相纸上成像，得到照片。

数码相机使用电荷耦合器件作为成像部件。它把进入镜头照射于电荷耦合器件上的光影信号转换为电信号，再经模/数转换器处理成数字信息，并把数字图像数据存储在相机内的磁介质中。数码相机通过液晶显示屏来浏览拍摄后的效果，并可删除不理想的图像。相机上有标准计算机接口，以便数字图像传送到计算机中。

1. 数码相机的结构

(1) CCD 矩形网格阵列。与扫描仪相同的是数码相机的关键部件也是 CCD。但与扫描仪不同的是，数码相机的 CCD 阵列不是排成一条线，而是排成一个矩形网格分布在芯片上，形成一个对光线极其敏感的单元阵列，这使得照相机可以一次摄入一整幅图像，而不必像扫描仪那样逐行缓慢地扫描图像。

CCD是数码相机的成像部件,可以将照射于其上的光信号转变为电压信号。CCD芯片上的每一个光敏元件均对应将来生成的图像的一个像素(pixel),CCD芯片上光敏元件的密度决定了最终成像的分辨率。

(2) 模/数(A/D)转换器。相机内的A/D转换器将CCD上产生的模拟信号转换成数字信号,变换成图像的像素值。

(3) 存储介质。数码相机内部有存储部件。通常,存储介质由普通的动态随机存取存储器、闪速存储器或小型硬盘组成。

(4) 接口。图像数据通过一个串行口或SCSI接口或USB接口从照相机传送到计算机。

2. 数码相机的工作过程

用数码相机拍照时,进入照相机镜头的光线会聚焦在CCD上。当照相机判定已经聚集了足够的电荷(即相片已经被合适地曝光)时,就会"读出"在CCD单元中的电荷,并传送给模/数转换器。模/数转换器把每一个模拟电平用二进制数量化。从模/数转换器输出的数据传送到数字信号处理器后,系统会对数据进行压缩,并将其存储在照相机的存储器中。

3. 数码相机的主要技术指标

(1) CCD像素数。数码相机的CCD芯片上光敏元件数量的多少称为数码相机的像素数。它是目前衡量数码相机档次的主要技术指标,决定了数码相机的成像质量。如果一部照相机标示着最大分辨率为1600×1200,则其乘积等于192 000,即为这部相机的有效CCD像素数。相机技术规格中的CCD像素通常会标成200万甚至211万,其实这只是它的插值分辨率。在选购时,一定要分清楚相机的真实分辨率。

(2) 色彩深度。色彩深度用来描述生成的图像色彩所用的二进制位数。数码相机的色彩深度有24b、30b、36b。

(3) 存储功能。影像的数字化存储是数码相机的特色,在选购高像素数码相机时,要尽可能选择采用更高容量存储介质的数码相机。

2.3.3 触摸屏

触摸屏是一种坐标定位装置,属于输入设备。作为一种特殊的计算机外设,它提供了简单、方便、自然的人机交互方式。通过触摸屏,用户可直接用手向计算机输入坐标信息。

1. 触摸屏原理

触摸屏系统一般包括触摸屏控制卡、触摸检测装置和驱动程序3部分。触摸检测装置安装在显示器屏幕表面的前端,主要作用是检测用户的触摸位置,并传送给触摸屏控制卡。触摸屏控制卡有一个独立的CPU和固化在芯片中的监控程序,其作用是从触摸检测装置上接收触摸信息,并将它转换成触点坐标,再发送给主机,同时还能接收主机发来的命令并执行。

2. 触摸屏的种类

按照触摸屏技术原理分类，可以将触摸屏分为 5 种类型：红外线触摸屏、电阻触摸屏、电容式触摸屏、表面声波触摸屏、近场成像触摸屏。

1）红外线触摸屏

红外线触摸屏是一种利用红外线技术的装置。其显示器前面架有一个边框形状的传感器，边框的四边排列着红外线发射管及接收管，在屏幕表面形成一个红外线网。用户以手指触摸屏幕某一点，便会挡住经过该位置的横竖两条红外线。检测 X、Y 方向被遮挡的红外线位置，便可得到触摸位置的坐标数据，将其传送到计算机中进行相应的处理。

红外触摸屏价格便宜，安装容易，能较好地感应轻微触摸与快速触摸，但是对环境要求较高。由于红外线式触摸屏依靠红外线感应动作，因此外界光线变化会影响其准确度。红外线式触摸屏表面的尘埃污秽等也会引起误差，影响性能，因此不适宜置于户外和公共场所使用。

2）电阻触摸屏

电阻触摸屏的屏体部分是一块与显示器表面相匹配的多层复合薄膜，由一层玻璃或有机玻璃作为基层，基层两个表面涂有一层透明的导电层，两层导电层之间有极小的间隙，使它们互相绝缘。最外面则涂覆了一层透明、光滑且耐磨损的塑料层。

当手指触摸屏幕时，触摸点位置会因外表受压，而在平常相互绝缘的两层导电层之间有了一个接触点。因其中一面导电层已经被附上横、竖两个方向的均匀电压场，所以此时侦测层的电压由零变为非零。这种接通状态被控制器侦测到后，进行 A/D 转换，并将得到的电压值与均匀电压场相比，即可计算出触摸点的坐标。

电阻触摸屏对环境的要求不苛刻，它可以用任何不伤及表面材料的物体来触摸，但不可使用锐器触摸，否则可能划伤整个触摸屏而导致报废。

3）电容式触摸屏

电容式触摸屏外表面是一层玻璃，中间夹层的上下两面涂有一层透明的导电薄膜层，导体层外有一块保护玻璃。上面的导电层是工作层面，四边各有一个狭长的电极，导电体内形成了一个低电压交流电场。

用户触摸电容式触摸屏时，会改变工作层面的电容量。四边电极则会对触摸位置的容量变化做出反应。距离触摸位置远近不同的电极反应强弱不同。这种差异经过运算和变换形成触摸位置的坐标数据。

电容触摸屏不受尘埃影响，但是环境的温度、湿度、强电场、大功率发射接收装置、附近大型金属物等会影响其工作稳定性。例如，当使用电容触摸屏会有如下现象：

（1）当手持金属导体物靠近电容触摸屏时能引起电容屏的误动作。

（2）空气湿度过大时，用户即使只有身体靠近显示器而手并未触摸时也能引起电容屏的误动作。

（3）戴手套或手持绝缘物触摸时电容触摸屏没有反应。

4）表面声波触摸屏

表面声波触摸屏的触摸屏部分是玻璃平板，安装在显示器屏幕的前面。玻璃屏的左上角和右下角各固定了竖直和水平方向的超声波发射换能器,右上角则固定了两个相应的超声波接收换能器。同时,玻璃屏的四个周边则刻有45°角由疏到密间隔非常精密的反射条纹。

左上角和右下角发射换能器把控制器通过触摸屏电缆送来的脉冲信号转换为超声波,并在表面分别沿向下和向上两个方向传递。然后,玻璃板下边的一组精密反射条纹会反射声波能量,分别在玻璃表面沿X、Y方向传递,声波能量经过屏体表面,再由反射条纹聚集成线,传播给接收换能器。接收换能器将返回的表面声波能量变为电信号。当手指触摸玻璃屏时,玻璃表面途经手指部位的声波能量被部分吸收。接收波形对应手指挡住部位信号衰减了一个缺口。控制器分析接收信号的衰减,并由缺口的位置判定坐标。之后,控制器把坐标数值传给主机。

表面声波触摸屏的特点是性能稳定,反应速度快,受外界干扰小,适合公共场所使用。

5) 近场成像触摸屏

近场成像触摸屏的传感机构是中间有一层透明金属氧化物导电涂层的两块层压玻璃。若在导电涂层上施加一个交流信号,便能在屏幕表面形成一个静电场。当有手指或其他导体接触到传感器时,静电场就会受到干扰。而与之配套的影像处理控制器便可以探测到这个干扰信号及其位置并把相应的坐标参数传给操作系统。

近场成像触摸屏非常耐用,且灵敏度很好,可以在要求非常苛刻的环境及公众场合使用。其不足之处是价格比较贵。

2.3.4 数字笔与手写板

早期计算机获取文本数据的方式主要是通过键盘手动输入。随着计算机硬件设备和多媒体技术的发展,输入方式也扩展了许多。除了键盘输入外,还有手写输入、语音输入、扫描输入等。

手写输入通常是使用一种外观像笔的设备(称为输入笔),在一块特殊的板上书写文字,将笔走过的轨迹记录下来,然后识别后转换成文本数据。这种输入法接近人的书写习惯,能够轻松完成文字输入。手写输入还可用于绘画。

手写输入系统由硬件和软件两部分组成。硬件包括手写板和数字手写笔。软件用来识别写入的信息并将其转换成文本数据存储起来。

1. 手写板的分类

手写板分为电阻式压力手写板、电磁式感应手写板和电容式触控手写板3种。

1) 电阻式压力手写板

电阻式压力手写板由一层可变形的电阻薄膜和一层固定的电阻薄膜构成,中间由空气隔离。书写时用笔或手指对上层电阻加压使之变形,当其与下层接触时,下层电阻薄膜就会感应出笔或手指的位置。这种手写板的材料容易疲劳,使用寿命较短,但制作简单,成本较低。

2) 电磁式感应手写板

电磁式感应手写板通过为手写板下方的布线电路通电,并在一定时间范围内形成电磁

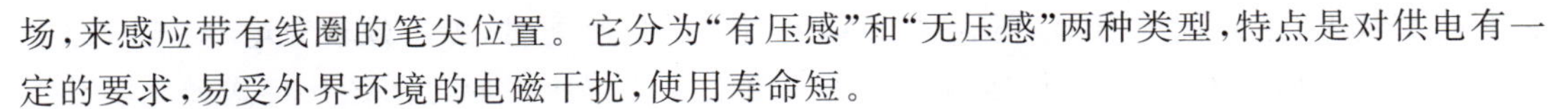

场，来感应带有线圈的笔尖位置。它分为“有压感”和“无压感”两种类型，特点是对供电有一定的要求，易受外界环境的电磁干扰，使用寿命短。

3）电容式触控手写板

电容式触控手写板通过人体的电容来感知手指的位置。即当手指接触到触控板的瞬间，就在板的表面产生了一个电容。触控板表面附着有一种传感矩阵，这种传感矩阵与一块特殊芯片一起，持续不断地跟踪着手指电容的“轨迹”，经过内部一系列的处理便能随时精确定位手指的位置（X、Y 坐标），同时测量由手指与板间距离（压力大小）形成的电容值的变化，确定 Z 坐标。

电容式触控手写板的特点用手指和笔都能操作，使用方便；手指和笔与触控板的接触几乎没有磨损，性能稳定，使用寿命长；产品成本较低，价格便宜。

2. 数字手写笔

数字手写笔有两种，一种是用线与手写板连接的有线笔，另一种是无线笔。无线笔写字比有线笔更灵活，更接近普通的笔。

3. 数字手写笔软件

数字手写笔软件用于识别手写信息并将其转换成文本数据存储起来。软件的性能通常由能否有效识别连笔字、倒插笔画字、联想字、同形字，界面可操作性等方面来考量。

2.3.5　打印机

2D 打印机作为常用的输出设备，可打印文本、图像信息。目前，打印机的打印精度、色彩还原度和速度不断提高，价格不断降低。打印机的种类很多，按所采用的技术分为针式、喷墨式、热敏式、激光式等。目前，使用最广泛的打印机是激光打印机。

随着打印技术的发展，打印机概念在不断更新。3D 打印机是近年来流行的一种输出设备。3D 打印机是基于数字模型文件分层打印生成 3D 物体的设备。

1. 彩色激光打印机

如果需要获得接近照片效果的高质量打印，可选择彩色激光打印机。

激光打印机由激光扫描系统、电子照相系统和控制系统 3 大部分组成，主要由着色装置、有机光导带、打印机控制器、激光器、传送鼓、传送滚筒及熔合固化装置构成。

彩色激光打印机采用 4 个硒鼓进行彩色打印，处理过程极其复杂。其工作原理如下。

打印彩色样稿时，有机光导带内的预充电装置先在光导带上充电，产生一层均匀电荷。激光器产生的激光束射到光导带上时，光导带相应点会进行放电。打印图像数据通过打印机控制器控制激光束的强度，因此射到光导带上的激光束的强度就反映了该图像的信息。由于光导带不停运动，不同强度的激光束就在光导带上形成放电程度不一的放电区，进而组成了与该图像相对应的潜像。当光导带上的潜像从着色装置下方通过时，与光导带接触的着色装置打开，着色剂便附着在光导带放电区（因为充电区对着色剂起排斥作用，所以着色剂不能附着其上）。光导带不停地旋转，以上着色过程多次进行，从而 4 种颜色将按原图像色彩附着其上，这样就得到了一个完整的彩色图像。与此同时，传送鼓被充电，将光导带上的彩色图像剥离下来，而后靠传送鼓和传送滚筒之间的偏压将彩色图像从传送鼓上转移下来印到纸上，再经熔合固化装置，采用热压的方法把彩色图像固化在纸上，得到最后的彩色图像成品。

2. 3D 打印机

3D 打印机又称三维打印机，其以数字模型文件为基础，运用粉末状金属或塑料等可黏合材料，通过逐层打印的方式来构造 3D 物体。现阶段 3D 打印机被用来制造产品。

3D 打印机主要由控制组件、机械组件、打印头、耗材和介质等架构组成。3D 打印的基本原理如下。首先，将数字模型导入 3D 打印机中。这个数字模型可以通过计算机辅助设计软件(CAD)创建，也可以通过 3D 扫描仪扫描现实物体得到。将数字模型导入 3D 打印机中，系统会将其切片成许多薄层。接下来，3D 打印机会将打印材料(塑料、金属、陶瓷等材料)加热到一定温度，使其变成液态或半固态状态。然后，再将打印材料逐层喷射或挤出，以创建物体的每一层。在打印过程中，3D 打印机会根据数字模型的指示，将打印材料喷射或挤出到正确的位置。一旦一层打印完成，3D 打印机会将打印平台向下移动一层，再继续打印下一层。所有层都被打印完成后，便可将打印出来的物体从打印平台上取下来。

3D 打印不需要机械加工或模具，自由成形的制造特点给产品设计思想和制造方法带来了翻天覆地的变化。以前的产品设计完全依赖于生产工艺能否实现，而 3D 打印机的出现颠覆了这一思路，任何复杂形状的设计均可以通过 3D 打印来实现。3D 打印势必成为未来制造业的众多突破技术之一，也将变革传统制造模式，催生新型制造体系，实现个性化定制等创新模式。目前，3D 打印技术已在制造业、生物医疗、建筑和文化艺术等领域得到应用，并且其应用领域将随着技术的发展不断拓展。

2.4 本章小结

本章主要介绍多媒体的基本硬件环境，包括计算机系统的体系结构、光存储器和多媒体常用的输入/输出设备等。

多媒体硬件系统主要包括计算机主要配置和各种外部设备，以及与各种外部设备连接的控制接口卡。软件系统包括多媒体驱动软件、多媒体操作系统、多媒体数据处理软件、多媒体开发工具软件和多媒体应用软件。

光存储器凭借容量大、工作稳定、密度高、寿命长、便于携带、价格低廉等优点，已成为多媒体信息存储普遍使用的设备。只要计算机系统配备光盘驱动器即可读取光盘上的信息。小批量的多媒体信息光盘可用刻录机把信息记录到可写光盘片上。

多媒体输入/输出设备用于向多媒体计算机提供媒体或输出及展现处理过的信息。2.3 节介绍了其工作原理及技术指标。

思考与练习

一、选择题

1. 下列配置中(　　)是 MPC 必不可少的。
   A. CD-ROM 驱动器　　B. 高质量的声卡
   C. USB 接口　　D. 高质量的视频采集
2. DVD 光盘最小存储容量是(　　)。
   A. 650MB　　B. 740MB　　C. 4.7GB　　D. 17GB
3. 目前市面上应用最广泛的 CD-ROM 驱动器是(　　)。
   A. 内置式的　　B. 外置式的　　C. 便携式的　　D. 专用型的
4. (　　)指标不是 CD-ROM 驱动器的主要技术指标。
   A. 平均出错时间　　B. 分辨率　　C. 兼容性　　D. 感应度
5. 下列关于触摸屏的叙述正确的是(　　)。
   A. 触摸屏是一种定位设备
   B. 触摸屏是基本的多媒体系统交互设备之一
   C. 触摸屏可以仿真鼠标操作
   D. 触摸屏也是一种显示屏幕
6. 扫描仪可在(　　)应用中使用。
   A. 拍摄数字照　　B. 图像输入　　C. 光学字符识别　　D. 图像处理
7. 下列关于数码相机的叙述正确的是(　　)。
   A. 数码相机的关键部件是 CCD
   B. 数码相机有内部存储介质
   C. 数码相机拍照的图像可传送到计算机
   D. 数码相机输出的是数字或模拟数据
8. 下列光盘中,可以进行写入操作的是(　　)。
   A. CD-R　　B. CD-RW　　C. CD-ROM　　D. VCD
9. 数码相机的核心部件是(　　)。
   A. 感光器　　B. 译码器　　C. 存储器　　D. 数据接口

二、填空题

1. 光盘在存储多媒体信息方面具有存储密度高、________、工作稳定、________、价格低廉等优点。

2. 按光盘的读写性能,可将其分为只读型、________和________ 3 种类型。

3. 多媒体 I/O 设备主要包括视频、音频与图像输入/输出设备、________、________和通信设备 5 大类。

三、简答题

1. 列举常见的光盘存储格式标准。
2. 从读写功能上来区分,光存储器分为哪几类?
3. 简述只读光盘和可擦写光盘的工作原理。
4. 光盘驱动器怎样记录信息?
5. 扫描仪和数码相机中的CCD起什么作用?
6. 触摸屏的基本工作原理是什么?

第 3 章　音频处理技术及应用

学习目标

（1）理解声音信号的特点及质量的度量方法。

（2）掌握音频信号数字化处理过程及性能指标。

（3）了解音频信号压缩方法及音频编码标准。

（4）了解音频文件的存储格式。

（5）掌握音频的基本编辑和特效处理的操作方法。

声音是人类交流最自然的方式之一。自计算机诞生以来，人们便梦想能与计算机进行“面对面”的交谈。通过给计算机安装声卡，接上麦克风和添加语音识别软件，可以让计算机倾听和理解人们的讲话；通过接上扬声器、添加语音和音乐合成软件，则可让计算机讲话和奏乐。音频信号处理技术是多媒体信息处理的核心技术之一，也是多媒体技术和多媒体产品开发中的重要内容。本章主要介绍音频的概念、音频信号的数字化、音频信号压缩方法和编码标准，以及音频信号的编辑处理。

3.1　音频基础知识

3.1.1　认识声音

1. 声音的概念

自然界的声音由物体的振动产生，通过空气等介质传到人的耳膜而被感知。因此，从物理本质上讲，声音是一种波。

描述声音特征的物理量有声波的振幅（amplitude）、周期（period）和频率（frequency）。因为频率和周期互为倒数，因此一般只用振幅和频率两个参数来描述。频率反映声音的音调高低，振幅反映声音的音量大小。

声音是一个随时间变化的信号。纯音（单音）是含单一频率的声波，一般由专用的电子设备产生。自然界的声音几乎都属于复合音，其声波由一系列不同频率、不同振幅、不同相位的正弦波线性叠加而成。

2. 声音的分类

声音的分类有多种标准，根据客观需要可分为以下 3 种。

1）按频率划分

(1) 亚音频(infrasound)：0～20Hz。

(2) 音频(audio)：20Hz～20kHz。

(3) 超音频(ultrasound)：20kHz～1GHz。

(4) 过音频(hypersound)：1GHz～1THz。

并非所有频率的声音信号都能被人感知。人耳能听到的频率范围为20Hz～20kHz，这个频率范围内的声音信号被称为音频。多媒体技术主要研究的是这部分声音信息的处理和使用。

2）按原始声源划分

(1) 语音：人类为表达思想和感情而发出的声音。

(2) 乐音：乐器弹奏时发出的声音。

(3) 声响：除语音和乐音之外的所有声音，如风雨声、雷声等自然界的声音或物件发出的声音。

语音的频率一般在300Hz～3000Hz，乐音的频率一般在20Hz～10kHz。人类的耳朵所能听到的声音频率在20Hz～20kHz范围内。因此，任何一种自然声响中频率超过20kHz的部分都是可以丢弃的，这为人们处理声音信号时，合理地确定声音的采用频率、减少声音中的冗余信息提供了理论依据。

区分不同声源发出的声音，是为了便于针对不同类型的声音，使用不同的采样频率进行数字化处理。人们需要依据不同声音产生的方法和特点，采用不同的识别、合成和编码方法。

3）按存储形式划分

(1) 模拟声音：对声源发出的声音采用模拟方式进行存储，例如用录音带录制的声音。

(2) 数字声音：对声音进行数字化处理，将声音信号变成用一串串由0、1表示的声音数据流，或者是用计算机合成的语音和音乐。

3. 声音的三要素

从听觉角度讲，声音的特征由音调、响度和音色三个要素来表征，如图3-1所示。

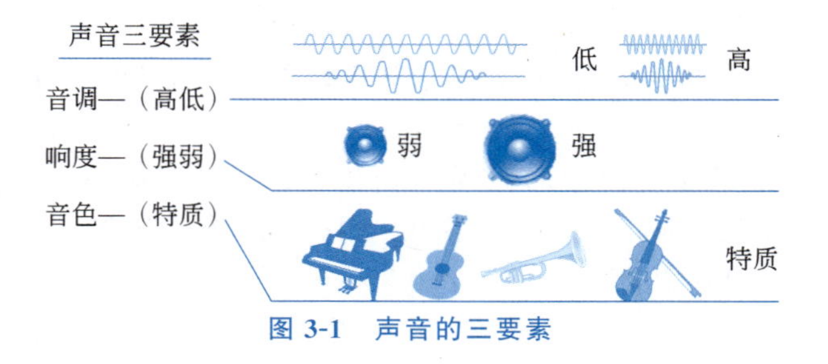

图3-1 声音的三要素

(1) 音调。音调与声音的频率有关，声源振动的频率越高，音调就越高。

(2) 响度。响度又称为音强，反映声音的强弱，与声音信号的振幅成正比。振幅越大，声音音量就越大。

(3) 音色。音色是帮助人们在听觉上区别具有同样响度和音调的两个声音之不同的属性。自然界声音多是复合音,其中含有的频率最低的基频是“基音”,表现为音调的高低;混入基音的其他各种频率的“泛音”是构成音色的重要因素。

各种声源都具有其独特的音色。例如,每个人讲话的声音、各种乐器发出的声音,都有不同的音色。

4. 声音质量的评价

声音质量很难评价,但是却是一个值得研究的课题。目前声音质量的度量有两种基本方法,一种是客观质量度量,另一种是主观质量的度量。

客观质量度量的传统方法是对声波进行测量与分析。其方法是,先用机电换能器把声波转换为相应的电信号,然后用电子仪表放大到一定的电压级进行测量与分析。随着计算技术的发展,许多计算和测量工作都使用计算机或程序来实现。这些带计算机处理系统的高级声学测量仪器能完成一系列测量工作。

客观质量度量的一个主要指标是信噪比(Signal to Noise Ration,SNR)。信噪比是指音源产生最大不失真声音信号强度与同时发出噪声强度之间的比率,通常以 S/N 表示。一般用分贝(dB)为单位,信噪比越高表示音频质量越好。信噪比(SNR)用下式计算:

$$\mathrm{SNR}=10\log[(V_{\mathrm{signal}})^2/(V_{\mathrm{noise}})^2]=20\log(V_{\mathrm{signal}}/V_{\mathrm{noise}})$$

其中,V_{signal}表示信号电压,V_{noise}表示噪声电压;SNR 的单位为分贝(dB)。

主观的质量度量通常是对某编码器输出的声音质量进行个人感觉评价。例如播放一段音乐,记录一段话,然后重放给实验者听,再由实验者进行综合评定,每个实验者都对某个编解码器的输出进行质量判分,采用类似于考试的 5 级分制,不同的平均分值对应不同的质量级别和失真级别,一般分为优、良、中、差、劣 5 级。可以说,人的感觉机理最具有决定意义。当然,可靠的主观度量值是较难获得的。

声音的质量与声音所占用的频带宽度有关,即频带越宽,声音的质量就越好。按照带宽可将声音质量分为 4 级,由低到高依次如下。

电话话音音质:200～3400Hz,简称电话音质。

调幅广播音质:50～7000Hz,简称 AM 音质。

调频广播音质:20～15 000Hz,简称 FM 音质。

激光唱盘音质:10～20 000Hz,简称 CD 音质。

由此可见,质量等级越高,声音覆盖的频率范围就越宽。

3.1.2　模拟音频与数字音频

1. 模拟音频

模拟音频是指随时间连续变动的声波的模拟记录形式。模拟音频录制技术是通过话筒等转换装置,用电信号来模拟声波物理量的变化,以磁记录或机械刻度的方式记录下来。此时磁带上剩磁的变化或密纹、唱片音槽内的纹路起伏变化都与声音信号的变化相对应。

2. 数字音频

数字音频是指通过数字信号处理技术,以数字方式记录、存储、传输和处理的音频信息。

音频的数字化是将连续变化的声音信号变成一串串由0、1构成的数据序列。光盘、硬盘等是数字音频的记录媒体。数字音频需要再转换为模拟信号才能还原播出。

3. 模拟音频与数字音频特点比较

模拟音频与数字音频相比,有如下特点。

(1) 模拟音频是连续的波动信号,数字音频是离散的数字信号。

(2) 模拟音频不便进行编辑修改,数字音频容易进行编辑、特效处理。

(3) 模拟音频用磁带或唱片做记录媒体,容易磨损、发霉和变形,不利长久保存;数字音频主要用光盘存储,不易磨损,适宜长久保存。

(4) 模拟音频进入计算机必须数字化为数字音频,而数字音频最终要转换为模拟音频才能输出。

3.2 音频信号的数字化

音频信号的数字化就是对时间上连续波动的声音信号进行采样和量化,对量化的结果选用某种音频编码算法进行编码,所得结果就是音频信号的数字形式,也就是把声音(模拟量)按照固定时间间隔,转换成有限个数字表示的离散序列,即数字音频,如图3-2所示。

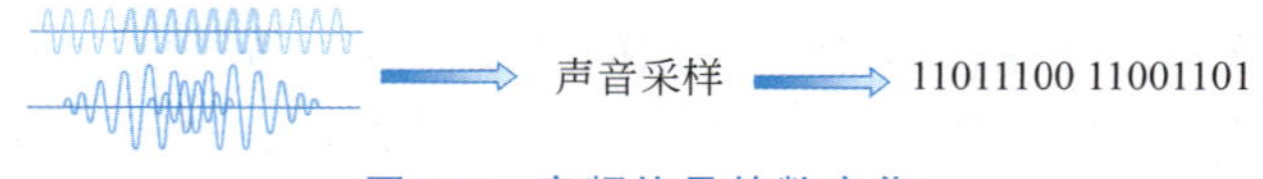

图 3-2 音频信号的数字化

3.2.1 采样和采样频率

采样又称抽样或取样,它是把时间上连续的模拟信号变成时间上断续离散的有限个样本值的信号,如图3-3所示。假定声音波形如图3-3(a)所示,它是时间的连续函数 $X(t)$,若要对其采样,需按一定的时间间隔(T)从波形中取出其幅度值,得到一组 $X(nT)$ 序列,即 $X(T)$,$X(2T)$,$X(3T)$,$X(4T)$,$X(5T)$,$X(6T)$等,如图3-3(b)所示。T 称为采样周期,$1/T$ 称为采样频率。显然,离散信号 $X(nT)$ 序列只是从连续信号 $X(t)$ 上取出的有限个振幅样本值。

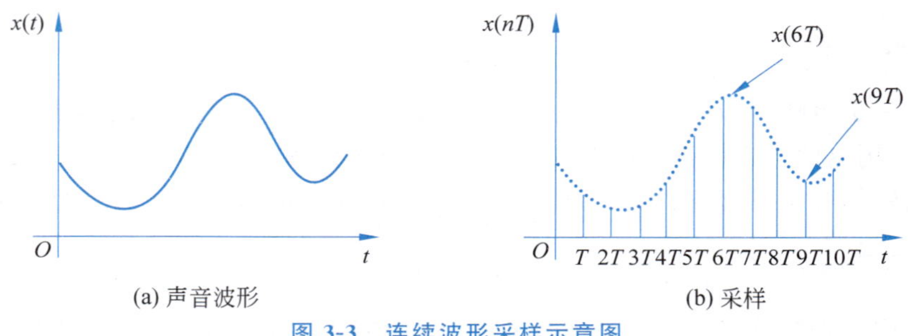

图 3-3 连续波形采样示意图

根据奈奎斯特采样定理，只要采样频率等于或大于音频信号中最高频率成分的两倍，信息量就不会丢失，也就是说只有采样频率高于声音信号最高频率的两倍时，才能把数字信号表示的声音还原成为原来的声音(原始连续的模拟音频信号)，否则就会产生不同程度的失真(低采样率使得原始声波失真，高采样率才能完美体现原始声波)。采样定律用公式表示为

$$f_s \geqslant 2f \quad 或者 \quad T_s \leqslant T/2$$

其中，f 为被采样信号的最高频率，如果一个信号中的最高频率为 f_{max}，则采样频率最低要选择 $2f_{max}$。

根据采样定理，只要采样的频率高于信号中最高频率的2倍，就可以从采样中完全恢复原始信号的波形。因为人耳所能听到的频率范围为20Hz～20kHz，所以在实际采样过程中，为了达到好的声音效果，就采用44.1kHz作为高质量声音的采样频率。

最常用的采样频率有3种：11.025kHz，22.05kHz和44.1kHz。一般在允许失真条件下，尽可能将采样频率选低些，以免占用太多的数据量。

常用的音频采样频率和适用情况如下。

(1) 8kHz：适用于对语音采样，能达到电话话音音质标准的要求。

(2) 11.025Khz：可用于对语音及最高频率不超过5kHz的声音采样，能达到电话话音音质标准以上，但不及调幅广播的音质要求。

(3) 16kHz和22.05kHz：适用于对最高频率在10kHz以下的声音采样，能达到调幅广播音质标准。

(4) 37.8kHz：适用于对最高频率在17.5kHz以下的声音采样，能达到调频广播音质标准。

(5) 44.1kHz和48kHz：主要用于对音乐采样，可以达到激光唱盘的音质标准。对最高频率在20kHz以下的声音，一般采用44.1kHz的采用频率，可以减少对数字声音的存储开销。

3.2.2 量化和量化位数

采样只解决了音频波形信号在时间坐标(即横轴)上把一个波形切成若干等份的数字化问题，但是每一等份的样本值是多少呢？即需要用某种数字化的方法来反映某一瞬间声波幅度的电压值的大小。该值的大小影响音量的高低。声波波形幅度的数字化表示称为“量化”。

量化的过程是，先将采样后的信号按整个声波的幅度划分成有限个区段的集合，把落入某个区段内的样值归为一类，并赋予相同的量化值。如何分割采样信号的幅度？采取二进制的方式，以8位(b)或16位的方式来划分纵轴。也就是说，在一个以8位为记录模式的音效中，其纵轴将会被划分为 2^8 个量化等级(quantization level)，用以记录其幅度大小。而一个以16位为记录模式的音效在每一个固定采样的区间内所被采集的声音幅度，将以 2^{16} 个不同的量化等级加以记录。

声音的采样与量化可以参考图3-4。

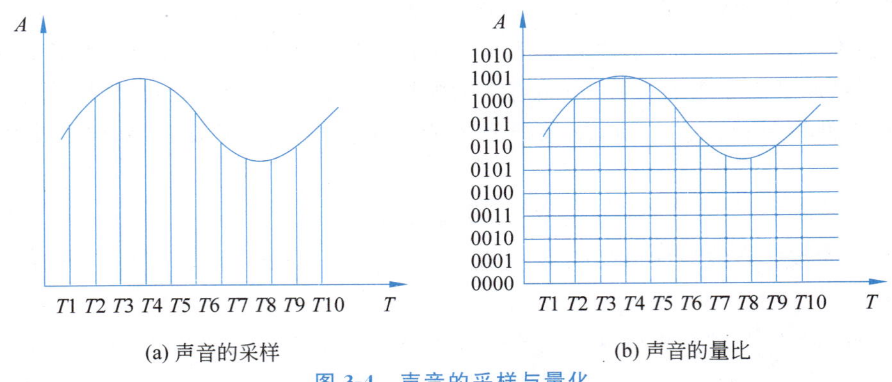

(a) 声音的采样　　(b) 声音的量比

图 3-4　声音的采样与量化

3.2.3　编码

模拟信号量经采样和量化以后,形成一系列的离散信号——脉冲数字信号。这种脉冲数字信号可以以一定的方式进行编码,形成计算机内部运行的数据。所谓编码,就是对量化结果的二进制数据以一定的格式表示的过程。也就是按照一定的格式把经过采样和量化得到的离散数据记录下来,并在有用的数据中加入一些用于纠错、同步和控制的数据。在数据回放时,可以根据所记录的纠错数据判别读出的声音数据是否有错,如在一定范围内有错,可加以纠正。

编码的形式比较多,详细介绍参见3.4节。

3.2.4　音频的数据量

数字音频的数据量决定于对声波的采样频率、量化精度以及声道数。声音通道的个数表明声音产生的波形数,单声道只产生一个波形,立体声(双声道)产生两个波形。要求的声音质量越高,则采样频率和量化位数也越高,保存这一段声音相应的存储量也就越大。

决定数字音频数据量的公式为

数据量=采样频率×量化精度×声道数/8

式中数据量的单位为B/s。

例如,采样频率为44.1kHz,量化精度为16b,则1秒立体声音频的数据量计算如下:

数据量=44100×16×2/8=176.4kB/s

数字音频的音质与数据量有一定关系,应根据使用场合和要求转换适当的声音采样频率。

3.3　音频文件格式

目前,计算机中常见的声音文件格式主要有以下几种:WAV格式、CD-DA格式、MP3格式、RA/RM/RMX格式、WMA格式、AIFF格式和MIDI格式等。

1. WAV 格式

WAV 格式的声音文件,存放的是对声音波形经采样、量化和编码后得到的数据。WAV 格式是在 Microsoft 公司开发的 Windows 环境中使用的标准格式,一般也用 wav 作为文件扩展名。WAV 文件对声源类型的包容性强,只要是声音波形,不管是语音、音乐,还是各种各样的声响,甚至于噪声都可以用 WAV 格式记录并重放。WAV 格式存储的一般是未经压缩的音频数据,因此数据量大,音质好,适于音频原始素材保存。

2. CD-DA 格式

CD 音乐光盘上的音频数据记录在一个或多个音轨(track)上,采用 44.1kHz 采样频率、16 位量化精度和双通道记录,回放时可以完全再现原始声音。CD-DA(Compact Disc-Digital Audio)文件的扩展名为 cda,即 CD 音轨。不能将 cda 文件直接复制到磁盘上播放,播放前应使用抓音轨软件把 CD-DA 格式的文件转换成 WAV 格式或其他格式。

3. MP3 格式

MP3 格式的文件是对数字化的波形声音采用 MP3 压缩编码后得到的文件, 文件扩展名为 mp3。所谓 MP3 压缩编码是运动图像压缩编码国际标准 MPEG-1 所包含的音频信号压缩编码方案的第 3 层。与一般声音压缩编码方案不同,MP3 主要是从人类听觉心理和生理学模型出发,研究的一套压缩比高而声音压缩品质又能保持很好的压缩编码方案。因此,MP3 得到了广泛的应用,并受到了广大音乐爱好者的青睐。

4. Real Audio 格式

Real Audio 格式是由 Real Network 公司推出的一种流式音频文件格式。其最大特点是可以实时传输音频信息,尤其在网速较慢的情况下仍然能较流畅地传输数据。Real Audio 格式主要有 RA、RM、RMX 三种,其共同性在于,随着网络带宽的不同而改变声音的质量,在保证大多数人听到流畅声音的前提下,使带宽较宽的听众获得更好的音质。

5. ASF、WMA 格式

ASF(Advanced Streaming Format)是 Microsoft 公司开发的流式音频文件格式。WMA(Windows Media Audio)格式是 Microsoft 公司后来力推的一种流式音频文件格式。WMA 兼顾了减少数据流又保持音质的方法来达到更高的压缩比(一般可达 18∶1),在压缩比和音质方面都超过了 MP3。此外,WMA 还可以通过 DRM(Digital Rights Management)方案加入防拷贝保护,或者加入限制播放时间和播放次数。

6. AIFF 格式

AIFF 格式是音频交换文件格式(Audio Interchange File Format)的缩写。它是一种非压缩格式的音频文件格式,文件扩展名为 aif 或 aiff,可以存储高质量的音频数据。AIFF 格式是 Apple 公司开发的一种存储音频波形的标准格式,后来成为国际标准,在其他操作系统和平台中也得到了广泛的应用。

7. MIDI 格式

MIDI 的含义是乐器数字接口(Musical Instrument Digital Interface),它本来是由全球的数字电子乐器制造商建立起来的一个通信标准,以规定计算机音乐程序、电子合成器和其他电子设备之间交换信息与控制信号的方法。按照 MIDI 标准,可用音序器软件编写或由电子乐器生成 MIDI 文件。

MIDI 文件记录的是 MIDI 消息,它不是数字化后得到的波形声音数据,而是一系列指令。在 MIDI 文件中,包含着音符、定时和多达 16 个通道的演奏定义。每个通道的演奏音符又包括键、通道号、音长、音量和力度等信息。显然,MIDI 文件记录的是一些描述乐曲如何演奏的指令而非乐曲本身。

与波形声音文件相比,同样演奏时长的 MIDI 音乐文件比波形音乐文件所需的存储空间要少很多。例如,同样 30 分钟的立体声音乐,MIDI 文件只需 200KB 左右,而波形文件则要大约 300MB。

MIDI 格式的文件一般用 mid 作为文件扩展名。MIDI 文件有几个变通格式,一个以 cmf 为扩展名,另一个以 rmi 为扩展名。CMF 文件是 Creative 公司用于记录 FM 音乐参数和模式信息的音乐文件,它与 MIDI 文件十分相似。而 RMI 则是 Microsoft 公司的 MIDI 文件格式。除此之外,不同音序器软件通常还有自定义的 MIDI 文件格式,它们之间虽然互不兼容,但有些可以相互转换。

3.4 数字音频的压缩编码

3.4.1 概述

将量化后的数字声音信息直接存入计算机会占用大量的存储空间。在多媒体音频信号处理中,一般需要对数字化后的声音信号进行压缩编码,使其成为具有一定字长的二进制数字序列,以减少音频的数据量,并以这种形式在计算机内传输和存储。在播放这些声音时,需要使用解码器将二进制编码恢复成原来的声音信号播放。

1. 声音信号压缩编码的基本依据

声音信号能进行压缩编码的基本依据主要有以下 3 方面。

(1) 声音信号中存在着很大的冗余度,通过识别和去除这些冗余度,便能达到压缩的目的。

(2) 音频信息的最终接收者是人,人的视觉和听觉器官都具有某种不敏感性,舍去人的感官所不敏感的信息对声音质量的影响很小,在有些情况下,甚至可以忽略不计。例如,人耳听觉中有一个重要的特点,即听觉的“掩蔽”。它是指一个强音能抑制一个同时存在的弱音的听觉现象。利用该性质,可以抑制与信号同时存在的量化噪声。

(3) 对声音波形取样后,相邻采样值之间存在着很强的相关性。

2. 声音的压缩编码分类

按照压缩原理的不同,声音的压缩编码可分为 3 类,即波形编码、参数编码和混合编码。

(1) 波形编码。波形编码主要利用音频采样值的幅度分布规律和相邻采样值间的相关性进行压缩。目标是力图使重构的声音信号的各个样本尽可能地接近于原始声音的采样值。由于这种编码保留了信号原始采样值的细节变化,即保留了信号的各种过渡特征,因而复原的声音质量较高。波形编码技术有 PCM(脉冲编码调制)、ADM(自适应增量调制)和 ADPCM(自适应差分脉冲编码调制)等。

(2) 参数编码。参数编码是一种对语音参数进行分析合成的方法。语音的基本参数是基音周期、共振峰、语音谱、声强等,如能得到这些语音基本参数,就可以不对语音的波形进行编码,而只要记录和传输这些参数就能实现声音数据的压缩。这些语音基本参数可以通过实验分析人的发音器官的结构及语音生成的原理,建立语音生成的物理或数学结构模型,并通过实验获得。得到语音参数后,就可以对其进行线性预测编码(LPC-Linear Predictive Coding)。

(3) 混合编码。混合编码是一种在保留参数编码技术的基础上,引用波形编码准则优化激励源信号的方案。混合编码充分利用了线性预测技术和综合分析技术,其典型算法有码本激励线性预测(CELP)、多脉冲线性预测(MP-LPC)及矢量和激励线性预测(VSELP)等。

由于波形编码可以获得很高的声音质量,因而在声音编码方案中应用较广。下面介绍波形编码方案中常用的 PCM 编码。

3.4.2 脉冲编码调制

1. 编码原理

PCM 编码调制是对连续语音信号进行空间采样、幅度值量化及用适当码字将其编码的总称,即把连续输入的模拟信号变换为在时域和振幅上都离散的量,然后再转化为代码形式传输或存储。其原理框图如图 3-5 所示。在这个编码框图中,输入是模拟声音信号,输出是 PCM 样本。图中的“防失真滤波器”是一个低通滤波器,用来滤除声音频带以外的信号;“波形编码器”可暂时理解为“采样器”,“量化器”可理解为“量化阶大小”(Step-Size)生成器或者“量化间隔”生成器。

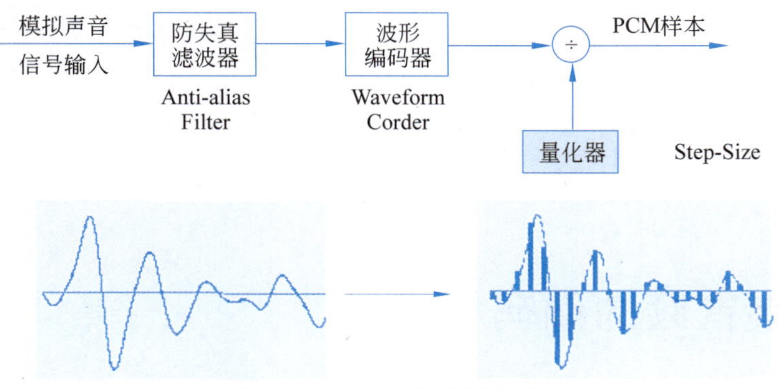

图 3-5　PCM 编码原理框图

从模拟声音信号输入声音信号的数字化,这中间是一个声音信号的处理过程。模拟信号数字化一般有 3 个步骤,即采样、量化、编码。其中,第一步是采样,就是每隔一段时间间隔读一次声音的幅度;第二步是量化,就是把采样得到的声音信号幅度转换成数字值。PCM方法可以按量化方式的不同,分为均匀量化PCM、非均匀量化PCM和自适应量化PCM等几种。

2. 均匀量化

采用相等的量化间隔对采样得到的信号进行量化被称为均匀量化。均匀量化就是采用相同的“等分尺”来度量采样得到的幅度,也称为线性量化,如图3-6所示。均匀量化PCM就是直接对声音信号作A/D转换,在处理过程中没有利用声音信号的任何特性,也不进行压缩。该方法将输入的声音信号的振幅范围分成2^B等份(B为量化位数),所有落入同一等份内的采样值都被编码成相同的B位二进制码。只要采样频率足够大,量化位数也适当,便能获得较高的声音信号数字化效果。为了满足听觉上的效果,均匀量化PCM必须使用较多的量化位数。这样,所记录和产生的音乐便可以达到最接近原声的效果。当然,提高采样率及分辨率将引起存储数据空间的增大。

为了适应幅度大的输入信号,同时又要满足精度要求,就需要增加样本的位数。但是,对话音信号来说,大信号出现的机会并不多,增加的样本位数不能被充分利用。为了弥补该缺陷,才出现了非均匀量化的方法,这种方法也叫作非线性量化。

3. 非均匀量化

非线性量化的基本思想是,对输入信号进行量化时,大的输入信号采用大的量化间隔,小的输入信号采用小的量化间隔,如图3-7所示。这样,就可以在满足精度要求的情况下用较少的位数来表示。在声音数据还原时,也采用相同的规则。

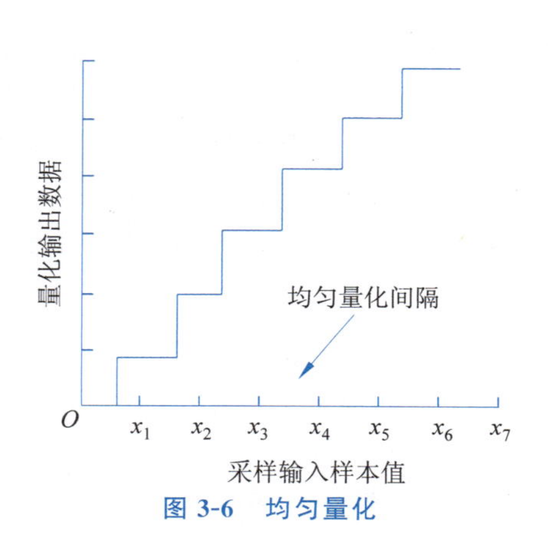

图3-6 均匀量化

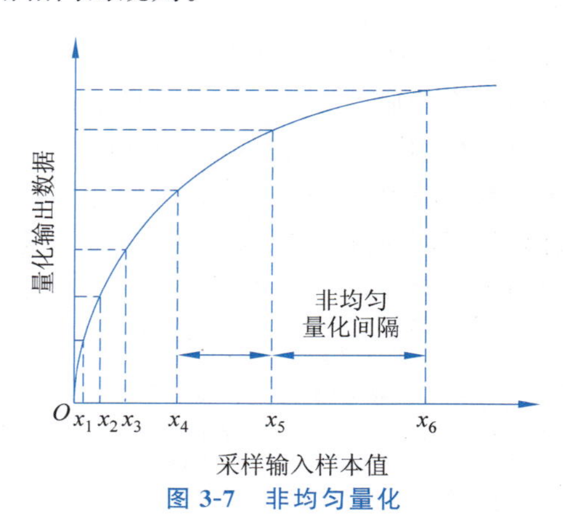

图3-7 非均匀量化

3.5 数字音频的编码标准

3.5.1 ITU-T G系列声音压缩标准

随着数字电话和数据通信容量日益增长的迫切要求,人们不希望明显降低传送话音信号的质量，除了提高通信带宽之外，对话音信号进行压缩是提高通信容量的另一个重要措施。一个可说明话音数据压缩的重要性的例子是，用户无法使用28.8kb/s的调制解调器来接收因特网上的64kb/s话音数据流。这是一种单声道、8位/样本、采样频率为8kHz的话音数据流。ITU-TSS为此制定了一系列话音(speech)数据编译码标准。其中，G.711使用μ率和A率压缩算法，信号带宽为3.4kHz，压缩后的数据率为64kb/s；G.721使用ADPCM压缩算法，信号带宽为3.4kHz，压缩后的数据率为32kb/s；G.722使用ADPCM压缩算法，信号带宽为7kHz，压缩后的数据率为64kb/s。在这些标准基础之上还制定了一些其他的话音数据压缩标准，例如G.723，G.723.1，G.728，G.729和G.729.A等。在此，简要介绍以下几种音频编码技术标准。

1. 电话质量的音频压缩编码技术标准

电话质量语音信号频率规定在300Hz～3.4kHz，采用标准的脉冲编码调制PCM，当采样频率为8kHz，进行8b量化时，所得数据速率为64kb/s，即数字电话。1972年CCITT制定了PCM标准G.711，速率为64kb/s，采用非线性量化，其质量相当于12b线性量化。

1984年CCITT公布了自适应差分脉冲编码调制(ADPCM)标准G.721，速率为32kb/s。这一技术是对信号和其预测值的差分信号进行量化，同时再根据邻近差分信号的特性自适应改变量化参数，从而提高压缩比，又能保持一定信号质量。因此ADPCM能对中等电话质量要求的信号进行高效编码，而且还可以应用于调幅广播和交互式激光唱盘音频信号压缩中。

为了适应低速率语音通信的要求，必须采用参数编码或混合编码技术，如线性预测编码(LPC)，矢量量化(VQ)，以及其他的综合分析技术。其中，较为典型的码本激励线性预测编码(CELP)实际上是一个闭环LPC系统，由输入语音信号确定最佳参数，再根据某种最小误差准则从码本中找出最佳激励码本矢量。CELP具有较强的抗干扰能力，在4～16kb/s传输速率下，即可获得较高质量的语音信号。1992年CCITT制定了短时延码本激励线性预测编码(LD-CELP)的标准G.728，速率16kb/s，其质量与32kb/s的G.721标准基本相当。

1988年欧洲数字移动特别工作组制定了采用长时延线性预测规则码本激励(RPE-LTP)标准GSM，速率为13kb/s。1989年美国采用矢量和激励线性预测技术(VSELP)，制定了数字移动通信语音标准CTIA，速率为8kb/s。为了适应保密通信的要求，美国国家安全局(NSA)分别于1982年和1989年制定了"基于LPC、速率为2.4kb/s"和"基于CELP、速率为4.8kb/s"的编码方案。

2. 调幅广播质量的音频压缩编码技术标准

调幅广播质量音频信号的频率在50Hz～7kHz范围。CCITT在1988年制定了G.722标准。G.722标准采用16kHz采样，14b量化，信号数据速率为224kb/s，采用子带编码方法，将输入音频信号经滤波器分成高子带和低子带两部分，分别进行ADPCM编码，再混合形成输出码流(224kb/s可以被压缩成64kb/s)，最后进行数据插入(最高插入速率达16kb/s)。因此，利用G.722标准可以在窄带综合服务数据网(N-ISDN)中的一个B信道上传送调幅广播质量的音频信号。

3. 高保真度立体声音频压缩编码技术标准

高保真立体声音频信号频率范围是50Hz～20kHz,采用44.1kHz采样频率,16b量化进行数字化转换,其数据速率每声道达705kb/s。1991年国际标准化组织(ISO)和CCITT开始联合制定MPEG标准。其中,ISO CD11172-3作为MPEG音频标准,成为国际上公认的高保真立体声音频压缩标准。MPEG音频第一和第二层次编码是对输入音频信号进行采样频率为48kHz、44.1kHz、32kHz的采样,经滤波器组将其分为32个子带。同时,利用人耳屏蔽效应,根据音频信号的性质计算各频率分量的人耳屏蔽门限,选择各子带的量化参数,获得高的压缩比。MPEG第三层次编码是在上述处理后引入辅助子带、非均匀量化和熵编码技术,再进一步提高压缩比。MPEG音频压缩技术的数据速率为每声道32～448kb/s,适合CD-DA光盘应用。

3.5.2 MP3压缩技术

MP3的全名是MPEG Audio Layer-3,简单地说就是一种声音文件的压缩格式。1987年德国的研究机构IIS(Institute Integrierte Schaltungen)开始着手一项声音编码及数字音频广播的计划,名称为EUREKA EUl47,即MP3的前身。之后,这项计划由IIS与Erlangen大学共同合作,开发出一套非常强大的算法,经由国际化标准组织认证之后,符合ISO-MPEG Audio Layer-3标准,成为了MP3。

MPEG音频压缩标准里包括3个使用高性能音频数据压缩方法的感知编码方案(perceptual coding scheme),按照压缩质量(每bit的声音效果)和编码方案的复杂程度分为Layer 1、Layer 2、Layer 3。所有这3层的编码采用的基本结构相同。它们在采用传统的频谱分析和编码技术的基础上,还应用了子带分析和心理声学模型理论。即通过研究人耳和大脑听觉神经对音频失真的敏感度,在编码时先分析声音文件的波形,利用滤波器找出噪声电平 (noise level),然后滤去人耳不敏感的信号,通过矩阵量化的方式,将余下的数据每一位打散排列,最后编码形成MPEG的文件。其音质听起来与CD相差不大。

MP3的好处在于大幅降低了数字声音文件的容量,而不会破坏原来的音质。以CD音质的WAV文件来说,如量化位数为16b,采样频率44.1kHz,声音模式为立体声,那么存储1秒CD音质的WAV文件,存储容量为16(b)×44100(Hz)×2×1(s)=1411200(b),存储介质的负担相当大。通过MP3格式压缩后,文件大小为原来的1/10到1/12,1秒MP3只需112～128kb容量。

具体的MPEG的压缩等级与压缩比率参见表3-1。

表3-1 MPEG的压缩等级与压缩比率

MPEG编码等级	压缩比率	数字流码率
Layer 1	4∶1	384kb/s
Layer 2	6∶1～8∶1	192～256kb/s
Layer 3	10∶1～12∶1	128～154kb/s

声音品质与 MP3 压缩比例关系见表 3-2。

表 3-2 声音品质与 MP3 压缩比例关系

声音质量	带宽	模式	比特率	压缩比率
电话	2.5kHz	单声道	8kb/s	96∶1
好于短波	4.5kHz	单声道	16kb/s	48∶1
好于调幅广播	7.5kHz	单声道	32kb/s	24∶1
类似调频广播	11kHz	立体声	56～64kb/s	(26～24)∶1
接近 CD	15kHz	立体声	96kb/s	16∶1
CD	>15kHz	立体声	112～128kb/s	(14～12)∶1

3.5.3 MP4 压缩技术

MP4 并不是 MPEG-4 或者 MPEG-1 Layer 4，它的出现是针对 MP3 的大众化、无版权的一种保护格式，由美国网络技术公司开发，美国唱片行业联合会倡导公布的一种新的网络下载和音乐播放格式。

从技术上讲，MP4 使用的是 MPEG-2 AAC 技术，也就是俗称的 A2B 或 AAC。其中，MPEG-2 是 MPEG 于 1994 年 11 月针对数码电视(数码影像)提出的。它的特点是音质更加完美而压缩比更大(15∶1)。MPEG-2 AAC(ISO/IEC 13818-7)在采样频率为 8～96kHz 下提供了 1～48 个声道可选范围的高质量音频编码。AAC 就是 Advanced Audio Coding (先进音频编码)的意思，适用于比特率为 8kb/s 单声道的电话音质到 160kb/s 多声道的超高质量音频范围内的编码，并且允许对多媒体进行编码/解码。AAC 与 MP3 相比，增加了诸如对立体声的完美再现、比特流效果音扫描、多媒体控制、降噪优异等 MP3 不具备的特性，使得在音频压缩后仍能完美地再现 CD 音质。

AAC 技术主要由以下 3 部分组成。第一，AT&T 的音频压缩技术专利。它可以将 AAC 压缩比提高到 20∶1 而不损失音质。这样，一首 3 分钟的歌仅仅需要 2.25MB，这在因特网上的下载速度是很惊人的。第二，安全数据库。它可以为 AAC Music 创建一个特定的密钥，将此密钥存于其数据库中。同时，只有 AAC 的播放器才能播放含有这种密钥的音乐。第三，协议认证。这个认证包含了复制许可、允许复制副本数目、歌曲总时间、歌曲可以播放时间以及售卖许可等信息。它的工作原理如下：首先认证该歌曲内部的密钥，然后核实安全数据库中的密钥并找到其许可协议，这样就决定了歌曲以何种形式播放以及是否可以拷贝、贩卖。同时，数据库中的许可协议可以应用户要求随时修改，因此 AAC 歌曲本身包含的版权信息也可以随时更换。这是一种融合了版权的音乐技术，解决了 MP3 带来的版权冲击问题。

MP4 技术的优越性要远远高于 MP3，因为它更适合多媒体技术的发展及视听欣赏的需求。

3.6 常用音频处理软件简介

数字音频处理软件虽然很多,但其功能大致相同,主要包括录制声音信号、进行声音剪辑、为音频增加特殊效果、进行文件格式转换等。这些功能足以支持设计者对乐谱、波形甚至针对其中某个片段进行十分精细的编辑和制作。下面,简单介绍几种常用的音频处理软件。

3.6.1 Audition

Adobe 公司的 Audition 的前身是 Cool Edit Pro,这是一款非常出色的数字音频编辑软件,不少人形容它为音频"绘画"程序。它不但可以用来"绘"制音调、歌曲、声音、弦乐、颤音、噪声或是调整静音,还能提供多种特效,为音频润色,如放大/降低噪声、压缩、扩展、回声、失真、延迟等。它可以同时处理多个文件,轻松地在几个文件中进行剪切、粘贴、合并、重叠声音操作。它可以生成噪声、低音、静音、电话信号等,也支持可选的插件、崩溃恢复、多文件、自动静音检测和删除、自动节拍查找、录制等。

Adobe Audition 加入了无限音轨和低延迟混音、ASIO 零延迟、音频快速搜索等技术,具有高品质的音乐采样能力,能够创建音乐、录制和混合项目、制作广播以及为视频游戏设计声音等,其功能非常强大。

Audition 软件的突出优点在于可以多轨编辑,最多可支持 128 条音轨,实现多轨音频的混合。Audition 软件界面如图 3-8 所示。

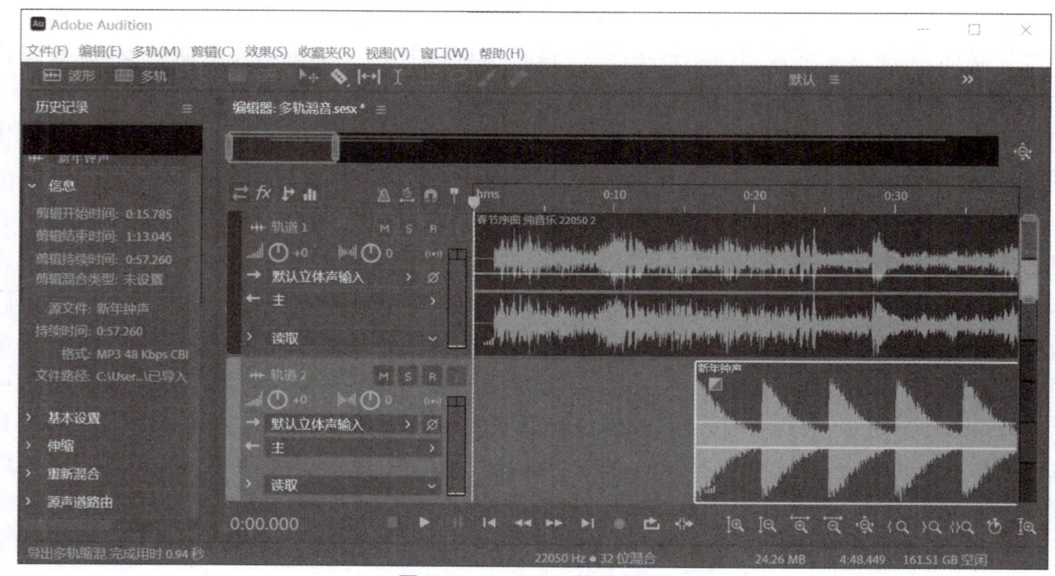

图 3-8 Audition 软件界面

3.6.2　GoldWave

GoldWave 是一款相当棒的单音轨数字音频编辑软件。它体积小巧，可进行音频文件的录制、编辑和混音，且特效功能齐全。GoldWave 很容易上手，适合普通的用户进行音乐剪辑，支持多种格式的音频文件，可以不经由声卡直接抽取 SCSI 形式的 CD-ROM 中的音乐来录制编辑。GoldWave 的界面如图 3-9 所示。

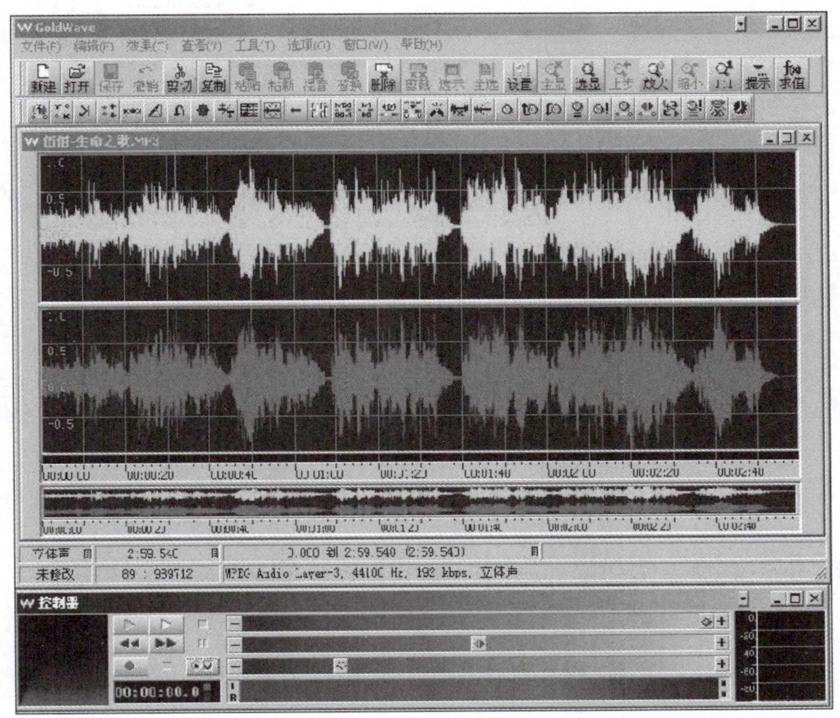

图 3-9　GoldWave 的界面

3.6.3　CakeWalk

音序器软件作为 MIDI 软件的核心和基础，在计算机音乐中起着举足轻重的作用。它控制着 MIDI 信息的输入、输出，指挥着与它连接的各种外设的正常工作，CakeWalk（音乐大师）就是其中的佼佼者。它以强大的功能、简单的操作受到全球 MIDI 爱好者的一致好评，几乎成了 MIDI 音乐的代名词。

作为一种图形化的音乐编辑软件，Cakewalk 的主要工作界面就是各种工作窗口。对 MIDI 事件和音频事件的所有编辑和操作都可在工作窗口中完成。如图 3-10 所示，音轨窗既是 Cakewalk 主界面的主要组成部分，又是重要的工作窗口。类似的还有钢琴卷帘窗、事件列表窗、调音台窗。每个窗口各有所长，分别适用于不同的编辑对象和编辑特征。

图 3-10 CakeWalk 软件界面

3.7 音频编辑处理软件 Audition

3.7.1 Audition 工作界面

Adobe 公司的 Audition 软件工作界面主要由菜单栏、工具箱、编辑器窗口以及各种控制面板、状态栏等组成,如图 3-11 所示。

1. 菜单栏

菜单栏包括文件、编辑、多轨、剪辑、效果、收藏夹、视图、窗口等。每个菜单项包含一系列命令,用户可根据需要选择并执行菜单命令。

2. 工具箱

工具箱可以通过执行菜单栏中的“窗口”→“工具”命令,显示或者隐藏工具箱。

工具箱中有“波形”视图按钮和“多轨”视图按钮,用于视图模式切换。除此之外,不同的视图模式下会显示与之相应的工具图标。其他工具有“显示频谱频率工具”“显示频谱音调工具”“时间选择工具”“移动工具”“剃刀工具”“滑动工具”,以及“框选工具”“套索选择工具”“画笔选择工具”“污点修复画笔工具”。

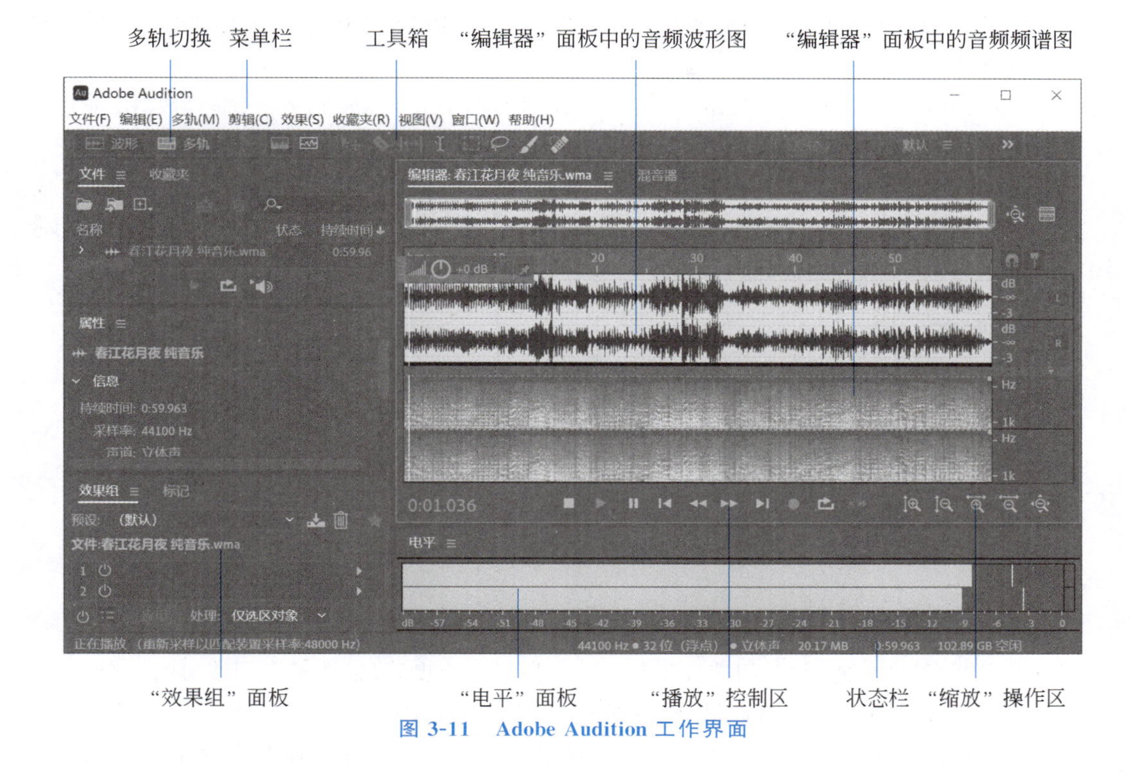

图 3-11　Adobe Audition 工作界面

3. 编辑器窗口

Audition 提供了波形视图和多轨视图两种工作模式，分别针对不同的音频编辑流程。单击“波形”视图按钮或“多轨”视图按钮，可以切换到相应的视图模式。

1）单轨编辑器窗

单轨编辑器窗中只有 1 条音轨，主要用于创建或编辑修改单个音频文件。当音频添加到音轨后，时间线上就会显示出该音频信号幅值随着时间变化的波形。另外，可以根据需要，单击“显示频谱频率工具”，就会显示音频信号能量基于不同频率随时间变化的频谱。

2）多轨编辑器窗

多轨编辑器窗中默认有 6 条音轨，最多可支持 128 条音轨。在不同轨道创建或导入音频，可以同时编辑多个音频波形，方便地进行拖放、剪辑等操作以及多轨音频混音输出。

4. 各类控制面板

可以通过“窗口”菜单中的相应命令打开或关闭各类控制面板。

“文件”面板：显示当前项目中导入或已打开的文件列表，对项目使用的文档进行管理和访问。

“效果组”面板：方便用户快速选择效果命令，为音轨中的音频添加声效。

“属性”面板：可以查看当前项目中音频的节拍或者速度等公共属性。

“时间显示”面板：用来显示音频轨道上时间轴的游标位置，或者是在音频轨道上选择波形的起始位置或播放线的位置。

“播放”面板:用来控制声音的播放和录制。包括“播放”“快进”“倒退”“暂停”“停止”“录音”等按钮。

“缩放”面板:有两组缩放按钮,可实现对波形的水平放大、水平缩小、垂直放大、垂直缩小等操作,以方便编辑时观察波形。

“选择和查看”面板:用来对音轨上的波形进行精确的选择和查看。

“电平”面板:用来监视录音或播放时的音量强度。绿色光带表示音量正常;红色光带则表示音量过高,可能会出现破音。

5. 状态栏

状态栏用来显示音频文件的采样参数、文件大小、持续时长等一些信息。

3.7.2 音频基本编辑

音频基本编辑包括音频片段的选择、删除、复制和粘贴、静音处理等。

1. 音频信息的选择

在编辑器窗口中,使用“时间选择工具”,按住鼠标并拖曳,可以选择音频波形的一个区域。

按Ctrl+A键或者双击音频波形,即可选择整个音频波形。

波形声道的右侧显示“L”或“R”标志,切换声道启用状态可以选择左声道或右声道的部分或全部音频信息。

2. 音频的复制与粘贴

按Ctrl+C键或Ctrl+X键可以将选中的音频信息复制或剪切至剪贴板中,按Ctrl+V键或执行“编辑”→“粘贴”命令可以粘贴复制的音频信息。执行“编辑”→“复制到新建”命令则可以复制并粘贴到新的文件中。

混合粘贴可以将剪贴板中的音频信息与当前编辑窗口中的声音混合。方法是执行“编辑”→“混合粘贴”命令,然后选择需要的混合方式(如插入、叠加、替换或调制)。波形图中黄色竖线所在的位置为混合起点(即插入点),混合前应先调整好该位置或区域。

图3-12(a)与图3-12(b)所示分别为混合粘贴时“插入”与“叠加”到指定位置的效果。

3. 创建与删除静音

静音一般用于创建声音暂停或除去音频中不需要的音频片段。创建静音的方法为:选择一段欲静音的音频片段,然后执行“效果”→“静音”命令,即可将音频片段转换为静音。

删除静音时,选择需要删除的片段,然后按Delete键,或者执行“编辑”→“删除静音”命令。

4. 音频采样转换

可以对已有数字音频的采样频率、位深度、声道数进行转换。在编辑视图下,执行“编辑”→“转换采样类型”命令,打开转换采样类型对话框,进行相应的选择确定即可实现转换。

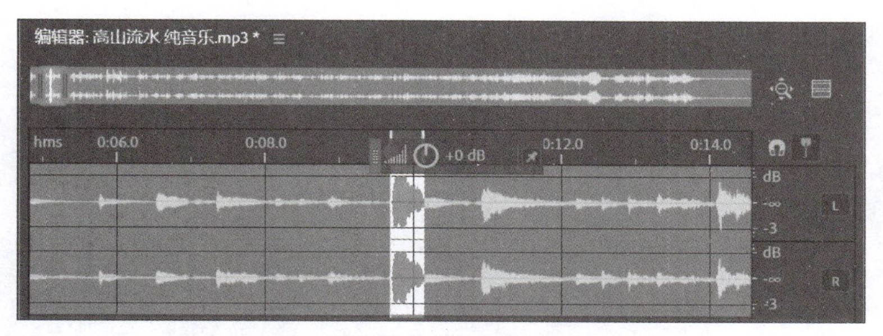

(a) 混合粘贴“插入”音频信息

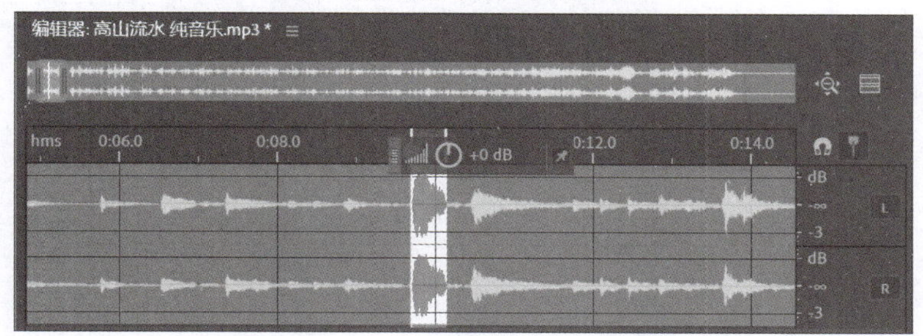

(b) 混合粘贴“叠加”音频信息

图 3-12　音频混合粘贴

3.7.3　音频效果编辑

Audition 软件的强大之处在于可对声音进行各种专业效果的处理。例如，去除杂音、音量调整、音高和音速调整、回声效果、混响效果等。

1. 降噪处理

降噪处理是音频处理中一项基本技术。当录音环境和录音设备不佳时，不可避免地存在一定响度的噪声。如果噪声影响到主要声音的表现，就需要对录制的音频文件进行降噪处理。

Audition 软件自带了多种降噪器进行噪声清理。例如“消除嗡嗡声”“消除咔哒声”“降噪处理”等。此外，还可以通过频谱图移除特定频段的噪声。

“降噪处理”效果适合处理含有频率范围较广、持续时间较长的背景噪声的音频，操作过程如下。

(1) 选择噪声样本。使用“噪声样本”来引导除噪。有效的噪声样本选择是关键的一步，降噪质量的好坏取决于此。通常应选择一段仅含待删除噪声的最平稳且最长的片段。

(2) 捕捉噪声样本。执行“效果”→“降噪/恢复”→“降噪处理”命令，打开降噪处理对话框。单击“捕捉噪声样本”按钮，将所选噪声区域作为噪声样本。图 3-13 所示的为音频中的噪声样本选择以及降噪处理对话框。

(3) 设置降噪强度和降噪幅度等参数。当调整降噪强度时，噪声特性曲线就会发生变化。降噪强度值越高，阈值曲线上升，降噪就越明显。

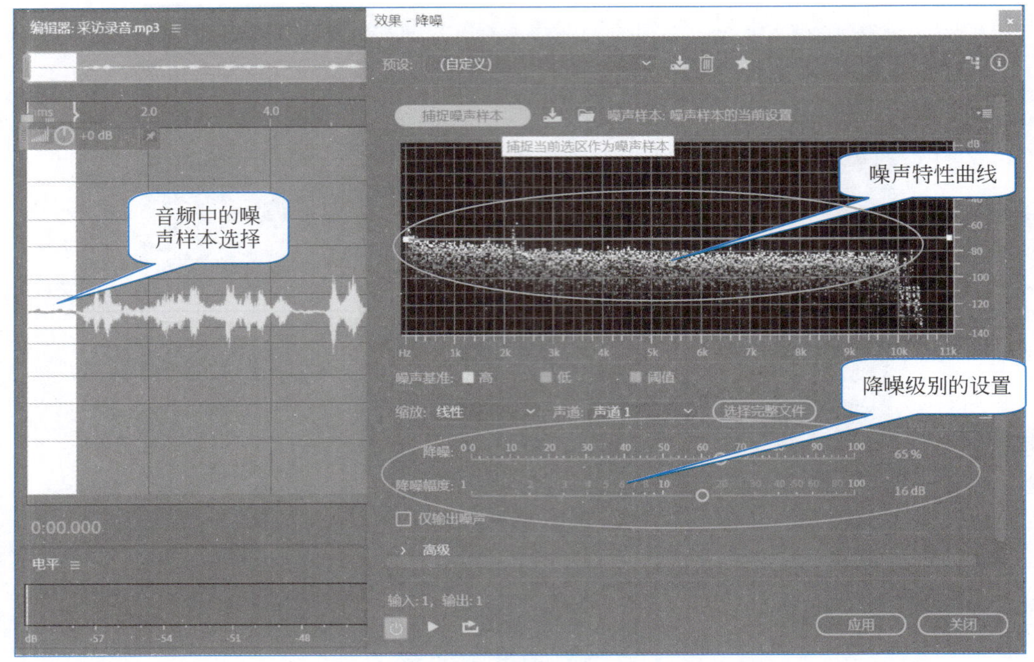

图 3-13 噪声样本选择以及降噪处理对话框

(4) 选择好降噪参数后,将得到的特性曲线数值应用到整个音频文件。单击“选择完整文件”按钮,选择全部音频进行降噪(也可选择部分音频降噪)。此时,单击预览播放按钮,试听降噪效果,并可反复调整参数直至满意为止。最后,单击“应用”按钮确认降噪并返回主界面。

仔细听降噪后的音频,同时从波形图上观察降噪效果。

2. 音量调整

如果音频的音量不合适,可以通过“效果”菜单中的“振幅与压限”命令组进行调整。此外,也可以用工具栏中的“音量放大”工具来进行便捷加工。

1) 增减音量

对于选定的音频区域,执行“效果”→“振幅与压限”→“增幅”菜单命令打开“效果-增幅”对话框,如图 3-14 所示。

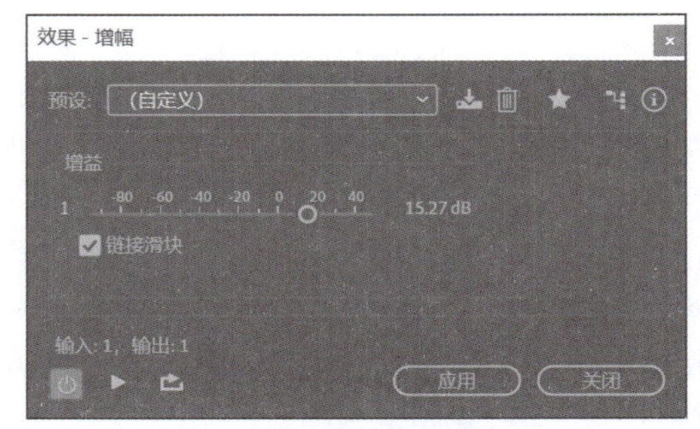

图 3-14 “效果-增幅”对话框

在对话框中，可以选择预设的方案，也可自定义调整“增益”值增减音量。“链接滑块”选项用于设置同时改变左、右声道的音量。单击预览播放按钮试听，满意后单击“应用”按钮确认。

进行音量增大调整时，需要监控“电平”面板中的电平表。如果音量过高，电平表右侧会出现红色光带。

2）音量包络效果

“振幅与压限”→“音量包络”命令可增强或淡化不同时刻的音量。在波形编辑窗中，拖动波形上的黄线即可改变音量包络线，如图 3-15 所示。在包络线上单击可添加关键帧，以设置增强或淡化点。靠近顶部表示放大；靠近底部表示减弱。

图 3-15　调整波形音量包络线

3）淡入/淡出

淡入/淡出效果是指音量的渐强（从无到有，由弱到强）和渐弱（与渐强过程相反）。通常用于两个声音素材的交替、切换，产生渐强或渐弱的效果。淡化效果的过渡时间长度由编辑区域的宽窄决定。可通过执行“效果”→“振幅与压限”→“淡化包络”菜单命令，打开如图 3-16 所示的“效果-淡化包络”对话框，在其中进行淡入/淡出效果的设置。

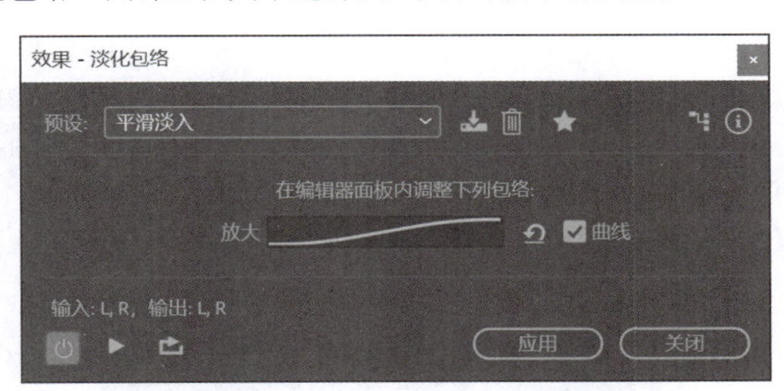

图 3-16　“效果-淡化包络”对话框

3. 时间与变调

“效果”→“时间与变调”菜单命令组中有多种音调调整的命令。其中，“伸缩与变调”效果可以实现音频的变速与变调。伸缩表现为音频在时间维度上播放速度的改变。变调实质上是调整声波的振动频率，频率越大音调越高。

执行“效果”→“时间与变调”→“伸缩与变调”菜单命令，在图 3-17 所示“伸缩与变调”对话框中，默认预设既不改变时间也不改变音调。

（1）伸缩。将“伸缩”设置为 200%，单击“预览播放”按钮，音频以半速播放。“伸缩”设置为 50%，音频则以双倍速播放。还可以通过选中“将伸缩设置锁定为新的持续时间”复选框进行“新持续时间”设置。

(2) 变调。进行"变调"处理时,将"变调"设置正数时升高音调,反之则降低音调。例如,选择"2"表示升高两个半音,选择"-2"表示降两个半音。

需要注意,当选中"锁定伸缩与变调"复选框时,变调与变速将关联,同时调整。

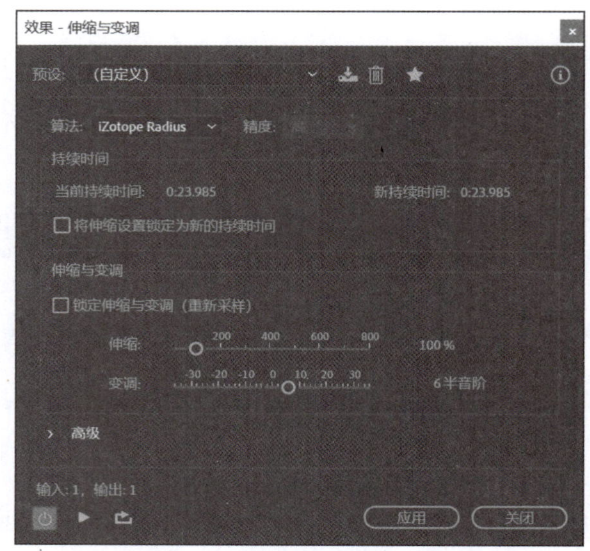

图 3-17 "伸缩与变调"对话框

4. 手动音调更正

"手动音调更正"可以实现手动调整随时间变化改变音频的音调包络线。执行"效果"→"时间与变调"→"手动音调更正"命令,打开图3-18所示的对话框。在波形编辑窗中,初始状态下波形音调包络线是一条黄色的直线。在包络线上,单击可创建新的控制节点。插入多个控制节点,向上或向下移动来调高或调低音调,即可制造出所需要的复杂曲线包络线。选中"手动音调更正"对话框"曲线"复选框,可使曲线变得平滑。调整后的音调包络线如图3-19所示。

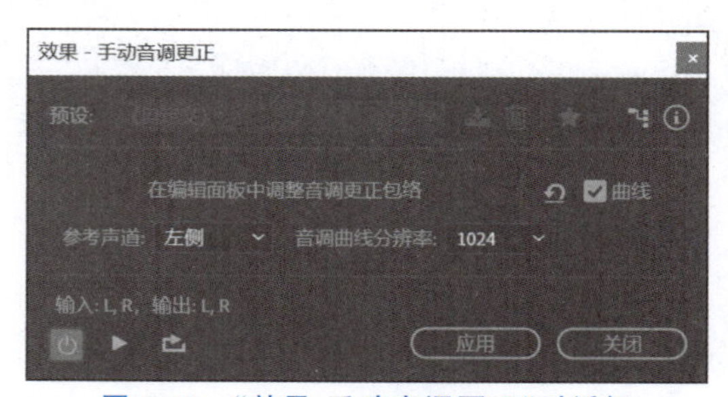

图 3-18 "效果-手动音调更正"对话框

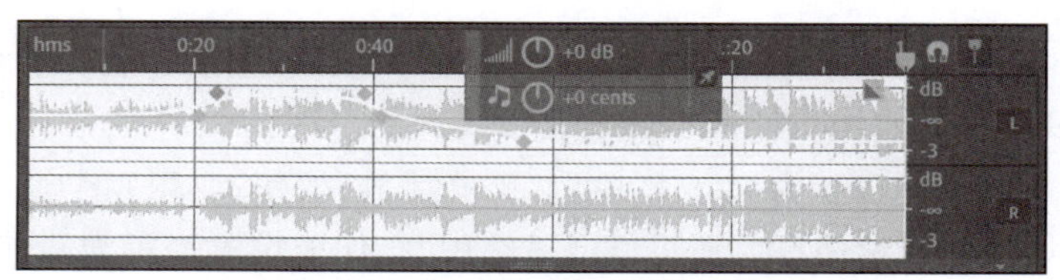

图 3-19 调整后的音调包络线

5. 延迟与回声

1）延迟效果

“延迟”效果用于在原始音频信号中混合一个延迟信号。选择需要处理的音轨或者音频片段，执行“效果”→“延迟与回声”→“延迟”菜单命令，打开图 3-20 所示的对话框。

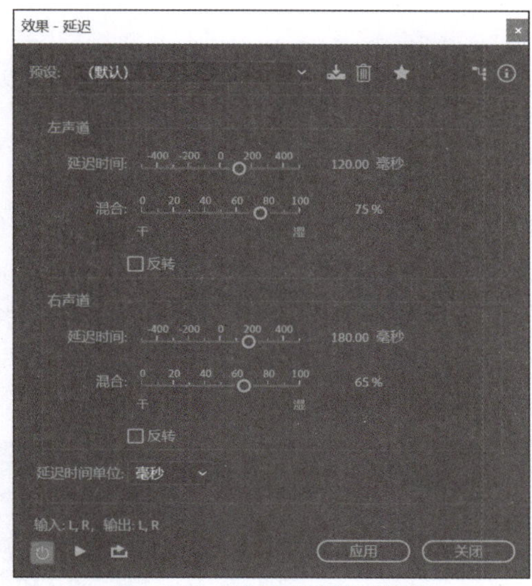

图 3-20 “效果-延迟”对话框

在“效果-延迟”对话框中，“延迟时间”用于延迟信号与原始信号的时差；“混合”用于设置延迟信号混入的比率；“反转”用于反转延迟信号的相位。“预设”下拉列表框中有一些预先设定的延迟效果可供选择。

2）回声效果

“回声”效果可向音频信号中添加一系列的衰减延迟信号。执行“效果”→“延迟与回声”→“回声”菜单命令，打开图 3-21 所示的对话框。

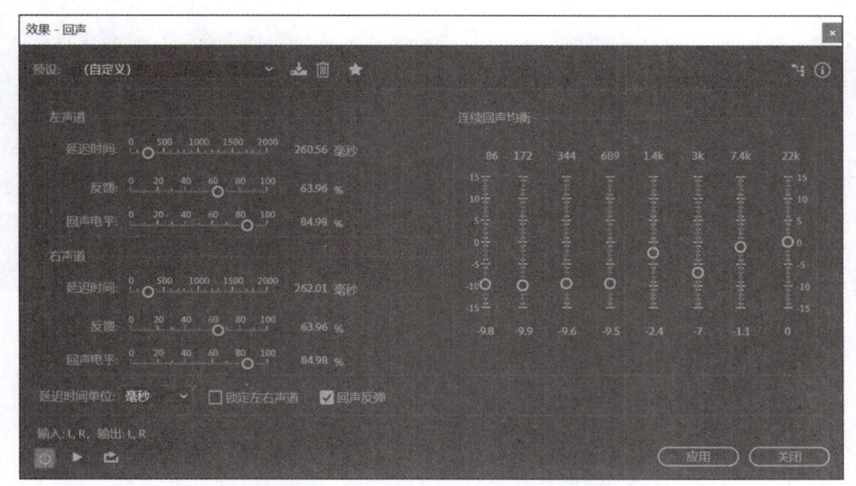

图 3-21 “效果-回声”对话框

“预设”下拉列表框中有一些预先设定的回声效果可供选择。“延迟时间”表示一系列连续的回声中,两个相邻回声之间的时间间隔。“反馈”表示一系列连续的回声中,相对于前一个回声衰减的百分比。值设为0就不会产生回声,而值为100%则产生不衰减的回声。“回声电平”表示混合到原始声音信号中的回声信号的音量。“回声反弹”使回声在左、右声道之间依次来回跳动。利用“连续回声均衡”对回声信号进行快速滤波可调节回声的音调。

6. 混响效果

混响效果可以模拟声学空间的声学特性。声波在传播时遇到障碍会反射。例如,在房间中发声时,会有从墙壁、屋顶和地板反弹到耳中的声音,这些多次反射后形成弥漫整个空间的余音称为混响(reverb)。

Audition中有各种模拟声学空间混响效果的算法,可模拟出任何大小的房间、音乐厅、礼堂、山谷等环境的音效。混响时间短,声音就像在近前发出的;混响时间长,则具有空旷感。执行“效果”→“混响”→“完全混响”菜单命令,打开图3-22所示的对话框,通过设置复杂的各种算法模拟声学空间的参数,即可选用较为适合的预设方案。

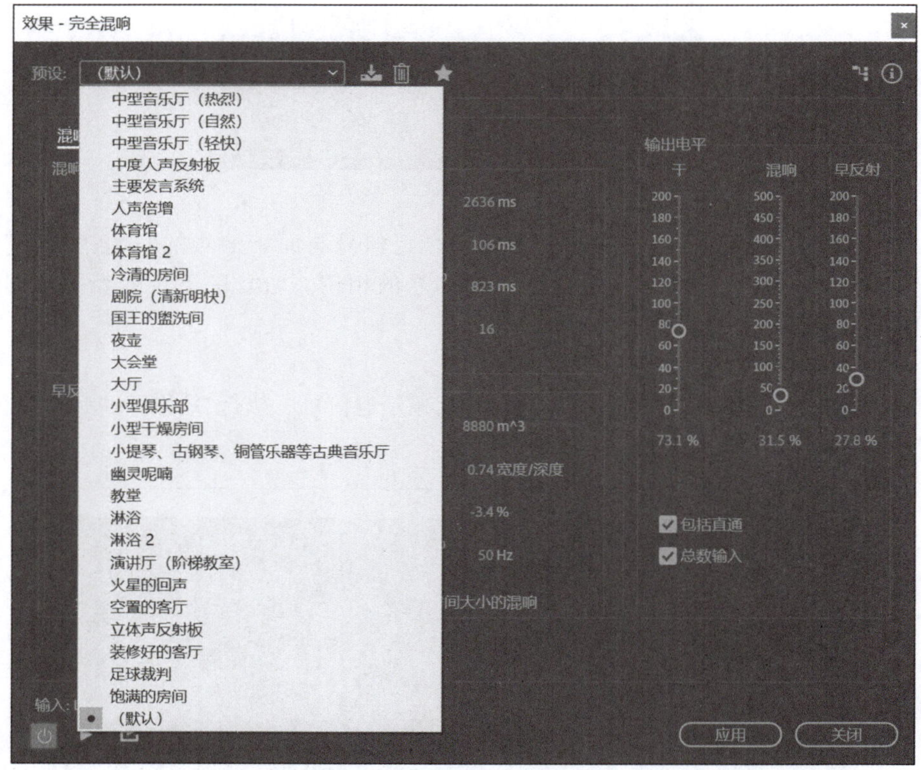

图3-22 “完全混响”对话框

3.7.4 多轨编辑器和多音轨混音

在多轨视图下,编辑器窗中默认有6条音轨,最多可支持128条音轨。可在不同轨道创

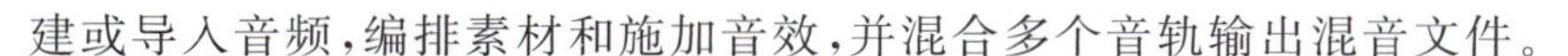

建或导入音频，编排素材和施加音效，并混合多个音轨输出混音文件。

“多轨视图”编辑界面如图 3-23 所示。

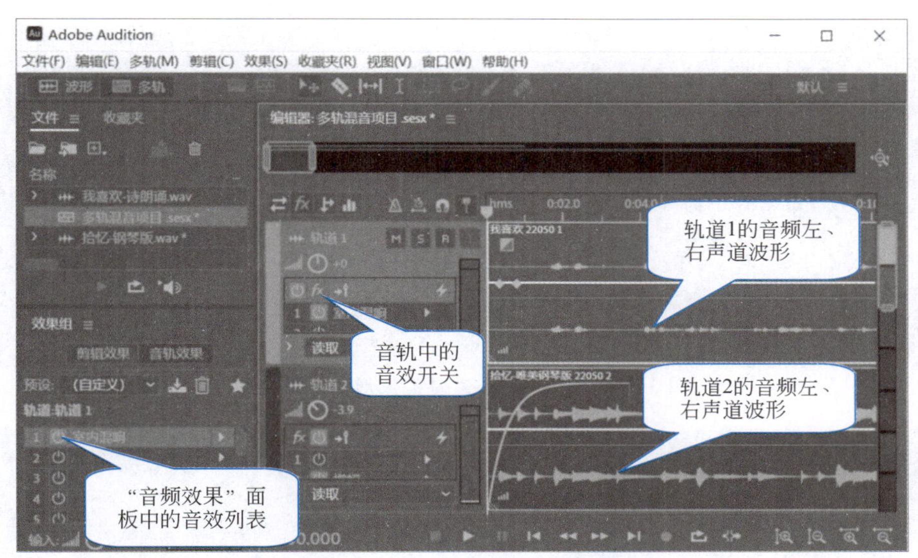

图 3-23 “多轨视图”编辑界面

多轨视图下，编辑器轨道中的音频可以通过双击波形，在打开的单轨编辑器中进行编辑，音效将直接应用到原音频文件上。而在多轨视图下使用“效果”控制面板对轨道编辑和施加效果时所做的任何操作都是非破坏性的编辑，不会更改原始音频文件。

Audition 软件会将有关源文件和混合设置等信息保存在会话文件(.sesx)中。会话文件相对较小，仅包含源文件的路径名和混音参数(如音量、声像和效果设置)。

编辑完成后，执行“多轨”→“将会话混音为新文件”→“整个会话”命令即可将多个音轨混合输出成一个完整的混音文件。

3.7.5 音频编辑实例

【实例 3-1】 采访录音去除噪声

本实例使用的音频素材为“采访录音.mp3”文件。在这段采访录音中，环境噪声不但明显，还夹杂着电话铃声，影响了语音的质量，需要降噪并去除杂音。

主要步骤如下。

(1) 在 Audition 软件中打开“采访录音.mp3”文件。编辑器中将显示出音频的波形。单击“显示频谱频率工具”，在波形图下方显示频谱图，如图 3-24 所示。

(2) 单击播放按钮，从头至尾仔细听。可知整个音频不但有环境噪声，后半部分还伴有 3 段电话铃音。

(3) 在频谱图中去除电话铃音。通过图 3-24 中的频谱图可以明显看到，频率 1.5kHz 附近有 3 条交替出现的折线状频谱，该频谱显示的就是电话铃音。而在波形图中无法观察到如此清晰的电话铃噪声显示。上述电话铃声频谱的形状比较规则，使用工具栏中的“框选工具”，选出电话铃声所在的频率频谱区域。右击并选择“删除”命令，即可删除所选区域频谱,如图3-25所示。

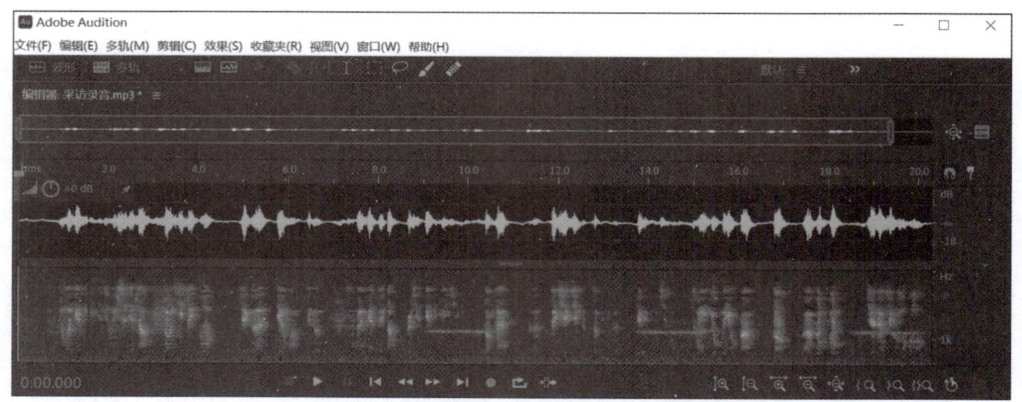

图3-24 “采访录音”文件的波形图与频谱图

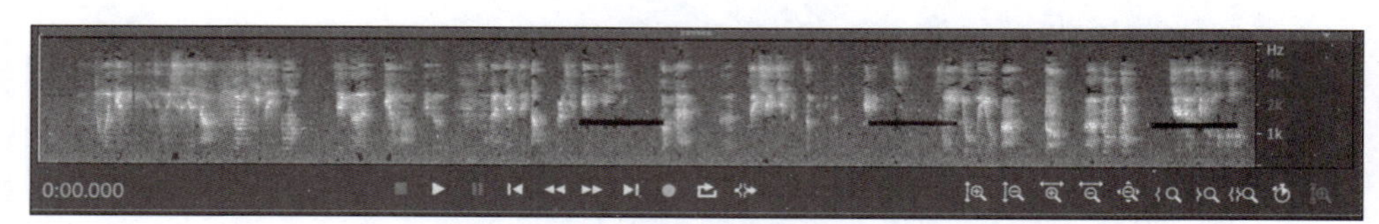

图3-25 删除电话铃音后的频谱图

提示:电话铃音区域频谱,仅占整个频率范围中很小的一部分。删除该区域后,从听感上基本听不出语音被破坏的痕迹。

(4) 在波形图中消除弥漫在整个音频中的环境噪声。使用3.7.3节中介绍的采样降噪处理方法。选择波形图中最前面的一段噪声区域,“捕捉噪声样本”后,再“降噪处理”。噪声样本选择与降噪设置如图3-26所示。

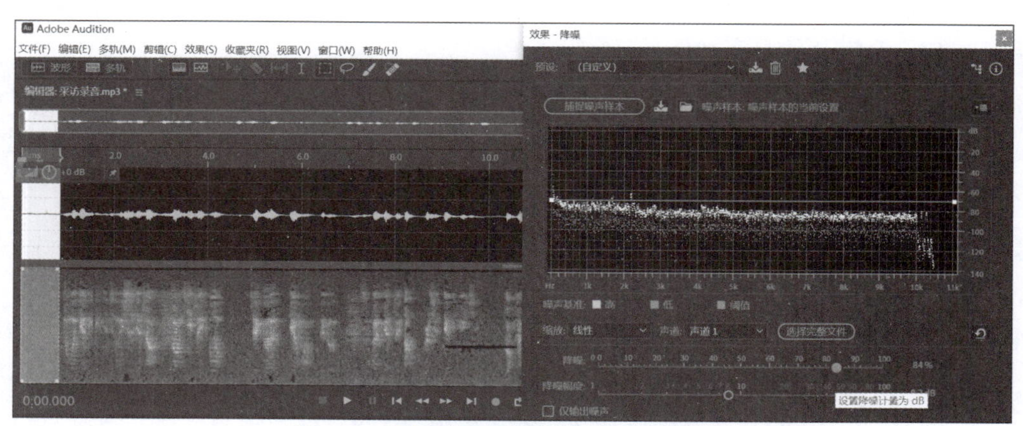

图3-26 噪声样本选择与降噪设置对话框

(5) 以上操作即可去除采访录音文件中的噪声。图3-27所示为降噪后的波形图与频谱图,将其与降噪前进行比对,观察并聆听效果。

(6) 保存完成后的音频文件。

【实例3-2】 配乐诗朗诵作品创作

本实例拟使用多音轨编辑为诗朗诵配上适当的背景音乐混音。

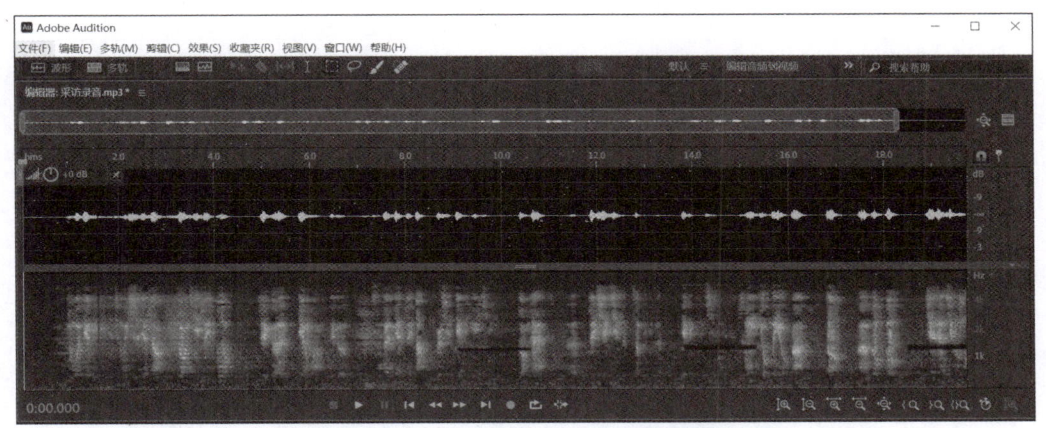

图 3-27　采访录音去除噪声后的波形图与频谱图

主要步骤如下。

(1) 新建多轨会话。执行“文件”→“新建”→“多轨会话”命令，打开如图 3-28 所示的“新建多轨会话”对话框。对会话名称、文件夹位置、采样率等进行设置，单击“确定”按钮。

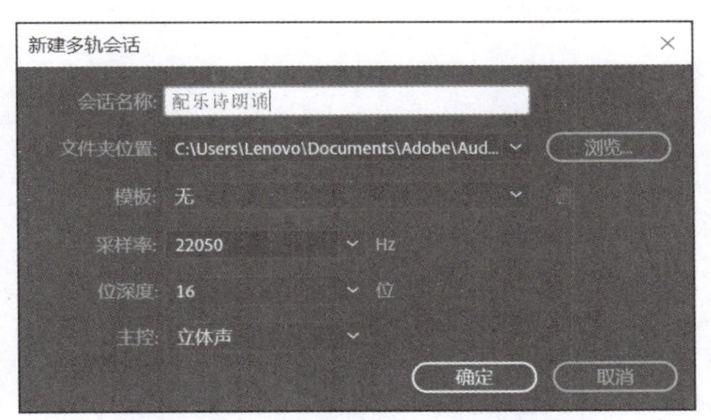

图 3-28　“新建多轨会话”对话框

(2) 在多轨视图下，将音频文件分轨道插入。右击“轨道 1”选择“插入”→“文件”命令，插入“诗朗诵.wav”文件。用同样的方法将伴奏音乐插入“轨道 2”。

(3) 编排素材。将“轨道 1”的音块向右拖动到合适的位置，让伴奏播放一会儿后，再开始诗朗诵。界面如图 3-29 所示。找出诗朗诵结束后轨道 2 多余的伴奏音乐部分，使用工具栏中的“切断所选剪辑工具”，单击进行裁切。裁切后不需要的音频片段将被删除。

(4) 单击“播放”按钮查看效果。调整朗诵与配乐的音量比。若轨道 2 伴奏音量过大，则适当降低轨道 2 的音量。具体方法是，执行“效果”→“振幅与压限”→“增幅”菜单命令，适当降低双声道增益值。

“增幅”效果仅应用在轨道 2 上，不会破坏原始音乐文件。可在“效果”面板列表中查看，如图 3-30 所示。

(5) 为伴奏音乐进行淡入/淡出设置。在轨道 2 上，拖动音频开始位置上方的“淡入设置”按钮和音频结束位置上方的“淡出设置”按钮，为伴奏音乐的起始/结束做淡入/淡出设置，如图 3-31 所示。

(6) 保存会话文件并输出两条轨道混音。执行“多轨”→“将会话混音为新文件”→“整

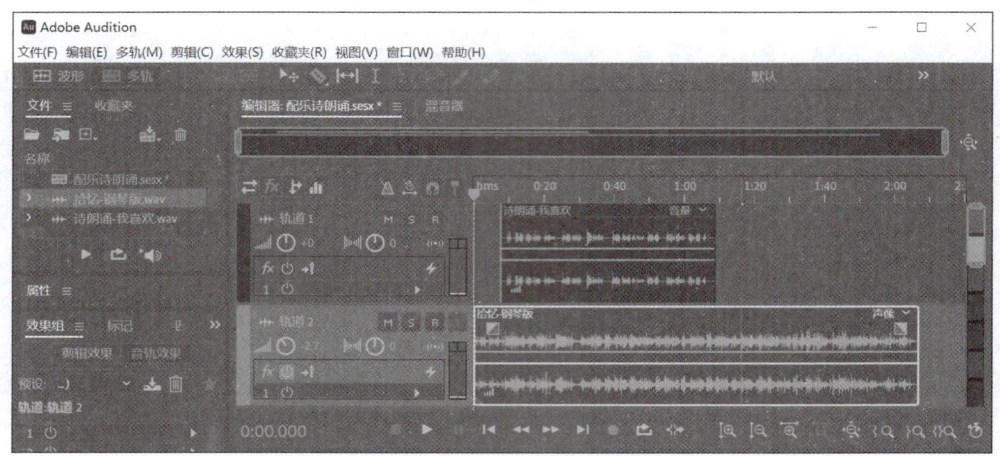

图 3-29　配乐诗朗诵多轨编辑界面

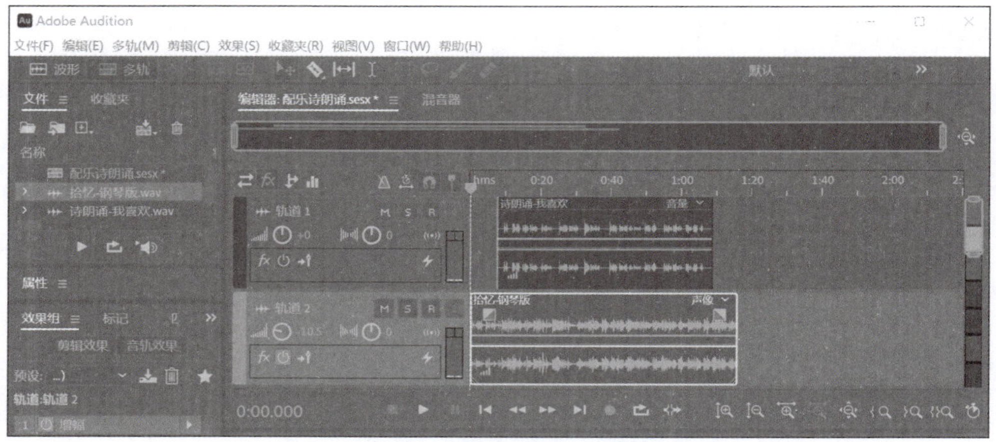

图 3-30　多轨编辑模式下轨道 2“增幅”效果设置

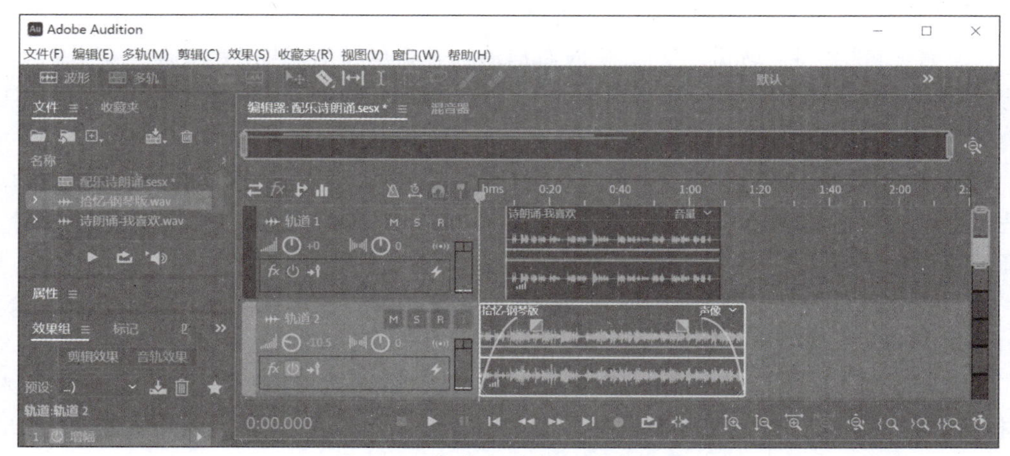

图 3-31　伴奏音乐淡入/淡出设置

个会话”命令，合成轨道 1 和轨道 2 的波形，形成一个混音文件，如图 3-32 所示。

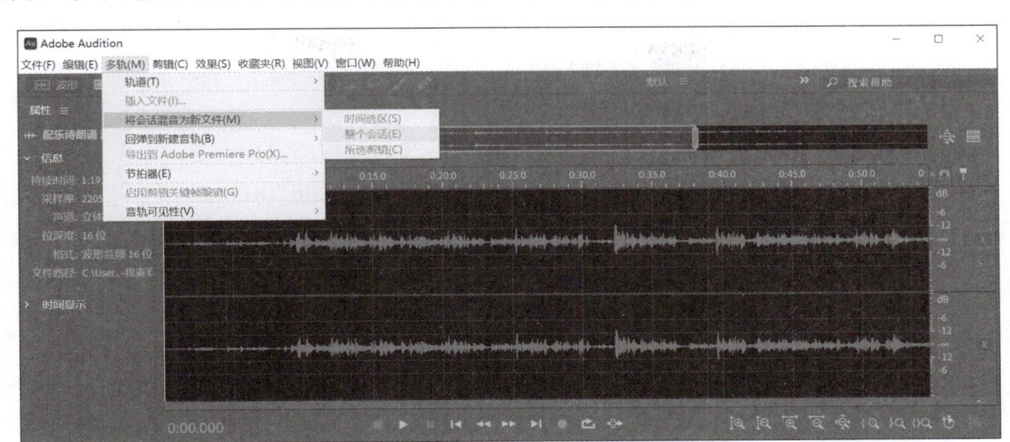

图 3-32　将多轨会话混音为一个新文件

(7) 执行“文件”→“另保存”命令，将配乐诗朗诵混音保存为 MP3 格式，完成配乐诗朗诵作品的制作。

3.8　本章小结

本章主要介绍了与音频信号有关的基本概念、音频信号的分类及其特点、音频信号数字化过程、数字音频文件格式、音频信号的压缩与编码标准、数字音频的编辑软件与应用。

音频是指频率在 20Hz～20kHz 范围内的可听声音，多媒体中的声音主要包括数字音频和 MIDI 音乐两种类型。声音信号的基本处理包括采样、量化、编码压缩、编辑、存储、传输、解码、播放等环节。

数字音频编辑处理包括音频内容、格式、效果等方面的处理，内容处理通过拼接、合并、剪辑完成，格式处理主要指不同声音文件之间的相互转换，效果处理的内容很丰富，如淡入/淡出、回声、混响、去噪等。

MIDI 文件中保存用 MIDI 消息表示的乐谱，播放时要通过声卡中相应的合成器才会发出美妙的乐声，因此 MIDI 音乐的音质与设备相关。

思考与练习

一、单选题

1. 声波重复出现的时间间隔是(　　)。

A. 频率　　B. 周期　　C. 振幅　　D. 带宽

2. 声音的数字化过程是(　　)。

A. 采样—量化—编码　　B. 采样—编码—量化

C. 量化—采样—编码　　D. 量化—合成—编码

3. 音频采样和量化过程所用的主要硬件是(　　)。

A. 数字编码器　　B. 数字解码器　　C. 模/数转换器　　D. 数/模转换器

4. 人耳可以听到的声音的频率范围大约为(　　)。

A. 20Hz～20kHz　　B. 200Hz～15kHz

C. 8000Hz～44.1kHz　　D. 800Hz～88.2kHz

5. 通用的音频采样频率有3种,(　　)不是通用的音频采样频率。

A. 22.05kHz　　B. 20.5kHz　　C. 11.025kHz　　D. 44.1kHz

6. 以下数字音频文件中数据量最小的是(　　)。

A. MID　　B. MP3　　C. WAV　　D. WMA

7. 音频信号无失真的压缩编码是(　　)。

A. 波形编码　　B. 参数编码　　C. 混合编码　　D. 熵编码

8. 高保真立体声音频压缩标准是(　　)。

A. G7.22　　B. G.711　　C. G.728　　D. MPEG

二、填空题

1. 声音包含3个要素:________、________和________。

2. 声音的质量按其所占用的频带宽度可以分为4级,分别是________、________、________和________。

3. 声音的信噪比为________。

4. 衡量数字音频的主要指标包括________、________和________ 3部分。

5. MIDI音乐制作系统通常由________、________和________ 3个基本部件组成。

三、简答题

1. 音频文件的质量和数据量与哪些因素有关?

2. 某段立体声声音信号的采样频率为44.1kHz,量化位数为8位,录音时间为20s,其文件有多大?

第 4 章　数字图像处理技术及应用

学习目标

（1）掌握数字图像技术的概念及基本原理。
（2）理解色彩原理及色彩模型。
（3）熟知数字图像文件的格式。
（4）掌握 Photoshop 图像处理的基本技术与方法。
（5）能应用 Photoshop 软件编辑数字图像。

图像是客观世界的一种相似性的、生动性的描述或写真，可由人的视觉感知。随着计算机多媒体技术的发展，计算机可以对图像进行精细的处理。图像处理技术主要包括将图像信号转换成数字格式并进行压缩与存储、图像输出、图像分析以及图像编辑处理等。

4.1　图像技术基础

4.1.1　图像的颜色构成

图像作品由人的视觉感知。通过人眼感知最多的就是图像作品的轮廓和色彩。人眼对轮廓的感知通过与真实环境中物体的比较实现，而人眼对作品色彩有特殊的敏感性，因此色彩所产生的美感魅力往往更为直接。

色彩很微妙，其自身的独特表现力可以激发出人们大脑中对以某种形式存在的物体的共鸣，唤起各种不同的情感联想，展现出对生活的看法与态度，扩大创作的想象空间。

1. 色彩基础

色彩通过光被人的视觉系统所感知。感知的颜色由光的波长决定。可见光的波长在 0.38～0.76μm，按波长从小到大排列的光谱颜色为紫、蓝、青、绿、黄、橙、红。即便本身不发光的物体，都会或多或少地吸收投于其上的光，也都会或多或少地反射投于其上的光。不发光物体的颜色取决于这个物体对可见光进行选择性的吸收和反射后的结果。

纯颜色通常使用光的波长来定义，其波长定义的颜色称作光谱色。自然界中的大多数光都不是单一波长的纯色光，而是由许多不同波长的光混合而成。为了寻找规律，人们抽出纯粹色的知觉要素，认为色彩的基本要素是色相、亮度和饱和度，这即为色彩的 3 个属性。人眼看到的任一彩色光都是这 3 个属性的综合效果。

(1) 色相(hue)。色相是色彩最基本的属性,是一种颜色区别于其他颜色的最基本和最显著的特征,反映颜色的种类。光谱中每一种颜色都是一种色相,是相对连续变化的。

(2) 亮度(brightness)。亮度是人眼对明暗程度的感觉。亮度与光的能量成比例,是单位面积上所接收的光强,通常以百分比度量。其中0%为最暗,100%为最亮。

(3) 饱和度(saturation)。饱和度指色彩的纯净程度,由单色光中掺入的白光量的相对大小决定。单色光的色饱和度为100%。饱和度越高说明颜色越纯,加入白光后其饱和度会下降。对于颜色而言,纯度变化有两个趋势:纯度增加,亮度增加;纯度降低,颜色变暗。

2. 图像的颜色模式

颜色模式是将颜色表现为数字形式的模型,或者说是一种记录图像颜色的方式。主要分为以下几种类型。

(1) 位图模式。位图模式其实就是黑白模式。每个像素的颜色值仅占1b,它只能用黑色和白色来表示图像。只有灰度模式可以转换为位图模式,因此一般的彩色图像需要先转换为灰度模式后再转换为位图模式。

(2) 灰度模式。灰度模式可以表现从黑到白的整个系列灰色调。在灰度模式中,每个像素需要8b的空间来记录颜色值,8b的颜色值可以产生$2^8=256$级灰度(0表示黑色,255表示白色),即每个像素都有一个在0～255的灰度值。

(3) 索引模式。索引模式使用256种颜色来表示图像。当一幅RGB或CMYK的图像转换为索引模式时,将建立一个256色的色表来存储此图像所用到的颜色。因此,索引模式的图像占存储空间较小,但是图像质量也不高,适用于多媒体动画和网页图像制作。

(4) RGB颜色模式。RGB颜色模式是以红、绿、蓝3种颜色作为原色的色彩模式。RGB颜色模式产生颜色的方法为加色法。没有光时为黑色,加入R、G、B色光并以各种不同的相对强度综合起来便可产生颜色,当三基色的光强都达到最大时就产生了白色。

(5) CMYK颜色模式。CMYK颜色模式是针对印刷而设计的一种色彩模式。它是以红、绿、蓝3色的补色——青、品红、黄为原色。CMYK模式为减色法。黄色墨水从白光中减去蓝色,反射出红色和绿色,这就是它看起来是黄色的原因。C、M、Y油墨相互叠加后减去所有的光线产生黑色,反之为白色。通常,由于油墨的纯度问题,CMY混合后成深褐色而非真正的黑色,因此额外增加了一个黑色墨水。当计算三色混合中为黑色的部分时,便从颜色比例中去除深褐色,用真正的黑色加回来。CMYK颜色模式不可能像RGB颜色模式那样产生出高亮的颜色。

(6) Lab颜色模式。Lab颜色模式通过a、b两个色调参数和一个光强度来控制色彩。a、b两个色调可以通过-128～128的数值变化来调整色相。其中,a色调为由绿到红的光谱变化,b色调为由蓝到黄的光谱变化。光强度可以在0～100范围内调节。当RGB和CMYK两种模式互换时,需要先转换为Lab模式,这样才能减少转换过程中的损耗。

(7) HSB颜色模式。HSB颜色模式使用色彩的基本要素:色相、亮度和饱和度,只有在色彩编辑时才可以看到这种颜色模式。

4.1.2 图像的分类

在计算机中,表达生成图像有两种常用的方法:一种是位图,即点阵图;另一种是矢量图。

1. 位图

位图是连续色调图像最常用的电子媒介。像素是构成位图的最小单元。图像被分成若干像素，每个像素都有其特定的位置信息和颜色信息。许许多多的像素组合在一起，便构成了一幅图像。

位图具有以下特点。

（1）位图是以像素为基础建立的信息体，反映对象的外貌，适合表现具有精细图像结构、丰富灰度层次和广阔颜色阶调的自然景象。

（2）位图的缩放会产生失真。放大位图时会产生锯齿效果。此时可以看见构成图像的单个元素。

（3）位图文件占据的存储器空间比较大。位图文件存储的是图像各个像素的位置和颜色信息，像素密度越大、颜色阶调越丰富，则图像越清晰，相应的存储容量也越大。

（4）显示速度快。位图显示时，计算机读取位图文件中的信息，直接快速将像素点显示在显示屏上。

通常用扫描仪、数码相机和摄像机等设备获取位图。也可以通过设计软件把图像信号变成数字图像数据。

2. 矢量图

在计算机图形软件中，矢量图采用一系列计算机指令来描述和记录图像。一幅图可以分解为一系列由点、线、面等组成的子图。计算机指令用来描述对象的位置、维数和大小、形状、颜色等特征参数。

矢量图具有以下特点。

（1）矢量图是以造型特征及其相关参数为基础建立的信息体，描述对象的形体特征，主要用于图画、美术字、工程制图等，难以表现色彩层次丰富的逼真图像效果。

（2）可按照其造型数学模型生成任意精细程度的图像，进行缩放或旋转不会引起失真。

（3）文件数据量小。矢量图是对各种图像进行模型化，然后使用计算机指令集合描述图像，因此，矢量图文件数据量一般较小。

（4）不易描述复杂图。当图像很复杂时，计算机需要花费很长的时间执行绘图指令，才能够把图像显示出来。

常用的矢量图软件有 AutoCAD、CorelDraw、Illustrator、FreeHand 等。其中，AutoCAD 特别适合绘制机械图和电路图等；CorelDraw、Illustrator、Freehand 则适用于插画创作。

矢量图和位图之间可以用软件进行转换。由矢量图转换成位图采用光栅化(rasterizing)技术，这种转换相对容易；由位图转换成矢量图采用跟踪(tracing)技术，这种技术在理论上来说很容易，但实际很难实现，对复杂的彩色图像尤其如此。

4.1.3　图像的基本属性

位图由像素构成，像素的密度和像素的颜色信息直接影响图像的质量。描述一幅图像需要使用图像的属性。图像的属性包含分辨率、像素深度、真/伪彩色与直接色等。

1. 分辨率

常见的分辨率主要有图像分辨率、显示分辨率和打印分辨率。

(1) 图像分辨率。数字图像是由一定数量的像素构成的。图像分辨率是指组成一幅图像的像素密度,即每英寸上的像素数,用PPI(Pixel Per Inch)表示。同一幅图在数字化时分辨率越高,组成该图像的像素数目越多,图像细节越清晰;相反,则图像显得越粗糙。不同分辨率的图像效果如图4-1所示。

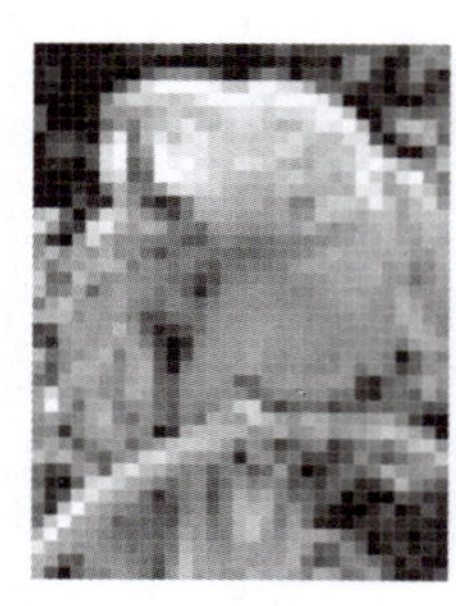
低分辨率

中分辨率

较高分辨率

图4-1 不同分辨率的图像效果

(2) 显示分辨率。显示分辨率是指显示屏上能够显示的像素数目。例如,显示分辨率为1024×768表示显示屏分成768行(垂直分辨率),每行(水平分辨率)显示1024个像素,整个显示屏就含有786 432个显像点。

屏幕能够显示的像素越多,说明显示设备的分辨率越高,显示的图像质量也就越好。在同样尺寸的显示屏上,显示分辨率越高,显示图像越精细,但画面会越小。

(3) 打印分辨率。打印分辨率是每英寸打印纸上可以打印出的墨点数量,用DPI(Dot Per Inch)表示。打印设备的分辨率在360~2400DPI。分辨率越大,表明图像输出的墨点越小(墨点的大小只同打印机的硬件工艺有关,与要输出图像的分辨率无关),输出的图像效果越精细。

2. 像素深度

像素深度也称颜色深度,是指存储每个像素的色彩(或灰度)所用的二进制位数,以bit作为单位。像素深度决定彩色图像可以使用的最多颜色数目,或者确定灰度图像的灰度级数。较大的像素深度意味着数字图像具有较多的可用颜色和较精确的颜色表示。例如,一幅RGB模式的彩色图像,若每个R、G、B分量用8b,则意味着像素的深度为24,每个像素可以是2^{24}=16 777 216种颜色中的一种。不同像素深度的灰度图像效果如图4-2所示。

3. 真彩色、伪彩色与直接色

辨别真彩色、伪彩色与直接色的含义,对于编写图像显示程序、理解图像文件的存储格式有直接的指导意义。掌握真彩色、伪彩色与直接色的含义,就不会对类似于下面这样的现象感到困惑了:本来是用真彩色表示的图像,但在VGA显示器上显示的图像颜色却不是原来图像的颜色。

1b (黑和白)　　2b (2^2=4级灰度)　　8b (2^8=256级灰度)

图 4-2　不同像素深度的灰度图像效果

(1) 真彩色(true color)。真彩色是指在组成一幅彩色图像的每个像素值中,有 R、G、B 3 个基色分量,每个基色分量直接决定显示设备的基色强度,这样产生的色彩称为真彩色。例如用 RGB(5∶5∶5)表示的彩色图像,R、G、B 各用 5b,用 R、G、B 分量大小的值直接确定 3 个基色的强度,这样得到的色彩是真实的原图色彩。

在许多场合,真彩色图通常是指 RGB(8∶8∶8),即图像的颜色数等于 2^{24},也常称为全彩色(full color)图像。显示器上显示的颜色不一定是真彩色。显示真彩色图像需要配备真彩色显示适配器,目前 PC 机使用的 VGA 适配器很难得到真彩色图像。

(2) 伪彩色(pseudo color)。伪彩色图像的每个像素的颜色不由每个基色分量的数值直接决定,而是把像素值当作彩色查找表(color look-up table)的表项入口地址,查找显示图像时使用的 R、G、B 强度值,用查找出的 R、G、B 强度值产生的色彩称为伪彩色。

由于图像中保存的不是各个像素的彩色信息,而是具有代表性的颜色编号,每一编号对应一种颜色,因此图像的数据量会减少。这对彩色图像的传播非常有利。

(3) 直接色(direct color)。每个像素值都分成 R、G、B 分量,每个分量作为单独的索引值,通过相应的彩色变换表找出基色强度,用变换后得到的 R、G、B 强度值产生的彩色称为直接色。它的特点是可以对每个基色进行变换。

4.2　图像的数字化

如同自然界中的声音信号是基于时间的连续函数,现实世界中的照片、画报、图纸等图像信号在空间和灰度或颜色上也都是连续的函数。要在计算机中处理图像,须先将其进行数字化转换,然后再用计算机分析处理。

图像的数字化过程分为采样、量化与编码 3 个步骤。

4.2.1　采样

图像在 2D 空间上的离散化称为采样。图像经过采样后,离散点称为样点(像素)。采样的实质就是用多少点来描述一张图像。简单来讲,就是将空间上连续的图像在水平和垂直方向上等间距地分割成矩形网状结构,这样,一幅图像就被采样成有限个像素点构成的集合,所形成的微小方格称为像素点。例如,一幅640像素×480像素的图像表示这幅图像由307 200个像素点组成。

采样点间隔大小的选取很重要,它决定了采样后的图像是否能真实地反映原图像。采样的密度决定了图像的分辨率。一般来说,原图像中的画面越复杂、色彩越丰富,采样间隔就应该越小,采样的点数就越多,图像质量才越好。不同分辨率与图像质量的比较参见图4-1。

4.2.2 量化

把图像采样后所得的各像素的灰度或色彩值离散化,称为图像的量化。通常用L位二进制描述灰度或色彩值,量化级数为2^L。一般可用8b、16b或24b量化位数,较高的量化位数意味着像素具有较多的可用颜色和较精确的颜色表示,越能真实地反映原有图像的颜色,但得到的数字图像的容量也越大。不同量化位数与图像质量的比较参见图4-2。

例如,有一幅灰度照片,其水平与垂直方向上都是连续的。通过沿水平和垂直方向的等间隔采样可得到一个$M \times N$的离散样本,每个样本点的取值代表该像素的灰度(亮度)。对灰度进行量化,使其取值变为有限个可能值。经过这样采样和量化得到的图像称为数字图像。只要水平与垂直方向采样点数足够多,量化比特数足够大,则数字图像的质量与原始图像相比就不逊色。

采样数量和量化位数两者的基本问题都是图像视觉效果与存储空间的取舍问题。

数字化后的位图可用如下信息矩阵来描述,其元素为像素的灰度或颜色。

$$f(i,j)=\begin{bmatrix} f(0,0) & f(0,1) & \cdots & f(0,n-1) \\ f(1,0) & f(1,1) & \cdots & f(1,n-1) \\ \vdots & \vdots & & \vdots \\ f(m-1,0) & f(m-1,1) & \cdots & f(m-1,n-1) \end{bmatrix}$$

4.2.3 压缩编码

编码的作用有两个:一是采用一定的格式来记录数字图像数据;二是由于数字化后得到的图像数据量巨大,必须采用一定的编码技术来压缩数据,以减少存储空间,提高图像传输效率。

数字图像的压缩基于两点。其一,图像数据中存在数据冗余。例如,图像相邻各采样点的色彩往往存在着空间连贯性,基于离散像素采样来表示像素颜色的方式通常没有利用这种空间连贯性,从而产生了空间冗余。其二,人的视觉不敏感。例如,人眼存在“视觉掩盖效应”,即人对亮度比较敏感,而对边缘的急剧变化不敏感,并且对彩色细节的分辨能力远比亮度细节的分辨能力低。在记录原始的图像数据时,通常假定视觉系统是线性的和均匀的,对视觉敏感和不敏感的部分同等对待,从而产生比理想编码(即把视觉敏感和不敏感的部分区分开来编码)更多的数据。

目前,已有许多成熟的编码算法应用于图像压缩。常见的图像编码有行程编码、赫夫曼编码、LZW编码、预测编码、变换编码、小波编码、人工神经网络等。

20世纪90年代后,国际电信联盟(ITU)、国际标准化组织(ISO)和国际电工委员会

(IEC)已经制定并正在继续制定一系列静止和活动图像编码的国际标准,现已批准的标准主要有 JPEG 标准、MPEG 标准、H.261 等。这些标准和建议是在相应领域工作的各国专家合作研究的成果和经验的总结。这些国际标准的出现使得图像编码,尤其是视频图像编码压缩技术得到了飞速发展。目前,按照这些标准制作的硬件、软件产品和专用集成电路(如图像扫描仪、数码相机、数码摄像机等)已经在市场上大量涌现,这对现代图像通信的迅速发展以及图像编码新应用领域的开拓发挥了重要作用。

4.3　数字图像文件格式

图像的保存与传送以文件的形式进行。编码算法的不同导致数据存放格式也有所不同。下面介绍一些流行的图像文件格式。

4.3.1　常见的位图文件格式

1. GIF 格式

图形交换格式(Graphic Interchange Format,GIF)是 CompuServe 公司在 1987 年开发的,文件以.gif 为扩展名。GIF 格式支持许多不同的输入、输出设备方便地交换图像数据,在因特网和其他在线服务系统上得到了广泛应用。

GIF 格式最多只支持 256 种颜色数图像,并支持图像透明像素。

GIF 允许图像进行交错处理。采用隔行存放的 GIF 图像,在图像显示时隔行显示图像的数据。在因特网上显示一个尺寸较大的图像时,交错处理的方法是分成 4 遍来扫描。该方法每隔 8 行显示一次数据,并会逐渐填补其间的空隙。首先显示整幅图像的概貌,然后显示逐渐清晰,感觉上其显示速度要比其他图像快。

GIF 格式的 GIF89a 版本通过图形控制扩展(Graphics Control Extension)块支持简单的动画。其特点是一个 GIF 文件可以存储多幅以默认顺序动态显示的图像,形成连续播放的动画效果。

2. JPEG 格式

JPEG 文件以.jpg 为扩展名。JPEG 是一个通用的图像压缩标准,该标准由国际电报电话咨询委员会(CCITT)和国际化标准组织(ISO)联合组成的一个工作组制定,该工作组被称为联合图像专家组(Joint Photographic Experts Group),JPEG 因此得名。该专家组制定了第一个压缩静态数字图像的国际标准,其标准名为“连续色调静态图像的数字压缩和编码”。

JPEG 利用人眼的一些特定的局限性,从而获得很高的压缩率。它主要存储颜色变化的信息,特别是亮度的变化。人物照片和表达细节十分丰富的自然景物的连续色调图像使用 JPEG 格式能够收到非常好的效果。

JPEG 具有调节图像质量的功能,允许用户设定图像质量等级,若选择低质量,则压缩比率大,文件数据占用的空间小。

JPEG文件应用非常广泛,特别是在网络和光盘读物上,都能找到它的身影。

3. PNG格式

PNG是Portable Graphics Network的缩写,是专门为Web制定的标准图片格式。文件以.png为扩展名。PNG格式保留图像中所有的颜色信息和Alpha通道。PNG格式支持透明效果,可以为图像定义256个透明层次,使彩色图像的边缘与任何背景平滑地融合,从而消除锯齿边缘。与GIF格式不同的是,PNG格式并不仅限于256色,它还同时提供24位和48位真彩色图像支持。PNG能够提供比GIF小30%的无损压缩图像文件。

4. TIFF格式

TIFF(Tag Image File Format)是Aldus公司开发的一种灵活的位图格式。文件以.tif或.tiff为扩展名。TIFF格式可以制作质量非常高的图像,因而经常用于出版印刷。

TIFF格式的特点如下:支持CMYK、RGB、Lab、索引颜色和灰度图像等多种图像模式;支持Alpha通道;Photoshop可以在TIFF文件中存储图层;是一个跨平台的图像文件格式,可在应用程序和计算机平台之间交换文件;TIFF文件可以是不压缩的,也可以是压缩的,不压缩时文件体积较大,压缩时则支持多种压缩方式。

5. BMP格式

BMP(Windows Bitmap)是Windows系统下的标准图像格式。该格式文件以.bmp为扩展名。Windows应用程序支持BMP格式。这种格式的特点是,包含的图像信息较丰富,几乎不进行压缩,文件所占用的空间很大。

6. PICT格式

PICT(Macintosh Picture)是Macintosh计算机图形应用程序和排版程序广泛使用的图像文件格式,是在应用程序间转换文件的中间格式。如果要将图像保存成一种能够在Macintosh计算机上打开的格式,选择PICT格式就要比JPEG好,因为它打开的速度更快。

7. PSD格式

PSD(PhotoShop Document)是Photoshop图像处理软件的专用文件格式,其文件扩展名是.psd,支持图层、通道、蒙版和不同色彩模式的各种图像特征,是一种非压缩的文件保存格式。PSD文件有时容量会很大,但由于可以保留所有原始信息以及编辑信息,因此在图像编辑处理中PSD格式是最佳的保存选择。

4.3.2 常见的矢量图文件格式

1. WMF格式

WMF(Windows Metafile)是Microsoft Windows系统中常见的一种图元文件格式,它具有文件小、图案造型化的特点。WMF图形常由各个独立的组成部分拼接而成,往往较粗糙，但所占的磁盘空间比其他任何格式的图形文件都要小得多，其只能在 Microsoft Office 中调用编辑。

2. EPS 格式

EPS(Encapsulated PostScript)是跨平台的标准格式，其扩展名在 PC 平台上是.eps，在 Macintosh 平台上是.epsf，主要用于矢量图像和光栅图像的存储。几乎每个绘画程序都允许保存 EPS 文档，为文件交换带来很大的便利。

EPS 格式采用 PostScript 语言描述，可以在 PostScript 图形打印机上打印出高品质的图像。

3. AI 格式

AI 是 Adobe 公司的 Illustrator 软件的输出格式。AI 文件是一种分层文件，用户可以对图形内所有层进行操作，可在任何尺寸大小下按最高分辨率输出。

4. DXF 格式

DXF(Drawing Exchange Format)是用于在制图软件 AutoCAD 与其他软件之间进行 CAD 数据交换的文件格式，在表现图形的大小方面十分精确。它分为 ASCII 格式和二进制格式两类，两者的区别就是占用空间大小不同。DXF 文件由很多的“代码”和“值”组成的“数据对”构造而成，其中的“代码”用于指定“值”的类型和用途。

4.4　图像处理软件 Photoshop

图像处理软件的主要作用是对图像进行运算、处理和重新编码，从而改变图像的视觉效果。

Photoshop 软件是 Adobe 公司推出的图像处理软件。其功能强大、操作界面友好、效果具有即时可视性。Photoshop 的出现，将图像设计与处理推向了一个更高的艺术水准，不但得到了很多开发厂家的支持，也赢得了众多用户的青睐。随着 Photoshop 软件版本不断升级，一些处理功能愈加智能化，图像处理也变得更加便捷。

本节以 Photoshop CC2020 为例，阐述图像文件操作、图像编辑、图像合成、色彩调整与特效处理等方面的内容。

4.4.1　Photoshop 工作界面

Photoshop 软件界面主要由菜单栏、图像窗口、工具箱、选项栏、控制面板等组成，如图 4-3 所示。

1. 菜单栏

菜单栏共有 11 个菜单项，每个菜单项均包含一系列命令，用户可根据需要选择并执行。

2. 图像窗口

图像窗口显示图像文件内容。图像窗口的标题栏显示图像文件的名称、显示比例和颜

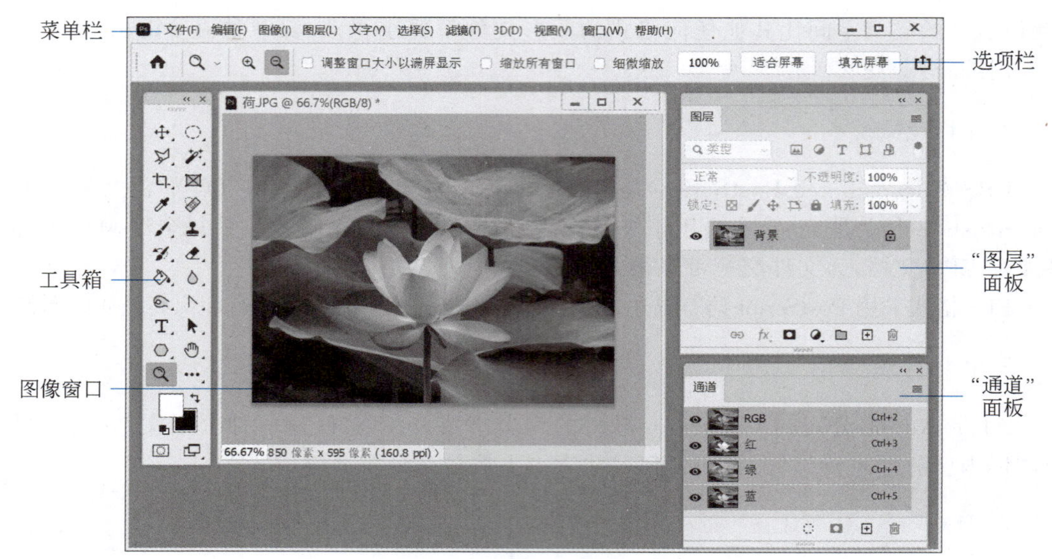

图 4-3 Photoshop 软件界面

色模式,状态栏则包含显示比例和文档大小。

可以通过打开图像文件创建图像窗口,也可通过新建文件打开图像窗口。界面中只能有一个图像窗口被激活,接受用户的编辑操作。

3. 工具箱

工具箱外形如图 4-4 所示。工具箱中的每种工具都有特定的用途。大体上可以将这些工具分为选区工具、绘图工具、编辑工具、填充工具、色彩设置工具、文字工具、显示控制工具

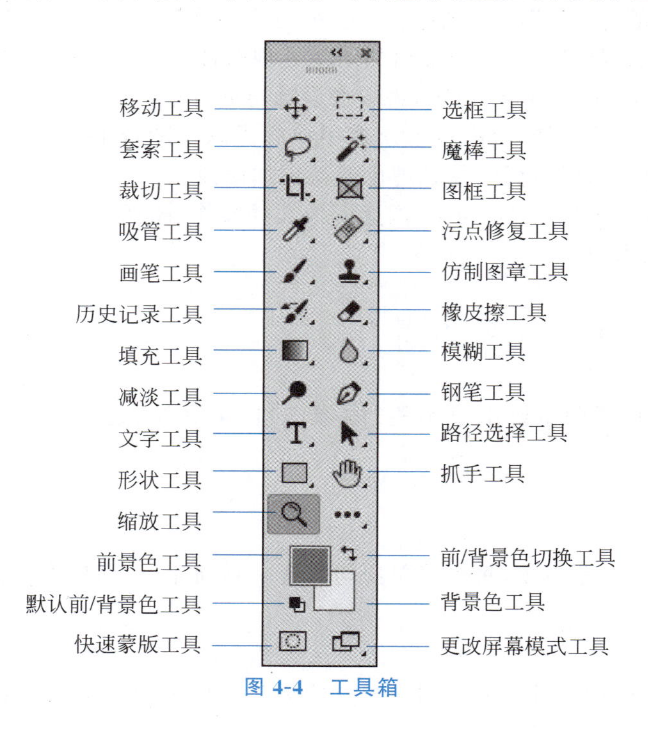

图 4-4 工具箱

等七大类。单击即可选择工具。

4. 选项栏

选项栏用于对工具箱中各种工具的参数进行调整与设置。在工具箱中选择某个工具后，该工具的选项就会在选项栏中显示。

5. 控制面板

控制面板用于显示和管理当前图像文件的有关信息。结合控制面板可辅助完成图像编辑和修改。“导航器”“图层”“通道”“路径”“历史记录”等控制面板，均可通过“窗口”菜单中的相应命令显示或关闭。

4.4.2 图像文件操作

1. 新建图像文件

启动 Photoshop 软件后，执行“文件”→“新建”命令，打开图 4-5 所示的“新建文档”对话框。根据需要从预设类别中选择一个文档项目，使用系统预定义的各种规格的新建文件信息。预设详细信息显示在对话框右侧区域，可以修改预设信息，指定图像文件名称、图像宽和高、分辨率、颜色模式、背景内容等。设置完毕后，单击“创建”按钮，将打开图像文件窗口。

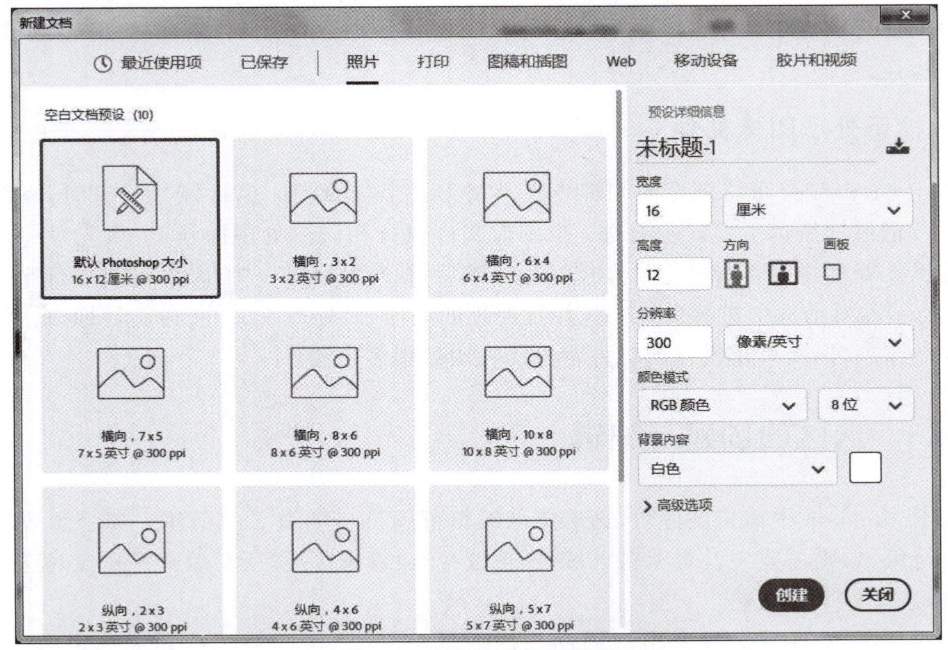

图 4-5　“新建”文档对话框

2. 打开图像文件

执行“文件”→“打开”命令，在“打开”对话框中选择一个图像文件，并单击“打开”按钮，之后 Photoshop 中将显示该图像文件窗口。Photoshop 允许打开多个图像文件,所有打开的图像窗口可以层叠或平铺显示。

打开图像文件后,可通过执行"图像"→"模式"命令,观察下拉菜单中带有"√"标识的菜单项来判断图像类型。若菜单项如图 4-6 所示,则说明打开的图像文件是 RGB 颜色模式,且 R、G、B 这 3 个原色通道均采用 8 位表示。

确认图像的颜色模式和每个通道的位数非常重要。不同颜色模式和通道位数的图像在编辑时会受到某些限制,若要解除限制则需要转换模式。

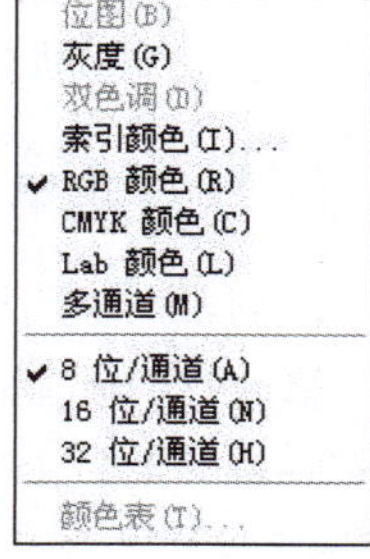

图 4-6 图像文件的颜色模式

3. 存储图像文件

执行"文件"→"存储"命令可存储对文件的更改并覆盖原文件。执行"文件"→"存储为"命令则可另行存储文件,指定存储位置、文件名和文件格式。Photoshop 软件支持多种文件格式,默认的格式为 psd。

4. 关闭图像文件

执行"文件"→"关闭"命令或单击图像窗口右上角的"关闭"按钮即可关闭当前文件窗口。

5. 恢复图像文件

在处理图像过程中,如果想恢复图像文件,执行"文件"→"恢复"命令即可。但是,执行该命令只能将图像效果恢复到最后一次保存时的状态,实际操作中常通过"历史记录"面板来恢复操作。

6. 批量处理图像文件

Photoshop 软件可将图像的编辑步骤录制为一个"动作"。执行该"动作"时,系统会自动执行所记录的编辑步骤。若需对一批图像文件执行相同的处理操作,可事先对一个图像文件的操作处理建立"动作"记录操作过程。然后,执行"文件"→"自动"→"批处理"命令,在图 4-7 所示的对话框中进行设置。选择批处理的动作、需处理的文件、存储目标,命名文件,设置起始序列号等,确定操作后软件将自动一次处理多个文件。

4.4.3 选区的创建与编辑

在 Photoshop 中编辑图像时,选取图像编辑范围是一项重要的工作。如果想要对局部图像进行编辑,则需要先设置编辑区域(即选区)。设置选区后,所有编辑操作仅对选区范围内有效,选区外不受影响。

设置选区后,区域边界会出现闪动的虚线框,虚线框包围的区域即为选定的区域,如图 4-8 所示。

1. 创建选区

Photoshop 软件提供了多种创建选区的方法。可以使用工具箱中的选择类工具创建选

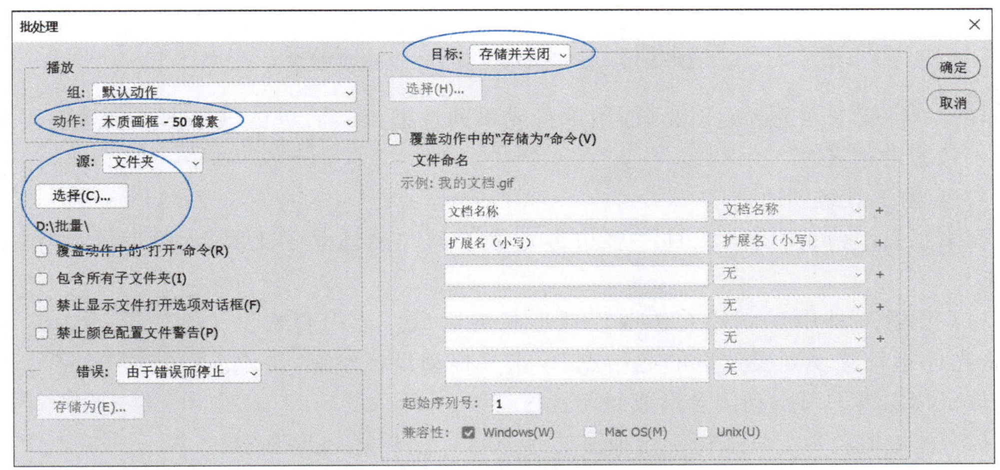

图 4-7　“批处理”对话框

(a) 矩形选区

(b) 椭圆形选区

(c) 自由形状选区

图 4-8　多种形状的选区

区,也可以使用软件提供的菜单命令创建选区,还可通过快速蒙版、图层、通道、路径等途径创建选区。

以下主要介绍使用工具箱中的选择类工具、“色彩范围”命令和“快速蒙版模式”创建选区的操作方法。通过图层、通道、路径等途径创建选区的方法则在后续相应章节中介绍。

1）选框工具组创建选区

选框工具组用来选取规则形状的选区,该工具组包括矩形选框工具、椭圆选框工具、单行选框工具和单列选框工具 4 种工具,如图 4-9 所示。

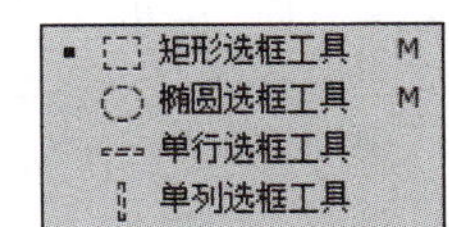

图 4-9　选框工具组

(1) 矩形选区的创建步骤如下：单击“矩形选框工具”;把光标移到图像窗口;按住鼠标左键并拖动形成矩形框,形成理想选区时释放鼠标。在创建矩形选区时,若按住 Shift 键,可创建正方形选区;若按住 Alt 键,可创建以鼠标单击点坐标为中心的矩形选区;若按住 Shift+Alt 键,则可创建以鼠标单击点坐标为中心的正方形选区。

矩形选框工具的工具选项栏如图 4-10 所示。选项栏中的“样式”用于设置选区的创建效果,有正常、固定比例和固定大小 3 种方式。“正常”方式不指定选框大小和比例;“固定比例”用于设置选框的宽高比,宽高比为 1∶1 时可创建正方形选区;“固定大小”用于设置选框大小,通过“宽度”和“高度”文本框输入数值。选项栏中的“羽化”项用于设置羽化值,柔化选区的边界,此选项在创建选区前设置有效。

(2) 椭圆选框工具创建选区的操作方法与矩形选框工具相同。

图 4-10 矩形选框工具的工具选项栏

(3) 单行或单列选区的创建,选用单行或单列选框工具后单击鼠标即可创建高度或宽度为1像素的选区。

2) 套索工具组创建选区

套索工具组包括"套索工具""多边形套索工具""磁性套索工具"3种工具,如图4-11所示。

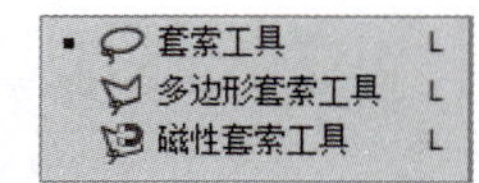

图 4-11 套索工具组

(1) 套索工具用于创建并选取任意形状的区域。选用套索工具,将光标指针移动到要选取的起始点,单击并拖动鼠标绘制,结束时释放鼠标左键即可自动闭合形成封闭选区。

(2) 多边形套索工具适用于选取多边形选区。选用多边形套索工具,将光标移动到要选取的起始点,单击形成一个角点,移动鼠标位置再次单击形成另一个角点,两点间直线连接,绘制出多个角点后双击或者在起始点单击即可闭合选区。

(3) 磁性套索工具适用于选择边缘与背景反差较大的对象。选用磁性套索工具,在需要选取的图像边缘上单击,随后沿着要跟踪的图像轮廓移动光标,即可创建带锚点的路径,自动捕捉图像中对比度较大的图像边界,当终点与起点重合时单击,将自动创建闭合选区。

3) 魔棒工具组创建选区

魔棒工具组包括"魔棒工具""对象选择工具""快速选择工具"3种工具。

(1) 魔棒工具适用于选取图像中色彩相同或相似的区域。具体方法为:使用魔棒工具,单击需要选取的图像中的任意一点,则附近与它颜色相同或相似的区域便会自动被选取。

在图4-12所示的"魔棒"工具选项栏中,"容差"文本框用于设置选取的颜色范围,输入的数值越小,选取的颜色越近似,选取的范围越小;数值越大,则选取的颜色范围越大。选中"消除锯齿"复选框用于消除选区边缘的锯齿。选中"连续"复选框表示只选取相邻的颜色区域,未选中时可将不相邻的区域也加入选区。当图像包含多个图层时,选中"对所有图层取样"复选框表示对图像中所有的图层起作用,不选中时魔棒工具只对当前的图层起作用。"选择主体"选项用于智能识别选取图像中最突出的主体,使选取更加便捷、准确。

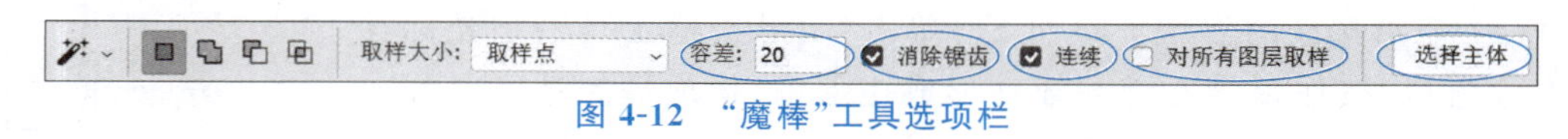

图 4-12 "魔棒"工具选项栏

(2) 对象选择工具用于在框选的区域内查找并自动选择一个主体对象。

(3) 快速选择工具以画笔形式显现,在图像上单击并拖动查找和追踪图像的边缘来创建选区。

4) "色彩范围"命令创建选区

"色彩范围"命令创建选区与"魔棒工具"类似,"色彩范围"命令根据图像的颜色范围来创建选区。

5) "快速蒙版"创建选区

使用"快速蒙版"也可以创建选区。在"快速蒙版"编辑模式下,使用绘图工具涂抹需要选择的区域，被涂抹过的区域就会出现半透明的红色蒙版，退出“快速蒙版”编辑模式后即可将蒙版外的区域创建为选区。

2. 编辑选区

1）取消选择与重新选择

创建选区后，执行“选择”→“取消选择”命令或按 Ctrl＋D 键即可取消当前选区。

选区取消后，执行“选择”→“重新选择”命令或按 Ctrl＋Alt＋D 键即可恢复最后一次取消的选区。

2）全选与反选

执行“选择”→“全部”命令或按 Ctrl＋A 键，可以将当前文档内的图像全部选择。

创建选区后，执行“选择”→“反选”命令或按 Ctrl＋Shift＋I 键，可以反向选择当前选区。

3）移动选区

创建选区后，使用工具箱选区工具，当光标在选区内变为箭头状态时，单击并拖动鼠标可移动选区，键盘的上、下、左、右 4 个方向键则可用于精确控制位移，每按下一次会沿键盘方向移动 1 像素的距离。

4）组合选区

在已经创建选区的情况下，再使用选区工具创建选区时，新选区将与现有选区进行组合运算，运算结果决定最终选区。选区工具选项栏中的“选区组合”选项如图 4-13 所示，共有 4 种组合方式。

图 4-13　选区工具选项栏中“选区组合”选项

（1）新选区。“新选区”选项可保留新创建的选区，取消原有选区。

（2）添加到选区。选中“添加到选区”选项（或者按住 Shift 键），当选区工具右下角出现一个小的“＋”符号时，创建选区后将在原有选区基础上添加选区，得到选区相加的效果。

（3）从选区减去。选中“从选区减去”选项（或者按住 Alt 键），当选区工具右下角出现一个小的“－”符号时，创建选区后将在原有选区中减去与创建的选区重叠的区域。

（4）与选区交叉。选中“与选区交叉”选项（或者同时按住 Shift 和 Alt 键），当选区工具右下角出现一个小的“×”符号时，创建选区后将得到与原有选区相交的区域。

图 4-14(a)、图 4-14(b)、图 4-14(c)所示的为圆形选区与矩形选区分别进行相加、相减、相交的组合结果。

(a) 选区相加

(b) 选区相减

(c) 选区相交

图 4-14　选区的组合运算结果

5）扩展选区与收缩选区

执行“选择”→“修改”→“扩展”命令，可在原选区的基础上向外扩展，使选区变大而不改变形状。“收缩”命令则与之相反。

6）羽化选区

羽化选区可以柔化选区边缘，使选区边缘的像素产生柔和过渡的虚化效果。

羽化选区的方法为：在创建选区后，执行“选择”→“修改”→“羽化”命令，在图4-15所示的“羽化选区”对话框中，设置“羽化半径”，然后单击“确定”按钮。

图像选取羽化选区后得到的图像效果如图4-16所示。

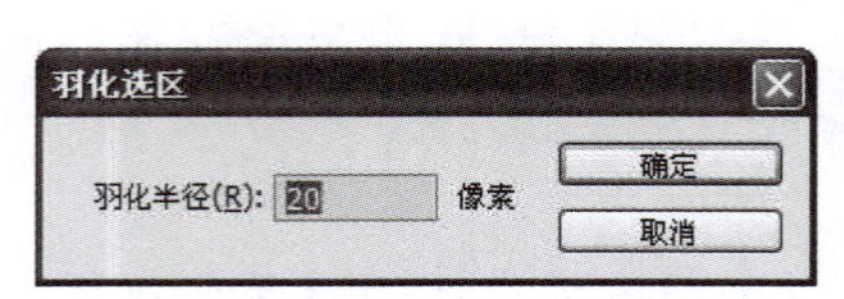

图4-15 “羽化选区”对话框

图4-16 选取及选区羽化后图像的效果

7）变换选区

通过变换选区可以改变选区的大小和形状。执行“选择”→“变换选区”命令，待选区四周出现带有控制点的变换定界框后，通过定界框或控制点即可缩放或旋转变换选区。

8）存储与载入选区

创建好的选区可存储起来以便再次使用。保存后的选区存储在“通道”面板中，当需再次使用时将其载入图像窗口中即可。

(1) 存储选区。执行“选择”→“存储选区”命令，即可打开“存储选区”对话框，如图4-17所示。其中，“文档”下拉列表框用于设置保存选区的目标图像文件，默认为当前图像文件。“通道”下拉列表框用于设置存储选区的通道，在其下拉列表中显示了所有的Alpha通道和“新建”选项。选择“新建”选项表示将新建一个用于放置选区的通道。“名称”文本框中可输入用于存储选区的新通道名称。“操作”选项组中的“新建通道”单选按钮表示为当前选区建立新的目标通道，其他选项表示将选区与通道中的选区进行组合运算。

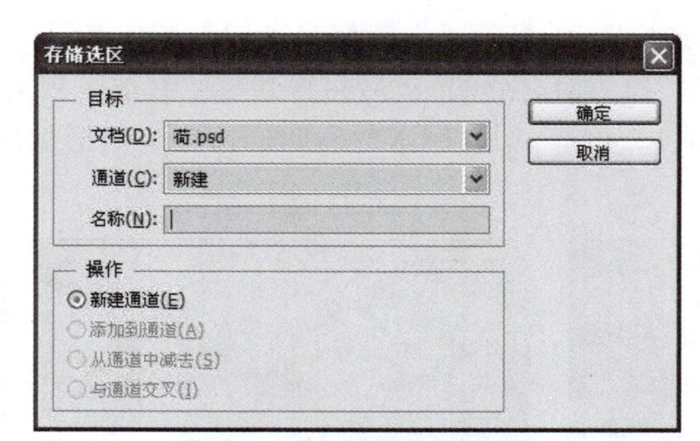

图4-17 “存储选区”对话框

(2) 载入选区。载入选区时，执行“选择”→“载入选区”命令，打开图4-18所示的“载入选区”对话框。其中，“通道”下拉列表框用于选择存储选区的通道名称；“操作”选项组用于控制载入选区与图像窗口中现有选区的运算方式。

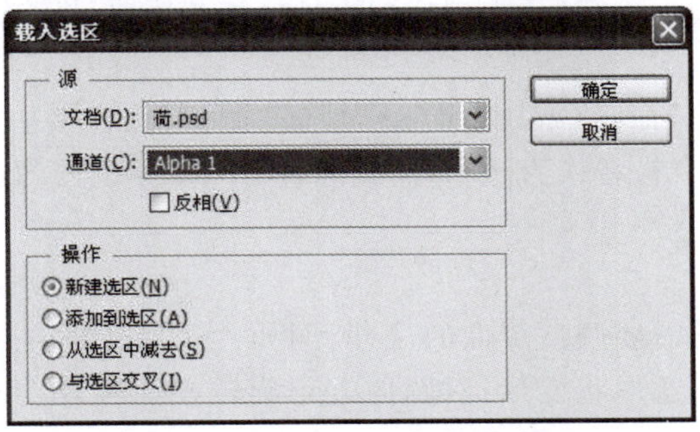

图 4-18　“载入选区”对话框

3. 选区描边与填充

1）描边选区

创建选区后，执行“编辑”→“描边”命令打开“描边”对话框，设置描边的宽度、颜色、位置等参数，单击“确定”按钮，即可在选区边缘描边。

2）填充选区

创建选区后，执行“编辑”→“填充”命令打开“填充”对话框，设置填充内容，单击“确定”按钮，即可填充选区内部。

4.4.4　图像基本编辑

1. 图像的移动/复制/删除

可以在打开的一个或多个图像文件窗口间进行图像的移动和复制。创建选区并选定图层后，执行相关的操作可以移动、复制、删除图像。

1）移动图像

使用移动工具拖动所选图像，即可改变图像的位置。另外，还可以使用键盘的上、下、左、右 4 个方向键进行微小位移，每按一次可移动 1 像素的距离。

2）复制图像

（1）选择工具箱中的移动工具，按住 Alt 键不放，即可用鼠标将要复制的图像拖动到目标位置。

（2）执行“编辑”→“拷贝”命令，或按 Ctrl+C 键，即可将选取的图像复制到剪贴板中。然后，执行“编辑”→“粘贴”命令，或按 Ctrl+V 键则可将复制的图像副本粘贴到一个新图层。

（3）执行“编辑”→“合并拷贝”命令，或按 Shift+Ctrl+C 键，可将选定区域内所有可见图层中的图像都加以复制，在粘贴时将其合并到一个新图层。

（4）执行“编辑”→“选择性粘贴”→“原位粘贴”命令，可将图像粘贴到与被复制图像相同的坐标位置处。而“贴入”与“外部粘贴”则可以粘贴到新图层，并将选区作为显示与隐藏粘贴图像的图层蒙版。

(5) 在“图层”面板中,如果要复制某个图层中的图像,可以用鼠标将该图层拖动到“创建新图层”按钮上复制出一个图层,再用移动工具移动图像窗口中的图像到适当位置。

3) 删除图像

执行“编辑”→“清除”命令,或“编辑”→“剪切”命令,或直接按 Del 键,删除所选图像。删除标准图层中的图像会被替换为透明,而删除背景图层中的图像将被替换填充背景色。

2. 图像变换

在处理图像时,经常需要调整图像的尺寸,例如:放大或缩小图像;调整图像的几何形状,把方形变为梯形或任意形状变形;对图像进行旋转或翻转等。图 4-19 展示的便是图像的变换效果。

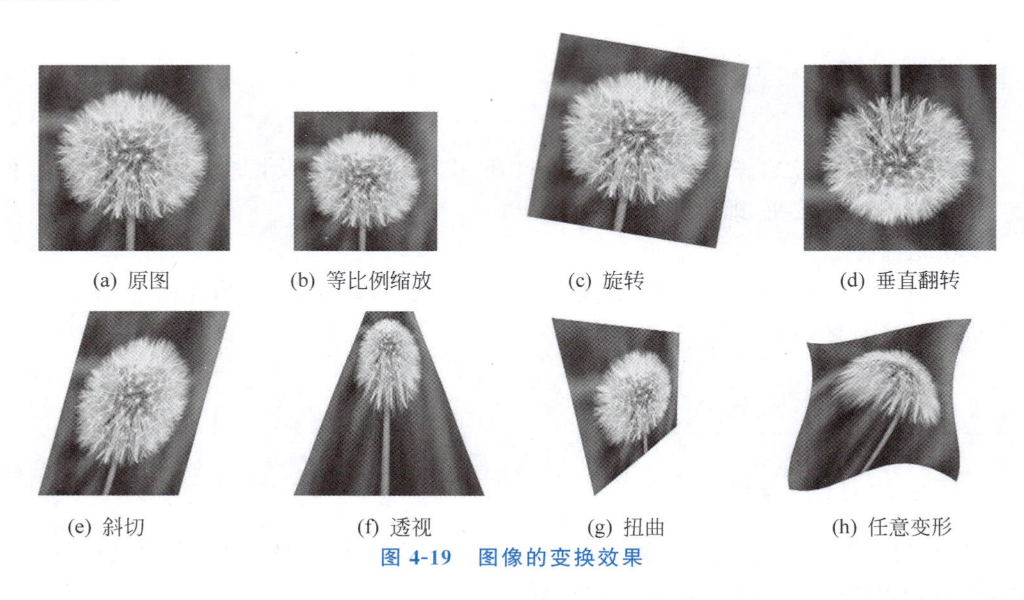

(a) 原图　(b) 等比例缩放　(c) 旋转　(d) 垂直翻转

(e) 斜切　(f) 透视　(g) 扭曲　(h) 任意变形

图 4-19　图像的变换效果

“编辑”→“变换”子菜单包含“缩放”“旋转”“斜切”“透视”“扭曲”“变形”等多种变换命令。执行这些命令时,变换对象周围会出现一个定界框。定界框上有 8 个控制点(白色方形),拖曳定界框或控制点即可进行变换操作。通常,定界框的中心点为变换参考点。若要更改参考点的位置,方法是选中变换命令选项栏中的参考点定位符前面的“切换参考点”复选框,再拖动参考点到其他指定位置。

(1) 缩放:当光标指针变为双向箭头时,拖动定界框控制点可实现缩放。按住 Alt 键时控制中心对称缩放。

(2) 旋转:当光标指针变成弯曲的双向箭头时,拖动定界框可实现旋转变换。按住 Shift 键,拖动定界框可控制以 15°角为增量进行旋转。

(3) 斜切:拖动定界框控制点即可倾斜线框。如果仅拖动定界框四边的中心控制点,可形成平行四边形状。

(4) 扭曲:拖动定界框的角控制点可伸展线框实现扭曲。如果仅拖动边控制点,则可形成平行四边形状。

(5) 透视:拖动定界框的角控制点可应用透视效果。

（6）变形：拖动网格控制点、线条或区域实现复杂变形。

执行“缩放”“旋转”等变换命令时，菜单栏下方会出现图 4-20 所示的变换选项栏。可以直接在输入框内输入相应数值进行精准变换。

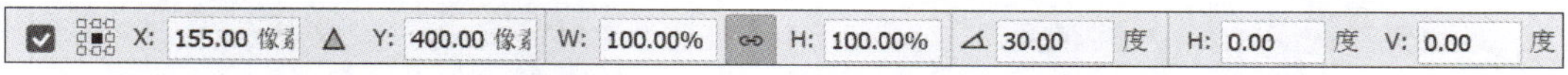

图 4-20　“图像变换”选项栏

若要重复变换操作，执行“编辑”→“变换”→“再次变换”命令或按 Shift＋Ctrl＋T 键即可。若想复制对象重复变换操作，按住 Alt 键并执行“再次变换”命令即可。

【实例 4-1】　图像多重变换

图 4-21 所示的是对简单图像进行多次复制并旋转、缩放变换所快速合成的图像的创意过程。

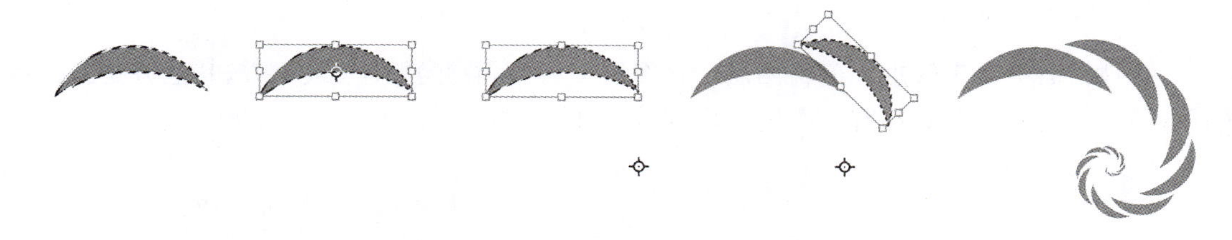

(a) 创建简单图像　(b) 变换定界框　(c) 调整变换参考点　(d) “缩放”+“旋转”变换　(e) 多次变换

图 4-21　图像旋转变换过程

操作步骤如下。

（1）创建简单图像。使用椭圆选框工具，创建两个椭圆选区相减组合成月牙状。然后执行“编辑”→“填充”命令，形成图 4-21(a)图像。

（2）复制并变换图像。按住 Alt 键，执行“编辑”→“变换”→“旋转”命令，随后松开 Alt 键。之后，将图 4-21(b)中的变换参考点位置拖到定界框外侧，如图 4-21(c)所示。然后，在变换命令选项栏中设置旋转和缩放变换选项，将“旋转角度”文本框数值设为 30、“宽度”和“高度”文本框数值设为 80%，效果如图 4-21(d)所示。

（3）复制并再次变换。按住 Alt 键，执行“编辑”→“变换”→“再次变换”命令，随后松开 Alt 键。重复该操作，共产生 12 个复制品。合成图像效果如图 4-21(e)所示。

提示：如果要对图像文件整体进行缩放或旋转，需使用“图像”菜单下的“图像大小”命令或“图像旋转”命令进行操作。

4.4.5　图层

图层是 Photoshop 图像文件的基本构件。一幅图像往往由多个图层组成，画面内容可分布在不同图层上，并通过图层的堆叠形成最终效果。

可以将每个图层看作一张透明纸，图层内容就画在这些透明纸上。多个图层堆叠时，可以透过上面图层的透明区域看到下面图层，自上而下俯视所有图层，从而形成完整的图像效果。图 4-22 所示为一幅图像的图层构成及效果。

图像分层技术具有如下特点：各个图层可以独立编辑，互不干扰；图层不透明度和图层

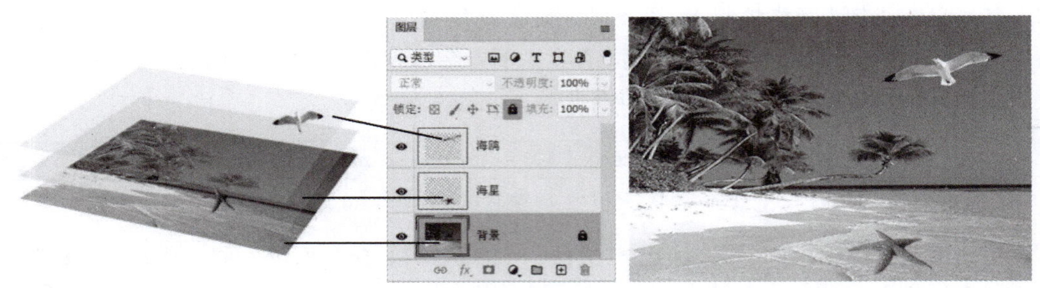

图 4-22 图层构成及效果

蒙版便于调整图层内容的显示程度;图层之间混合模式可以产生各种混合效果;图像文件存储为 PSD 格式时可以保存图层便于再编辑。

1. “图层”面板

“图层”面板用于管理和编辑图层。在图层面板中,背景层位于最下方,其上方是其他各个图层。每个图层左侧都有一个图层内容缩览图。“图层”面板如图 4-23 所示。

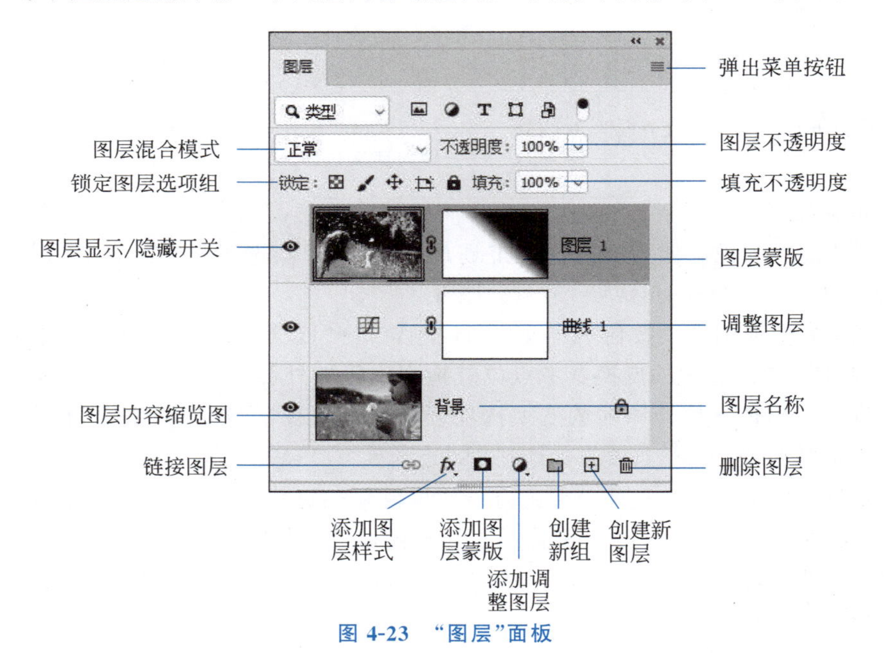

图 4-23 “图层”面板

2. 图层的基本操作

1) 选择工作图层

若要编辑某个图层,必须选中该图层,即将该层指定为当前工作图层。方法是在“图层”面板中,单击需要操作的图层名称的右侧,待该图层被高亮显示时,表示该图层是当前编辑图层。要选择更多图层,可按住 Ctrl 键,同时单击其他图层。

2) 修改图层名称

在“图层”面板中,双击当前的图层名称即可为图层输入新的名称。也可以执行“图层”→

“重命名图层”命令修改图层名称。

3）显示与隐藏图层

在“图层”面板中，图层最左侧的眼睛图标用于标识此层内容是显示还是隐藏，单击该图标可来回切换。

4）新建图层

（1）新建空图层。单击“图层”面板底部的“创建新图层”按钮，可在当前工作图层的上方添加一个新图层。也可执行“图层”→“新建图层”命令创建新图层。

（2）新建拷贝或剪切的图层。将选取的图像通过拷贝或剪切操作来创建新图层，新建的图层中将包括被复制或剪切的图像。具体方法如下：在图像窗口选取图像后，执行“图层”→“新建”→“通过拷贝的图层”命令或“通过剪切的图层”命令。亦可执行“编辑”→“拷贝”或“剪切”命令后进行“粘贴”操作。

5）复制图层

选择需要复制的图层，按住鼠标左键，将其拖动到面板底部的“创建新图层”按钮上，释放鼠标后就能得到一个位于原图层上方的拷贝层。也可利用菜单命令“图层”→“复制图层”实现该操作。

6）删除图层

在“图层”面板中选择需要删除的图层，单击面板底部的“删除图层”按钮即可。也可利用菜单中的“图层”→“删除图层”命令来删除。

7）改变图层的堆叠顺序

在“图层”面板中，所有的图层都是按照一定的顺序堆叠的。图层的堆叠顺序决定了图层内容在图像中的叠放次序。改变图层堆叠顺序的方法如下：在“图层”面板中选择需要改变顺序的图层，按住鼠标左键将其向上或向下拖曳到目标图层位置，当出现一条双线时释放鼠标即可。也可利用“图层”→“排列”菜单命令，选择前移或后移一层，亦可将其置顶或置底。

8）移动图层的内容

选择图层后，使用移动工具在图像窗口中拖动即可移动图层的内容。

9）对齐图层

对齐图层命令可将多个图层上的对象进行有序对齐布置。执行“图层”→“对齐”命令，然后从子菜单中选取对齐命令进行操作。

10）链接图层

在“图层”面板中链接成组的图层将保持关联，可以同时进行移动等编辑操作。

设置链接图层的方法如下：在“图层”面板中，按住 Ctrl 键依次选中需要链接成组的图层，单击“图层”面板底部的“链接图层”按钮，或者执行“图层”→“链接图层”命令，所选图层即可链接成组，且其侧边会出现链接图标。

图层被链接后，再次单击链接图标，或者执行“图层”→“取消图层链接”命令就可取消链接。

11）锁定图层

在“图层”面板中选择某个图层后，单击相应的“锁定”选项按钮可以完全或部分锁定图层，以保护其内容不被修改。锁定图层后将会出现一个锁定图标。

12) 合并图层

合并图层命令可以将多个图层合并成一个图层。操作方法如下:“图层”菜单中有3个命令可以进行相应操作,其中,“向下合并”命令用于将当前图层与它下方的一个图层进行合并;“合并可见图层”命令用于将“图层”面板中所有可见图层进行合并,但隐藏的图层不被合并;“拼合图像”命令用于将图像中的所有图层进行合并,但放弃图像中的隐藏图层。

另外,需要注意的是,文件存储为PSD格式可以保存图层、通道等信息,这样将便于以后再编辑图像;存储为除PSD、TIF之外的文件格式则会自动合并图层。

3. 图层不透明度

图层的不透明度决定了显示图层的程度。不透明度值为100%时,可使图层完全显示,不透明度值为0则图层完全透明。Photoshop默认的不透明度值为100%。当希望改变图层的不透明程度时,可在“图层”面板的“不透明度”选项中设定不透明度的数值。

4.4.6 图层蒙版

图层蒙版浮在图层上,不改变图层本身的任何内容。其作用是,根据蒙版中的颜色使其所在图层相应位置的图像产生透明度效果。

图层蒙版用8位灰阶来影响其所在图层图像的显示状况。在图层蒙版中,白色使图像100%不透明,黑色使图像完全透明(不透明度为0%),而灰度值介于0~255时,则会产生不同的不透明度。

1. 创建图层蒙版

有两种方式为图层添加图层蒙版:使用“图层”→“添加图层蒙版”命令,或者使用“图层”面板底部的“添加图层蒙版”按钮。

1) 使用菜单为图层添加图层蒙版

执行“图层→添加图层蒙版”命令,可看到其子菜单中包含“显示全部”“隐藏全部”“显示选区”“隐藏选区”4个命令。

显示全部:创建一个全白的图层蒙版,显示图层的全部内容。

隐藏全部:创建一个全黑的图层蒙版,图层的内容将全部隐藏。

显示选区:根据选区创建图层蒙版,选区内的图像会被显示出来,其余区域则被隐藏。

隐藏选区:将选区反转后再创建蒙版,其结果是隐藏选区内的图像,显示其余区域的图像。

2) 使用“图层”面板为图层添加图层蒙版

显示全部:单击“图层”面板底部的“添加图层蒙版”按钮,即可为选定的图层添加一个“显示全部”的图层蒙版。

隐藏全部:按住Alt键的同时单击“添加图层蒙版”按钮,即可为选定的图层添加一个“隐藏全部”的图层蒙版。

显示选区:选定选区后,单击“添加图层蒙版”按钮,选区内的图像会被显示出来,选区以外的图像则被隐藏。

隐藏选区：选定选区后，按住 Alt 键的同时单击“添加图层蒙版”按钮，选区内的图像将被隐藏，选区以外的图像被显示出来。

2. 编辑图层蒙版

当为图层添加图层蒙版后，图层缩览图的右侧就会出现图层蒙版缩览图。“显示全部”的图层蒙版内容为全白色；“隐藏全部”的图层蒙版内容为全黑色；“显示选区”的图层蒙版中对应选区的内容是白色，其余为黑色；“隐藏选区”的图层蒙版中对应选区的内容是黑色，其余为白色。

图层蒙版内容可以编辑修改，这将直接作用于蒙版。要确保图层蒙版是活动的(观察其缩览图有没有高亮边框)。在图层蒙版中增减白色/黑色区域即可增减图层显示/隐藏范围，或以不同的灰色达到改变图层不透明度的效果。

为方便编辑图层蒙版，可以在按住 Alt 键的同时单击“图层”面板中的蒙版缩览图，Photoshop 将在图像窗口中显示蒙版的内容。

3. 停用和启用图层蒙版

当图层和图层蒙版关联时，图层缩览图与图层蒙版缩览图之间会显示关联标志。按住 Shift 键，单击图层蒙版，或执行“图层”→“停用图层蒙版”命令可暂时关闭图层蒙版的应用。再次按住 Shift 键，单击图层蒙版，或执行“图层”→“启用图层蒙版”命令，可以再启用图层蒙版。

【实例 4-2】 应用图层蒙版创建合成图像

图层蒙版在图像合成中的应用非常广泛，本例使用的图像素材及合成图像如图 4-24 所示。

(a) 图像素材1

(b) 图像素材2

(c) 合成图像效果

图 4-24　图像素材与图层蒙版合成图像

操作步骤如下。

(1) 打开素材 1 和素材 2 图像文件。

(2) 激活素材 2 图像窗口，执行“选择”→“全选”命令，然后执行“图像”→“复制”命令。

(3) 激活素材 1 窗口，执行“图像”→“粘贴”命令，将来自剪贴板中的图像粘贴到当前窗口。“图层”面板显示如图 4-25 所示。

(4) 单击图层 1，将图层 1 设为当前工作图层。

(5) 单击“图层”面板底部的“添加图层蒙版”按钮，为图层 1 创建白色蒙版。

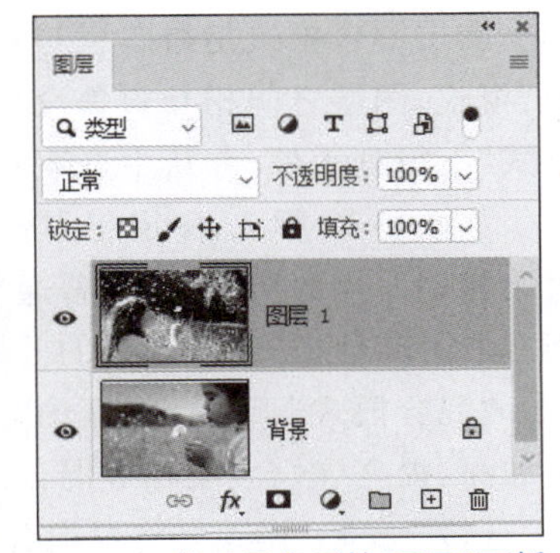

图 4-25　粘贴图像后的“图层”面板

(6) 选取工具箱中的渐变填充工具,并在选项栏中设置为黑白线性渐变。

(7) 使用渐变填充工具编辑图层蒙版,从右上角向左下角方向拖曳进行填充。

(8) 观察图像效果,图层1图像从右上角向左下角方向由完全隐藏逐渐过渡到完全显示,与背景图像相互融合在一起。图层蒙版与图像合成效果如图4-26所示。

图 4-26 图层蒙版与图像合成

(9) 选择画笔工具,将不透明度设为30%左右,颜色设为黑灰色。

(10) 涂抹图层蒙版中人物头部以上区域,使合成图像更加自然地融合衔接,如图4-27所示。

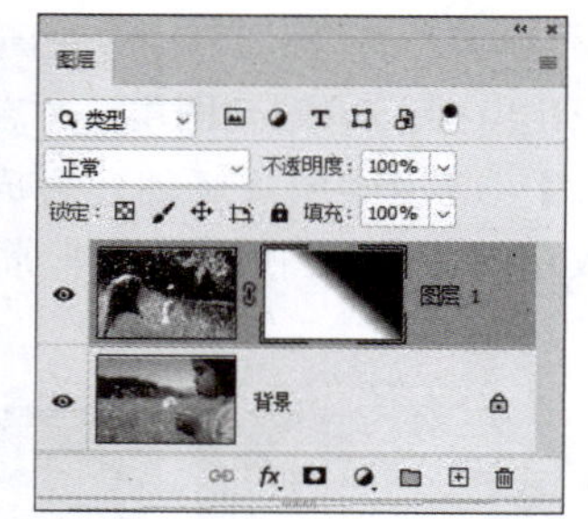

图 4-27 图层蒙版及应用效果

4.4.7 图层混合和样式

1. 图层混合

图层混合模式是指图层与其相邻下层对应位置像素颜色的混合方式。默认状态是“普通”模式,图层之间相互覆盖没有混合。当希望改变混合模式时,单击“图层”面板中的“混合模式”下拉列表框,并从中选取一种混合模式,图像的效果就会发生改变。

如图4-28所示,图层1内容为女孩冲浪画面,背景层内容为男孩冲浪画面,两图层画面大小相同。当图层混合为“普通”模式时,图像窗口只显示图层1内容,背景层被完全遮蔽;当选取了其他模式时,图像的效果就会发生改变。图4-28所示为“强光”模式的混合效果。

“混合模式”下拉列表框中有多种混合模式,分别采用不同的运算方式确定像素颜色,产生加深、提亮、融合、反相等混合效果。以下介绍其中几种混合模式。

(1) “变暗”模式。将要混合的图层像素的亮度进行比较后,取低值形成混合后的效果。

(2) “变亮”模式。与“变暗”模式相反,将像素的亮度进行比较后,取高值形成混合后的

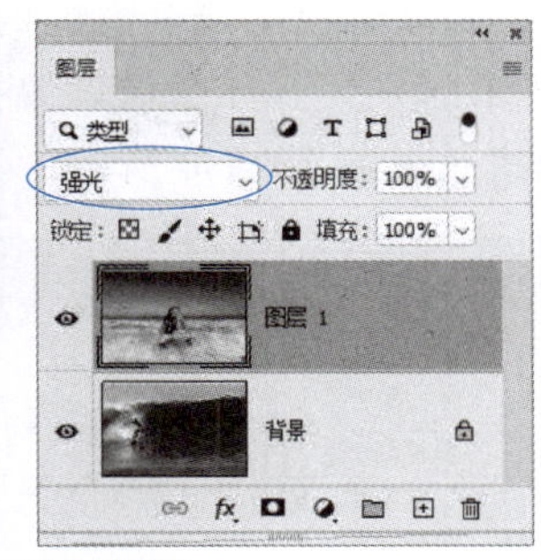

图 4-28　图层混合模式及混合效果

效果。

（3）“正片叠底”模式。将像素的亮度相乘，再除以 255，得到混合后的效果总是比原来更暗。任何颜色与黑色进行正片叠底模式操作时，得到的仍为黑色，因为黑色的像素亮度值为 0；任何颜色与白色进行正片叠底模式操作时，保持不变，因为白色的像素亮度值为 255。

（4）“滤色”模式。与“正片叠底”模式相反，混合后的效果将显现两层中较亮的像素，较暗像素不出现，就像被漂白了一样。

（5）“叠加”模式。综合了“正片叠底”与“滤色”两种模式，具体进行正片叠底混合还是屏幕混合，取决于底层。

（6）“差值”模式。将要混合的双方像素的亮度值分别进行比较，用高值减去低值作为混合后的效果。

（7）“强光”模式。进行正片叠底或过滤，具体取决于混合色。此效果与耀眼的聚光灯照在图像上相似。如果上层像素比 50%灰色亮，则结果变亮，就像滤色后的效果。如果上层像素比 50%灰色暗，则结果变暗，就像正片叠底后的效果。

（8）“饱和度”模式。用下层像素的明亮度和色相以及上层像素的饱和度创建混合后的效果。

2. 图层样式

利用“图层样式”功能，可以简单快捷地制作出立体投影、质感以及光影等图层效果。软件内置 10 种样式，可单独使用也可以联合使用。每种样式的选项非常丰富，通过不同选项及参数的搭配，可以创作出变化多样的图像效果。

（1）投影与内阴影。投影是最常用的样式，可以使得物体产生立体感。而内阴影则是在紧靠图层内容的内部产生阴影，可使物体产生一种凹陷感。

（2）外发光与内发光。外发光可沿图层内容的边缘向外创建发光效果；而内发光则沿图层内容边缘向内创建发光效果。

（3）斜面和浮雕。斜面和浮雕通过添加高光和阴影的各种组合，使平面图形产生立体浮雕效果。不同的样式、方法及方向可以产生不同的浮雕效果，和投影配合可以更好地产生立体感。

（4）颜色叠加、渐变叠加与图案叠加。颜色叠加、渐变叠加和图案叠加可在图层上叠加指定的颜色、渐变颜色或图案。

（5）描边。描边是指在物体的边缘产生围绕效果，可以增强物体的轮廓感。

(6) 光泽。光泽可以生成光滑的内部阴影,通常用来创建金属表面的光泽外观。

图4-29所示的是为五环图像设置投影样式的参数,等高线类型分别为"线性""锥状",产生的图像样式效果如图4-30所示。

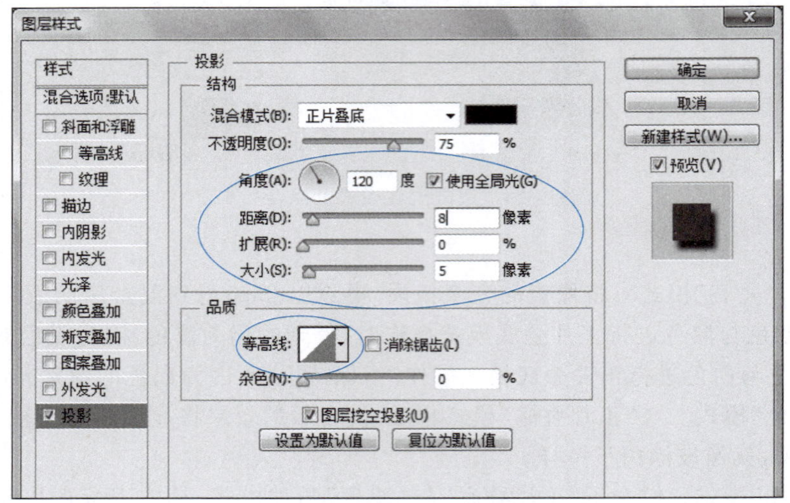

图 4-29 "投影"图层样式参数设置

(a) 投影样式,等高线类型为线性

(b) 投影样式,等高线类型为锥状

图 4-30 "投影"图层样式应用效果

4.4.8 通道

通道是存储图像的颜色信息和选区信息的载体。"通道"面板用于管理和编辑通道,利用"通道"面板可以创建、复制、删除通道以及从通道中取出选区、将选区存入通道。

在Photoshop中,新建或打开一个图像文件后,会根据图像的颜色模式和颜色信息自动生成相应的颜色通道。此外,用户还可以创建专色通道和Alpha通道。

1. 认识"通道"面板

执行"窗口"→"通道"命令,打开"通道"面板,如图4-31所示。

(1) 通道缩览图:用于通道内容的缩览。编辑通道时会自动更新缩览图。

(2) 通道可见性控制开关:用来控制该通道在图像窗口中是否可见。眼睛图标指示该通道可见。要隐藏某个通道,只需单击该通道对应的眼睛图标,让眼睛图标消失即可。在RGB、CMYK、Lab颜色模式的图像"通道"面板中,如果单击显示最上面的复合通道,其下面的各个颜色通道将自动显示;若单击隐藏颜色通道中的任何一个通道,则合成通道将自动隐藏。

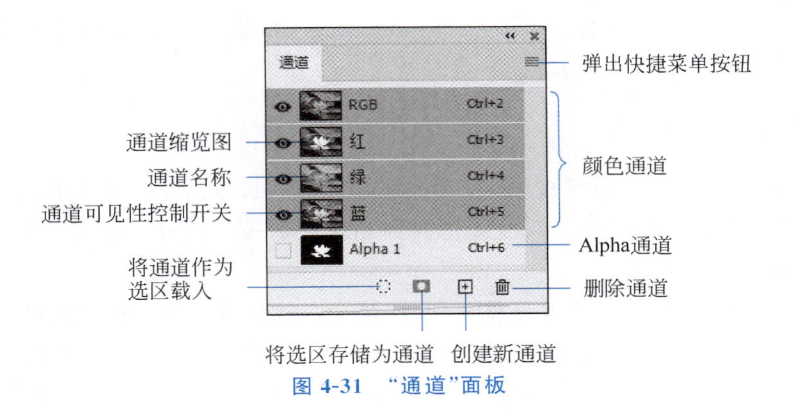

图 4-31 “通道”面板

(3) 通道名称：显示对应通道的名称。双击 Alpha 通道名称，可以输入新名称。

(4)“将通道作为选区载入”按钮：单击该按钮，可将当前通道信息转换为选区。该按钮与“选择”菜单中的“载入选区”命令作用相同。

(5)“将选区存储为通道”按钮：单击该按钮，可以为当前选区建立一个 Alpha 通道来存储该选区。该按钮与“选择”→“保存选区”命令作用相同。

(6)“创建新通道”按钮：单击该按钮可新建一个 Alpha 通道。

(7)“删除通道”按钮：单击该按钮可以删除当前选择的通道。

(8)“通道快捷菜单”按钮：单击该按钮，将弹出一个快捷菜单，用于执行与通道有关的各种操作命令。

2. 通道的类型

1) 颜色通道

颜色通道存储图像的颜色信息。不同颜色模式的图像，其颜色通道也不相同。

RGB 模式图像的默认颜色通道包括 RGB 复合通道以及 R、G、B 单色通道。查看一个单色通道时，其明暗程度表示该颜色光的强弱。复合通道用于预览图像颜色效果。

CMYK 模式图像的颜色通道由 CMYK 复合通道以及 C、M、Y 和 K 单色通道组成。查看一个单色通道时，其明暗程度与油墨浓度相关。

Lab 模式图像颜色通道由 Lab 复合通道以及两个颜色极性通道和一个明度通道组成。其中，a 通道为绿色到红色之间的颜色，b 通道为蓝色到黄色之间的颜色，明度通道为整个画面的明暗强度。

灰度模式的图像只有一个颜色通道，表现的是图像灰阶。

2) 专色通道

专色是印刷中特殊的预混油墨，用于替代或补充印刷色(CMYK)的油墨。常见的专色有金色、银色和荧光色等，仅使用青色、洋红、黄色和黑色四色打印不出这些特殊的颜色。要印刷带有专色的图像，需要创建专色通道。

3) Alpha 通道

Alpha 通道用于存储选区信息。Alpha 通道中的白色区域表示选择区域，黑色区域表示非选择区域，灰度区域中不同层次的灰阶表示不同的被选取程度。可以将选区存储为 Alpha 通道，也可以将 Alpha 通道保存的选区在需要时重新载入图像中。

在“通道”面板中,可以创建一个空白的Alpha通道,也可以通过复制Alpha通道或者颜色通道创建新的Alpha通道。

3. 通道信息的编辑

若要编辑某个通道,应选择该通道。在“通道”面板中,单击某个通道即可选择该通道,也可以使用通道名称后面显示的快捷键切换到相应的通道。选择一个通道后,该通道的内容信息就会显示在图像窗口。

使用绘图工具、编辑工具以及调整命令、滤镜命令等都可以对通道信息进行编辑。

颜色通道的亮度编辑,可以改变各原色成分的含量,使图像颜色发生变化。可以直接在颜色通道上进行颜色编辑,也有专门的图像调整命令(如“色阶”“曲线”“通道混合器”等)进行图像色彩调整。

Alpha通道的信息编辑,主要是增加/减少白色区域以扩展/缩小选区的范围,并调整亮度改变选取的程度。

4. 通道计算

通道计算可以混合两个来自一个或多个源图像的通道,并将混合后的结果存储到新文档、新通道或直接转换为当前图像的选区(需要注意的是,参与计算的各源图像必须具有相同的像素尺寸)。

【实例4-3】 通道编辑计算应用

下面介绍通道编辑及通道计算的应用实例,所用素材与合成图像如图4-32所示。

(a) 素材1　　(b) 素材2　　(c) 合成图像效果

图4-32　图像素材与合成图像

通道计算操作步骤如下。

(1) 新建图像文件,命名为“秋之物语”,设宽800像素,高600像素,白色背景。

(2) 打开素材1,执行“选择”→“全选”命令,然后执行“图像”→“复制”命令。

(3) 激活“秋之物语”文档窗口,执行“图像”→“粘贴”命令,形成图层1。“图层”面板和“通道”面板显示效果如图4-33所示。

(4) 新建Alpha1通道。在“通道”面板中,单击“创建新通道”按钮,新建Alpha1通道。选择自定义形状工具中的心形图案,设置绘制模式为像素、前景色为白色,画出一个心形。亦可使用路径工具绘制心形路径,转换为选区并进行选区羽化后填充白色。Alpha1通道效果如图4-34所示。

(5) 新建Alpha2通道。单击“创建新通道”按钮,新建Alpha2通道。选择文字工具,在Alpha2通道里写入“秋之物语”字样,并移动到合适的位置。为了让文字错落有致,可以单

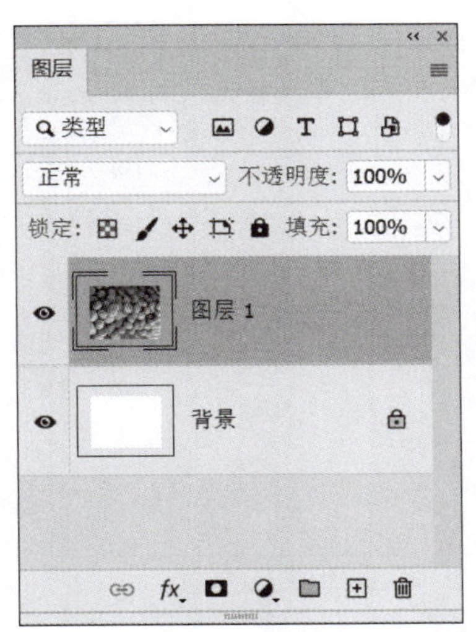

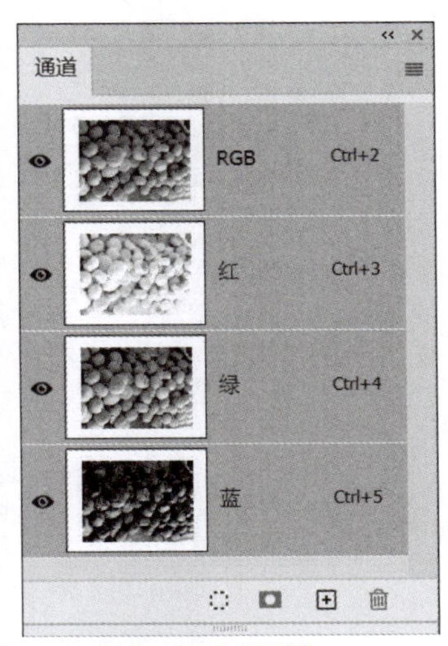

图 4-33　粘贴素材 1 后的“图层”面板与“通道”面板

个字输入，然后调整它们的大小和角度。Alpha2 通道效果如图 4-35 所示。

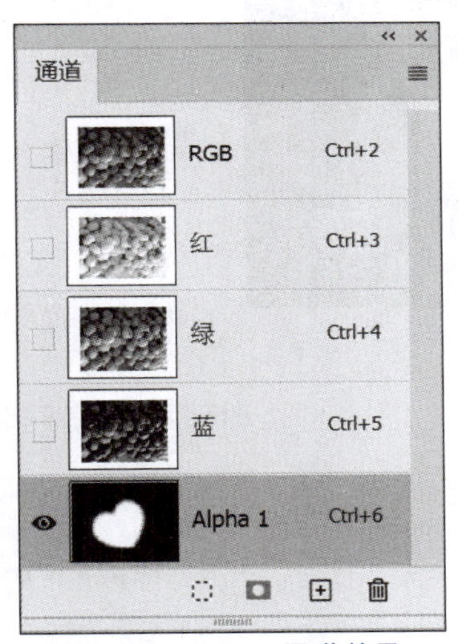

图 4-34　Alpha1 通道效果

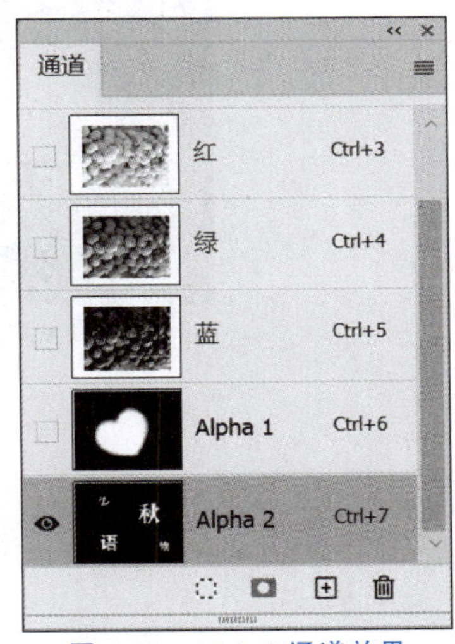

图 4-35　Alpha2 通道效果

（6）进行通道计算。执行“图像”→“计算”命令，在图 4-36 所示的“计算”对话框中进行如下设置。将两个源图层都设为图层 1，源 1 通道设为 Alpha1 通道，源 2 通道设为 Alpha2 通道，将混合模式设为差值，结果设为新建通道。通道计算产生的 Alpha3 通道效果如图 4-37 所示。

（7）在“通道”面板中，单击“将通道作为选区载入”按钮，将 Alpha3 通道作为选区载入。

（8）在“图层”面板中，选择图层 1，执行“图层”→“新建”→“通过拷贝的图层”命令创建图层 2。此时，图层 2 的图像与图层 1 选区内图像完全相同且重叠在一起。隐藏图层 1 后图像效果如图 4-38 所示。

（9）添加树叶图层。打开素材 2，用素材 1 的操作方法，将其复制粘贴形成图层 3。将图层 3 更名为“叶子”，修改图层的不透明度，如图 4-39 所示。

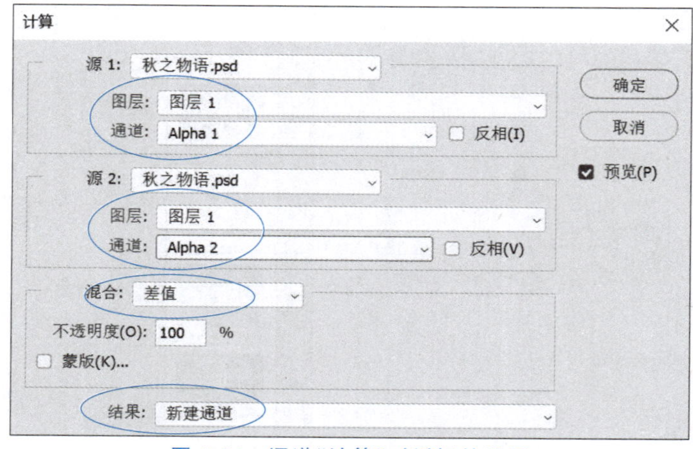

图 4-36 通道“计算”对话框的设置

图 4-37 Alpha3 通道效果

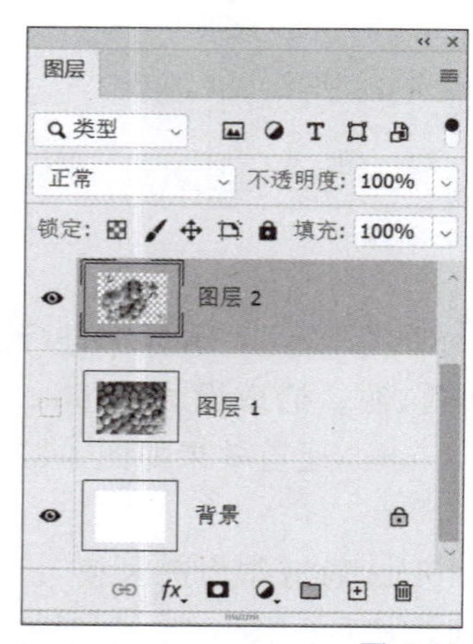

图 4-38 图层 2 及图像效果

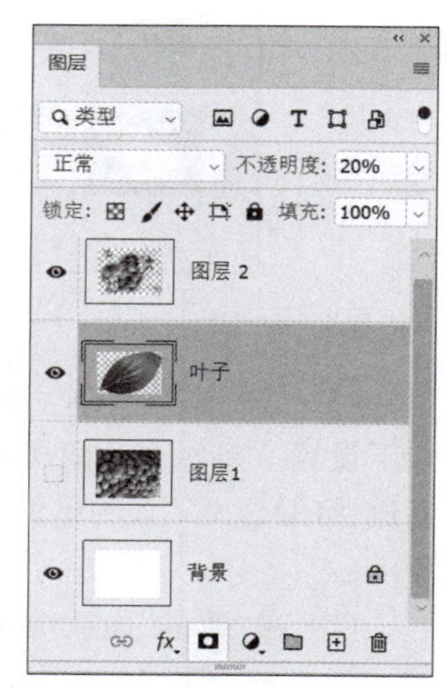

图 4-39 设置“叶子”图层

(10) 观察图像窗口,达到满意效果后保存文档。

4.4.9　路径

在 Photoshop 软件中，路径指的是使用路径工具或形状工具创建的轮廓。

路径由一个或多个直线段或曲线段组成。锚点标记线段的端点有角点和曲线点（也称平滑点）两种类型。通过调整锚点的位置，可以修改路径的形状。当锚点被选中时，呈现黑色实心小方块状，显示 0～2 条控制手柄，通过拖动控制手柄可以修改与之关联的线段的曲率和形状。图 4-40 所示为路径及其锚点和控制手柄显示。

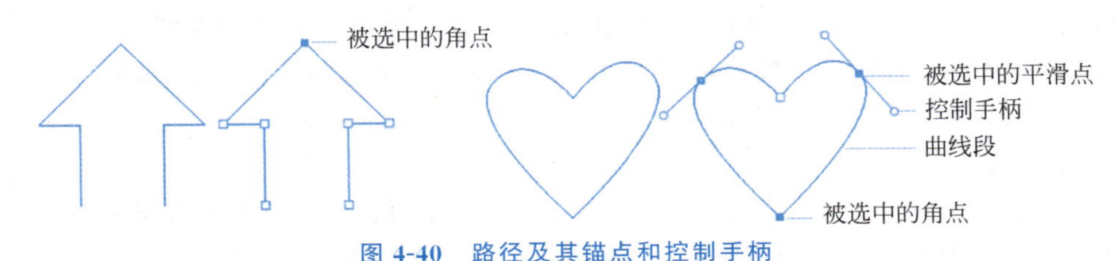

图 4-40　路径及其锚点和控制手柄

1. “路径”面板

文档中创建的路径均被保存在“路径”面板中。“路径”面板如图 4-41 所示。

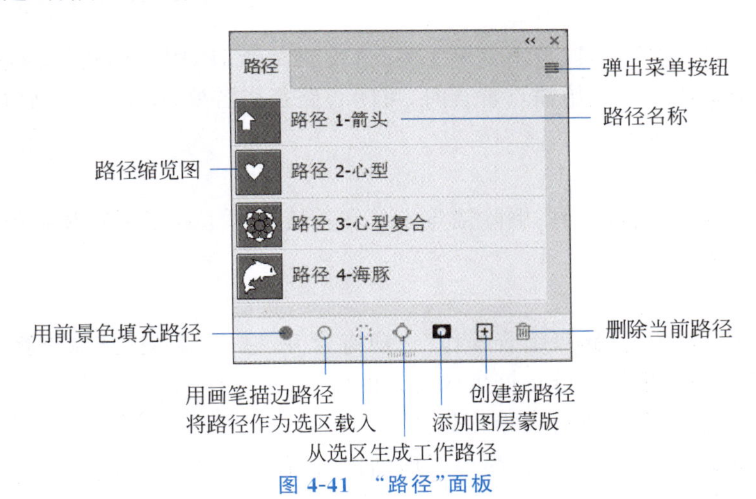

图 4-41　“路径”面板

路径为 Photoshop 提供了多种辅助功能。通过“路径”面板中的相应功能按钮或弹出式菜单命令可进行路径的有关操作：对路径填充、描边等操作进行图形创作；将路径作为选区载入，或者将一个选择区域转换为一个工作路径；生成剪裁路径，用于排版软件应用。

2. 路径工具

路径工具包括钢笔工具组和路径选择工具组，如图 4-42 所示。

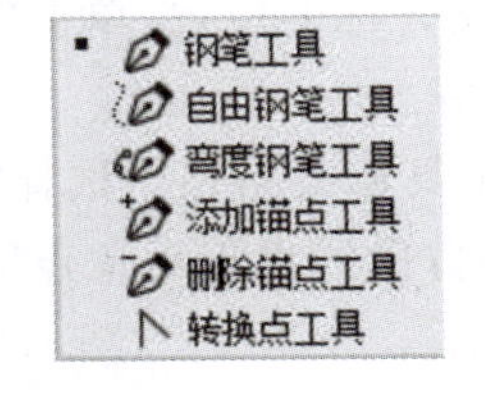

(a) 钢笔工具组　(b) 路径选择工具组

图 4-42　路径工具

1) 绘制路径工具

钢笔工具通过锚点与控制手柄创建路径。单击即可建立角点;按住鼠标左键拖曳可建立曲线点。

自由钢笔通过按住鼠标左键跟随笔尖光标移动轨迹手绘路径。

弯度钢笔工具通过锚点绘制路径。单击可创建平滑点;双击可创建角点。曲线的弯曲度根据锚点的相对位置自动形成。

2) 修改路径工具

添加锚点工具、删除锚点工具,用于在路径上增加、删除锚点。

转换点工具可进行角点与曲线点的相互转换。若需将角点转换为曲线点,可将转换点工具放置在要转换的角点上,按住鼠标左键并向外拖动直至方向线出现;若要将曲线点转换为角点,在曲线点上单击即可完成转换。

3) 路径选择工具

路径选择工具用于选择整个路径,以便进行移动、复制、删除、变换等编辑操作。而直接选择工具用于选择部分路径及其锚点,以移动部分路径和锚点以及操纵调控手柄,从而调整路径。

3. 路径的创建、编辑与组合

1) 创建路径

绘制路径工具(钢笔工具、自由钢笔工具、弯度钢笔工具)用于创建路径锚点,锚点间以线段连接。当结束锚点与起始锚点重合时,可闭合路径。若要创建一条开放路径,可在建立结束锚点后按住 Ctrl 键单击。

2) 编辑路径

转换点工具、添加锚点工具、删除锚点工具和直接选择工具用于修改路径。路径可以被移动、复制、删除和变换。

3) 组合路径

路径工具选项栏中的“路径组合操作”选项有合并、减去、交集、排除重叠等多种组合方式,可以将多条子路径进行组合运算生成复杂的路径。

【实例 4-4】 利用路径进行图形创作

通过创建和编辑路径即可进行简单图形创作,过程如图 4-43 所示。

完整的操作步骤如下。

(1) 绘制直线路径。选择“钢笔工具”,在工具选项栏中将“创建方式”设为“路径”模式,绘制图 4-43(a)所示的路径。具体操作为:将钢笔指针置于绘制起始点处,单击定义第 1 个锚点。然后移动钢笔状光标的位置,单击定义第 2 个锚点。依次建立其他锚点,完成路径的创建。

(2) 使用转换点工具修改路径。选择“转换点工具”,分别在锚点 2 和锚点 4 处,按住鼠标左键并向外拖动,待方向线出现后角点即可转换为平滑点,原路径被修改成图 4-43(b)所示的路径。

也可使用钢笔工具直接创建图 4-43(b)所示的路径。锚点操作步骤如下:在锚点 1 处单击;在锚点 2 处按住鼠标左键并拖曳;在锚点 3 处单击;在锚点 4 处按住鼠标左键并拖曳;

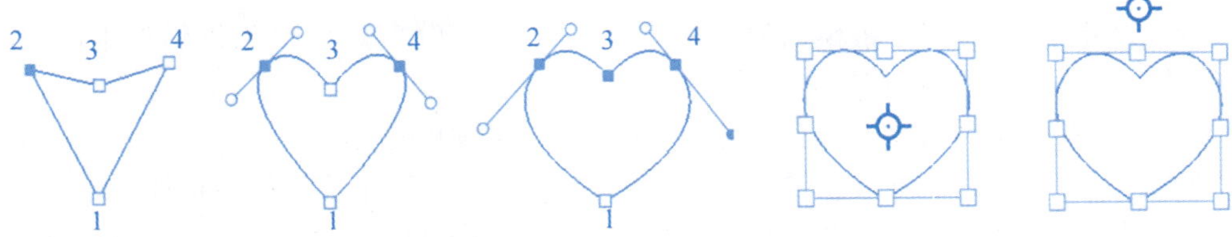

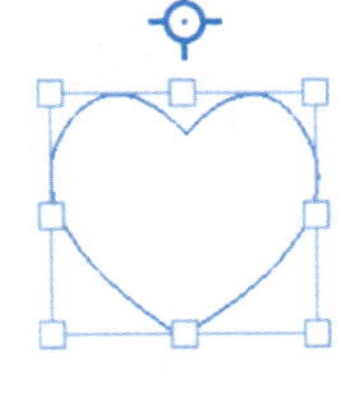

(a) 直线路径　(b) 转换点后的路径　(c) 选择工具修改后的路径　(d) 默认参考点位置　(e) 移动参考点

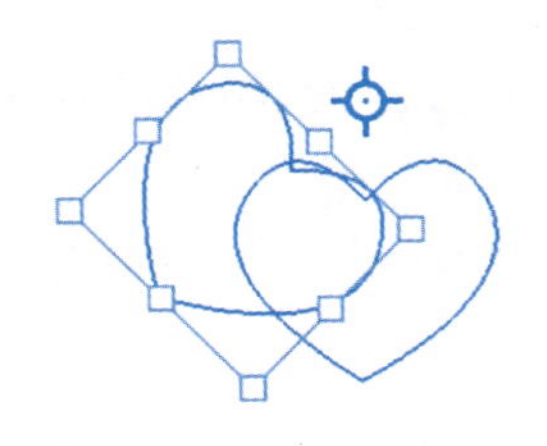
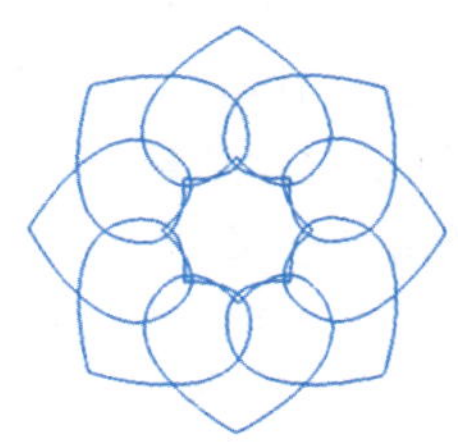

(f) 旋转变换路径　(g) 复制再次变换路径　(h) 填充路径形成图形

图 4-43　路径的创建与编辑

最后再次单击锚点 1 闭合路径。

(3) 使用直接选择工具修改路径。选择“直接选择工具”，拖动锚点 2 和锚点 4 的控制手柄修改成图 4-43(c)所示的路径。

(4) 在选项栏中，设置“路径操作”的组合方式为“排除重叠形状”。

(5) 复制并变换路径。使用“路径选择工具”选择路径。按住 Alt 键，执行“编辑”→“变换路径”→“旋转”命令，随后松开 Alt 键，形成图 4-43(d)所示的路径。将路径的中心点拖移到顶部外侧，如图 4-43(e)所示。在变换选项栏中的“旋转角度”文本框中输入 45，确认变换操作，形成图 4-43(f)所示的路径。

(6) 复制路径并再次变换。按住 Alt 键，执行“编辑”→“变换路径”→“再次变换”命令。依次重复该操作，共产生 8 个子路径。路径整体如图 4-43(g)所示。

(7) 填充路径。在“路径”面板中，单击“用前景色填充路径”按钮，在图像窗口产生图 4-43(h)所示的镂空效果图形。

4.4.10　图像色彩调整

色彩调整是图像修饰中非常重要的一项内容，包括调节图像色调、改变图像的影调等。“图像”菜单中的所有“调整”命令都是用来进行色彩调整的。常用的色彩调整命令如下。

“亮度/对比度”：用于概略地调节图像的亮度和对比度。

“色阶”、“曲线”：“色阶”命令主要用来调节图像的影调，“曲线”命令则提供最精确的调节。

“色彩平衡”：用于改变图像中颜色的组成。该命令适合进行快速而简单的色彩调整，若要精确控制图像中各色彩的成分，应使用“色阶”或“曲线”命令。

“色相/饱和度”“替换颜色”“匹配颜色”等：可修改图像中的特定颜色。

“通道混合器”通过调整图像中当前颜色通道的混合值来修改输出颜色通道值，从而达到改变图像色彩的目的。

"渐变映射":主要用于将预设的几种渐变模式作用于图像,可以根据图像中的灰阶数值自动填充所选取的渐变颜色。

"去色":简单地将图像中所有颜色去掉(即色彩的饱和度为0)。

"反相":利用此命令可以反转图像的颜色和色调,将一张正片转换为负片。

"色调均化":可以重新分配图像像素的亮度值,使它们能更均匀地表现所有的亮度级别。

"阈值":可以将一张灰度图像或彩色图像转变为高对比度的黑白图像。

"色调分离":支持用户为图像的每个颜色通道定制亮度级别,只要在色阶中输入想要的色阶数,就可以将像素以最接近的色阶显示出来。色阶数越大,颜色的变化越细腻,色调分离的效果不是很明显;相反,色阶数越少效果越明显。

以下介绍"色阶""曲线""色彩平衡""通道混合器""替换颜色"命令的用法。

1. 色阶

色阶主要用来调节图像的影调。"色阶"对话框如图4-44所示。

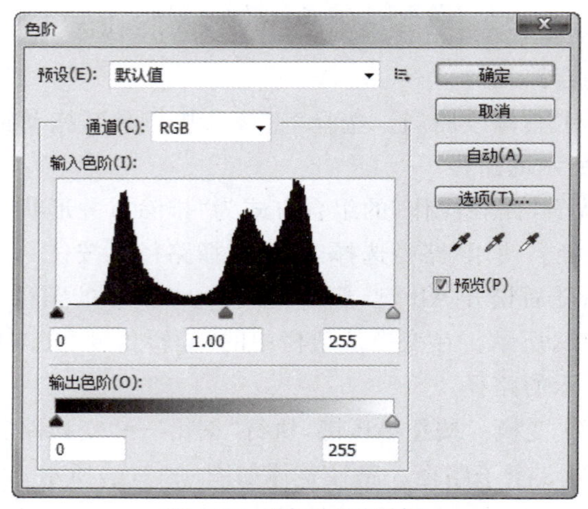

图4-44 "色阶"对话框

在"色阶"对话框中,横坐标代表亮度范围(0~255,0表示最暗,255表示最亮),纵坐标是特定阶调值的像素数目。

色阶图反映了一幅图像中像素数量在不同亮度区间的分布,可以从中看出图像的阶调层次(暗调、中间调、亮调)。如果图像较暗,则暗区域的像素较多,亮区域的像素较少;如果图像较明亮,则亮区域的像素较多,暗区域的像素较少。

(1) 改变图像的影调。对复合通道调整色阶值可以改变图像的影调。向右拖动"输入色阶"左侧的黑色滑块时,比该暗调框内亮度值低的像素都会被设置为黑场,使得图像变暗;向左拖动"输出色阶"右面的白色滑块时,比该亮调框内亮度值高的像素都会被设置为白场,使得图像变亮。

将图4-45(a)中嫩绿叶片阴影输入色阶值调整为60,或将高光输出色阶值调整为200,使其变为图4-45(b)中的深色绿叶效果。

(2) 改变图像的色调。改变原色通道的色阶值,也可修改图像的色调。适当改变图4-45(a)

中的绿叶原色通道色阶值，可改变图像的色调。例如，调整复合通道阴影输出色阶值为 60，可使绿叶变为深色绿叶（见图 4-45(b)）；调整红色通道高光输入色阶值为 150，或调整其阴影输出色阶值为 170，可使绿叶变为黄叶（见图 4-45(c)）；调整绿色通道阴影输入色阶值为 160，或调整其高光输出色阶值为 100，可使绿叶变为红叶（见图 4-45(d)）。

(a) 绿叶

(b) 深色绿叶（调整复合通道阴影输出色阶值为60）

(c) 黄叶（调整红色通道高光输入色阶值为150）

(d) 红叶（调整绿色通道阴影输入色阶值为160）

图 4-45 "色阶"命令使用前后图像效果对比

图 4-45 彩色图

2. 曲线

"曲线"命令可精确地控制每个阶调层次像素点的变化，更有效地调整图像的阶调。

阶调层次曲线是未经处理的原始图像阶调数值与处理后数值的关系曲线。没有进行调整时，"曲线"对话框中的对角线显示为一条直线。

"曲线"命令的使用方法如下。

(1) 使用"曲线"工具在线段上添加节点。拖动节点将产生特定的阶调曲线。向上移动节点会使图像变亮，向下移动节点则使图像变暗。

(2) 使用"铅笔"工具绘制任意形状的阶调曲线，绘制的阶调曲线将替代该位置上原来的曲线。

图 4-46 所示的是"曲线"命令使用前后的图像效果及调整后的曲线形状。

3. 色彩平衡

"色彩平衡"命令用于改变图像中颜色的组成，解决图像中色彩的任何问题（色偏、过饱和与饱和不足的颜色），混合色彩，使之达到平衡效果。

"色彩平衡"对话框中有 3 个色彩平衡标尺，通过它们可以控制图像的 3 个颜色（红、绿、蓝）通道色彩的增减。可以将三角形滑块拖向要在图像中增加的颜色分量，或将三角形滑块拖离要在图像中减少的颜色分量。

色彩标尺中位于同一平衡线上的两种颜色为互补色。例如，当处理一幅冲洗成发青色的照片图像时，可通过增加青色的补色即红色，对青色进行补偿，将图像调整成合适的颜色，如图 4-47 所示。

4. 通道混合器

"通道混合器"命令是通过调整图像中当前（源）颜色通道在输出通道中所占的颜色比例，从而达到改变图像颜色的目的。

(a) 原图

(b) 图像局部调亮

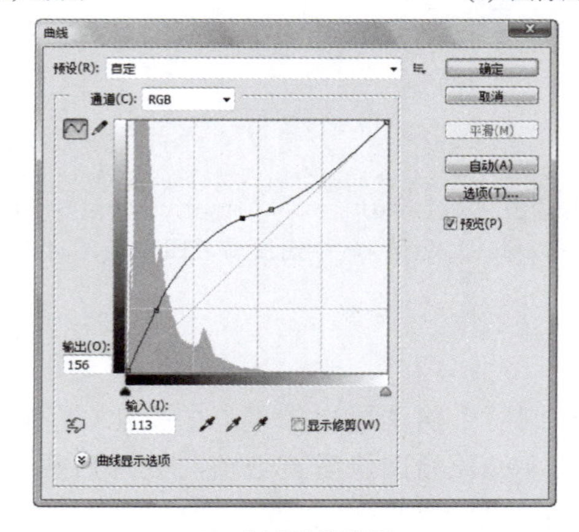

(c) 曲线形状设置

图 4-46 “曲线”对话框及图像调整前后的效果

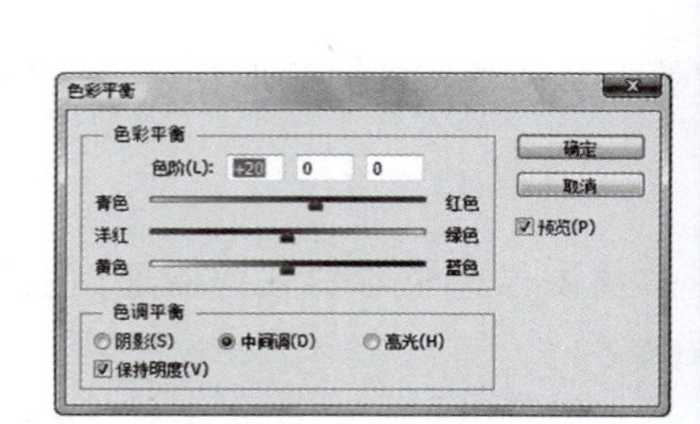

图 4-47 “色彩平衡”对话框及图像调整前后的效果

以下以 RGB 图像为例进行说明。RGB 色彩模式图像的每个像素颜色都由 R、G、B 三色光不同的相对强度综合产生。“通道”面板中会显示图像的三原色通道和复合通道的信息。图 4-48 所示的即为“荷”图像及其“通道”面板信息。

执行“通道混合器”命令，“通道混合器”对话框中的红、绿、蓝 3 个输出通道所对应的源通道信息默认值如下：“红”输出通道，源通道的“红色”值为默认 100%，而“绿色”和“蓝色”源通道的值为 0；“绿”“蓝”输出通道，其与源通道的关系也与之相对应；“常数”值默认为 0，反映存储到输出通道的调整结果的亮度。

若要减少源通道在输出通道中所占比重，可将相应的源通道滑块向左拖动。若要增加

图 4-48　“荷”图像及其“通道”面板

通道的比重，则将相应的源通道滑块向右拖动，或在输入框中输入介于－200％和＋200％的值(使用负值可以使源通道在被添加到输出通道之前反相)。

以图 4-48 所示的图像为例改变花朵的颜色。操作方法是选择花朵作为选区，再执行“通道混合器”命令。在图 4-49 所示的“通道混合器”对话框中的“输出通道”下拉列表框中选择“红”，将“源通道”红色值减少为 30％，使图像的红色通道光强相对降低(可看到“通道”面板中的红色通道花朵区域变暗)，绿色、蓝色通道的光强相对增加(若红色强度为 0，绿和蓝色最强混合就会产生青色)，荷花花朵颜色将变为青蓝色。注意观察图 4-49 中通道和图像的变化。

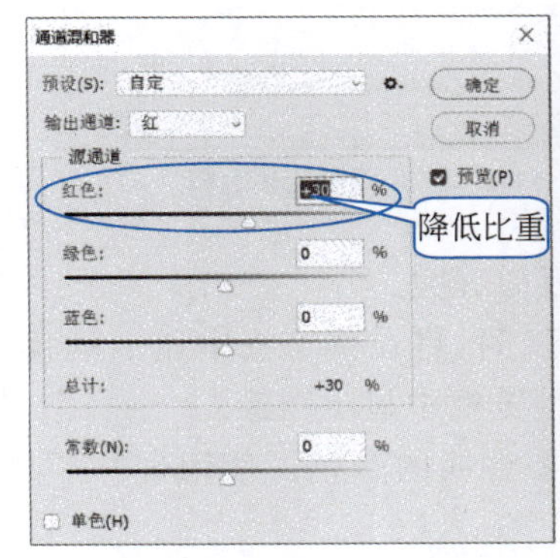

(a) “通道混合器”对话框

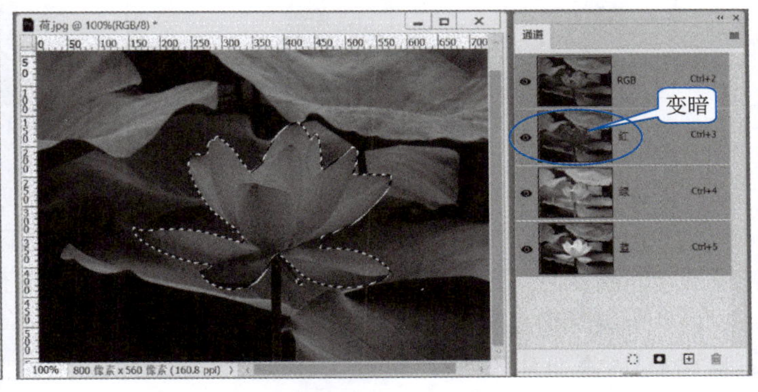

(b) 图像及其“通道”面板

图 4-49　“通道混合器”调整图像色彩

而如果在“输出通道”下拉列表框中选择“绿”，将“源通道”绿色值减少为 30％左右，使图像的绿色通道光强相对降低(可从“通道”面板中的绿色通道观察到花朵区域变暗)，红色、蓝色通道的光强相对增加(若绿光强度为 0，红和蓝光最强混合就会产生品红色)，荷花花朵颜色便会变为玫粉色。

可根据需要综合调整各输出通道对应的源通道的值，以达到所需色彩调整效果。

5. 替换颜色

使用“替换颜色”命令可将图像中选择的颜色替换成其他颜色。在“替换颜色”对话框中，包含用于选择颜色范围的工具，选定希望替换的颜色区域后，通过调整色相、饱和度和明度3个属性滑块或在输入框输入数值,即可替换成其他颜色。

【实例4-5】 替换图像颜色

原黄色花束以及替换成紫色后的效果如图4-50所示。具体操作步骤如下。

(1) 执行“替换颜色”命令,打开如图4-51所示的“替换颜色”对话框。

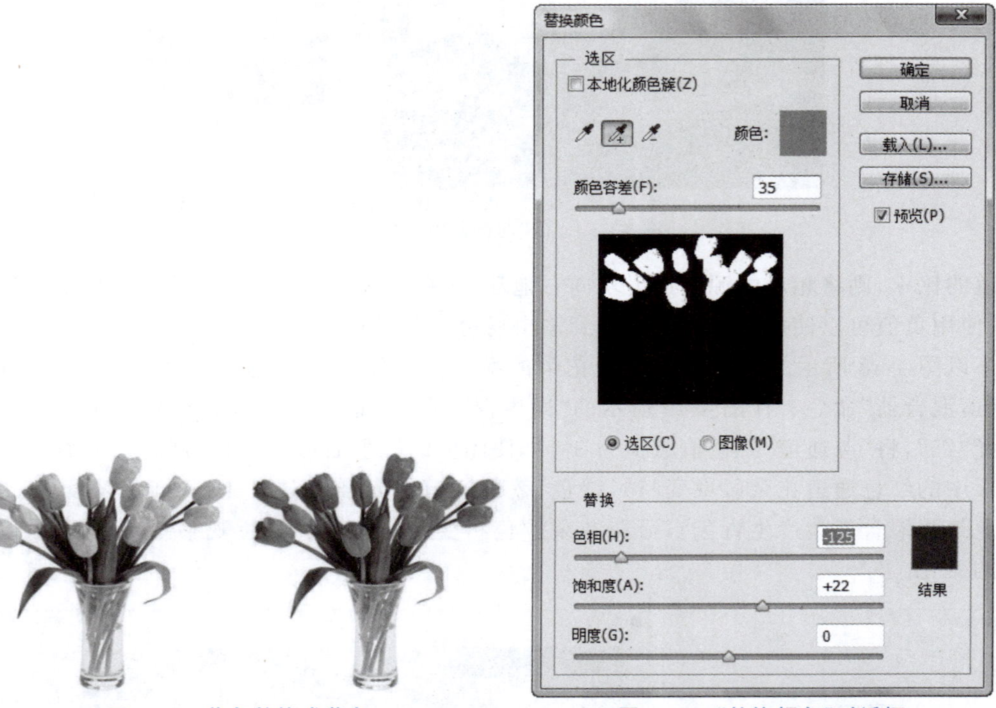

图4-50 黄色替换成紫色　　图4-51 “替换颜色”对话框

(2) 在对话框中设定“颜色容差”值,以确定所选颜色的近似程度。

(3) 选择“选区”或“图像”单选按钮中的一个。选择“选区”时,将在预览框中显示蒙版,被蒙版区域为黑色,未蒙版区域为白色;选择“图像”时,将在预览框中显示图像。

(4) 选用对话框中的吸管工具,在图像或预览框中选择要替换的颜色。使用带“+”号的吸管工具,添加某区域;使用带“-”号的吸管工具,去除某区域。

(5) 在“替换”选项组中,拖动“色相”“饱和度”“明度”滑块(或在文本框中输入数值),将所选花朵区域的颜色调整为紫色。

(6) 设置完成后单击“确定”按钮,花朵颜色即被替换为紫色。

4.4.11 滤镜特效

Photoshop的滤镜专门用于对图像进行各种特殊效果处理,使得Photoshop更具迷人魅力。图像特殊效果是通过计算机的运算来模拟摄影时使用的偏光镜、柔焦镜及暗房中的曝光和镜头旋转等技术,并加入美学艺术创作的效果。

Photoshop自带滤镜效果包括15个组别,其中9个组别又有多种类型。此外,除了Adobe公司提供的若干特技效果外,还可使用第三方提供的特技效果。图4-52给出了几种滤镜效果。

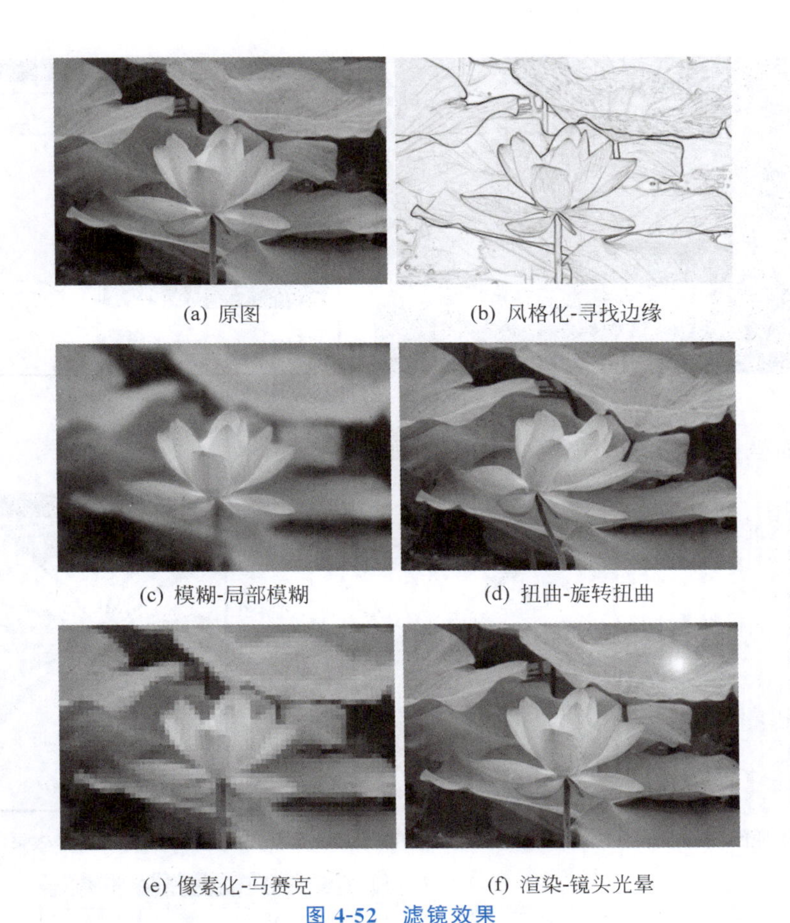

(a) 原图　(b) 风格化-寻找边缘

(c) 模糊-局部模糊　(d) 扭曲-旋转扭曲

(e) 像素化-马赛克　(f) 渲染-镜头光晕

图 4-52　滤镜效果

虽然各种滤镜效果各不相同，但其用法基本相同。在"滤镜"菜单中选择相应的滤镜组，再在其子菜单中选择所需的滤镜命令，打开相应的对话框（部分滤镜没有对话框），适当地改变滤镜参数可得到不同程度的效果。

滤镜使用没有次数限制，可对一幅图像多次应用滤镜。这里需要注意的是，"滤镜"命令仅对当前可见工作图层有效。如果不设定选区，则滤镜效果会对全图产生影响；如果设置了选区，则仅对选区图像应用效果。另外，滤镜的使用还有图像色彩模式方面的限制，不能应用于位图模式、索引模式或 16 位通道图像，某些滤镜功能只能用于 RGB 图像。

"扭曲"滤镜组可以模拟各种不同的扭曲变形效果。这里介绍"旋转扭曲""极坐标""置换扭曲"滤镜的用法。

1. 旋转扭曲

"旋转扭曲"（twirl）滤镜可使图像产生旋转扭曲的效果，如图 4-53 所示。

"旋转扭曲"滤镜参数调节方法为："角度"用来设置旋转的角度，范围是 −999～999 度。参数绝对值越大，旋转扭曲效果越强。

2. 极坐标

"极坐标"（polar coordinates）滤镜可将图像的坐标从平面坐标转换为极坐标或从极坐

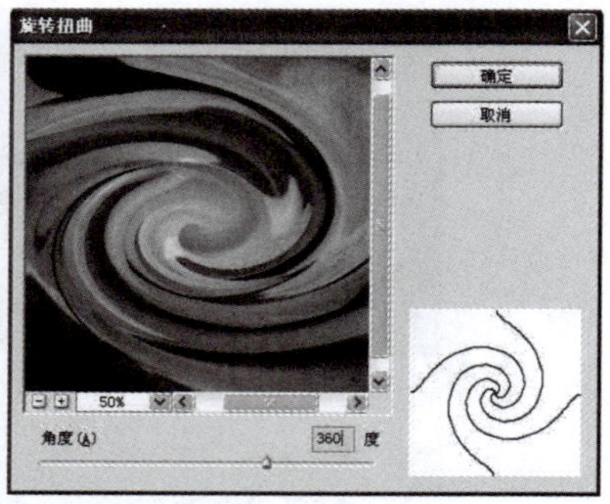

图 4-53 “旋转扭曲”对话框及图像效果

标转换为平面坐标,产生图像极端变形效果,如图 4-54 所示。

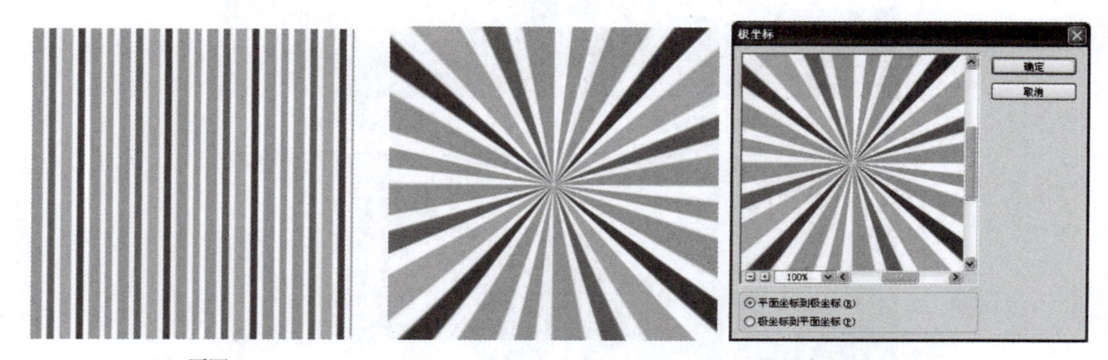

(a) 原图　　(b) 从平面坐标到极坐标的变换及图像效果

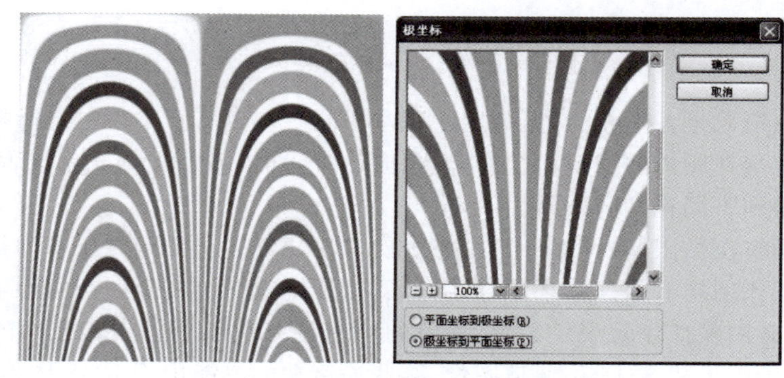

(c) 从极坐标到平面坐标的变换及图像效果

图 4-54 “极坐标”对话框及图像效果

3. 置换

“置换”(displace)滤镜使用名为“置换图”的图像确定如何扭曲当前编辑的图像文件。“置换”对话框如图 4-55 所示。

扭曲置换滤镜调节参数说明如下。

- 水平比例：用于设定像素在水平方向的移动距离。
- 垂直比例：用于设定像素在垂直方向的移动距离。
- 置换图：如果置换图的大小与选区的大小不同,则指定置换图适合图像的方式。选择“伸展以适合”单选按钮时，系统会调整置换图的大小，以匹配图像的尺寸；选择“拼贴”单选按钮，则通过在图案中重复使用置换图来填充选区。

- 未定义区域：用于设置未扭曲区域的处理方法。其中，“折回”单选按钮可将图像中未变形的部分反卷到图像的对边；“重复边缘像素”单选按钮可将图像中未变形的部分分布到图像的边界上。

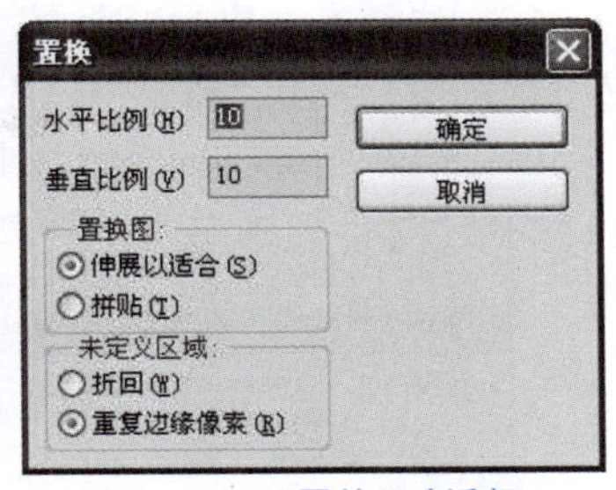

图 4-55　“置换”对话框

设置好“置换”对话框参数后，将打开“选择一个置换图”的对话框。这时，可选择一个 Photoshop 格式的图片文件，再单击“打开”按钮即可对图像进行置换。

【实例 4-6】　置换滤镜特效应用

“置换”滤镜特效应用实例使用的素材及滤镜效果图像如图 4-56 所示。

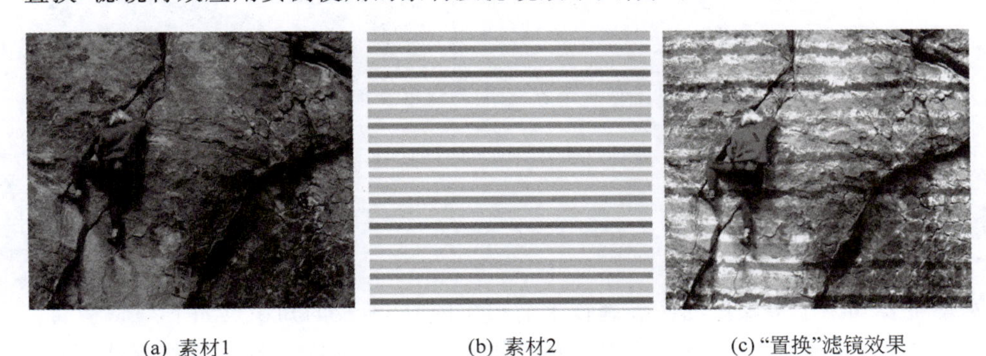

(a) 素材1　(b) 素材2　(c)“置换”滤镜效果

图 4-56　素材及“置换”滤镜应用效果

具体操作步骤如下。

(1) 打开素材 1 和素材 2 图像文件。

(2) 激活素材 2 图像窗口，执行“选择”→“全选”命令，然后执行“图像”→“复制”命令。

(3) 激活素材 1 窗口，执行“图像”→“粘贴”命令，将剪贴板中的图像粘贴到当前窗口。

(4) 在“图层”面板中将图层混合模式设置为“叠加”，“图层”面板及图像显示效果如图 4-57 所示。

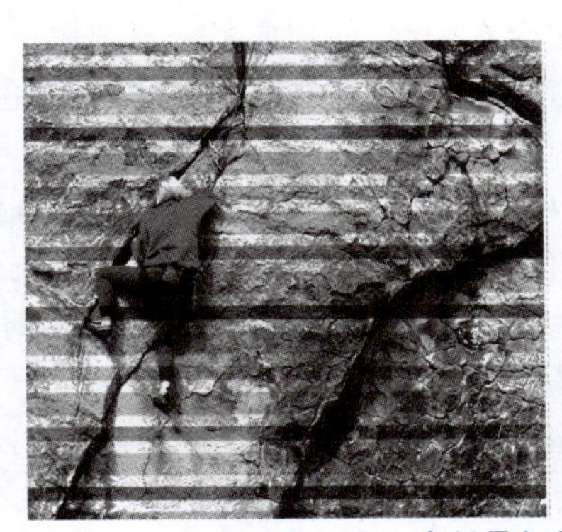

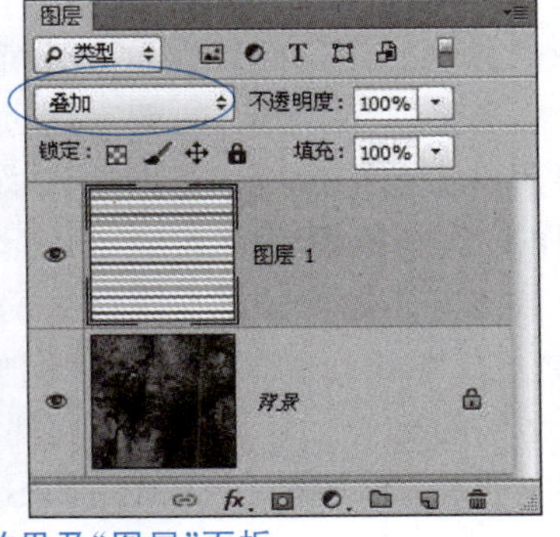

图 4-57　素材叠加效果及“图层”面板

(5) 对图层1执行“滤镜”→“扭曲”→“置换”命令,打开“置换”对话框,设定参数(本例使用默认值),单击“确定”按钮。

(6) 在图4-58所示的“选取一个置换图”对话框中,选择素材1复制形成的灰度图像文件,打开该文件后即可产生置换扭曲效果。

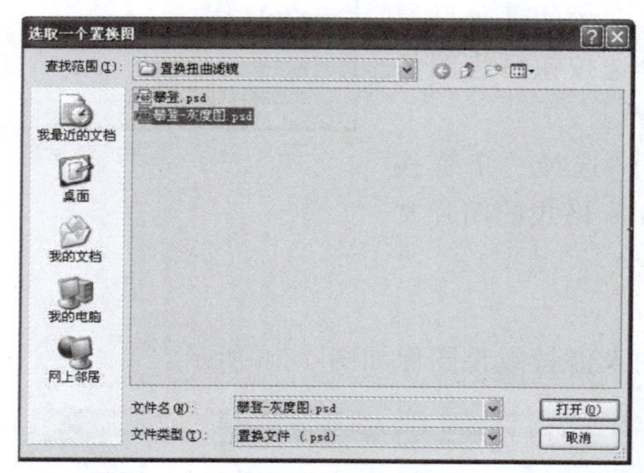

图4-58 “选取一个置换图”对话框及置换扭曲效果

4.5 本章小结

本章主要介绍了多媒体图像处理技术的相关内容,涉及的知识点如下。

(1) 多媒体图像处理的概念。多媒体图像处理又称为数字图像处理或计算机图像处理,它是指将图像信号转换成数字格式,并利用计算机对其进行处理的过程。

(2) 色彩的基本要素及颜色模式。色彩的基本要素是色相、亮度和饱和度。颜色模式包括位图颜色模式、灰度颜色模式、索引颜色模式、RGB颜色模式、CMYK颜色模式、Lab颜色模式、HSB颜色模式等。

(3) 图像的基本概念及基本属性。在计算机中,表达生成的图形、图像可以有两种常用的方法:一种是矢量图,另一种是位图。位图又称为点阵图像,它是连续色调图像最常用的电子媒介。在计算机中,位图将图像分成若干点阵(像素),每个像素都被分配一个特定的位置参数和颜色值,许许多多不同色彩的像素组合在一起,便构成了一幅图像。描述一幅图像需要使用图像的属性。图像的属性包含分辨率、像素深度、真/伪彩色与直接色。

(4) 图像数字化过程。图像的数字化过程主要分为采样、量化与编码3个步骤。采样的实质就是要用多少点来描述一张图像。采样的密度就是通常所说的图像分辨率。对一幅图像来说,采样点数越多,图像质量越好。量化是把采样后所得的各像素的灰度或色彩值离散化。量化位数决定了图像阶调层次级数的多少。当图像的采样点数一定时,量化级数越多,图像质量越好。编码压缩技术是实现图像存储与传输的关键。

(5) 图像文件的格式。常见的位图文件格式有GIF、JPEG、PNG、TIFF、BMP、PSD等,常见的矢量图文件格式有WMF、EMF、EPS、AI、DXF等。

(6) Photoshop图像处理。Photoshop图像处理包括图像文件的基本操作,图像基本编辑操作,以及图层、通道、路径、色彩调整、滤镜特效应用等操作。

思考与练习

一、单选题

1. 在“颜色”面板中选择颜色时出现“!”说明(　　)。

A. 所选择的颜色超出了 Lab 色域

B. 所选择的颜色超出了 HSB 色域

C. 所选择的颜色超出了 RGB 色域

D. CMYK 中无法展现此颜色

2. 在 Photoshop 中,如果想绘制直线的画笔效果,应该按住(　　)键。

A. Ctrl　　B. Shift　　C. Alt　　D. Alt+Shift

3. 创建矩形选区时,如果弹出警示对话框并提示“任何像素都不大于 50%选择,选区边将不可见”,其原因可能是(　　)。

A. 创建矩形选区前没有将固定长宽值设定为 1∶2

B. 创建选区前在属性栏中羽化值设置小于选区宽度的 50%

C. 创建选区前没有设置羽化值

D. 创建选区前在属性栏中设置了较大的羽化值,但创建的选区范围不够大

4. Photoshop 中为了确定磁性套索工具(magnetic lasso tool)对图像边缘的敏感程度,应调整(　　)数值。

A. 容差(tolerance)　　B. 边对比度(edge Contrast)

C. 频率(frequency)　　D. 宽度(width)

5. 下面关于图层的描述错误的是(　　)。

A. 背景图层不可以设置图层样式和图层蒙版

B. 背景图层可以移动

C. 不能改变其“不透明度”

D. 背景层可以转换为普通的图像图层

6. Alpha 通道最主要的用途是(　　)。

A. 保存图像色彩信息　　B. 创建新通道

C. 存储和建立选择范围　　D. 为路径提供通道

7. 在实际工作中,常常采用(　　)来制作复杂且琐碎图像的选区。

A. 钢笔工具　　B. 套索工具　　C. 通道选取　　D. 魔棒工具

8. 色彩调整命令(　　)可提供最精确的调整。

A. 色阶(levels)

B. 亮度/对比度(brightness/contrast)

C. 曲线(curves)

D. 色彩平衡(color Balance)

9. (　　)可以减少图像的饱和度。

A. 加深工具　　　　　　　　　　B. 锐化工具(正常模式)
C. 海绵工具　　　　　　　　　　D. 模糊工具(正常模式)

10.(　　)文件格式是Photoshop的固有格式,它体现了Photoshop独特的功能和对功能的优化,例如,它可以很好地保存层、蒙版,压缩方案不会导致数据丢失等。

A. EPS　　　　B. JPEG　　　　C. TIFF　　　　D. PSD

二、简答题

1. 对某图像进行数字化处理,如果分别按1b、2b、4b、8b进行量化,最大量化误差分别是多少?
2. 简述图层的类型及其特点。
3. 简述图层蒙版的作用,如何创建与编辑蒙版?
4. Photoshop中有哪些主要的色彩调节方式?它们各自的优缺点是什么?
5. Photoshop中的滤镜是什么?试说明扭曲、模糊等滤镜的作用。

第5章　视频处理技术及应用

学习目标

(1) 掌握数字视频的概念和数字视频的特点。
(2) 了解数字视频信息获取的基本原理和方法。
(3) 掌握数字视频的编辑和处理。
(4) 了解视频编辑软件的工作流程。
(5) 掌握常见的视频编辑技巧。

视频就是一组随时间连续变化的图像。当连续图像的变化速率高于24幅画面/秒时，根据视觉暂留原理，这些画面将在人眼中产生平滑连续的视觉效果，这种连续变化的画面组则被称为视频或者动态图像等。

视频是通过摄像直接从现实世界中获取的，可帮助人们感性地认识和理解多媒体信息所表达的含义。视频分模拟视频和数字视频。本章主要介绍数字视频的基本概念，视频采集、输出和压缩标准，视频处理软件Premiere的基本功能与应用方法。

5.1　视频处理技术概述

5.1.1　模拟视频与数字视频

视频(video)这个术语来源于拉丁语——“我能看见的”，通常指不同种类的活动画面，又称影片、录像、动态影像等，泛指将一系列静态图像以电信号方式加以捕捉、记录、存储、传送与重现的各种技术。按照视频的存储与处理方式不同，视频可分为模拟视频和数字视频两大类。

1. 模拟视频

模拟视频(analog video)属于传统的电视视频信号的范畴，其每一帧图像均是实时获取的自然景物的真实图像信号。模拟视频信号基于模拟技术以及图像显示的国际标准来产生视频画面，具有成本低和还原性好等优点。视频画面往往会给人一种身临其境的感觉，但缺点是不论被记录的图像信号有多好，经长时间的存储或多次复制之后，信号和画面的质量都会明显地降低。

电视信号是视频处理的重要信息源。电视信号的标准也称为电视制式。目前各国的电视制式不尽相同,不同制式之间的主要区别在于刷新速度、颜色编码系统和传送频率等不同。目前,世界上最常用的模拟广播视频标准(制式)有中国、欧洲使用的PAL制,美国、日本使用的NTSC制及法国等国使用的SECAM制。

NTSC标准是1952年美国国家电视标准委员会(National Television Standard Committee)制定的一项标准。其基本内容为:视频信号的帧由525条水平扫描线构成,水平扫描线每隔1/30秒在显像管表面刷新一次,采用隔行扫描方式,每一帧画面由两次扫描完成,每次扫描叫作一场,扫描一场需要1/60秒,两个场构成一帧。美国、加拿大、墨西哥、日本和其他许多国家都采用该标准。

PAL(Phase Alternate Lock)标准是联邦德国1962年制定的一种兼容电视制式。PAL意指"相位逐行交变",主要用于澳大利亚、南非、中国,以及欧洲大部分国家和南美洲。其屏幕分辨率增加到625条线,扫描速率降到25帧/秒,采用隔行扫描方式。

SECAM标准是Sequential Color and Memory的缩写,该标准主要用于法国、苏联,以及和其他一些国家。SECAM是一种625线、50Hz的系统。

模拟视频信号主要包括亮度信号、色度信号、复合同步信号和伴音信号。PAL彩色电视制式采用YUV模型来表示彩色图像,其中Y表示亮度,U、V是构成彩色的两个分量,表示色差。与此类似,NTSC彩色电视制式使用了YIQ模型,其中的Y表示亮度,I、Q是两个彩色分量。YUV表示法的重要性是其亮度信号(Y)和色度信号(U、V)相互独立,即Y信号分量构成的黑白灰度图与用U、V信号构成的另外两幅单色图相互独立。由于Y、U、V是独立的,因此可以对这些单色图分别进行编码。

2. 数字视频

数字视频(digital video)是相对于模拟信号而言的,指以数字形式记录的视频。数字视频有不同的产生方式、存储方式和播出方式。通过视频采集卡将模拟视频信号进行A/D(模/数)转换——这个转换过程就是视频捕捉(或采集过程),再将转换后的信号采用数字压缩技术存入计算机磁盘中就成为了数字视频。

相对模拟视频而言,数字视频具有如下特点。

(1) 数字视频可以不失真地进行无数次复制。

(2) 数字视频便于长时间的存放而不会有任何的质量降低。

(3) 可以对数字视频进行非线性编辑,并增加特技效果等。

(4) 数字视频数据量大,在存储与传输的过程中必须进行压缩编码。

5.1.2 线性编辑与非线性编辑

1. 线性编辑

线性编辑是视频的传统编辑方式。视频信号顺序记录在磁带上,在进行视频编辑时,编辑人员通过放像机播放磁带并选择一段合适的素材,把它记录到录像机中的另一个磁带上,然后再按顺序寻找所需要的视频画面,接着进行记录工作,如此反复操作,直至把所有合适的素材按照节目要求全部记录下来。这种依顺序进行视频编辑的方式称为线性编辑。

2. 非线性编辑

非线性视频编辑是对数字视频文件的编辑，在计算机的软件编辑环境中进行视频后期编辑制作，能实现对原素材任意部分的随机存取、修改和处理。这种非顺序结构的编辑方式称为非线性编辑。

非线性编辑具有如下几个特点：

(1) 非线性编辑的素材以数字信号的形式存储到计算机硬盘中，可以随调随用，完成快速搜索，精确定位，图像的质量可以控制；

(2) 非线性编辑具备强大的编辑功能，一套完整的非线编系统往往集成了录制、编辑、特技、字幕、动画等功能，这是线性编辑无法比拟的；

(3) 非线编系统的投入相对较少，设备维护、维修及工作运行成本都较线性编辑大为降低。

非线性视频编辑的这些特点使得它已成为电视节目编辑的主要方式。

5.2 视频信号数字化

5.2.1 数字视频的采集

获取数字视频信息主要有两种方式：一种是利用数码摄像机直接获得无失真的数字视频；另一种是通过视频采集卡把模拟视频转换成数字视频，并按数字视频文件的格式保存下来。

一个数字视频采集系统由 3 部分组成：一台配置较高的多媒体计算机系统，一块视频采集卡和视频信号源，如图 5-1 所示。

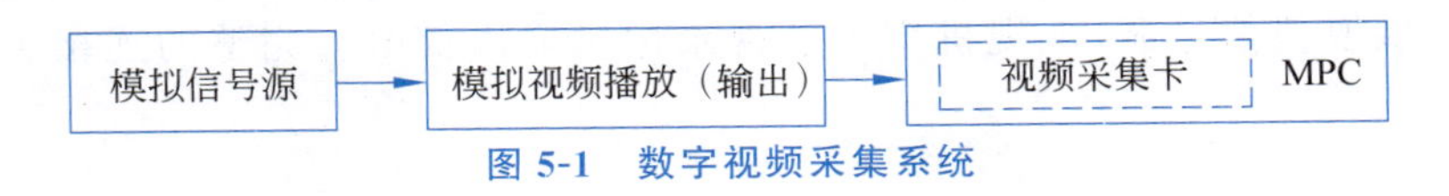

图 5-1　数字视频采集系统

1. 视频采集卡的功能

在计算机上通过视频采集卡可以接收来自视频输入端（录像机、摄像机和其他视频信号源）的模拟视频信号，对信号进行采集、量化，使之转换成数字信号，然后压缩编码成数字视频序列。大多数视频采集卡都具备硬件压缩功能。在采集视频信号时，首先在卡上对视频信号进行压缩，然后才通过 PCI 接口把压缩的视频数据传送到主机上。一般的视频采集卡采用帧内压缩算法把数字化的视频存储成 AVI 文件，高档一些的视频采集卡还能直接把采集到的数字视频数据实时压缩成 MPEG-1 格式的文件。

由于模拟视频输入端可以提供不间断的信息源，视频采集卡要采集模拟视频序列中的每帧图像，并在采集下一帧图像之前把这些数据传入计算机系统。因此，实现实时采集的关键是控制每一帧所需的处理时间。如果每帧视频图像的处理时间超过相邻两帧之间的相隔时间，就会出现数据的丢失，即丢帧现象。采集卡先是把获取的视频序列进行压缩处理，然后再存入硬盘。也就是说，视频序列的获取和压缩是在一起完成的，免除了再次进行压缩处理的不便。

2. 视频采集卡的工作原理

视频采集卡的结构如图5-2所示。多通道的视频输入用来接收视频输入信号，视频源信号首先经A/D(模拟/数字)转换器由模拟信号转换成数字信号，然后经视频采集控制器剪裁、改变比例后压缩存入帧存储器。输出模拟视频时，帧存储器的内容经D/A(数字/模拟)转换器由数字信号转换成模拟信号输出到电视机或录像机中。

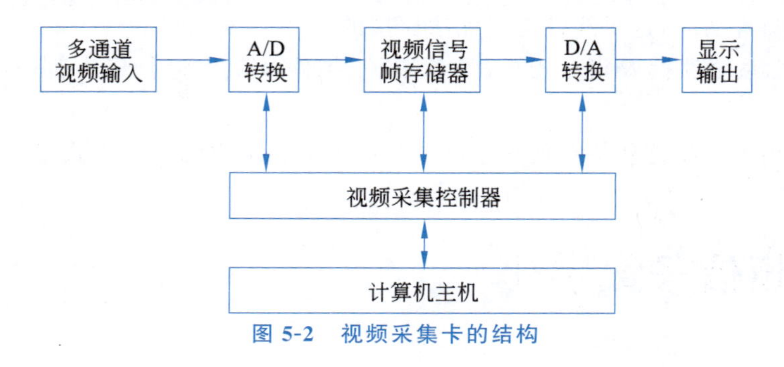

图5-2 视频采集卡的结构

3. 视频采集卡与外部设备的连接

视频采集卡一般不配置电视天线接口和音频输入接口，不能用于直接采集电视射频信号，也不能直接采集模拟视频中的伴音信号。若要采集伴音，计算机需要装声卡。视频采集卡通过计算机的声卡获取数字化伴音，并同步伴音与采集的数字视频。

外部设备与视频采集卡的连接包括模拟设备视频输出端口与采集卡视频输入端口的连接，以及模拟设备的音频输出端口与多媒体计算机声卡的音频输入端口的连接。录像机(摄像机)用于提供模拟信号源，电视机用于监视录像机输出信号。完整的连接关系如图5-3所示。

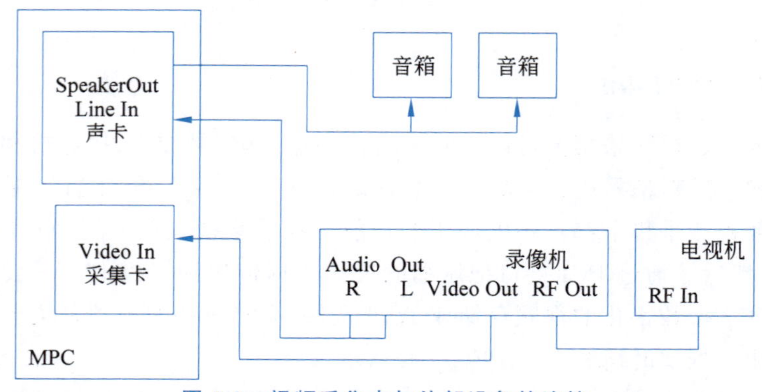

图5-3 视频采集卡与外部设备的连接

如果VHS录像机具有Video Out、Audio Out(R、L)和RF Out输出端口，则采用以下连接：录像机的 Video Out 与采集卡的 Video In 相连；录像机的 Audio Out 与声卡的 Line In 相连；录像机的 RF Out 与电视机的 RF In 相连；声卡的 Speaker Out 与音箱相连。按照这种方式连接好之后，如果软件设置正确，那么通过多媒体计算机的音箱可以监视采集的伴音情况，而采集的视像序列则可以直接显示在多媒体计算机的显示器上。

5.2.2　数字视频的输出

数字视频的输出是数字视频采集的逆过程，即把数字视频文件转换成模拟视频信号输出到电视机上进行显示，或输出到录像机记录到磁带上。与视频采集类似，这需要专门的设备对数字视频进行解压缩及 D/A 变换，完成数字数据到模拟信号之间的转换。根据不同的应用和需要，这种转换设备也有多种。将集模拟视频采集与输出于一体的高档视频采集卡插在 PC 机的扩充槽中，连上较专业的录像机，则可提供高质量的模拟视频信号采集和输出，用于专业级的视频采集、编辑及输出。

另外，还有一种称为 TV 编码器（TV Coder）的设备，它的功能是把计算机显示器上显示的所有内容转换为模拟视频信号并输出到电视机或录像机上。这种设备的功能较为简单，适合于普通的多媒体应用。

5.3　数字视频压缩标准与文件格式

5.3.1　数字视频数据压缩标准

数字视频数据量通常非常庞大，为了方便存储和传输，常需要采用有效的途径对其进行压缩。基于视频数据的冗余性，人们分析研究出一系列编码压缩算法，这些方法大致可分为帧内压缩和帧间压缩两种。

（1）帧内压缩。该压缩在压缩图像帧时，仅考虑本帧的数据而不考虑相邻帧之间的冗余信息，帧内一般采用有损压缩算法，达不到很高的压缩比。

（2）帧间压缩。该压缩基于视频或动画（连续的）前后两帧的极大相关性（即连续的视频其相邻帧之间具有冗余信息）特点来实现。通过压缩时间轴上不同帧之间的数据，进一步提高压缩比。

与音频压缩编码类似，为了使图像信息系统及设备具有普遍的互操作性，一些相关的国际化组织先后审议并制定了一系列有关图像编码的标准。其中，MEPG 系列标准由运动图像专家组（Moving Picture Experts Group）制定。

MPEG 系列标准包含 MPEG-1、MPEG-2、MPEG-4、MPEG-7 和 MPEG-21 等 5 个具体标准，每种编码都有各自的目标问题和特点。

MPEG-1 标准的目标是以约 1.5Mb/s 的速率传输电视质量的视频信号，亮度信号的分辨率为 360×240，色度信号的分辨率为 180×120，帧速为 30 帧/秒。这是世界上第一个用于运动图像及其伴音的编码标准，主要应用于 VCD，其音频第 3 层即 MP3 广泛流行。该标准于1988年5月提出,1992年11月形成国际标准。

MPEG-2标准于1990年6月提出,1994年11月形成国际标准。该标准的视频分量的位速率范围为2～15Mb/s,分辨率有低(350×288)、中(720×480)、次高(1440×1080)、高(1920×1080)等不同档次,压缩编码方法也分为从简单到复杂等多个等级,广泛应用于数字机顶盒、DVD和数字电视。

MPEG-4标准于1993年7月提出,1999年5月形成国际标准。该标准是一种基于对象的视/音频编码标准。采用MPEG-4技术,一个场景可以实现多个视角、多个层次、多个音轨,以及立体声和3D视角,这些特性使得虚拟现实成为可能。MPEG-4标准制定了大范围的级别和框架,可广泛应用于各行各业。

MPEG-7标准于1997年7月提出,2001年9月形成国际标准。该标准是一种多媒体内容描述标准,定义了描述符、描述语言和描述方案,支持对多媒体资源的组织管理、搜索、过滤和检索等,便于用户对其感兴趣的多媒体素材内容进行快速有效的检索,可应用于数字图书馆、各种多媒体目录业务、广播媒体的选择和多媒体编辑等领域。

MPEG-21标准几乎与MPEG-7标准同步制定,于2001年12月完成。MPEG-21标准的重点是建立统一的多媒体框架,为从多媒体内容发布到消费所涉及的所有标准提供基础体系,支持连接全球网络的各种设备透明地访问各种多媒体资源。

H.264是一种视频高压缩技术,全称是MPEG-4 AVC,即活动图像专家组-4的高等视频编码。它是由国际电信标准化部门(ITU-T)和规定MPEG的国际标准化组织(ISO)及国际电工协会(IEC)共同制定的一种活动图像编码方式的国际标准格式。H.264的优势主要在于超高压缩率、高国际标准和公正的无差别许可制度。

5.3.2 数字视频文件格式

数字视频文件格式大致可分为普通视频文件格式和网络流式视频文件格式两类。

1. 普通视频文件格式

1) AVI格式

AVI(Audio Video Interleaved)是一种音视频交叉记录的数字视频文件格式,运动图像和伴音数据以交替的方式存储。这种音频和视像的交织组织方式与传统的电影相似,包含图像信息的帧顺序显示,同时伴音声道也同步播放。

AVI文件结构不仅解决了音频和视频的同步问题,而且具有通用和开放的特点。它可以在任何Windows环境下工作,而且还具有扩展环境的功能。用户可以开发自己的AVI视频文件,在Windows环境下随时调用。

AVI一般采用帧内有损压缩。可以用一般的视频编辑软件(如Adobe Premiere)进行再编辑和处理。这种文件格式的优点是图像质量好,可以跨平台使用;缺点是文件体积较大。

2) MPEG格式

MPEG(Moving Picture Expert Group)/MPG/DAT的具体格式后缀是mpeg、mpg或dat,家用VCD、SVCD和DVD使用的就是MPEG格式文件。

将MPEG算法用于压缩全运动视频图像,就可以生成全屏幕活动视频标准文件——

MPG 文件。MPG 格式文件在 1024×786 的分辨率下可以用 25 帧/秒(或 30 帧/秒)的速率同步播放全运动视频图像和 CD 音乐伴音,并且其文件大小仅为 AVI 文件的六分之一。MPEG-2 压缩技术采用可变速率(VBR-Variable Bit Rate)技术,能够根据动态画面的复杂程度,适时改变数据传输率获得较好的编码效果。DVD 就是采用了这种技术。

MPEG 的平均压缩比为 50∶1,最高可达 200∶1。同时,其图像和音响的质量也非常好。MPEG 标准包括 MPEG 视频、MPEG 音频和 MPEG 系统(视频、音频同步)3 个部分,MP3 音频文件就是 MPEG 音频的一个典型应用,而 VCD、SVCD、DVD 则是全面采用 MPEG 技术所产生出来的新型消费类电子产品。

3) MOV 格式

MOV(Movie digital video technology)是美国 Apple 公司开发的一种视频文件格式,默认的播放器是 QuickTime Player,具有较高的压缩比和清晰度,并且可跨平台使用。

2. 网络视频文件格式

1) RM 格式

RM 是 Real Networks 公司开发的一种流媒体文件格式,也是目前主流的网络视频文件格式。Real Networks 制定的音频、视频压缩规范称为 Real Media,相应的播放器为 Real Player。

2) ASF 格式

ASF(Advanced Streaming Format)格式是微软公司前期的流媒体格式,采用 MPEG-4 压缩算法,这是一种可以在因特网上实时观看的视频文件格式。

3) WMV 格式

WMV(Windows Media Video)格式是微软公司推出的采用独立编码方式的视频文件格式,也是目前应用最广泛的流媒体视频格式之一。

5.4　视频编辑软件 Premiere

在一个完整的非线性编辑系统中,硬件只能提供对音频、视频数据的输入、输出、压缩、解压缩、存储等工作的处理环境,视频、音频的编辑则要通过非线性编辑应用软件才能实现,即数字视频的后期编辑工作主要依靠视频编辑软件来完成。

目前市场上的非线性编辑软件种类较多,比较流行的是 Adobe 公司的 Premiere 系列和 Ulead 公司的 Video Studio(会声会影)系列,它们可以和大多数的视频采集卡配合使用,其工作原理基本相似,都采用了时间轴和各种素材轨的编辑方法。本节主要介绍 Adobe Premiere 数字视频编辑软件的功能和使用。Adobe Premiere 软件为剪辑人员提供了非常实用的工具,能让用户得心应手地完成剪辑任务。

5.4.1　Premiere 工作界面

Premiere 的界面如图 5-4 所示。

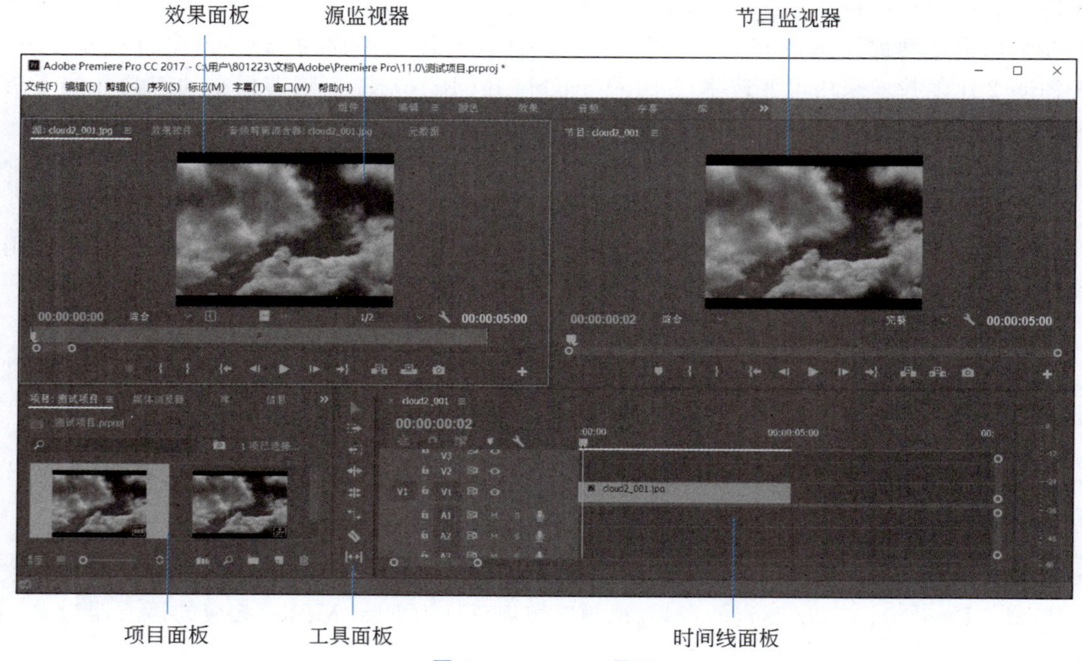

图 5-4 Premiere 界面

项目面板的主要功能是对素材进行存放和管理。编辑视音频素材时,首先要导入这些素材并进行相应的设置与管理,以便分类和安排编辑次序。项目管理还提供了新建文件夹、创建素材、搜索等功能,方便用户维护和使用素材。

监视器视窗用于实时预览影片和剪辑影片。默认的监视器采用双显示模式,即包含源监视器和节目监视器。素材监视器负责存放和显示待编辑的素材,节目监视器实时预览已经编辑完成的影片。

时间线面板是 Premiere 中核心界面之一。在时间线面板中,可根据脚本将视频、音频、图像等有组织地剪辑在一起,并加入转场、特效、字幕,从而制作出精美的影片。

特效面板为用户提供了丰富的视/音频转场和特效,极大地丰富了画面语言的处理,为影片的创作提供了更为广阔的空间。该部分由预置、音频特效、音频过渡、视频特效、视频过渡等几大块内容组成。后面的实例学习将充分展示这些特效带来的丰富体验。

工具面板提供了影片剪辑和动画关键帧设置所需要的一些工具,包括选择工具、涟漪编辑工具、滚动编辑工具、速度调整工具、剃刀工具、滑动工具、钢笔工具等。

5.4.2 项目管理

在整个 Premiere 非线性编辑的工作流程中,前期的项目设置及管理非常重要。

1. 创建项目

启动 Premiere CS 程序时,系统会询问是否新建或者打开项目,如图 5-5 所示。选择新建项目后将打开“新建项目”对话框,如图 5-6 所示。单击“确定”按钮即可进入空白的工程界面。此时，执行“文件”→“新建”→“序列”命令或者按 Ctrl+N 键打开如图 5-7 所示的对话框。Premiere 给出了多种预置的视频和音频配置，有 PAL 制、NTSC 制、24P 的 DV 格式、HDTV 等。可以在序列预设选项卡中选择 DV-PAL 制式标准 48kHz，也可以选择常规面板进行自定义，如图 5-7 所示。

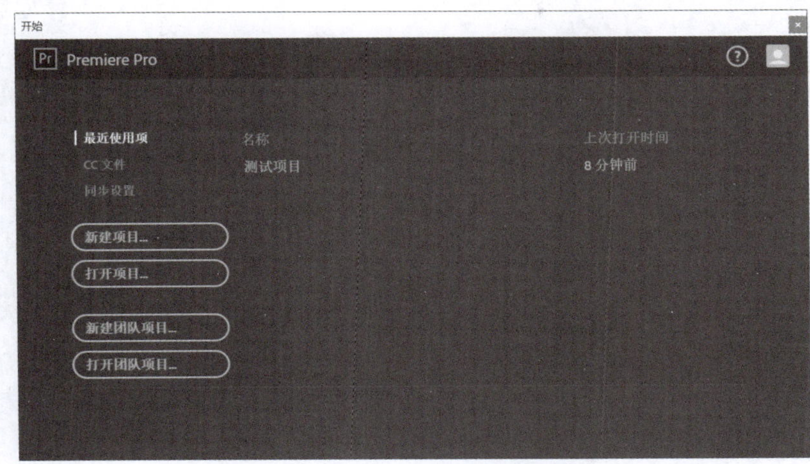

图 5-5　启动界面

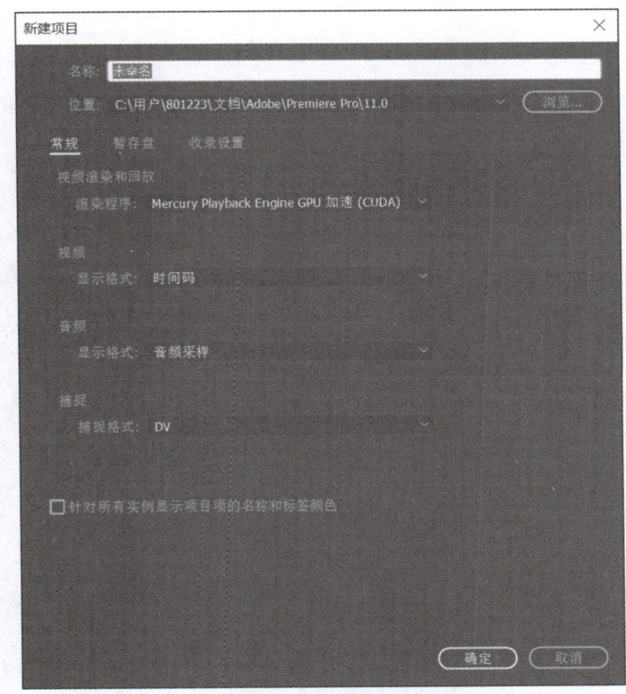

图 5-6　新建项目设置

每种预设方案都包括文件的压缩类型、视频尺寸、播放速度、音频模式等方面的信息，还可以在“设置”面板中进行自定义设置，如图 5-8 所示。下面对该面板做简要介绍。

(1) 编辑模式。在序列预设选项卡中选择某种预设后，其编辑模式会同时显示出来，可以根据需要改变编辑模式。

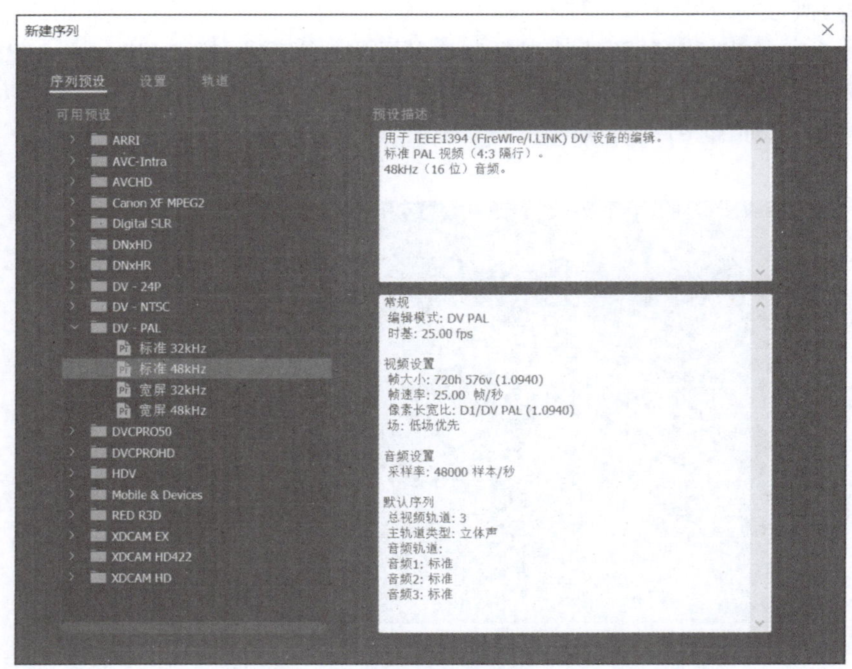

图 5-7 预设方案

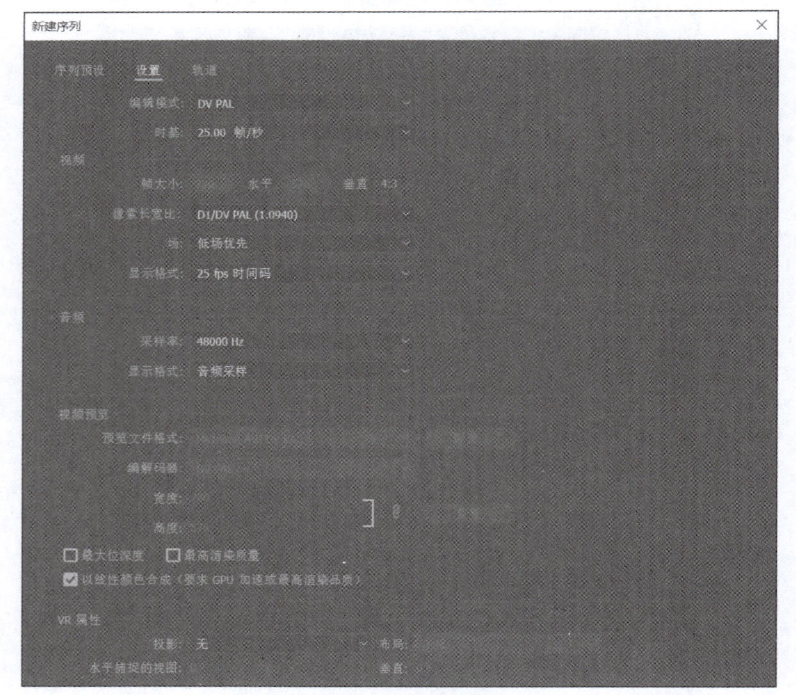

图 5-8 常规选项

(2) 时基。即每秒播放多少帧，一般 PAL 制式 25 帧，NTSC 制式 30 帧。我国采用的是 PAL 制，因此，一般的电视节目都是 25 帧。

(3) 帧大小。视频的宽高像素值。默认情况下，DV PAL 的帧大小为 720 像素×576 像素，高清的 HDV 720P 的帧大小为 1280 像素×720 像素。

(4) 像素宽高比。即每个像素的宽(X)与高(Y)之比。像素的宽高比类似于帧大小，前者是单个像素的宽高比，后者是图像的整个宽高比。如图 5-9 所示，同样是 16∶9 的帧宽高比画面，其像素宽高比却不相同。一般情况下，电视像素是矩形，计算机像素是正方形。

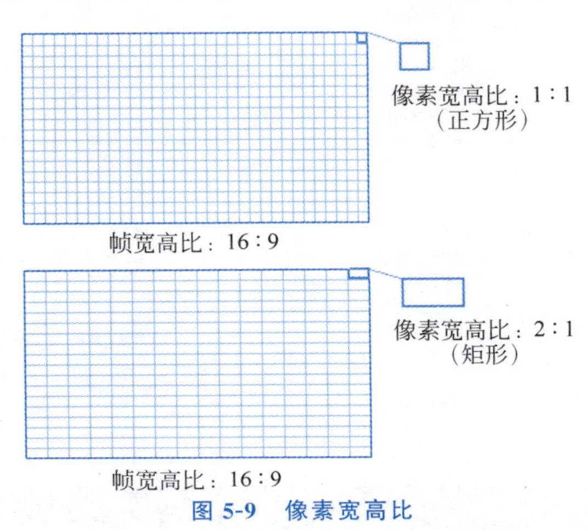

图 5-9　像素宽高比

(5) 显示格式。即在时间轴上方显示出来的时间格式。默认情况下，会显示 00:00:00:00 的格式，从左到右分别是时、分、秒、帧。

(6) 音频。音频的采样率以及显示格式。

2. 准备素材

1) 导入素材

新建立的节目是没有内容的，因此需要向项目面板中导入原始素材。素材是后期编辑中必不可少的内容。在视频编辑中，素材通常包括静态图像、视频和音频，Premiere 支持多种视频、音频、图像格式的素材。

(1) 视音频素材的导入。执行"文件"→"导入"命令或者双击项目窗口空白处打开"导入"对话框，如图 5-10 所示。选择视/音频素材，单击"打开"按钮，素材文件即被输入到项目窗口中，并显示其名称、媒体类型、持续时间、画面大小等信息，如图 5-11 所示。

(2) PSD 素材的导入。执行"文件"→"导入"命令或者双击项目窗口空白处，打开"导入"对话框，如图 5-10 所示。选择 PSD 素材，单击"打开"按钮，会打开如图 5-12 所示的对话框。由于 PSD 文件通常包含多层图像，导入时可以合成所有层或者选择其中的几层图像，根据需要导入相应的图层。在"导入为"下拉列表框中，可以设置 PSD 素材导入的方式，其中包括"合并所有图层""合并图层""各个图层""序列"等选项。

① 合并所有图层。选择该选项，则 PSD 的所有图层会合并为一个素材导入。

② 合并图层。选择该选项，可以自定义导入的图层，导入后各图层将合并为一个素材。

③ 各个图层。选择该选项，可以自定义要导入的图层，导入后每个图层作为一个单独的素材存在，如图 5-13 和图 5-14 所示。

④ 序列。选择该选项，导入的图层素材会在项目窗口中自动创建一个文件夹，文件夹

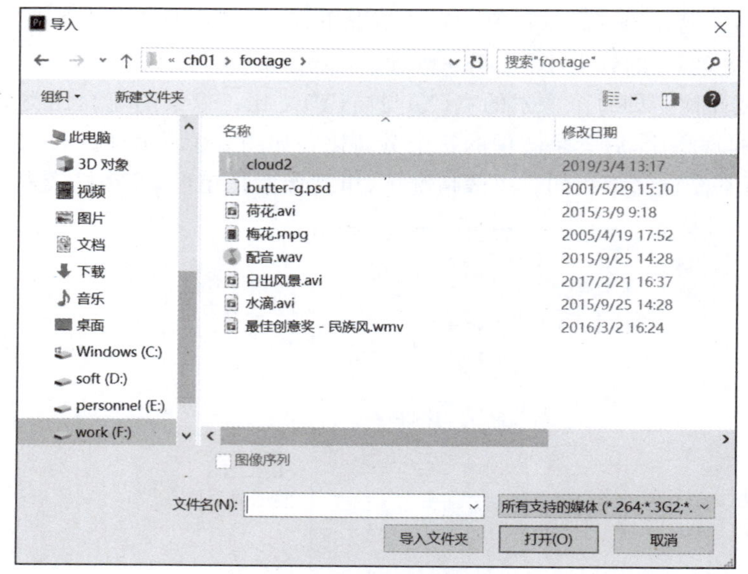

图 5-10 导入对话框

名称	标签	帧速率	媒体开始点	媒体结束点	媒体持续时间	视频入点	视频出点
序列 01		25.00 fps				00:00:00:00	23:00:00:01
日出风景.avi		25.00 fps	00:00:00:00	00:00:09:24	00:00:10:00	00:00:00:00	00:00:09:24
荷花.avi		25.00 fps	00:00:00:00	00:00:02:24	00:00:03:00	00:00:00:00	00:00:02:24
梅花.mpg		25.00 fps	00:00:00:00	00:00:10:02	00:00:10:03	00:00:00:00	00:00:10:02
水滴.avi		25.00 fps	00:00:00:00	00:00:05:24	00:00:06:00	00:00:00:00	00:00:06:24

图 5-11 项目窗口中的信息显示

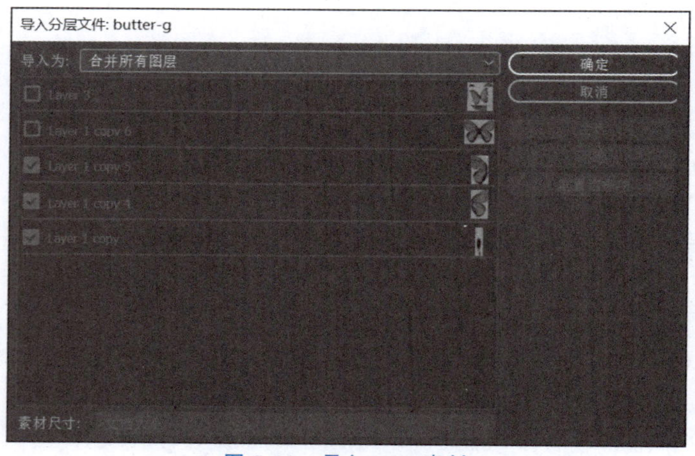

图 5-12 导入 PSD 素材

的名称就是 PSD 文件的文件名,文件夹中将包含所有的图层,每个图层都是独立的文件,同时还会生成一个与文件夹名称相同的序列素材,如图 5-15 和图 5-16 所示。

2) 素材重命名

将文件输入到项目窗口以后,Premiere CS 会自动依照输入文件名为建立的素材命名。但有时为了方便,最好重命名。单击素材待素材名称处于可编辑状态时,即可输入新名称,之后按回车键确定。

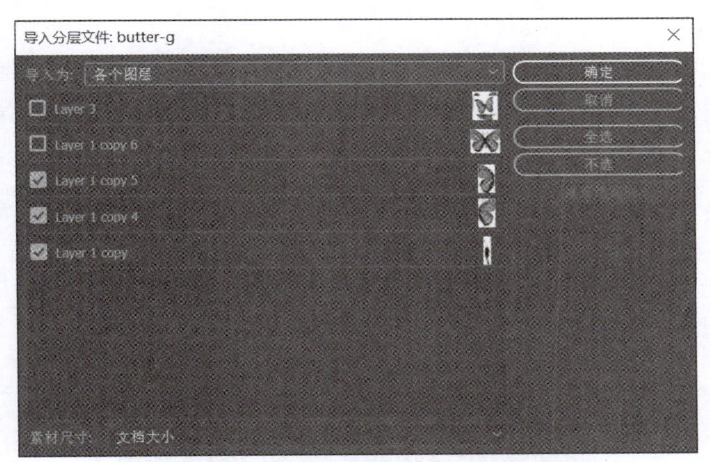

图 5-13 分层导入

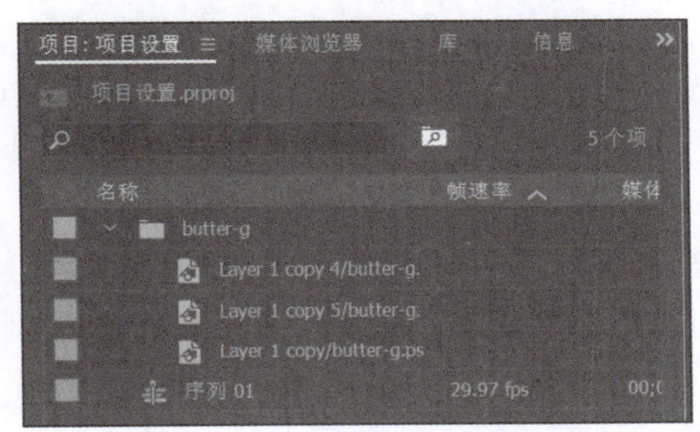

图 5-14 分层导入效果

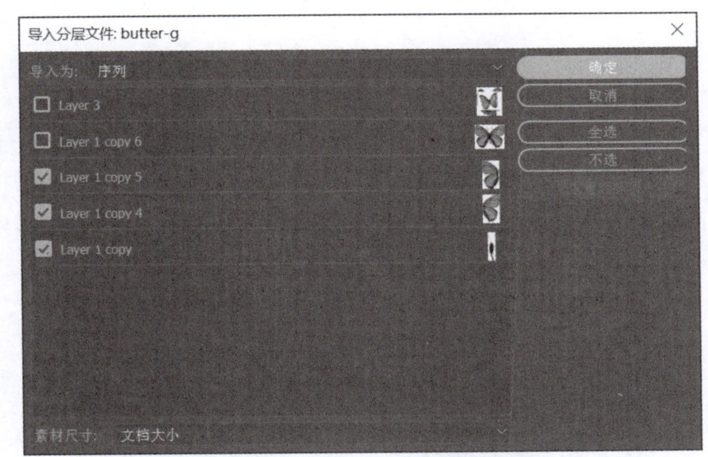

图 5-15 以序列导入

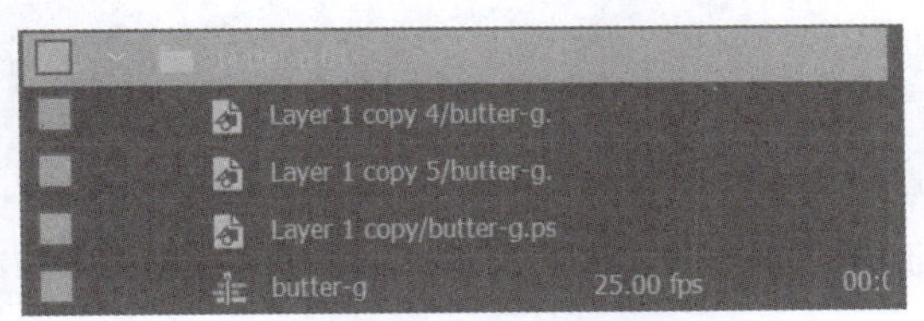

图 5-16 序列导入效果

3）管理素材

剪辑时通常会导入大量不同的素材，从而使得项目窗口显得凌乱。Premiere 提供了新建素材箱的功能，可以按类型或按剪辑要求分类存放素材，这是一个十分有效的管理手段。素材箱既可以任意更名，以区分不同类型的素材，也可以嵌套，使管理更为灵活。

(1) 在项目窗口底部单击新建素材箱按钮，待窗口中出现一个新建的素材箱时，将其更名为“视频”。

(2) 将已导入的视频素材拖入到该素材箱中。以同样的方式再新建音频及图像文件夹进行归类管理，最终如图 5-17 所示。

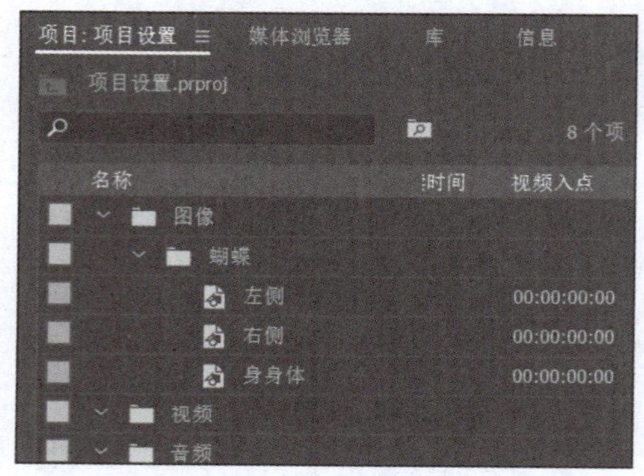

图 5-17 文件夹管理

5.4.3 视频剪辑

1. 素材编辑

1）检查素材内容

素材准备完毕以后，通常要打开并播放它，以便选择其中的部分内容。

在项目窗口中，双击素材名前面的小图标，打开源监视器窗口，视窗中将显示素材的首帧画面，单击源监视器视窗下方的播放按钮，播放素材内容，如图 5-18 所示。

图 5-18 在源监视器中检查素材

2）剪辑素材

如果只需要使用部分素材，那么可以只截取部分画面，这个过程称为原始素材的剪辑。在剪辑过程中，使用入点和出点是剪辑素材最有效的方法之一。从一段素材中截取有效的素材帧，有效素材的起始画面即为入点，有效素材的终止画面即为出点。可以通过源监视器设置素材的入点和出点，也可以在时间线面板中设置。

通过源监视器设置荷花的入点和出点的步骤如下。

（1）拖动帧滑块，将帧定位在00:00:00:07。若欲精确定位，可使用“后退一帧”按钮或“前进一帧”按钮。

（2）单击“入点”按钮，则当前帧成为新的入点，“荷花”将从帧所在的位置开始引用。源监视器上的时间线上显示入点标志。

（3）将帧滑块拖动到适当的位置，单击“出点”按钮，则当前位置成为新的出点。“荷花”的使用到此帧结束。源监视器上的时间线上显示出点标志，如图5-19所示。

图5-19 设置入点和出点

经过上述处理的素材，如在时间线面板中使用时，将仅使用入点和出点之间的画面。由于同一素材在同一节目中允许反复使用，而每次使用的画面又可能不一样，因此，在此设置中的入点和出点仅仅是每次使用该素材的起止位置，在时间线面板使用时，还可再做调整。

已设定入点、出点的素材可以直接拖动到时间线上，或者单击“插入”按钮，插入时间线面板。

2. 节目编辑

在时间线面板中，按照时间线顺序组织起来的多个素材集就是节目。在项目面板中依次加入“荷花”“梅花”等素材，素材之间形成的切割线叫切点，不同视频片段之间即以最简单的切换方式连接在一起，如图5-20所示。

时间线上的编辑操作称为节目编辑，也称精编。此时，视频素材均已按时间顺序组织好，后面的工作是对这些视频素材进行微调，因此，需要用到工具栏里的一些精编工具。

（1）选择工具（快捷键：V）。可以选择文件、将选中的文件拖曳至其他轨道及进行菜单管理。

（2）向前或向后轨道选择工具（快捷键：A和Shift+A）。当一条轨道上有多个素材时，可用此工具选中当前素材后的所有素材。

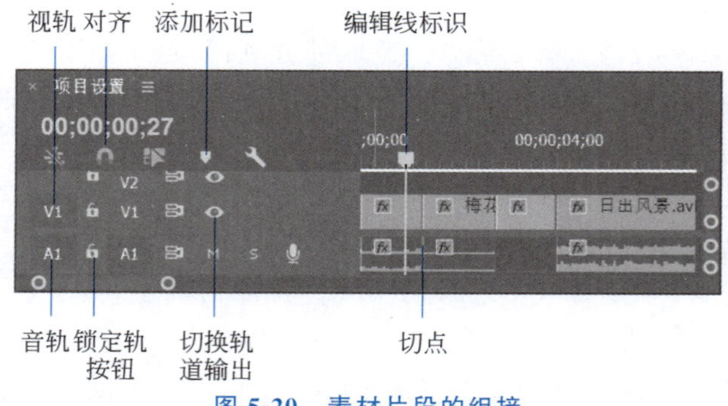

图 5-20 素材片段的组接

(3) 波纹编辑工具(快捷键：B)。当鼠标滑动至单个视频的两头时，调整选中的视频长度，前方或者后方的视频素材在编辑后会自动吸附，其效果如图 5-21 所示。

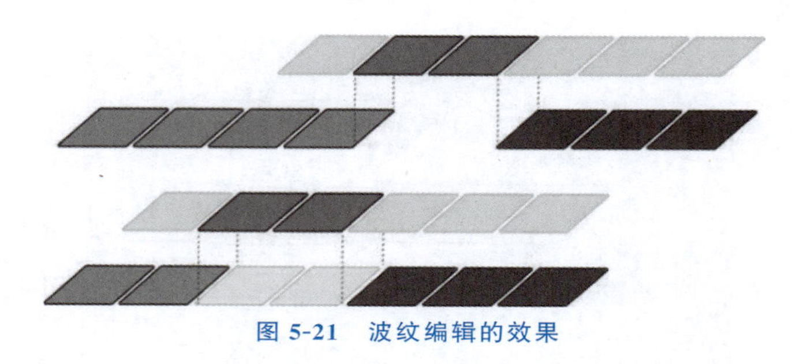
图 5-21 波纹编辑的效果

(4) 滚动编辑工具(快捷键：N)。可以在不影响轨道总长度的情况下，调整其中某个视频的长度(源素材必须有足够的时间长度进行调整)，影响的是切点前视频素材的出点和切点后视频素材的入点，效果如图 5-22 所示。

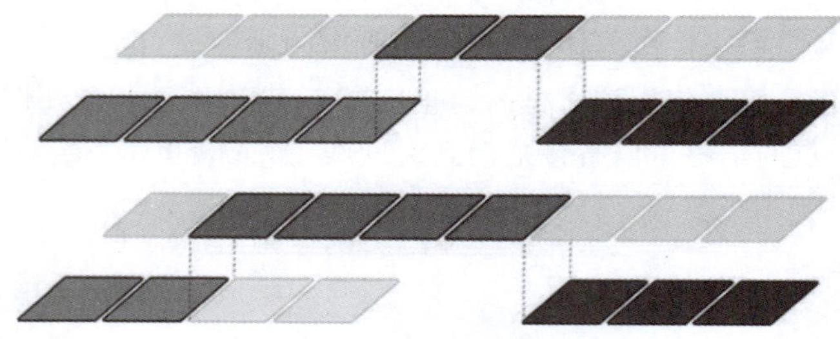
图 5-22 滚动编辑的效果

(5) 速率伸缩工具(快捷键：X)。调整视频播放速度。

(6) 剃刀工具(快捷键：C)。若要把一个视频分成很多段，只要在相应的位置单击即可。

(7) 外滑工具(快捷键：Y)。对已经调整过长度的视频，可以在不改变视频长度的情况下，变换该视频素材的入点和出点，如图 5-23 所示。

(8) 滑动工具(快捷键：U)。使用该工具拖动一个视频素材，被选中的视频长度不变，左右两侧的视频的出点或者入点会发生变化，如图 5-24 所示。

(9) 钢笔工具(快捷键：P)。可以对视频素材上的关键帧进行曲线调整。

(10) 手形工具(快捷键：H)。可以用鼠标对时间轴上的文件进行拖曳预览。

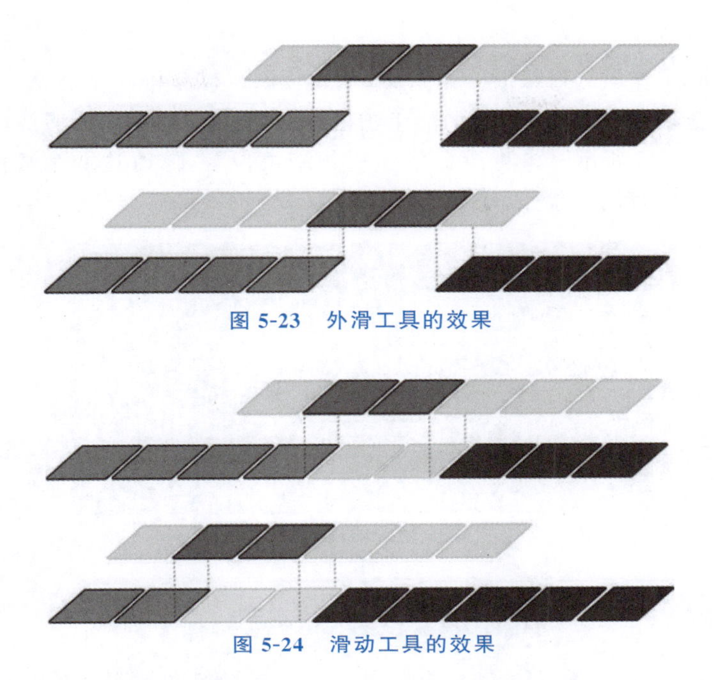

图 5-23　外滑工具的效果

图 5-24　滑动工具的效果

(11) 缩放工具(快捷键：Z)。可以对视频素材进行放大和缩小，缩小时要按住 Alt 键。

上述工具可以用来对已经做好的视频素材进行精编，从而精确控制前一个视频素材的出点和后一个视频素材的入点，使得整个视频过渡得更为流畅。如果导入进来的素材同时包含了视、音频信息，原则上要求保持两者的链接，以确保声画对位。如要将视、音频分开处理，可右击该素材，在弹出的菜单里选择“取消链接”命令，将视频和音频分开；完成编辑后若要删除所有音频，可按住 Alt 键，依次单击选中所有的音频，再删除即可。

5.4.4　视频合成与效果控制

1. 运动特效

在特效控制面板上，每个素材都有自己的运动属性，包括位置、缩放、旋转、锚点等，如图 5-25所示。可以通过更改这些属性值来获取理想的效果。属性前的“切换动画”按钮用于设置动画。

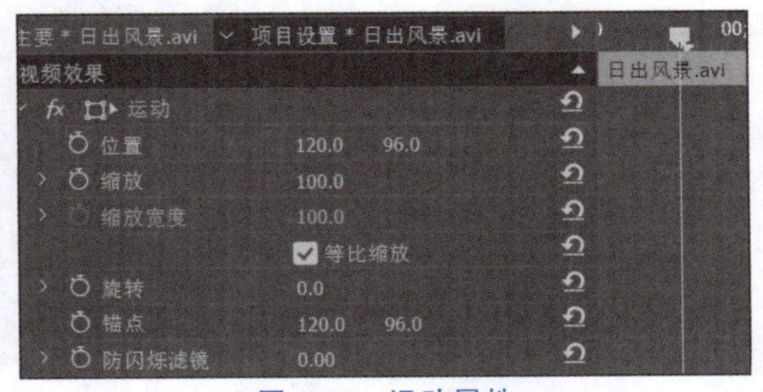

图 5-25　运动属性

具体操作步骤如下。

(1) 在之前的序列里选择最后一个素材,拟旋转该素材并将其缩小至0。

(2) 把游标拖动至动画开始的位置,单击选择旋转、缩放前面的"切换动画"按钮,设置动画初始值,如图5-26所示。再将游标滑至视频结束位置,修改这两个数值,如图5-27所示。最终呈现该视频旋转并缩至0的动画效果。

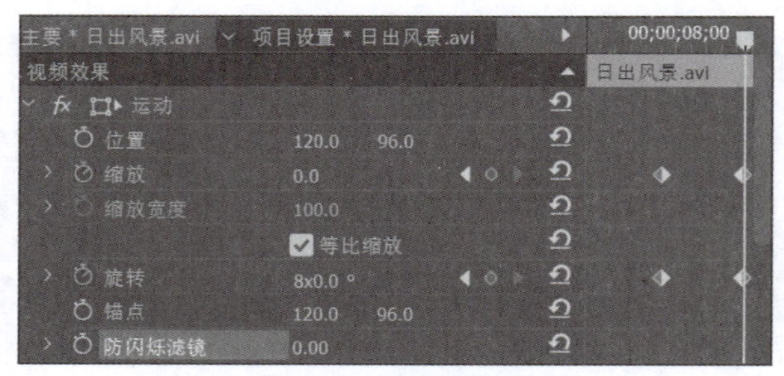

图5-26 动画初始值

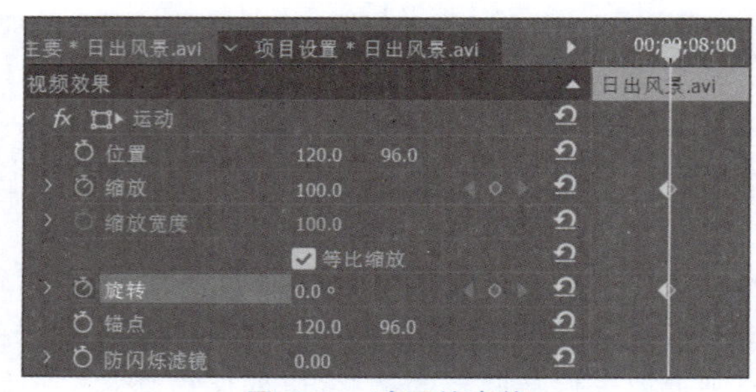

图5-27 动画结束值

2. 过渡效果

过渡也称为转场,是场景间切换的一种特技方式。素材之间的过渡有两种方式:无技巧转场和特技转场。无技巧转场看起来很简单,其实最难处理。两个视频素材之间要真正做到无技巧转场,需要利用动作组接、出入画面组接、物体组接、因果组接、声音或者空镜头组接,这些都需要不断地观察画面内容。有时候为了使影片中的切换衔接自然或更加有趣,也可以使用各种过渡效果,制作出一些赏心悦目的过渡效果,从而大大增加影视作品的艺术感染力,这就是特技转场。常用的过渡效果有淡入/淡出、交叉过渡等。具体步骤如下。

(1) 执行"特效"→"视频转场"命令,展开"溶解"过渡效果文件夹,如图5-28所示。

(2) 选择"交叉叠化"过渡效果,按住鼠标左键将其拖动到视频1轨道(后文简称视轨1)上的两段视频中间,释放鼠标,系统将自动调节其持续时间,以适应重叠时间,如图5-29所示。

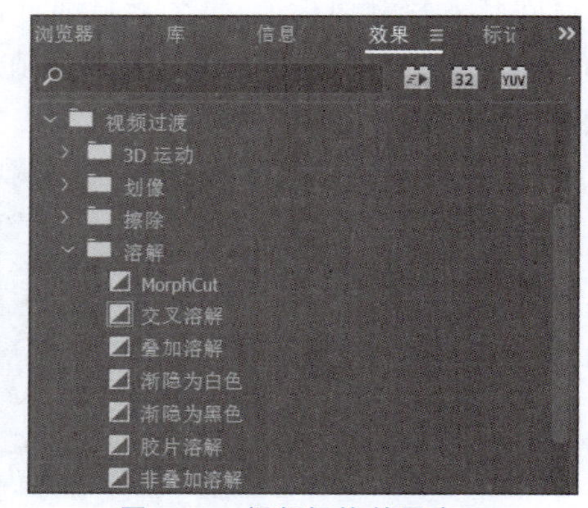

图5-28 视频切换效果窗口

(3) 在视轨1上的交叉过渡图标上单击,打开

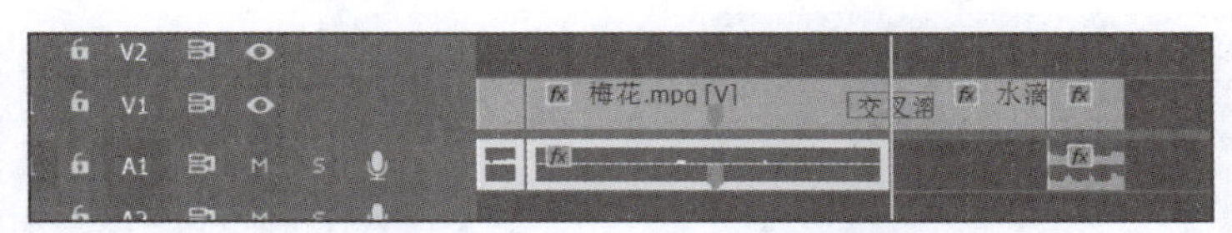

图 5-29 使用视频切换效果

效果控制台对话框，如图 5-30 所示。可以调整其设置，如过渡持续时间、对齐方式、显示实际源等。

图 5-30 交叉过渡参数设置

3. 视频特效

在 Premiere 中，可使用滤镜对视频素材进行特效处理，这与 Photoshop 非常类似。这里，将采用视频特效对荷花采用“模糊入”，对梅花采用“模糊出”的动态设置，从而实现模拟光圈变化的效果。

- 在“效果”面板上执行“视频效果”→“模糊与锐化”→“复合模糊”命令，将其拖到荷花视频上，如图 5-31 所示。将时间指针放置于第 0 帧处或按键盘上的 Home 键，选择荷花视频，此时在效果控制面板上可以看到刚拖入的复合模糊特效，如图 5-32 所示。

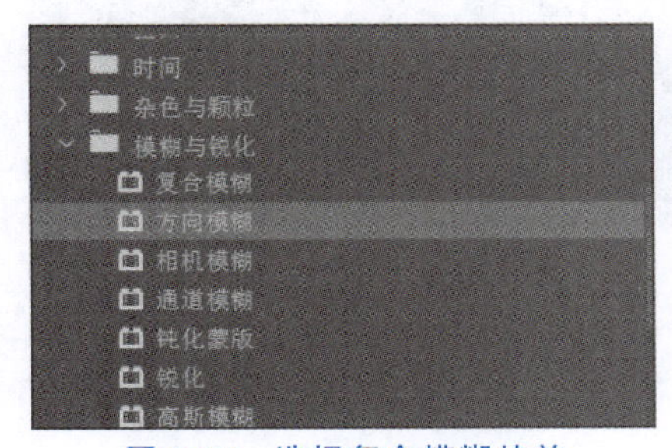

图 5-31 选择复合模糊特效

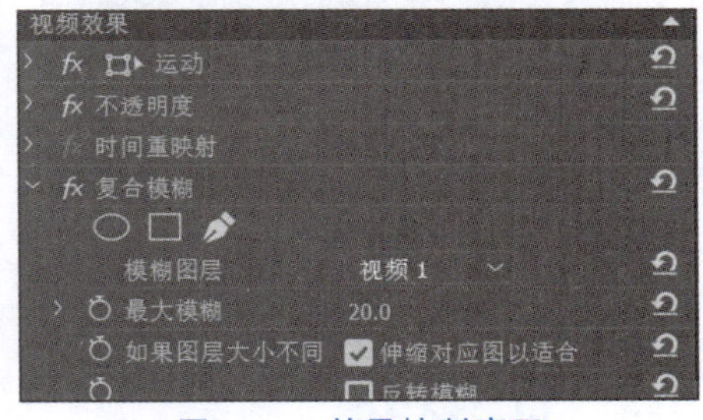

图 5-32 效果控制窗口

- 在第 0 帧处将“模糊量”设为 3，并单击选中前面的“切换动画”按钮。选中该按钮后，后面针对该值产生的操作都会被记录下来，从而产生动画效果。
- 将时间指针拖动到第 15 帧处，或者在时间序列窗口的左上角单击上面的时间值，输入“15”，即可精确定位到第 15 帧，如图 5-33 所示。在效果面板中将“最大模糊”值还原成 0，如图 5-34 所示。

这样，从虚到实的入镜特效就做出来了。若想停用已设置的滤镜效果可单击滤镜名前边的 fx 取消效果。

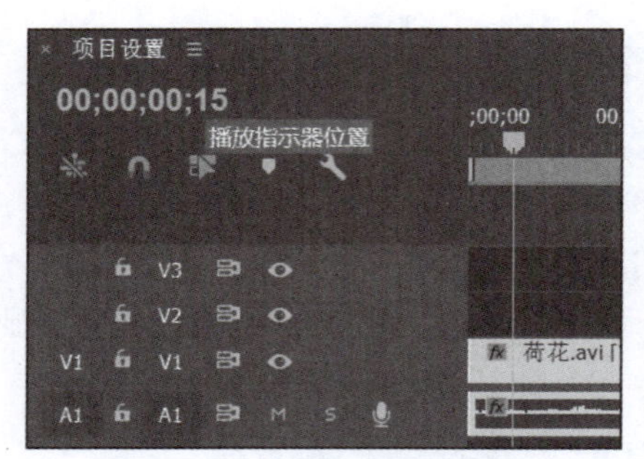

图 5-33 精确定位时间指针

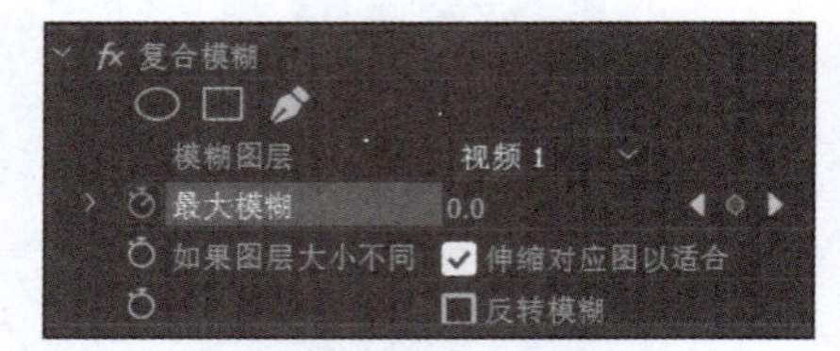

图 5-34 第 15 帧的参数

4. 更改持续时间和速度

电视节目中经常出现的快慢镜头也可以利用 Premiere 来制作。具体步骤如下。

(1) 在工具面板中利用“选择”工具选择“水滴”视频素材。

(2) 执行“剪辑”→“速度/持续时间”命令,或右击视频,在弹出菜单中选择“速度/持续时间”命令,打开“剪辑速度/持续时间”对话框,如图 5-35 所示。在“速度”对应的文本框中键入 50,单击“确定”按钮确认并退出。此时,视频持续时间自动增加,以适应新的播放速度,如图 5-36 所示。

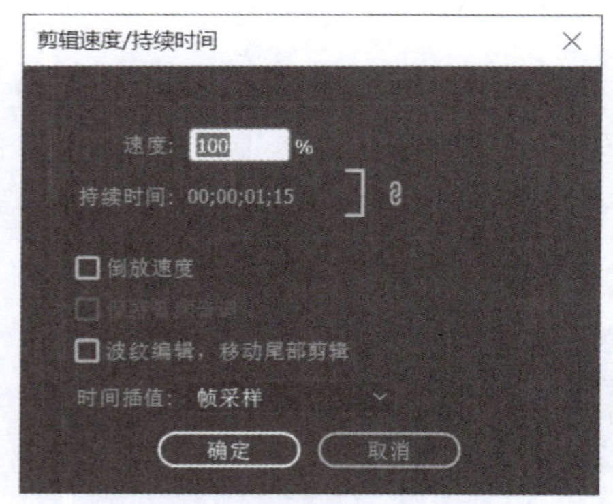

图 5-35 速度/持续时间面板

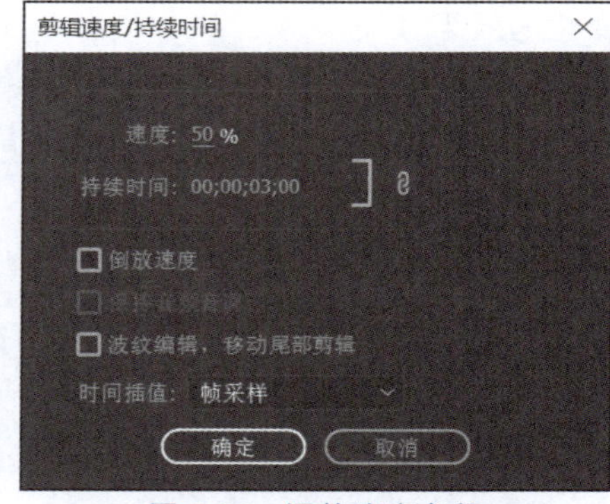

图 5-36 调整速度参数

5.4.5 音频效果

一个完整的作品不仅仅只有视频、图像、字幕等元素,音频也是其重要元素之一,接下来讲解 Premiere 中的一些简单的音频处理。

1. 音频增益

右击音频并选择“音频增益”命令,打开如图 5-37 所示的对话框。音频增益相当于更改波形振幅,即更改声音音量。可以根据需要自行调整增益值,达到理想的效果。

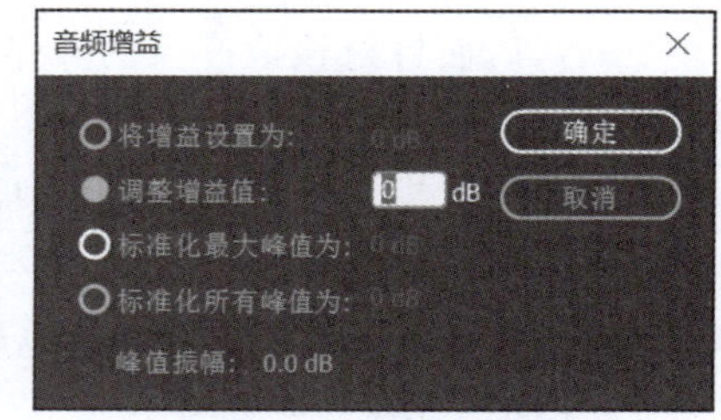

图 5-37 音频增益对话框

2. 音频淡入/淡出效果

淡入/淡出是最常用的音频处理方式之一，一般有两种操作方法。

（1）利用音频切换特效。在效果面板中，执行“音频过渡”→“恒定功率”（曲线）或“固定增益”（直线）命令，如图 5-38 所示。音频就会出现淡入或淡出的效果，如图 5-39 所示。

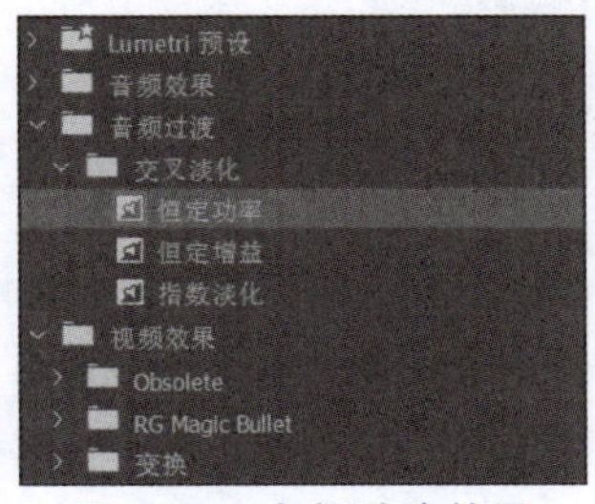

图 5-38　音频过渡效果

图 5-39　淡入/淡出效果

（2）控制音量（电平）属性，建立关键帧。在工具栏中选择钢笔工具，在相应位置建立关键帧，并用选择工具进行调整，使其呈现淡出效果，如图 5-40 所示。

3. 视音频解除

一般导入的视频都会配有同期声，如果不需要声音，可以通过以下两种方式解除。

（1）右击单个视频，在弹出的菜单中执行“取消链接”命令，然后再次单击音频，即可删除音频，如图 5-41 所示。

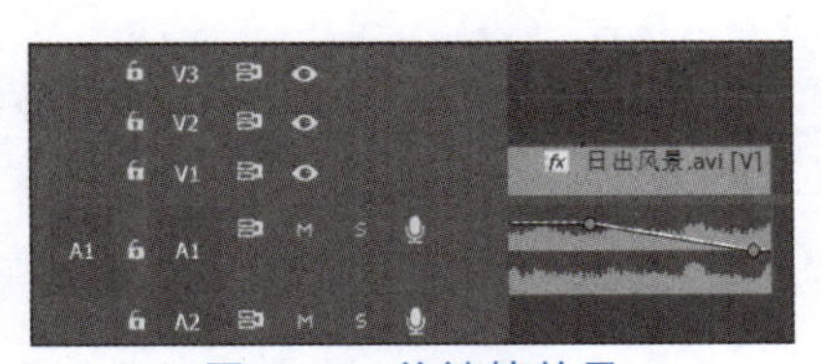

图 5-40　关键帧效果

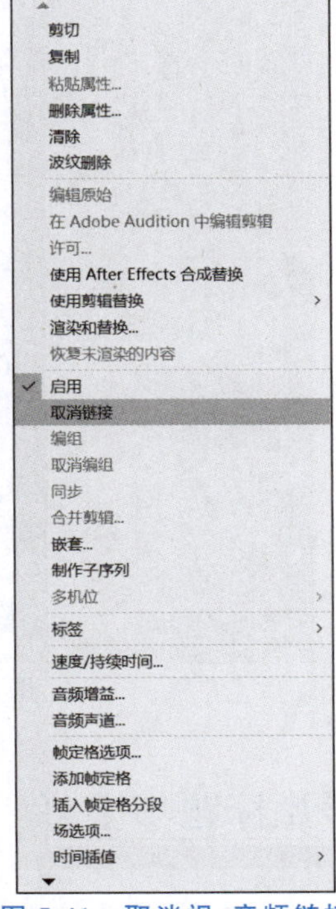

图 5-41　取消视、音频链接

(2) 如果想一次性删除或者移动已经剪辑好的系列视频中配好的音频，可以按住 Alt 键，同时单击选中所有的音频，再移动或者删除，如图 5-42 所示。

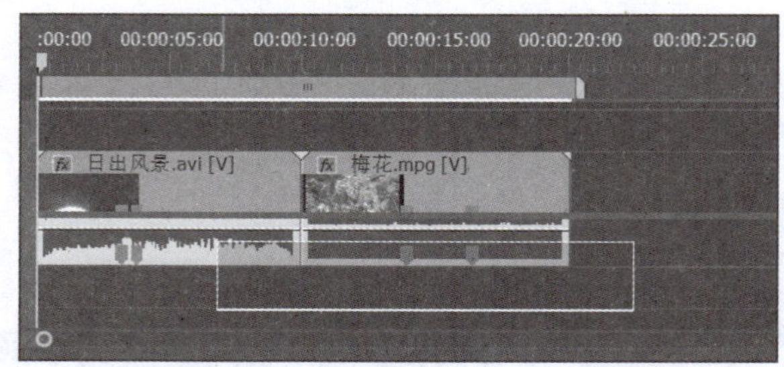

图 5-42　批量编辑音轨

4. 利用混音台进行声音录制

Premiere 中的混音台看着就像是 Audition 混音台的简化版。在音频面板中选择音轨混合器，通过音轨混合器即可录制声音，如图 5-43 所示。

(1) 选中需要录制的轨道 A3；

(2) 启用相应轨道上的“写入”模式；

(3) 激活相应轨道旁的“画外音录制”按钮，即可以进行相应的操作。

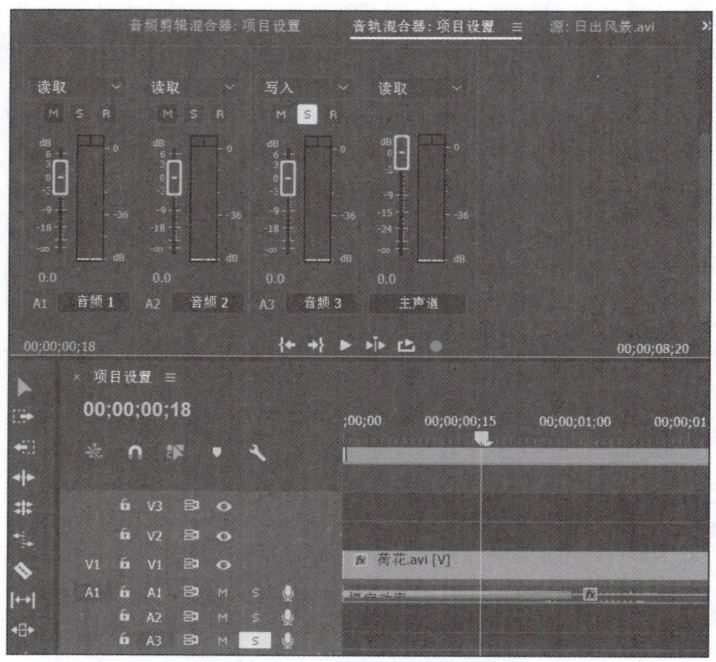

图 5-43　音轨混合器录音

5.4.6　影片标题与字幕

字幕是影视作品中必不可少的重要元素，例如片头字幕、解说词、演员的名单等都会用到字幕。字幕作为一种基本的素材，跟静态图像一样，可以被裁剪、拉伸，也可以添加过渡、特效等。

（1）执行“文件”→“新建”→“字幕”菜单命令，打开如图 5-44 所示的对话框。该对话框中的参数均可按需修改。单击“确定”按钮之后，界面会发生小小的变动，呈现与字幕相关的内容，如图 5-45 所示。

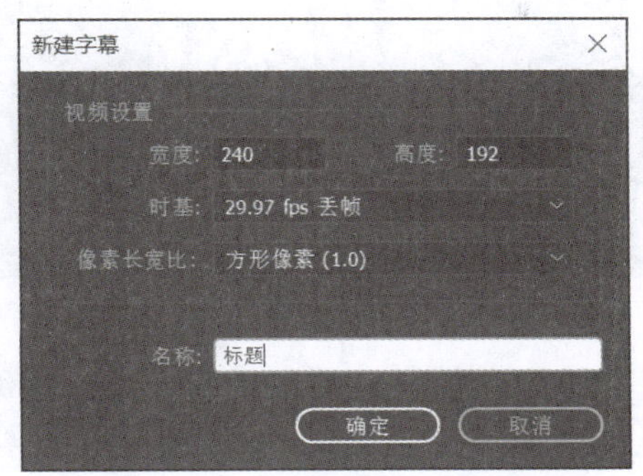

图 5-44　字幕创建对话框

图 5-45　字幕窗口

（2）创建标题。

单击字幕窗口中的相应位置，在之后出现的文本框中输入片名“请您欣赏”，在右侧的字幕属性选项组中将文字字型设为“微软雅黑”、文字颜色设为橙色，关闭字幕并将其放在视轨 2 上。

（3）建立电影滚动字幕。

在窗口左上角单击“滚动/游动”按钮，打开如图 5-46 所示的对话框，设定字幕类型为“向左游动”，选中“开始于屏幕外”和“结束于屏幕外”，过卷设为 60(以帧为单位，这里相当于 2 秒)，该操作将使字幕从下向上滚动并停止在画面中间 2 秒，然后消失。

5.4.7　保存输出影片

1. 保存节目

保存节目是指将各视频素材所做的有效编辑操作以及现有各视频素材的信息全部保存

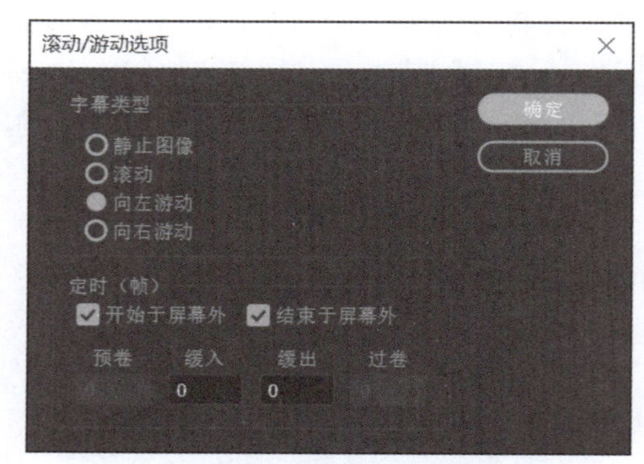

图 5-46　滚动/游动选项

在节目文件中，同时还保存了屏幕中各窗口的位置和大小。在编辑过程中，应定时保存节目，节目的扩展名为 prproj。

执行“文件”→“另存为”命令，打开“保存项目”对话框，选择保存节目文件的驱动器及文件夹，并键入文件名，单击“保存”按钮，节目即可被保存。保存节目时，不会保存节目中用到的原始素材，因此在生成最终影片之前切勿将其删除。

2. 渲染输出

这是影视节目制作过程的最后一步，该操作可将前面编辑好的节目生成一个可单独使用的影片文件，或者录制到录像带上。执行“文件”→“导出”→“媒体”命令，打开如图 5-47 所示的导出设置对话框，进行相关设置即可导出影片。

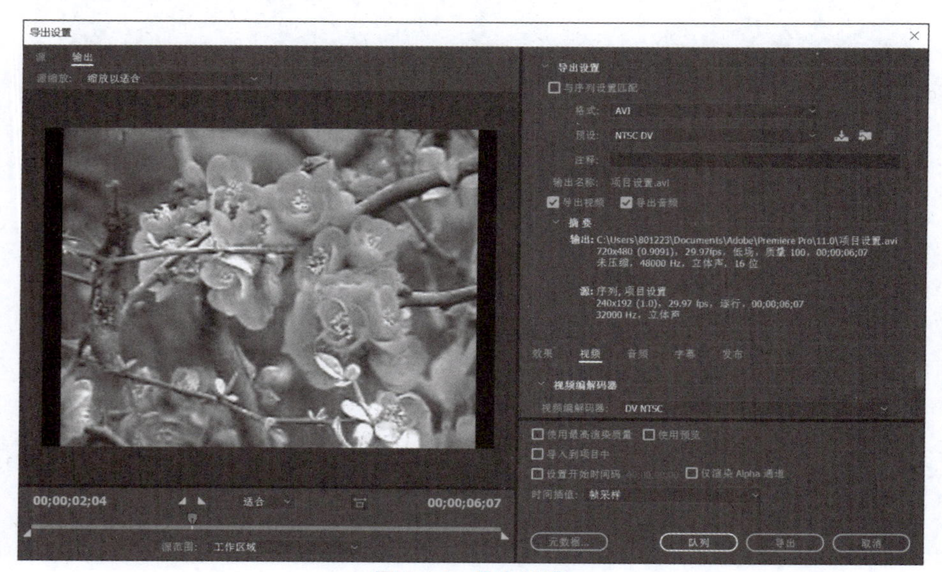

图 5-47　导出设置

具体操作步骤如下。

(1) 导出文件格式的设置。Premiere 中的视频导出格式繁多，有常见的 AVI、F4V、MP4 等。通常情况下，选择 H.264 视频编码标准可以得到低码率、高质量、强网络适应性的

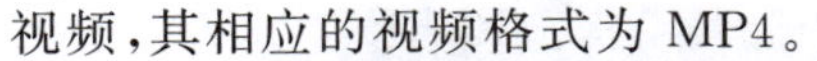

视频，其相应的视频格式为 MP4。

(2) 导出设置中的预置。软件会根据步骤(1)中的选择在导出设置中默认一个预置。预置是视频制式，即电视信号的标准。不同国家采用不同的电视制式，不同制式的帧频、分辨率、信号带宽等都会不同。我国采用的是 PAL 制式，欧美国家选择 NTSC 制式。网络视频可以直接选择“匹配源”，继承工程文件的制式。

(3) 导出名称及视音频设置。输入视频名称，并选择只导出视频或音频。

(4) Adobe Media Encoder 设置。完成上述设置后，单击“确定”按钮会进入 Adobe Media Encoder 窗口。Adobe Media Encoder 是个独立运行的程序，它既可用于视、音频格式之间的转换，又是 Premiere 渲染输出必不可少的组成部分。此时，窗口中会显示刚导出的视频，单击“开始渲染”就可以输出视频。

5.4.8　影片编辑实例

【实例 5-1】　多层转场

多层转场特效可用来动态展示多张图片，丰富画面。下面以一个实例展示多层转场的实现。

(1) 新建工程文件。启动 Premiere 程序时，选择新建项目后打开“新建项目”对话框，将其命名为“多层转场”。单击“确定”按钮。在打开的“新建序列”对话框的序列预设选项卡中选择 DV-PAL 制式，设置音频采样为标准 48kHz。

(2) 导入素材。全选 footage 文件夹中的 15 张风景图片，导入素材。

(3) 单层转场制作。在项目窗口中，选中 5 张图片，一起拖到视轨 1 上，这 5 张图片会依次排开。接下来改变这 5 张图片的“运动”属性值，将“位置”设置为“160，288”，“缩放”大小值修改为原来的 30%，使其缩小并位于画面的左侧，如图 5-48 所示。

完成该操作后，从“滑动”转场特效里依次拖放任意 4 种转场特效到图像切点，如图 5-49 和图 5-50 所示。

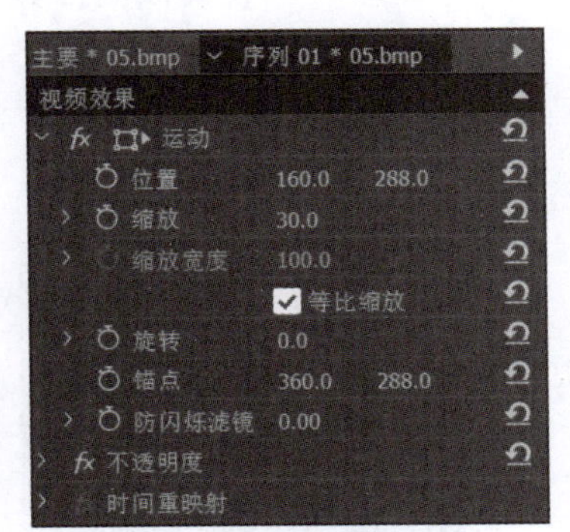

图 5-48　运动属性值

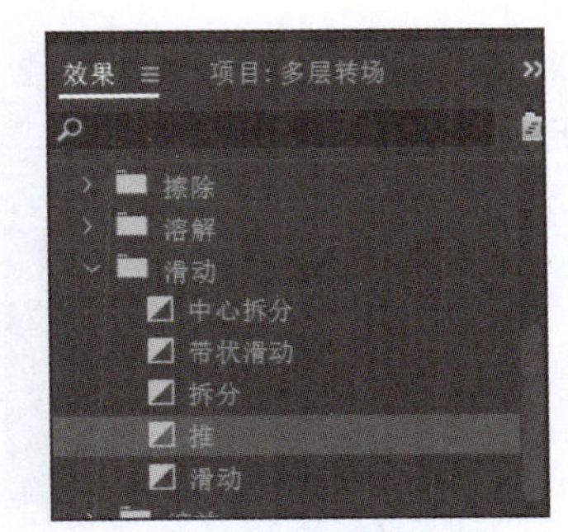

图 5-49　滑动转场特效

(4) 多层转场的实现。用同样的方式，在视轨 2 上拖入 5 张图片，保持“位置”值，将“缩放”更改为原来的 25%。在视轨 3 上拖入剩下的 5 张图片，将“位置”更改为“560，288”，“缩放”设为原来的 25%。在所有的切点上拖入不同的转场特效，视轨效果如图 5-51 所示，最终效果如图 5-52 所示。

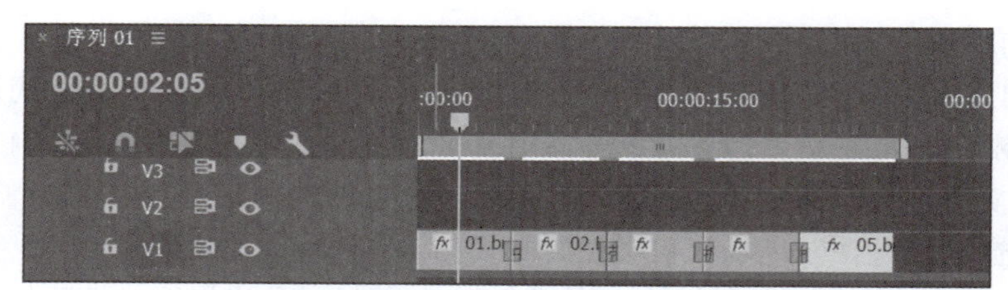

图 5-50 单层转场实现

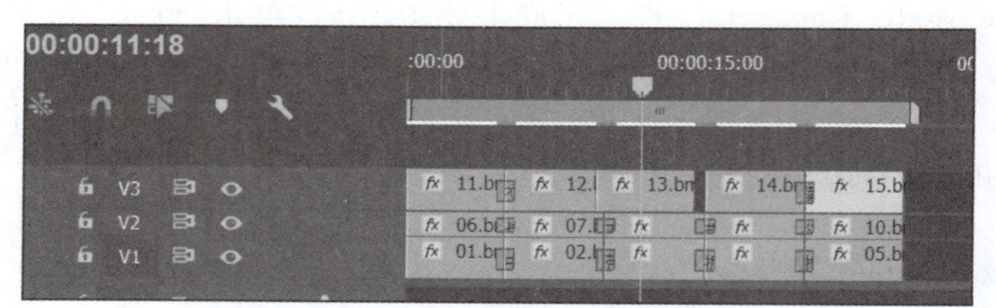

图 5-51 多层转场的实现

图 5-52 多层转场的最终效果

【实例 5-2】 画中画

画中画是在视频上运用"边角定位"特效实现的,该特效可以对视频实施变形操作,并使其叠加在一层静态或动态的素材上。

(1) 新建工程项目并导入相应的素材。新建工程文件,命名为"画中画",选择 DV-PAL 预设文件。导入素材"大屏幕"和"水滴"。

(2) 将"大屏幕"拖入到视轨 1 上,在其属性里去掉"等比缩放",放大该图使其充满整个屏幕,如图 5-53 所示。

(3) 将素材"水滴"拖入到视轨 2 上,并从视频特效里拖入"边角定位"到"水滴"上,如图 5-54 所示。

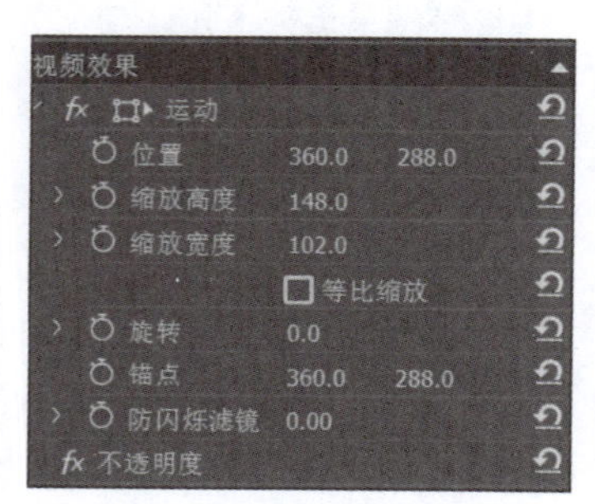

图 5-53 修改缩放比例

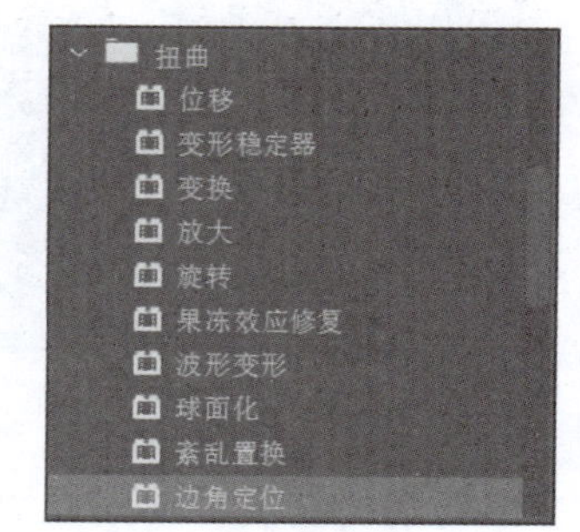

图 5-54 边角定位效果

(4) 单击效果面板上的"边角定位",画面中会显示左上、右上、左下、右下 4 个控制点,用鼠标拖动这4个角点即可改变当前视频的位置，使其位于视轨1的显示屏内，如图5-55所示。

(5) 播放视频查看最终效果，如图5-56所示。

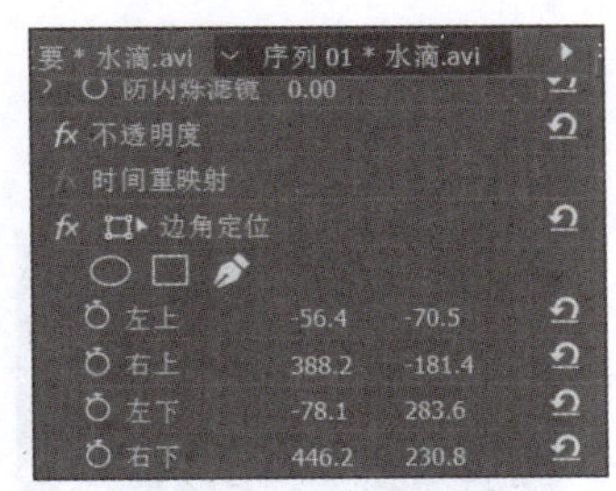

图5-55 参数调整

图5-56 最终效果

【实例5-3】 打字效果

打字效果可以用很多种方法实现，例如裁剪、八点蒙版扫除等。这里采用裁剪特效实现打字效果。

(1) 新建工程文件，命名为“打字机效果”，选择DV-PAL预设文件。

(2) 执行“文件”→“新建”→“字幕”命令，在字幕面板中输入一段文字，调整大小为40，行距为22，如图5-57所示。

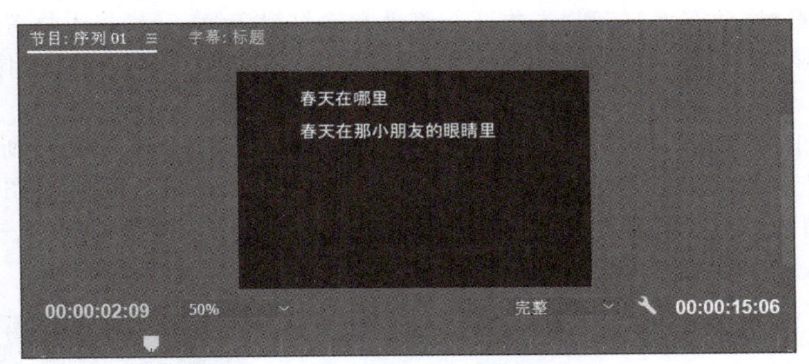

图5-57 输入文字效果

(3) 关闭字幕，将该字幕拖到视轨1上。并在效果面板中选择“裁剪”应用到字幕上，如图5-58所示。先让字幕只显示第一行文字，再对“右侧”做一个从20%～80%的动画，这个数值需要根据实际情况进行调整，裁剪参数设置如图5-59所示。预览查看是否实现了第一行的打字机效果。

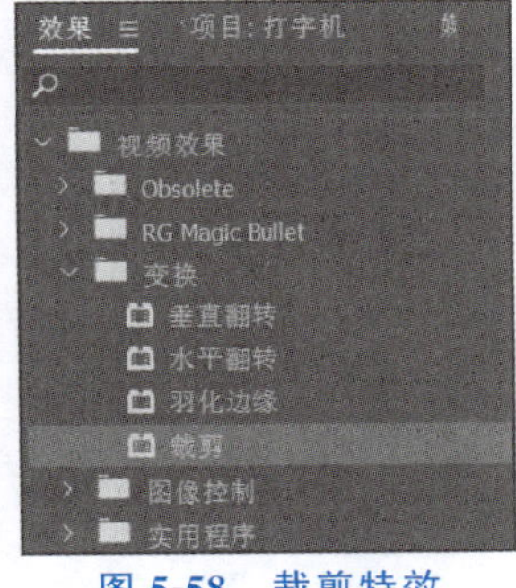

图5-58 裁剪特效

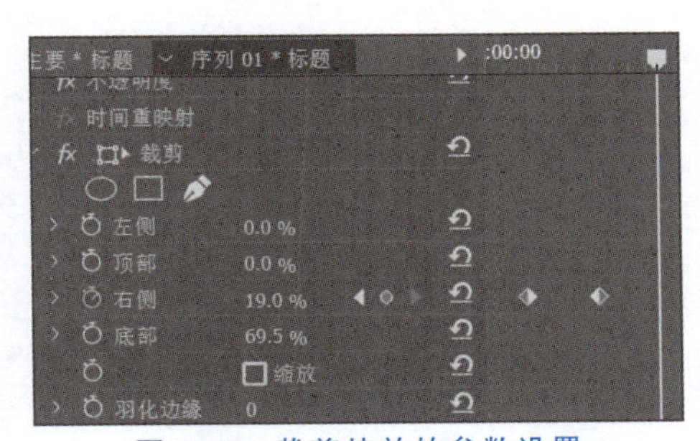

图5-59 裁剪特效的参数设置

(4) 拖动标题至视轨 2,对其实施同样的操作。在这一层里,只显示第二行,并对第二行做从左到右的打字机效果,裁剪参数设置如图 5-60 所示。最终效果如图 5-61 所示。

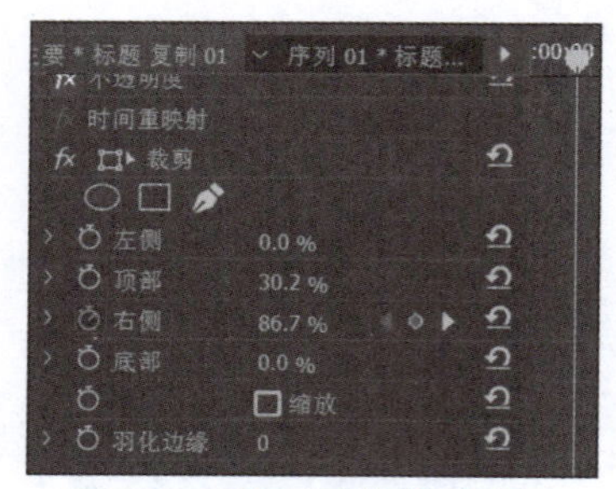

图 5-60 第二层的裁剪动画

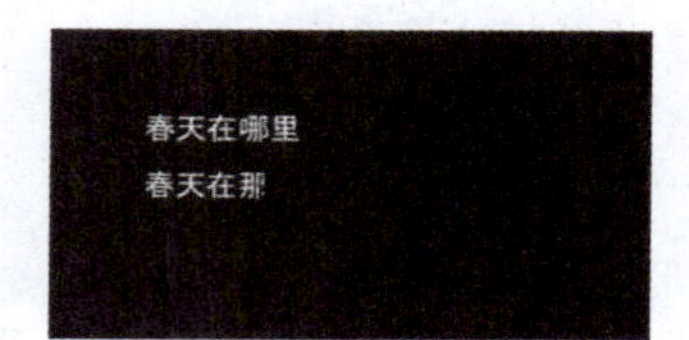

图 5-61 最终效果

【实例 5-4】 抠像

抠像也叫键控技术,是指将图像中不需要的部分变为透明状态,从而将其去除掉,而将留下的部分与其他的层进行叠加合成,以制作出实际拍摄中无法达到的效果。抠像是后期中常见的一种视频处理技术。比较常见的抠像包括根据颜色抠像、根据亮度抠像和根据图像差别抠像,即用颜色、亮度以及图像的差异将前景抠出来。

(1) 新建工程文件"抠像",并建立相应的时间序列。

(2) 导入素材"动态素材"和"人物",并将动态素材置于第一层,将人物置于第二层。

(3) 先使用"裁剪"特效把第二层人物之外的一些部分裁剪掉,减少抠像的复杂度,如图 5-62 所示。

(4) 在图 5-63 所示"效果"面板里,选择"键控"→"超级键"。在图 5-64 所示的"效果"面板中,运用吸管吸取人物图像上的蓝色背景,将输出改成"Alpha 通道",使图像呈现黑白色调,此时,白色代表不透明,黑色代表全透明,灰色代表半透明。通过调整"遮罩生成"下的几个参数,使该人物呈现全白,背景纯黑,如图 5-65 所示。

图 5-62 运用裁剪后的效果

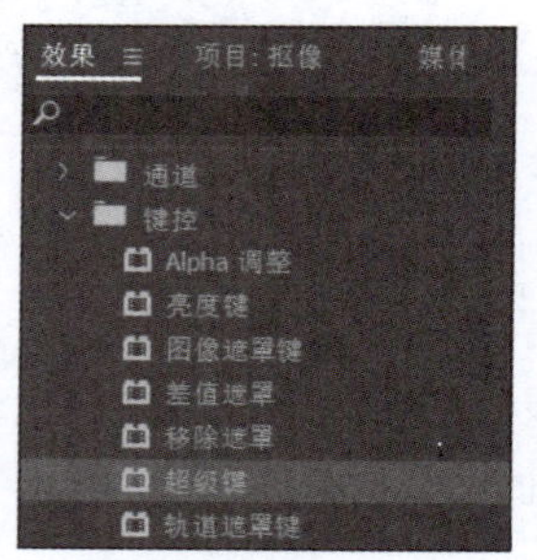

图 5-63 超级键特效

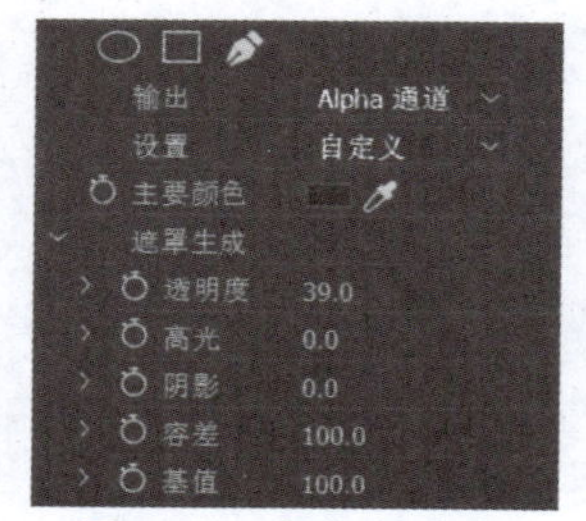

图 5-64 超级键参数

图 5-65 Alpha 图像效果

(5) 将输出改回“合成”,最终效果如图5-66所示。

图5-66 最终效果

5.5 本章小结

本章主要介绍了视频的基本知识、视频的数字化方法、数字视频压缩编码标准、数字视频的文件格式、视频采集卡及其工作原理、视频的采集与编辑,以及常用的视频编辑工具软件等内容。最后介绍了用Premiere编辑处理数字视频的基本技术。

模拟视频是以连续的模拟信号方式存储、处理和传输的视频信息。模拟视频主要包括亮度信号、色度信号、复合同步信号和伴音信号。模拟视频有NTSC、PAL和SECAM 3种国际标准。

视频压缩可分为帧内压缩和帧间压缩两种。MPEG是视频压缩的国际标准系列,包含MPEG-1、MPEG-2、MPEG-4、MPEG-7、MPEG-21等具体标准。视频文件格式常用的有AVI、MPEG、MOV、RM、ASF、WMV等。

视频采集卡是视频采集的重要部件。视频采集时首先要建立必要的采集环境,将各类视频信号接入多媒体计算机系统。

在数字视频制作中,掌握一种视频编辑软件的使用很有用,本章最后介绍了一些使用视频编辑软件Adobe Premiere剪辑、修整、组接、添加转场、设置特效的基本方法。

思考与练习

一、单选题

1. VCD中使用的视频图像采用(　　)格式进行压缩。

   A. AVI　　B. MPEG　　C. QuickTime　　D. MP3

2. 在数字视频信息获取与处理过程中,以下处理过程正确的是(　　)。

   A. A/D变换、采样、压缩、存储、解压缩、D/A变换

   B. 采样、压缩、D/A变换、存储、解压缩、A/D变换

   C. 采样、A/D变换、压缩、存储、解压缩、D/A变换

D. 采样、D/A 变换、压缩、存储、解压缩、A/D 变换

3. Premiere 视频编辑的最小时间单位是(　　)。

A. 帧　　B. 秒　　C. 毫秒　　D. 分钟

4. 在 Premiere 的“转场”设置窗口中,“开始”和“结束”右侧的百分比表示(　　)开始的时间百分比。

A. 过渡　　B. 上一个素材　　C. 下一个素材　　D. 叠化效果

5. (　　)类型的转场主要通过模拟 3D 空间中的运动物体来使画面产生过渡,由于是模拟,因此多为简单的 3D 效果。

A. 叠化　　B. 3D 运动　　C. 划像　　D. 擦除

6. 利用“运动”属性制作动画主要体现在(　　)上,对话框中的其他选项都是对其上的关键帧进行属性设置。

A. 时间线　　B. 运动时间线　　C. 轨迹　　D. 路径

二、多选题

1. 下列关于 Premiere 软件的描述正确的是(　　)。

A. Premiere 软件与 Photoshop 软件是一家公司的产品

B. Premiere 可以将多种媒体数据综合集成一个视频文件

C. Premiere 具有多种活动图像的特技处理功能

D. Premiere 是一款专业化的动画与数字视频处理软件

2. 下列关于 Premiere 中“过渡效果”的叙述正确的是(　　)。

A. 过渡效果是实现视频片段间转换的专场效果的方法

B. 过渡是指两个视频道上的视频片段有重叠时,从一个片段平滑、连续地变化到另一段的过程

C. 两视频片段间只能有一种过渡效果

D. 视频过渡也是一个视频片段

3. Premiere 裁剪素材可以运用的方法有(　　)。

A. 把素材拖到时间线窗后,使用入点和出点工具或用鼠标拖曳素材的边缘

B. 在监视器的节目窗中,使用入点和出点工具按钮

C. 使用时间线窗中的剃刀工具

D. 使用“素材/持续时间”命令来定义

4. (　　)是影视后期中比较常见的抠像技术。

A. 根据颜色抠像　　B. 根据亮度抠像

C. 根据图像差别抠像　　D. 黄色键

5. 打字效果可以用(　　)方式实现。

A. 裁剪　　B. 抠像

C. 快速模糊　　D. 八点蒙版扫除

三、填空题

1. 目前世界上最常用的模拟广播视频标准有________、________和________。

2. 视频压缩方法主要分为________和________。

3. 目前比较常用的________是一种视频高压缩技术，全称为 MPEG-4 AVC。

4. MPEG-2 的主要应用领域包括数字机顶盒、________和________。

5. Premiere 非线性编辑一般包括________，________，________及输出影片等几个工作流程。

四、简答题

1. 什么是模拟视频？有何特点？

2. 简述视频的数字化过程。

3. 运用视频编辑软件制作画中画效果有哪些方法？

4. 视频编辑软件 Premiere 有哪些功能？

第6章　动画制作技术

学习目标

（1）掌握动画的概念及基本原理。

（2）了解 GIF 动画制作的过程及特点。

（3）熟练使用 Animate CC 软件。

（4）了解基础动画制作的技术与方法。

（5）能应用 Animate CC 软件独立制作简单的动画实例。

（6）了解 3D 动画制作软件 3ds Max 的基本应用。

从"唐老鸭""米老鼠"到"灌篮高手"，从"大力水手""阿拉丁"到"狮子王"，动画陪伴着人们成长，并成为童年美好回忆的一部分。也许很多朋友看到这些动画都会思考这些效果是如何实现的，能否自己动手尝试一下，甚至有些人会因此萌生兴趣而从事动画制作行业。不管是观赏者，还是实践者，或是一个跃跃欲试的新手，在粉墨登场、上阵操刀前，首先都需要了解动画到底是什么。只有知道原理，才能使动画真正地"动"起来。本章着重介绍计算机动画的基本原理、生成及制作的基本方法，通过实例与实践帮助读者更深入地了解动画。

6.1　动画技术概述

6.1.1　动画规则

动画具有悠久的历史，西方早期的"幻影转盘"和我国民间的"皮影戏"就是动画的前身。随着摄像机的发明，动画展现出蓬勃的生命力和创造力。目前，动画已经与计算机多媒体技术紧密地结合在一起，制作的效果已经远远超出早期水平。

动画是将一系列连续动作序列的静态画面快速播放，借由人的视觉暂留现象来产生动感的。这与电影一样，只不过电影是由真人出演，而一般的动画片则以手绘或人偶来达到同样的效果。

动画的精髓在于画出动作，使一幅幅画面"活"起来的过程。英国动画大师约翰·海勒斯(John Halas)对动画有一个精辟的描述："动作的变化是动画的本质。"

当然，并不是任意的几幅静止画面都能构成动画。动画的构成需要遵循一定的规则。

（1）动画须由多幅连贯的静止画面组成。

（2）画面之间的内容必须有所差异。

(3) 画面表现的动作必须连续,即后一幅画面是前一幅画面的继续。

此外,动画的表现手法也要遵循一定的原则。

(1) 在严格遵循运动规律的前提下,可进行适度的夸张和改进。夸张与拟人,是动画制作中常用的艺术手法。许多优秀的作品,无不在这方面有所建树。因此,发挥想象力,赋予非生命以生命,化抽象为形象,把人们的幻想与现实紧密交织在一起,创造出强烈、奇妙和出人意料的视觉形象,更能引起用户的共鸣、认可。实际上,这也是动画艺术区别于其他影视艺术的重要特征。

(2) 动画节奏的掌握以符合自然规律为主要标准。适度调节节奏的快慢,以控制动画的夸张程度。

(3) 动画的节奏通过画面之间物体相对位移量进行控制。相对位移量大,物体移动的距离长,视觉速度快,节奏就快;相对位移量小,节奏就慢。

6.1.2 计算机动画

计算机动画(computer animation)是一种借助计算机生成一系列可动态实时演播的连续图像的技术,它是计算机图形学和艺术相结合的产物。计算机动画的原理与传统动画基本相同,只是在传统动画的基础上将计算机技术应用于动画的处理和应用中,并可实现传统动画无法达到的效果。

1. 计算机动画的特点

(1) 与传统动画相比,计算机动画在制作以及应用领域上都存在着无比的优越性。计算机动画可用于角色设计、背景绘制、描线上色等常规工作,并具有操作方便、色调一致、准确定位等特点。因此,其应用领域日益扩大至电影业、电视片头、广告、教育、娱乐和因特网等。

(2) 计算机动画具有质量高、制作周期短、管理简单化等优点。很多的重复劳动都可以借助计算机来完成,例如借助关键帧可以实现中间帧的计算,从而减少工艺环节。

(3) 动画制作软件及硬件技术的支撑。动画制作软件是由计算机专业人员开发的制作动画的工具,使用这一工具不需要编程,便通过相当简单的交互界面实现各种动画功能。不同的动画效果,取决于不同的计算机动画软、硬件的支撑。

2. 计算机动画的分类

计算机动画种类繁多。例如,根据动画性质的不同,可以分为帧动画和矢量动画两类;根据动画的表现形式,可以分为 2D 动画和 3D 动画;按计算机软件在动画制作中的作用分类,可分为计算机辅助动画和造型动画,前者属 2D 动画,其主要用途是辅助动画师制作传统动画,而后者属于 3D 动画。下面着重介绍 2D 动画和 3D 动画。

1) 2D 动画

2D 动画是平面上的画面,又称"平面动画"。2D 动画是对手工传统动画的一个改进,具有非常丰富的表现手段、强烈的表现力和良好的视觉效果。2D 动画在制作过程中,只需要设定关键帧,计算机会自动计算和生成中间帧,用户可以控制运动路径以及画面声音的同步等。

由于 2D 动画简易、小巧,而且制作出来的效果直观、感性,因此,被广泛用于教育教学、

MTV、因特网传播等。

2）3D 动画

3D 动画是近年来随着计算机硬件技术的发展而产生的一种新兴技术，主要表现为 3D 的动画主体和背景。其制作步骤如下：首先建立一个虚拟的空间；然后在这个虚拟的 3D 空间中按照对象的形状尺寸建立模型以及场景；再根据要求设定模型的运动轨迹、虚拟摄影机运动和其他动画参数；最后按要求为模型赋上特定的材质，并打上灯光，经计算机自动运算，生成画面。

3D 动画所表现的内容主题具有概念清晰、直观性强、视觉效果真实等特点，因此，广泛适用于教学、产品介绍、科研、广告设计及军事等领域。

除了上述这些分类方法，还可以根据动画内容与画面之间的关系，将动画分为全动画和半动画。所谓全动画，是指在动画制作中，为了追求画面完美、细腻和流畅，按照每秒 24 幅画面的数量制作的动画。一些大型的动画片和商业广告用的就是这种动画方式。半动画采用少于每秒 24 幅的绘制画面表现动画，因而，在动画处理上需要采用重复动作、延长画面动作停顿时间等方法。

3. 计算机动画的制作方法和技术

在计算机动画制作过程中经常会用到一些基本的技巧，例如逐帧动画、路径动画、关键帧动画、变形动画等。

（1）关键帧动画。关键帧动画是计算机动画中最基本并且运用最广泛的一种方法，几乎所有的动画制作软件都提供了关键帧动画技术的支持。众所周知，动画是由一系列连续的静态图像组成，每张静止的图像都是一帧。因此，关键帧制作的基本原理是用户设定首帧和尾帧的属性和位置，计算机自动生成中间帧。

（2）逐帧动画。逐帧动画即是在时间帧上逐帧绘制帧内容。由于是一帧一帧地画，所以逐帧动画具有非常大的灵活性，几乎可以表现任何想表现的内容。建立逐帧动画的方式如下：用导入的图片建立逐帧动画、绘制矢量逐帧动画、文字逐帧动画和导入序列图像。

（3）路径动画。路径动画就是由用户根据需要设定好一个路径，然后让场景中的对象沿着路径运动，例如人的行走、鱼的游动、飞机的飞行等。

（4）变形动画。变形动画是通过记录物体的变形过程制作动画的一种方法。如图 6-1 所示，形状从圆变到方，中间就需要经历一系列的变形，时间越长，变形越缓慢，反之，则越快。

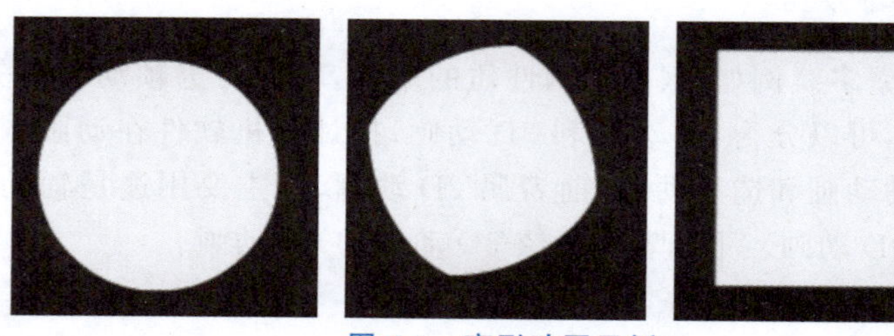

图 6-1　变形动画示例

（5）过程动画。过程动画指的是动画中的物体运动及物体变形用一个过程来描述。动画的制作及浏览都采用过程化管理，3D 动画制作软件中的粒子系统就属于这一动画制作方式。

(6) 骨骼动画。骨骼动画可分为正向动力学和反向动力学两种控制方式的动画。正向动力学是指完全遵循父子关系的层级,用父层级带动子层级的运动;反向动力学则是依据某些子关节的最终位置、角度,反求出整个骨架的形态。此类动画技术大量地运用于动物与人的动画建模中。

(7) 对象动画。在多媒体制作中,对象动画可以算是最基础、最有效的一种动画技术。Flash 是典型的基于对象的动画软件。在用 Flash 制作动画过程中,最基本的元素就是对象,在编辑区内创建的任何元素都是矢量对象。为了使用方便,可以将这些对象保存为元件的形式,以备重复使用。

4. 计算机动画的应用领域

随着计算机图形技术的迅速发展,计算机动画技术自 20 世纪 60 年代以来也得到了快速的发展。目前,计算机动画的应用小到一个多媒体软件中某个对象、物体或字幕的运动,大到一段动画演示、光盘出版物片头/片尾的制作、影视特技,甚至到电影电视的片头/片尾及商业广告、MTV、游戏等的创作。计算机动画片《狮子王》就是一个很好的实证。

1) 电影业

计算机动画应用最早、发展最快的领域是电影业。虽然电影中仍采用人工制作的模型或传统动画实现特技效果,但计算机技术正在逐渐替代它们。计算机生成的动画特别适合用于科幻片的制作,如《终结者(续集)》(Terminator 2)中的爆炸效果就是用动画技术实现的,其中的火爆镜头也为该片赢得了当时世界上最高的票房纪录。

相信看过《侏罗纪公园》的朋友都会对这部电影记忆犹新,影片中的部分恐龙便是用模型和 3D 动画制作而成的,二者完美的结合才能达到如此以假乱真的境界。

2) 电视片头和电视广告

电视片头和电视广告也是动画使用的主要场所之一。计算机动画能制作出一些神奇的视觉效果,营造出一种奇妙无比、超越现实的夸张浪漫色彩,更易于被人们接受,无形中也传达了商品的推销意图。

3) 科学计算和工业设计

动画技术可以将计算过程及事物很难呈现的一面清晰地呈现出来,以便进一步观察分析和交互处理。同时,计算机动画也可以为工业设计创造更好的虚拟环境。借助动画技术,人们可将产品的风格、功能仿真、力学分析、性能实验以及最终的效果都呈现出来,并以不同的角度观察之,还可以模拟真实环境将材质、灯光等赋上去。

4) 教育和娱乐

计算机动画在教育中的应用前景非常宽阔。教育中的有些概念、原理性的知识点比较抽象,而计算机动画可以对各种现象和实际内容进行直观演示和形象教学,大到宇宙,小到基因结构,都可以淋漓尽致地表现出来。

目前,计算机动画在娱乐上的广泛应用也充分展示了其无穷的价值空间。计算机动画创设的逼真的场景、人物形象以及事件处理,受到了娱乐界的极力推崇。

5) 虚拟现实

虚拟现实是利用计算机动画技术模拟产生的一个 3D 空间的虚拟环境系统。在动画制作的基础上,借助系统提供的视觉、听觉及触觉的设备,人们便可“身临其境”地置身于这个虚拟环境中随心所欲地活动,就像在真实世界中一样。

6.1.3 动画制作软件

不同的动画需要不同的制作软件,一般来说,常用的2D动画软件有Animator Studio、Animate CC、Rets、Pegs等;3D动画制作软件主要有3ds Max、Maya、Cool 3D等。下面介绍几种比较常见的软件。

1. Animator Studio

Animator Studio是美国Autodesk公司于1995年在Windows 3.2操作系统上推出的一种集图像处理、动画设计、音乐编辑、音乐合成、脚本编辑和动画播放于一体的2D动画设计软件。该软件要完全安装约需要30M的硬盘空间,运行时约需要50M的自由空间。

2. Animate CC

Animate CC的前身是Adobe公司的Flash,由于HTML5技术的快速发展,加上swf文件的安全性问题,Adobe在2015年底宣布Flash Professional更名为Animate CC,在支持Flash SWF文件的基础上,加入了对HTML5的支持。它是一种交互式动画设计工具,可以将音乐、声效、动画以及富有新意的界面融合在一起,制作出高品质的交互媒体作品。它的最大特点是能使用矢量图形和流式播放技术、关键帧和图符,让所生成的动画文件非常小并具有动画编辑功能等。

3. 3ds Max

3ds Max由Autodesk公司出品,是目前世界上销售量最大的软件之一,作为一种3D建模、动画及渲染的解决方案,至今已斩获65个业界奖项。其典型的3D制作过程一般包括建模、材质贴图、灯光、动画以及渲染,被广泛应用于广告、影视、工业设计、建筑设计、多媒体制作、游戏、辅助教学以及工程可视化等领域。

4. Maya

Maya是世界上使用最广泛的一款3D制作软件。它是Alias公司的产品,作为3D动画软件的后起之秀,深受业界欢迎和钟爱。Maya不仅包括一般3D和视觉效果制作的功能,而且还结合了最先进的建模、数字化布料模拟、毛发渲染和运动匹配技术等。它的应用领域主要包括平面图形可视化、网站资源开发、电视特技、游戏设计及开发等。《角斗士》《星球大战前传》等很多电影的计算机特技镜头都由它来完成。

6.1.4 动画视频格式

动画文件最终可输出成视频文件,也可输出为图片序列文件。下面简单介绍几种目前应用比较广泛的动画视频格式。

1. GIF 动画格式

GIF(Graphic Interchange Format)即“图像互换格式”。GIF 动画可以同时存储若干幅静止图像进而形成连续的动画,因此,因特网上采用的动画文件多为 GIF 文件格式。由于 GIF 文件存储量比较小,因此其深受用户欢迎。

2. SWF 格式

SWF 是 Adobe 公司的产品 Flash 的矢量动画格式。这种格式的动画能以比较小的体积表现丰富的多媒体形式,并且还可以与 HTML 文件达到一种“水乳交融”的境界。事实上,Flash 动画是一种“准”流式文件,即可以边下载边浏览。

3. AVI 格式

AVI(Audio Video Interleaved)即音频视频交错,是对视频、音频采用的一种有损压缩方式。由于该压缩方式的压缩率比较高,并且可以将音频和视频混合到一起,因此尽管画面质量不是太好,但其应用范围仍然十分广泛。AVI 文件主要用在保存电影、电视等各种影像信息及多媒体光盘上。

4. MOV、QT 格式

MOV、QT 都是 QuickTime 的文件格式。该格式的文件能够通过因特网提供实时的数字化信息流、工作流与文件回放。

5. FLV 格式

FLV 是 FLASH Video 的简称,FLV 流媒体格式是随着 Flash MX 的推出发展而来的视频格式,由于它形成的文件极小、加载速度极快,解决了 SWF 文件体积庞大的问题,已慢慢发展为当前的主流视频格式。

6. HTML5 动画

HTML5 动画主要是通过 HTML5、JavaScript、jQuery 和 CSS3 等技术制作的跨平台、跨浏览器的网页动画,其生成的基于 HTML5 的互动媒体能更方便地通过因特网传输,特别适合在移动网络环境下运行。

6.2 GIF 动画制作

6.2.1 GIF 动画特点

1. GIF 图形交换格式

GIF,原意是“图像互换格式”,是 CompuServe 公司在 1987 年开发的图像文件格式。

GIF 文件的数据,是一种基于 LZW 算法的连续色调的无损压缩格式。其压缩率一般在50%左右。GIF 不属于任何应用程序,目前几乎所有相关软件都支持它,公共领域有大量的软件在使用 GIF 图像文件。

GIF 图像文件的数据是经过压缩的,而且采用了可变长度等压缩算法。GIF 的图像深度从 1b 到 8b,最多支持 256 种色彩的图像。GIF 格式的另一个特点是可以在一个 GIF 文件中保存多幅彩色图像,如果把存储于一个文件中的多幅图像数据逐幅读出并显示到屏幕上,就可构成一种最简单的动画。

2. GIF 分类

GIF 分为静态 GIF 和动画 GIF 两种,均支持透明背景图像,适用于多种操作系统,数据量很小。因特网上的很多小动画都是 GIF 格式。其实 GIF 是将多幅图像保存为一个图像文件,从而形成动画的,因此归根结底 GIF 仍然是图片文件格式。

3. GIF 动画

精美的图片是制作网站必不可少的元素,尤其是 GIF 动画,可以让原本呆板的网站变得栩栩如生。大家见得最多的可能就是那些不断旋转的"Welcome",以及风格各异的广告 Banner。在 Windows 平台上,制作 GIF 动画有许多工具,其中著名的有 Adobe 公司的 ImageReady、友立公司的 GIF Animation 等。在 Linux 平台上,同样可以轻松地制作动感十足的 GIF 动画。Linux 中的 GIMP 就是一个具有同 GIF Animation 或者 ImageReady 一样简单易用并且功能强大的 GIF 动画制作工具。它不仅完全可以胜任 GIF 动画制作,而且可以充分利用 GIMP 强大的图像处理功能,使 GIF 动画更具感染力和吸引力。

GIF 动画有其独有的优势:广泛支持因特网标准;支持无损耗压缩和透明度;十分流行,可使用许多 GIF 动画程序创建。

不过 GIF 也存在一定的缺点:只支持 256 色调色板,因此,详细的图片和写实摄影图像会丢失颜色信息,呈现经过调色后的效果;在大多数情况下,无损耗压缩效果不如 JPEG 格式或 PNG 格式;仅支持有限的透明度,没有半透明效果或褪色效果(例如,alpha 通道透明度提供的效果)。

6.2.2 制作 GIF 动画过程

任何一款 GIF 动画制作软件的编辑功能都是比较完善的,无须再用其他的图形软件辅助。GIF 动画制作软件可以处理背景透明化而且操作便捷,此外,除了可以把制作好的图片存成 GIF 动画外,还可以存成 AVI 或是 ANI 的文件格式。GIF 动画制作软件比较多,常见的有 Imageready、GIFCON 等。下面以 Imageready 为例,讲解 GIF 动画制作的整个过程。

1. GIF 动画制作工具介绍

ImageReady 是一款专门用来编辑动画的软件,它弥补了 Photoshop 在编辑动画以及网页素材方面的不足。ImageReady 中包含了大量制作网页图像和动画的工具,甚至可以产生部分 html 代码,功能强大。

2. 制作过程

将一段搞笑动画《弹指神功》(http://www.xxhome.com.cn/joke/cartoon/834.html)图片的6种变化一一抓取保存为JPEG格式图片。将所有图片大小调整为244像素×277像素，依次命名为t1.jpg、t2.jpg……t6.jpg，如图6-2所示。

图6-2　弹指神功t1.jpg～t6.jpg

1) 制作GIF动画

动画实际上就是一系列连续播放的静态图像，每一幅静态图像称为一帧。当这些帧连续、快速地显示时就会形成动画效果。用ImageReady编辑动画其实也就是对帧的操作。

创建新帧。打开ImageReady，新建一个244像素×277像素大小的名为"弹指神功"的新文件，在"窗口"菜单中单击"显示图层"和"显示动画"命令，打开"图层"面板与"动画"面板。打开t1.jpg，按Ctrl+A键将图片内容全部选中，然后复制、粘贴到新图片中。这是动画的第1帧，也是程序默认的图片正常状态。

单击"动画"面板下方的"复制当前帧"按钮，建立第2帧。同样，将t2.jpg的内容全选、复制到新文件"弹指神功"中。

接下来，用上述办法将t3.jpg、t4.jpg、t5.jpg、t6.jpg分别粘贴到各自的新帧中，一共建立6帧。

2) 图层与帧的配合

在"图层"面板中，选中"背景"层，单击"图层"面板右下角的"删除图层"按钮(小垃圾桶符号)，将背景层删除。

单击"动画"面板中的第1帧，在"图层"面板中隐藏图层2至图层6(即单击这些图层左边的"小眼睛"图标使其呈不可见状态)。

然后单击"动画"面板中的第2帧，在"图层"面板中隐藏图层1、图层3至图层6，使之仅显示图层2的内容。

同理，再分别将第3至第6帧中的其他图层隐藏，使每一帧仅显示与其相关的图层内容。

处理结果如图 6-3 所示。

图 6-3 “弹指神功”制作过程

3）预览与存储

在“动画”面板每一帧的下方单击“秒”字右边的小倒三角，选择希望每一帧显示的时间（0—240 秒，可以自己调整）。最后，单击动画面板中的播放按钮，就可以直接测试动画效果了。如果满意的话，可以在“文件”菜单中选择“存储优化结果”命令，并保存为“弹指神功.gif”完成制作。

还可以用 ImageReady 打开任意一幅 GIF 动画图片，对每一帧进行编辑修改。

6.3 Animate CC 动画制作

Animate CC 是美国的 Adobe 公司推出的交互动画设计软件，前身是 Flash。它是一种交互式动画设计工具，可以将音乐、声效、动画以及富有新意的界面融合在一起，以制作出高品质的因特网环境下运行的交互动态效果。

6.3.1 Animate CC 工作界面

随着移动网络的发展，HTML5 动画得到快速发展，行业内应用非常广泛，使用 Animate CC 能快速方便地创建 HTML5 CANVAS 动画和 SWF 动画，HTML5 动画的表现形式多样，设计者可以尽情地在动画中表现其丰富、夸张的想象力。下面先来了解一下 Animate CC 的界面组成，如图 6-4 所示。

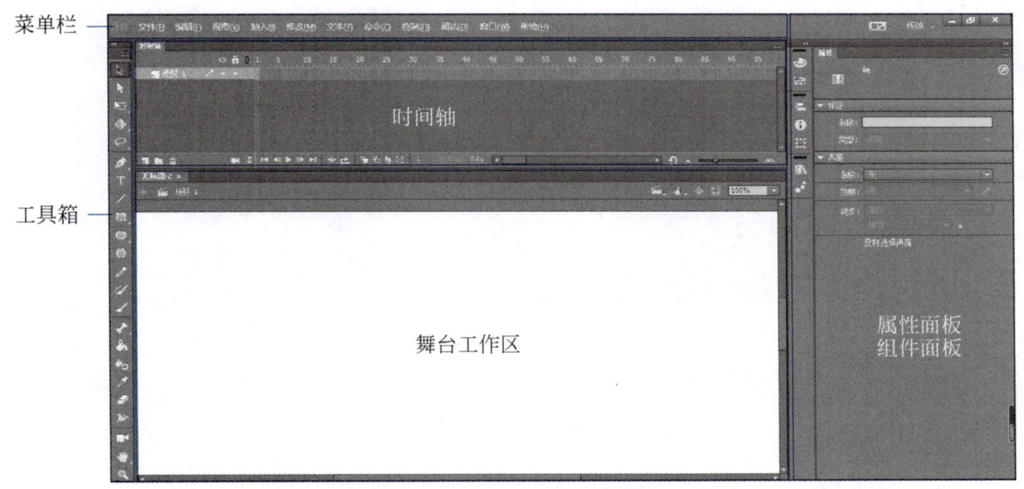

图 6-4　Animate CC 界面

Animate CC 用户界面由标题栏、菜单栏、工具箱、时间轴、舞台工作区、属性设置面板、组件面板等构成。

由于屏幕大小有限，Animate CC 本身功能模块又在不断地扩展，因此在使用 Animate CC 时，可将不需要的一些面板关闭，使整个工作区最大化。需要某些功能时，再通过窗口菜单调用。

1. 菜单栏

Animate CC 的菜单主要有以下几个。

(1) 文件菜单：主要功能有新建、打开、保存、另存为、导入、导出、发布、打印、页面设置、退出等。

(2) 编辑菜单：提供一些基本的编辑操作，如复制、剪切、粘贴以及撤销、重复、参数选择、查找、自定义面板、快捷键设置以及时间轴的编辑等。

(3) 视图菜单：内含设置工作区大小，设置对象、图层、时间轴、网格等显示状态的功能。

(4) 插入菜单：提供插入元件、图层、时间轴特效、场景等功能。

(5) 修改菜单：提供设置文档、场景、影片、帧、元件、图层等属性的功能。

(6) 文本菜单：用于设置文字的字体、大小、风格、排列、间距等属性。

(7) 命令菜单：内含管理保存、获取、运行等命令。

(8) 控制菜单：提供控制动画的播放、重置、结束、前进、后退，以及测试影片等功能。

(9) 调试菜单：提供调试、切换断点、远程调试等功能。

(10) 窗口菜单：提供在窗口中显示或隐藏时间轴、属性面板、工具栏等的功能。

(11) 帮助菜单：提供软件使用说明、技术支持中心、范例等。

2. 工具箱

Animate CC 工具箱内含矢量图形绘制和图形处理所需的大部分工具，用户可以利用工具箱中的工具创建和编辑对象，如图6-5所示。例如，绘制矩形、圆，调整图形大小，变换图形颜色等。

图6-5　工具箱

Animate CC工具按具体用途可分为编辑、视图、颜色和选项4类。以下将重点讲述前3类。

1）编辑工具

（1）箭头工具。

箭头工具可用于选择和拖动对象，使对象移动或变形，如图6-6所示。

（2）部分选取工具。

该工具可用于选择线条顶点进行编辑，改变其外观，如图6-7所示。

图6-6　箭头工具的移动功能

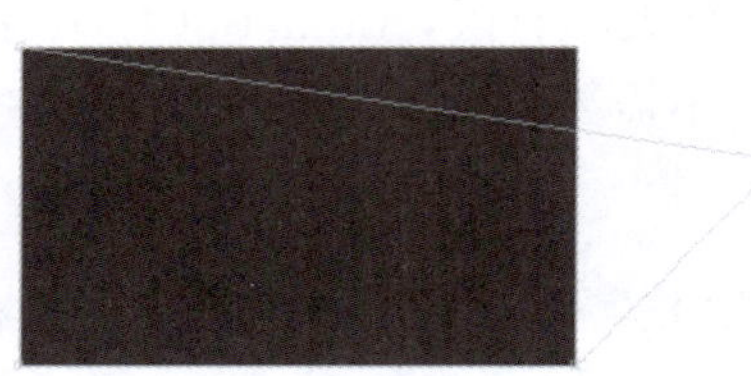

图6-7　部分选取工具的编辑功能

（3）自由变形工具。

该工具可用于对图形或元件进行任意旋转、缩放和扭曲。

（4）3D旋转工具。

3D旋转工具可用于在3D空间中旋转影片剪辑实例。在使用过程中，3D旋转控件会出现在舞台上的选定对象之上，X控件为红色、Y控件为绿色、Z控件为蓝色，如图6-8所示。

（5）套索工具。

套索工具主要用于选取不规则区域中的对象。该工具分套索工具、魔术棒工具和多边形工具3种模式。

（6）钢笔工具。

钢笔工具利用贝塞尔曲线绘图原理，绘制出任意复杂的精确路径，如图6-9所示。

图6-8
彩色图

图6-8　3D旋转工具控件作用于对象上

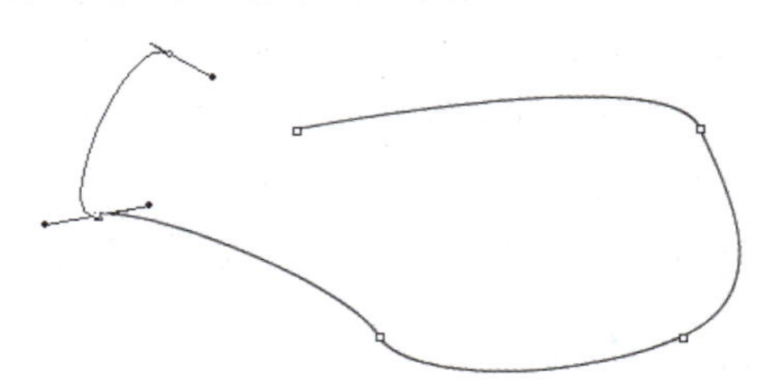

图6-9　钢笔工具的绘图功能

（7）文本工具 。

文本工具可用于文字的输入和编辑等，其有静态文本、动态文本和输入文本 3 种形式，可以通过属性面板设置。

（8）直线工具 。

直线工具可用于绘制直线，按住 Shift 键，可以绘制水平、竖直或 45°的直线。

（9）矩形及椭圆工具 。

在椭圆工具处于激活状态时，按住 Shift 键即可绘制正圆，如图 6-10 所示。矩形工具可以用来画各种形状的矩形（如圆角矩形），还可以绘制多角星形。按住 Shift 键即可绘制正方形，如图 6-11 所示。

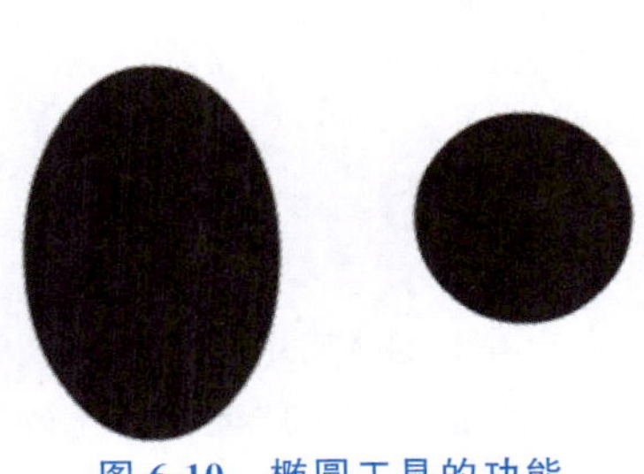

图 6-10　椭圆工具的功能

图 6-11　矩形工具的功能

（10）铅笔工具 。

铅笔工具可绘制直线和曲线。该工具分为直线、平滑和墨水 3 种类型。

（11）笔刷工具 。

笔刷工具用来绘制一些形状随意的对象。该工具共分标准绘图、颜料填充、后面绘画、颜料选择和内部绘画 5 种形式。

（12）骨骼工具 。

Animate CC 骨骼工具采用反向动力学的原理，能便捷地把符号或物体连接起来，从而实现多个符号或物体的动力学连动状态。

（13）自由填充工具 。

自由填充工具可以对打散的图形进行自由填充，而不用拘泥于该图形的其他属性。

（14）墨水瓶及颜料桶工具。

墨水瓶工具用来增加或更改矢量对象的边框线形和样式。颜料桶则可以用来更改矢量对象填充区域的颜色，其可以选取不同的模式。

（15）吸管工具 。

吸管工具用于精细取色。它可以吸取工作区内任意的颜色，而后用于填充和其他操作。

（16）橡皮擦工具 。

橡皮擦工具用于清除工作区内多余的内容。该工具包含标准擦除、擦除颜色、擦除线段、擦除所填色和内部擦除 5 种形式。

2）视图查看工具

视图查看工具箱中常用的工具为手形工具和放大镜工具。手形工具用于随意移动物体，查看所需内容。双击手形工具可以使有效视图和 Animate CC 的空白区域最大化匹配。

缩放工具则用于放大和缩小编辑对象,单击放大镜工具可以放大视图比例,按住 Alt 键后再在视图中单击,则可以缩小视图比例。

3) 颜色工具

工具箱中的颜色工具和 Animate CC 的绘图密切相关,该工具包括图形的边界颜色和内部填充颜色。

3. 时间轴

时间轴是 Animate CC 的一大特点。在以往的动画制作中,通常需要绘制出所有帧的图像,或是通过程序来制作,而 Animate CC 可通过对时间轴上关键帧的操作,自动生成运动中的动画帧,节省大部分制作的时间,如图 6-12 所示。其时间轴的上方有一根红色的线,即播放的定位磁头,拖动磁头可以浏览动画,这在制作当中是很重要的步骤。

时间轴上的栅格即为帧,可以在文档属性面板里设置帧速。

4. 舞台工作区

工作区中间的白色区域是舞台。舞台是最终能显示出来的工作区,舞台外的灰色区域在输出时都不显示。舞台的大小和背景等都可以通过属性面板中的"属性"进行设置,如图 6-13 所示。

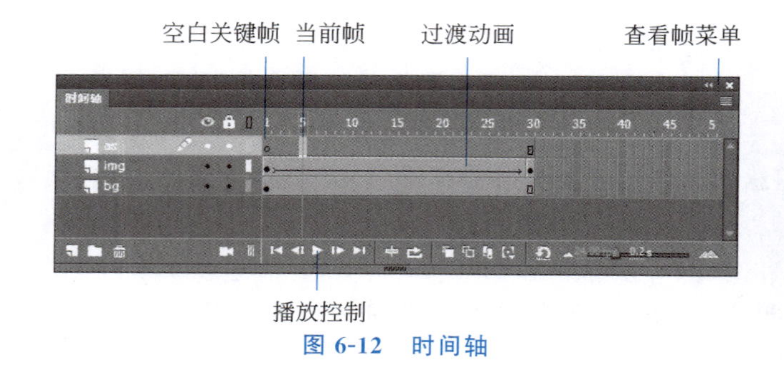

图 6-12　时间轴

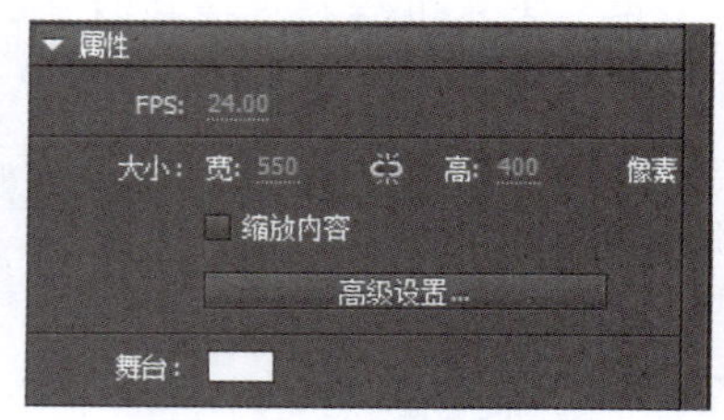

图 6-13　舞台属性设置

5. "属性"面板

单击选中工作区中的对象,"属性"面板就会显示当前对象的基本属性,之后便可以对其属性进行操作,如图 6-14 所示。

6.3.2　元件与组件

1. 元件

元件是 Animate CC 动画中的主要动画元素,分为影片剪辑、按钮、图形 3 种类型,它们在动画中各具不同的特性与功能。运用元件可以更好地管理对象。

在插入菜单中单击"新建元件"命令,即会弹出如图 6-15 所示的对话框,进行相应设置并单击"确定"按钮即可新建一个元件。

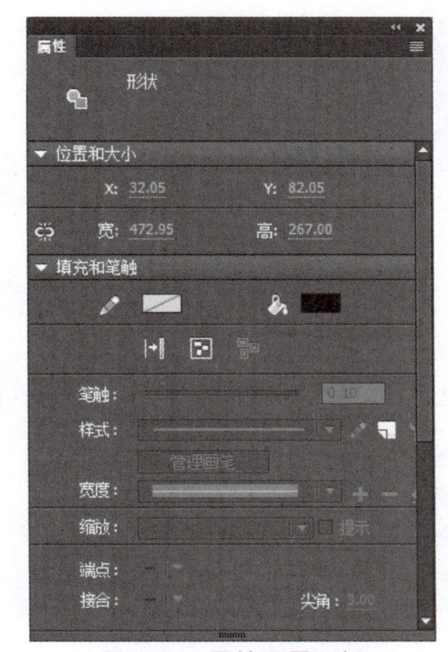

图 6-14　属性设置面板

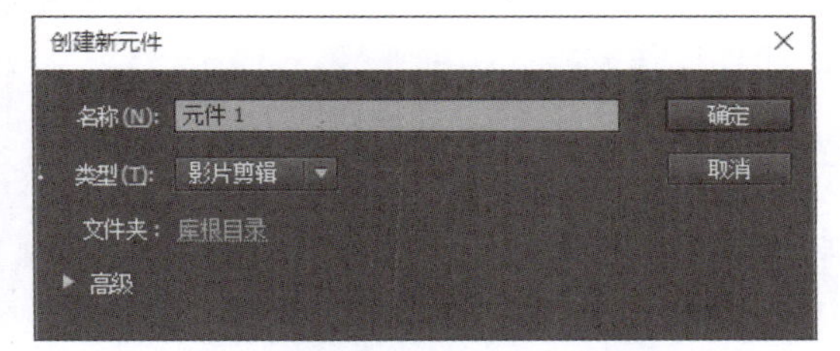

图 6-15　“创建新元件”对话框

图形元件和影片剪辑未被赋予动作时，二者并无大的区别，可以在动画制作中通用，但是每个元件都有自己的特点。当图形元件制作的移动渐变动画被放到场景中的时间线上时，不必通过“文件”→“发布”就可以直接按 Enter 键进行测试。而影片剪辑则不行。另外，影片剪辑可以独立于时间轴播放，而图形元件不可以。图形元件与影片剪辑的具体差异可以参考其各自的属性面板，如图 6-16 和图 6-17 所示。

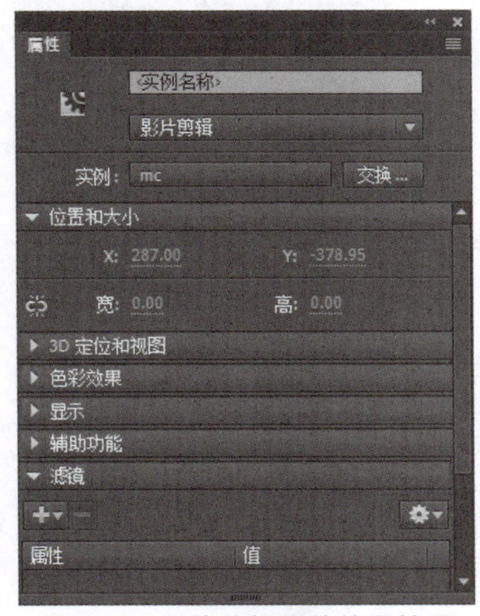

图 6-16　影片剪辑元件的属性图

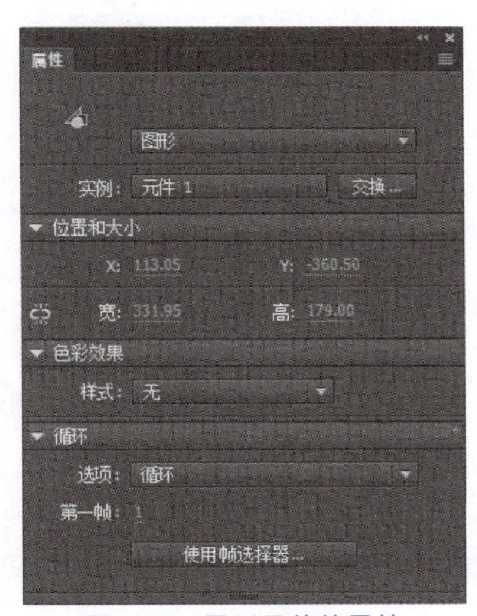

图 6-17　图形元件的属性

按钮元件的时间轴与其他元件不同，只有 4 个帧，分别是：弹起、鼠标经过、按下和点击。按钮元件的时间轴如图 6-18 所示。

(1) 弹起：无任何动作时按钮在舞台中的效果。

(2) 鼠标经过：鼠标经过时按钮的效果。

图 6-18 按钮元件的时间轴

(3) 按下：按下时按钮的效果。

(4) 点击：按钮对动作的反应区域，场景中不显示该帧的内容。

在使用上，按钮元件与其他元件的帧没有区别，均可以插入音效、插入关键帧等。

所有的元件创建好之后都会出现在库文件中，这里可以按 Ctrl+L 键调出库面板，再对库里的元件操作，如图 6-19 所示。

2. 组件

组件即是被封装好的具备一定功能的对象，图 6-20 所示的是 Animate CC 的组件面板，按 Ctrl+F7 键可以打开“组件”面板。

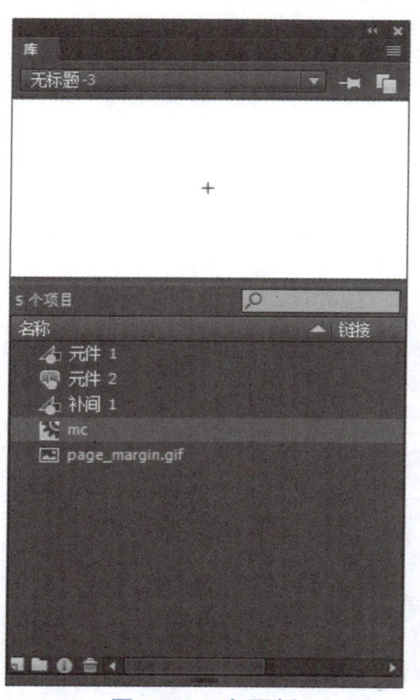

图 6-19 库面板

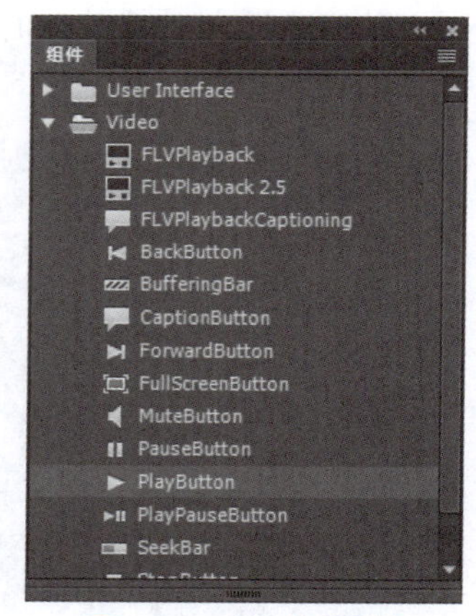

图 6-20 “组件”面板

Animate CC 中有许多相关的组件，如复选框组件、组合框组件、列表框组件、普通按钮组件、单选按钮组件、文本滚动条组件，滚动窗口组件等。下面来看一下组件的一般使用方法。

(1) 执行“窗口”→“组件”命令，或使用 Ctrl+F7 键，打开组件面板。

(2) 选中一个组件，拖到场景中或者双击组件都能把组件加到场景中。

(3) 也可以安装一些其他组件：在安装目录下找到 Components 文件夹，然后将其打开；打开后会发现一个 UI Components.fla 文件，这就是存放几个内置组件的文件；把第三方组件(.fla 格式)放到 Components 文件夹中，然后重新启动软件就可以使用新的组件。

(4) 选中场景中的组件，打开属性面板，加入实例名，改变标签等。

下面将在页面上加载进一个 FLVPlayback 组件，这是一个 Animate CC 视频的播放器，具体方法如下。

(1) 打开一个新文档，按 Ctrl+F7 键打开组件面板，然后将 FLVPlayback 组件拖至场景中或元件库中。

(2) 选中场景中的组件后，在组件的属性面板上将它的实例名称命名为"myVideo"，之后便可在 Actionscript 中通过实例名称引用它。

(3) 现在，FLVPlayback 组件已经在场景中了。下面应当使用一种皮肤使它适应整个项目风格的需要。确保已选中场景中的 FLVPlayback 组件，打开"属性"面板，然后选择"参数"选项卡，向下滚动参数面板找到 skin 项，设置想要的皮肤，如图 6-21 所示。

单击 skin 右侧的按钮打开一个"选择外观"的向导窗口，在窗口中选择所需的外观，然后单击"确定"即可，如图 6-22 所示。

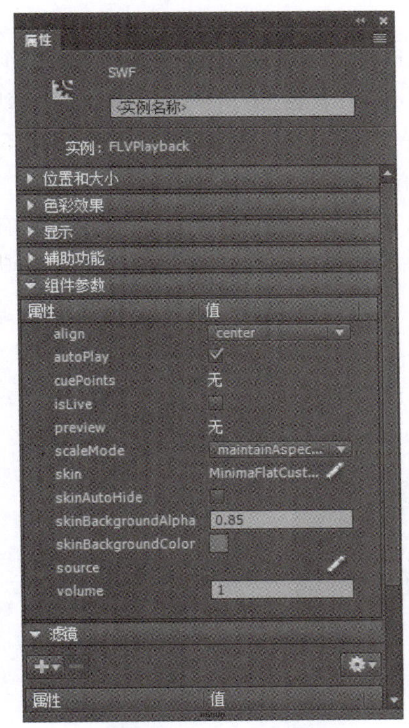

图 6-21　参数设置

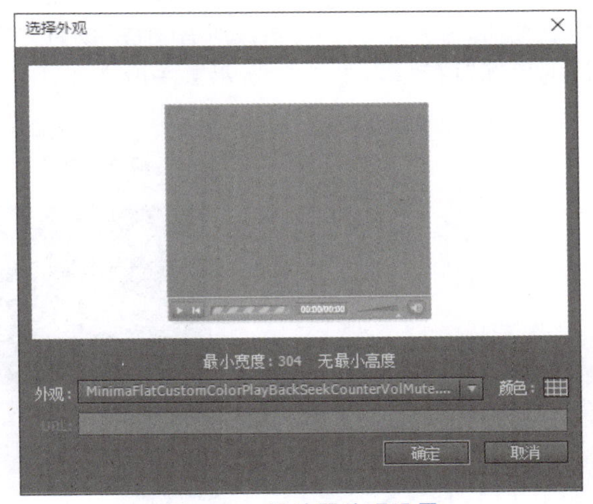

图 6-22　播放器外观设置

Animate CC 提供了许多皮肤，它们具有不同的外观和功能。你可以选择适合自己和项目需要的播放器。

选定外观后，这个外观的名字便会显示在属性面板参数栏 skin 项的右侧，所选中的外观将会被复制到文件所保存的目录下。

(4) 接下来设置播放的文件。选中组件，找到组件参数中的 Content Path 参数，单击右侧的输入按钮，打开"内容路径"对话框，选择相应的 FLV，如图 6-23 所示。

图 6-23 路径设置

6.3.3 图层和帧

图层和帧是 Animate CC 中很重要的两个概念。前面已经讲解了场景、时间轴、组件，现在来看看 Animate CC 的图层和帧都有哪些比较特殊的用法。

1. 图层

相信图层(layer)的概念，学过 Photoshop 的人都不会陌生。形象地说，图层可以被看作叠放在一起的透明胶片，如果层上没有任何东西，就可以透过它直接看到下一层。因此可以根据需要，在不同层上编辑不同的动画而互不影响，并在放映时得到合成的效果。使用图层并不会增加动画文件的大小，相反它可以帮助使用者更好安排和组织图形、文字和动画。

图层面板最下方的左侧有 3 个按钮：新建图层、新建文件夹和删除图层。最上方有 3 个控制按钮，分别是“显示/隐藏所有图层”按钮、“锁定/解除锁定所有图层”按钮、“显示所有图层的轮廓”按钮，如图 6-24 所示。一般来说，图层可以分为普通图层、引导层和遮罩层。

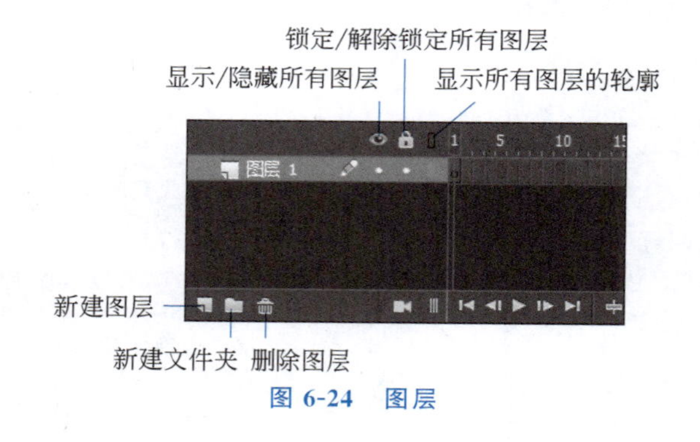

图 6-24 图层

1) 普通图层

普通图层是图层的默认状态。图 6-24 所示的是一个典型的图层实例，图层的数量不限，可以随便添加。其中为当前层。如果该层不可编辑，则会显示图标。图层后的其他几个标志说明如表 6-1 所示。

表 6-1 图层标志说明

标志	说　明
	该层是否为当前层
	如果该层不可编辑，则会显示图标

续表

标志	说　　明
	控制该层是否被显示
	默认状态为正常显示，在对应下方用 • 表示，如果单击这个黑点，则会出现 ×，同时该层被隐藏，隐藏的层不可编辑
	控制是否锁住该层
	被锁住的层可以正常显示，但不可编辑，这样在编辑其他层时，可以利用这一层作参考，而不会误操作该层的内容
	控制是否将该层以轮廓线方式显示
	单击对应的黑点，会出现 ▯，再次单击则恢复正常

2）引导层

引导层是辅助其他图层中的对象运动或定位的一种图层方式，其作用为确定指定对象的运动路线。例如让一个球按指定的路线移动，该路径就位于引导层之上。接下来利用引导层制作一个简单的运动动画。

（1）新建一个圆球元件，将属性设为图形。

（2）回到场景中，将该元件拖入工作区任一位置。

（3）右击图层，选择“添加传统运动引导层”命令，完成后图层窗口的状态如图 6-25 所示。

（4）在引导层上画出一条小球运动的曲线，如图 6-26 所示。

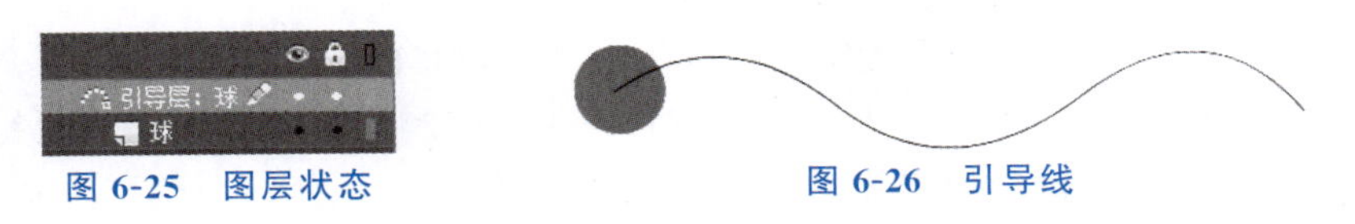

图 6-25　图层状态　　图 6-26　引导线

（5）在时间轴上选定并设置小球的关键帧。在默认状态下，每秒 12 帧，如果想要让动画延续两秒，就需要 24 帧。现在要让动画延迟 15 帧，在第 15 帧处按 F5 键或者用“插入”→“帧”，在导引层的第 15 帧加入一个过渡帧。回到小球层，在第 15 帧插入关键帧。在第 15 帧处，把圆球从左边位置拖到右边，并让圆球的中心点与导引线的尾端重合。最后，右击中间帧，在选择的快捷菜单中选择“创建传统补间”命令。结果如图 6-27 所示。

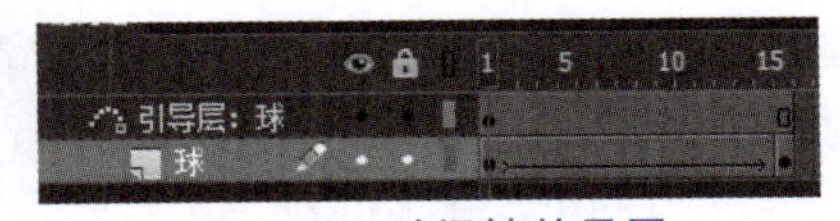

图 6-27　时间轴效果图

这里需要注意的是，在实际播放时，引导层中的路径是不会显示出来的，因此可以放心绘制。另外，路径的起点必须与被引导物件的中心点重合。

3）遮罩层

也许大家看过类似于探照灯的 Animate CC 动画，在黑色的背景上，只有一个探照灯，灯光打到哪里就能显示哪的内容。这种制作技术就依托于遮罩。探照灯与灯光属于遮罩层，要显示的信息在被遮罩层上。

下面以一个简单的动画讲解遮罩层的作用。最终效果是“西湖风景”4 个字从左向右移动，西湖风景会透过文字显示出来。

（1）在图层 1 中导入一幅西湖风景图，更名为“背景”；

(2) 新建图层 2，改名为“遮罩层”，并在该图层上输入“西湖风景”字样；

(3) 让动画延续 25 帧，并将第 25 帧设为关键帧；

(4) 在背景层上设置图片由左到右的动画；

(5) 右击遮罩层，并选择“遮罩层”命令，得到图 6-28 所示的图层和时间轴效果。

(6) 设置好的动画效果如图 6-29 所示。遮罩技术还可以用于制作打字机、电影字幕等效果。

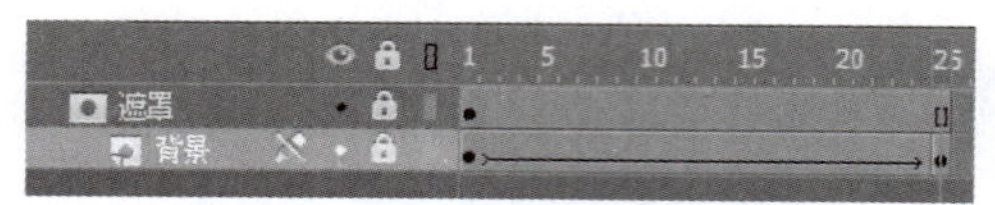

图 6-28 图层和时间轴效果图

图 6-29 最终效果图

2. 帧

1) 帧的基本概念

前面已经提到了时间轴。随着时间轴的推进，动画会按照时间轴的横轴方向播放，而帧的所有操作也均在时间轴上进行。时间轴上的每一个小方格都是一个帧，默认状态下，每隔 5 帧进行数字标示，如时间轴上有 1、5、10、15 等数字的标示。

帧在时间轴上的排列顺序决定了一个动画的播放顺序。至于每帧有什么具体内容，则需在相应的帧的工作区域内进行制作。例如，第 1 帧有一幅图，那么这幅图只能作为第 1 帧的内容，而不会影响其他帧。一个动画播放的内容即为帧的内容，一般来说，帧可以分为关键帧、过渡帧、空白关键帧 3 种类型。

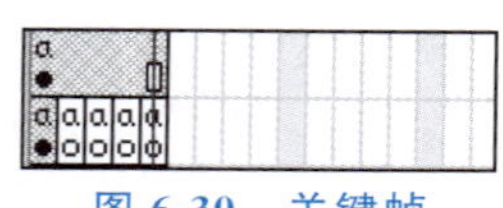
图 6-30 关键帧

(1) 关键帧(keyframe)。与其他帧不一样的是，关键帧是一段动画的起止的原型，时间轴上所有的动画都是基于关键帧的。关键帧定义了一个过程的起始和终结，又可以是另外一个过程的开始。例如，图 6-30 的小实心圆点就是关键帧。

(2) 过渡帧(frame)。两个关键帧之间的部分就是过渡帧，它们是起始关键帧动作向结束关键帧动作变化的过渡部分。在动画制作过程中，不必理会过渡帧的问题，只要定义好关键帧以及相应的动作就行了。过渡部分的延续时间越长，整个动作变化就越流畅，动作前后的联系越自然。但是，中间的过渡部分越长，整个文件的体积则会越大。

(3) 空白关键帧(blank frame)。什么对象都没有的关键帧，就称为空白关键帧。如图 6-30 所示，关键帧后面带空心圆的帧就是空白关键帧。空白关键帧用途很广，特别是那些要进行动作(action)调用的场合，常常需要空白关键帧的支持。

2) 帧的基本操作

(1) 定义关键帧。将鼠标移到时间轴上表示帧的部分，右击要定义为关键帧的方格，在弹出菜单中选择“插入关键帧”命令。这时的关键帧没有添加任何对象，因此是空的，只有将组件或其他对象添加进去后才有效。添加了对象的关键帧上会有一个黑点，如图 6-31 所示。

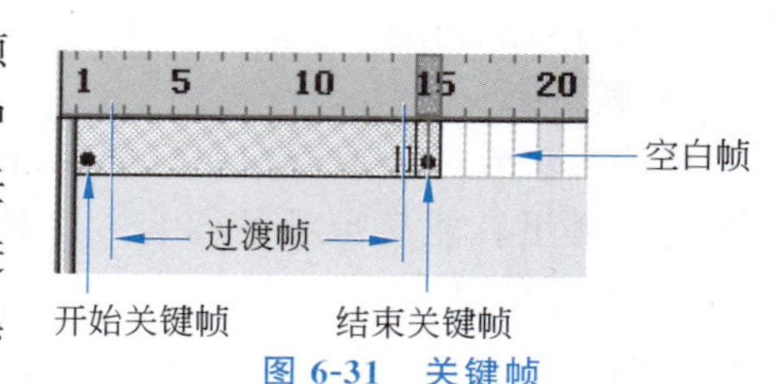

图 6-31 关键帧

关键帧具有延续功能，只要定义好开始关键帧并加入了对象，那么在定义结束关键帧时就不需再添加该对象了，因为起始关键帧中的对象也会延续到结束关键帧。

(2) 清除关键帧。右击欲清除的关键帧，并在弹出菜单中选择“清除关键帧”命令。

(3) 插入帧。选中欲插入帧的地方，右击并在弹出菜单中选择“插入帧”命令。新添加的帧将出现在当前选定帧之后。如果选定帧不是空白帧，那么添加帧的内容与其相同；如果选定帧是空白帧，那么将在该帧与前面关键帧之间插入一段过渡帧。

图 6-32 中的灰色部分表示有内容，现在要在白色的空帧处(第 20 帧)插入一个空白帧，结果如图 6-33 所示。

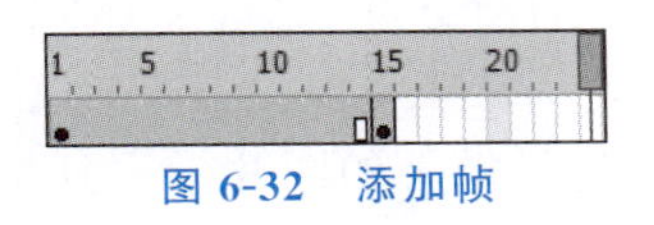

图 6-32　添加帧

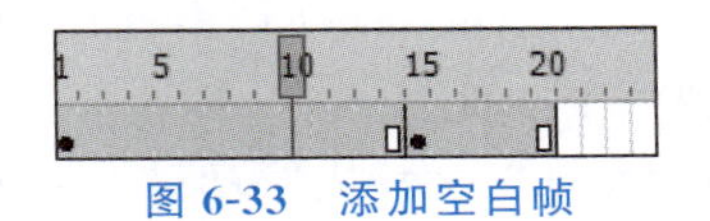

图 6-33　添加空白帧

(4) 清除帧。选中欲清除的某个帧或者某几个帧(按住 Shift 键可以选择一串连续的帧)，然后按 Del 键即可。

(5) 复制帧。选中要进行复制的某个帧或某几个帧，执行“编辑”→“复制”命令，然后选定副本帧放置的位置，执行“编辑”→“粘贴”命令。

3) 帧的属性

在属性面板上可以根据需要设置帧标签、声音、效果等属性，如图 6-34 所示。如果某帧被设置了标签，那么该帧处就会自动添加一面“小旗子”，并以标签名标识，如图 6-35 所示。只要库里有声音文件，就会在“声音”选项组里显示。除了可以选择喜欢的声音并在下面的“效果”里进行编辑(包括声音的淡入/淡出、左右声道等)之外，Animate CC 还提供了编辑封套，支持更自如地编辑声音文件。另外，还可以设置声音重复的次数以及同步与否等。

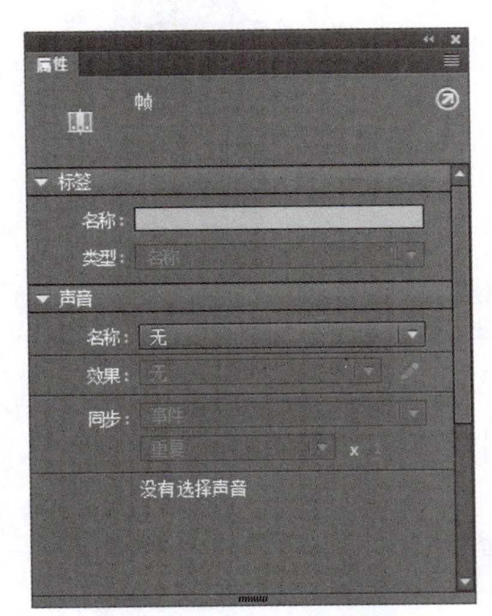

图 6-34　帧的属性设置

图 6-35　标签效果

6.3.4　几类简单动画实例

根据制作技术，动画一般可分为逐帧动画、补间动画、变形动画等。顾名思义，逐帧动画即是帧帧动画,但实际操作起来却并不容易;补间动画是指元素的大小、位置、透明度等的变化;而变形动画是指元素的外形发生了很大的变化。下面通过具体的实例分析这几种动画的区别。

【实例 6-1】 逐帧动画

逐帧动画和前面讲到的 GIF 动画类似,由一系列的相关帧构成,其优点是便于进行精确的操作控制,而缺点是需要大量的人工绘图,文件比较大。

下面通过一个“地球自转”的实例来了解逐帧动画的内涵和创建方法。本例是将一系列的地球图样导入到 Animate CC 中,而后生成地球自转的动态效果。

(1) 新建一个文件。

(2) 执行“文件”→“导入”→“导入到舞台”命令,将目录下的图片导入到场景中。单击“打开”按钮后,Animate CC 会自动检测到该图片是一系列图片中的第 1 张,因此会通过对话框提示是否导入所有动画序列。

(3) 单击“是”按钮可将整个动画序列导入。此时,按 Enter 键就可以查看结果了,如图 6-36 所示。

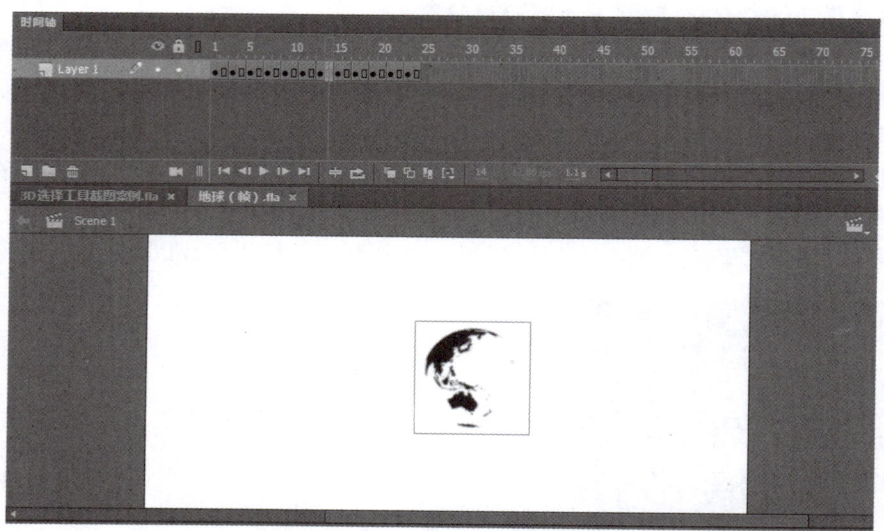

图 6-36 导入后的效果图

逐帧动画看似很简单,但前期工作比较烦琐、复杂,即在导入前需要将每一幅图片绘制好。系列图片越精致,动画就越连贯。本实例绘制了 12 幅地球轮廓图,因此动画不存在跳跃感。

【实例 6-2】 补间动画

与逐帧动画不同的是,补间动画需要满足以下几个条件。

(1) 至少有两个关键帧。

(2) 关键帧中包含必要的组合实体。

(3) 需设定移动渐变的动画方式。

下面以弹性小球为例讲解其制作过程,最终效果如图 6-37 所示。

图 6-37 效果图

(1) 新建一个文件。

(2) 插入两个图形元件,笑脸和哭脸,如图 6-38 所示。

图 6-38　笑脸和哭脸

（3）回到主场景，将 smile_face 拖到第 1 帧，并置于舞台顶端；延续运动时间，在第 17 帧处将 smile_face 拖到舞台底端，并设定补间动画，在“面板”中为小球设置一个加速度，即设置缓动值，也可以在后面的编辑封套中进行更为灵活的手动编辑，如图 6-39 和图 6-40 所示。

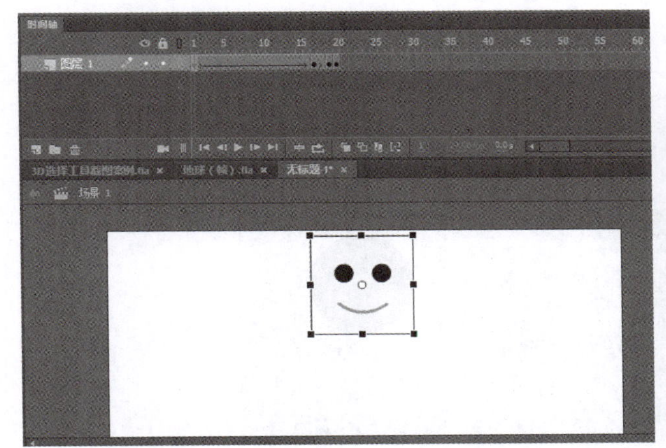

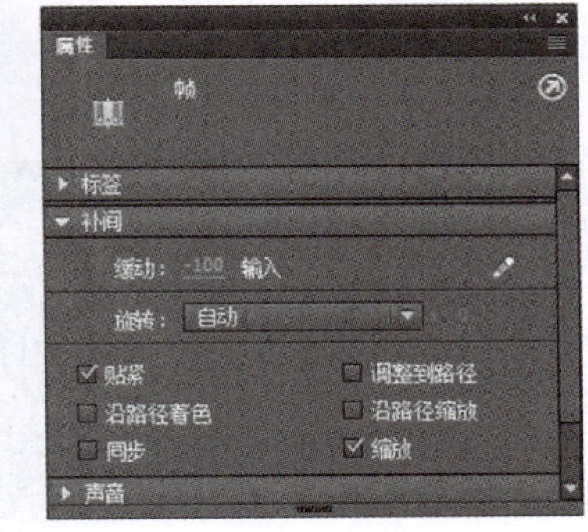

图 6-39　下落动画设置

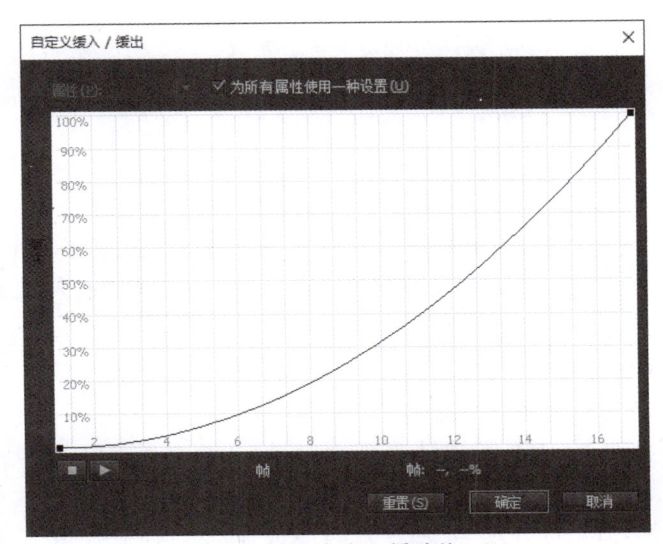

图 6-40　自定义缓动值

(4) 在第20帧设置空白关键帧,并将cry_face拖入到场景中,位置与原图吻合。从第17帧到第19帧,smile_face会碰到地面发生变形,因此,可用任意变形工具将圆脸挤成椭圆形,随后第20帧的cry_face也会变形至第19帧的椭圆状。效果如图6-41和图6-42所示。

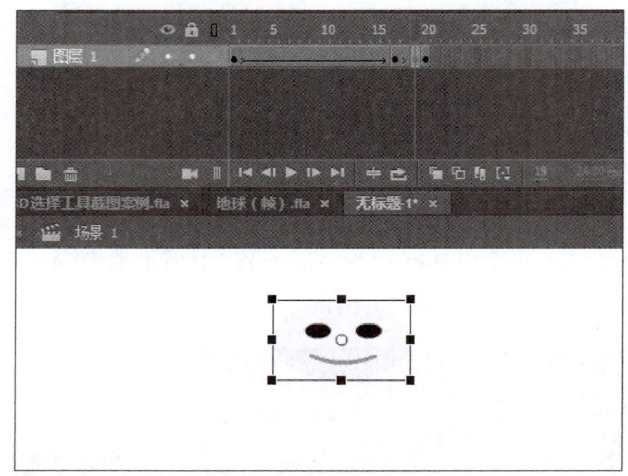

图6-41 第19帧效果图

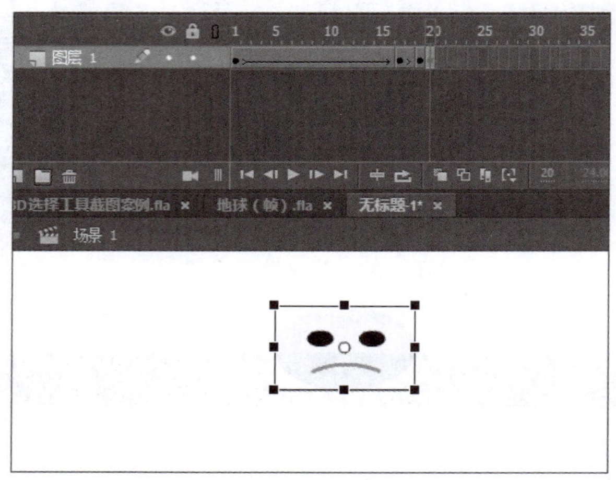

图6-42 第20帧效果图

(5) 将第21帧恢复至第19帧模式。因为第25帧对应第17帧模式,所以其会恢复原形。从第25帧到第40帧,smile_face将弹回高处,设定动画的同时需要为小球设置一个减速运动的过程。其属性面板设置如图6-43所示。

【实例6-3】 变形动画

这里以一个圆的变形动画为例说明变形动画的效果。

(1) 新建一个文件,在工具箱中选择椭圆工具,并绘制一个正圆,其属性面板设置如图6-44所示。

(2) 选择第1帧,右击键并选择"创建补间形状"命令。而后在第20帧中插入关键帧,选中所画的圆,执行"修改"→"形状"→"将线条转换为填充"命令,如图6-45所示。

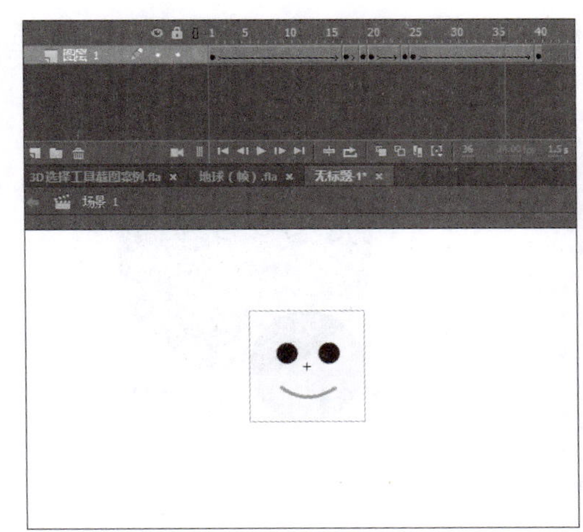

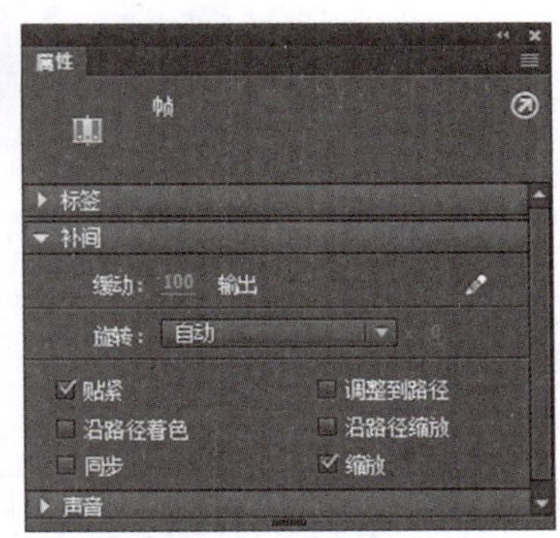

图 6-43　弹起过程设置

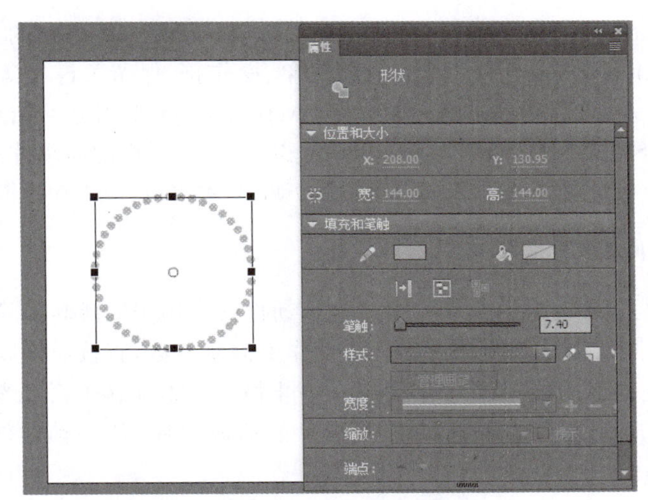

图 6-44　正圆属性设置

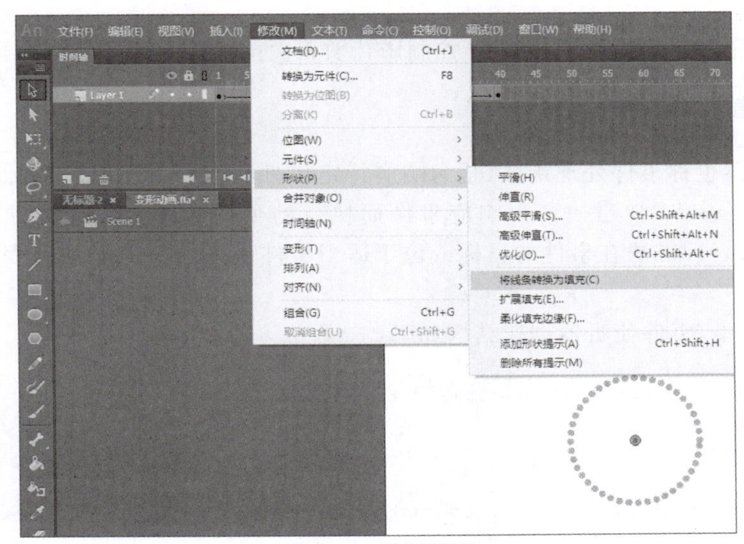

图 6-45　过程设置

(3) 在第40帧处插入关键帧,绘制和第1帧同样的无填充的外框圆形。而后预览,就可以看到该形状渐变形成了很复杂的变化。最终效果如图6-46和图6-47所示。

图6-46 第17帧效果图

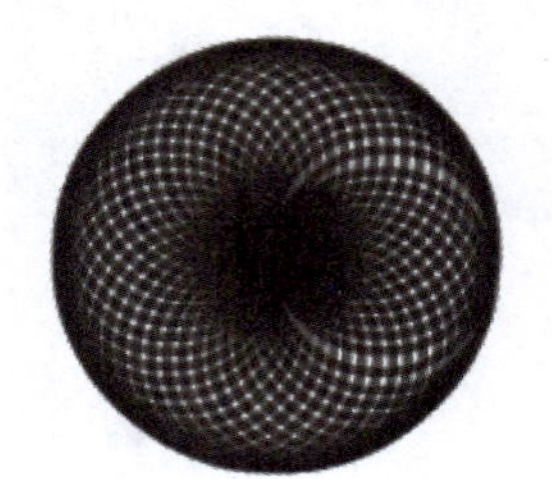

图6-47 第30帧效果图

6.3.5 基本的动作语言应用

使用ActionScript的强大功能前不妨先来了解ActionScript语言的工作原理。像其他脚本语言一样,ActionScript也有变量、函数、对象、操作符、保留关键字等语言元素,有自己的语法规则。例如,英语用句号结束一个句子,ActionScript则用分号结束一个语句。对于一般用户来说,并不需要深入了解ActionScript脚本语言,用户的需求才是真正的目标。

ActionScript面板可通过"窗口"→"动作"命令调出(本书以AS 3.0版本为例进行讲解)。

1. 常用的时间轴控制脚本

(1) Play(播放):从设定的帧开始播放。本动作常常用于帧跳转的场合,如鼠标点击后才能跳到某一帧并开始播放该帧的内容。本动作不需要参数,直接设定就行。

(2) Stop(停止):动画放到此帧时会自动停止播放。本动作不需要参数。

(3) GotoAndPlay(跳至并播放):控制影片的播放顺序,从一帧跳转到另外一帧进行播放。

(4) GotoAndStop(跳至并停止):控制影片的播放顺序,从一帧跳转并停止在另外一帧。

(5) prevFrame()(播放上一帧):控制影片剪辑向前播放一帧。

2. 创建事件侦听器

事件侦听器也称事件处理函数,是为响应特定事件而执行的函数。添加事件侦听器的过程分为两步。首先,创建一个为响应事件而执行的事件处理函数或类方法;然后,使用addEventListener()方法在事件的目标或位于适当事件流上的任何显示列表对象中注册侦听器函数。

在AS 3.0中,事件侦听器创建结构如下:

```
function eventResponse(eventObject:EventType):void
{
    //处理程序
}
eventSource.addEventListener(EventType.EVENT_NAME, eventResponse);
```

对象与参数说明如下。

(1) eventSource：事件源，如按钮、舞台等。

(2) EventType.EVENT_NAME：事件响应，如 MouseEvent.CLICK。

(3) eventResponse：事件函数。

(4) eventObject：EventType：事件参数。

3. 常用的鼠标事件类型

响应鼠标事件的动作集合，常常与按钮元件有关，具体包括如下事件。

(1) MouseEvent.Click(鼠标单击事件)。

(2) MouseEvent.MOUSE_OVER(鼠标移入事件)。

(3) MouseEvent.DOUBLE_CLICK(双击事件)。

(4) MouseEvent.MOUSE_UP(鼠标释放事件)。

(5) MouseEvent.MOUSE_DOWN(鼠标按下事件)。

(6) MouseEvent.MOUSE_WHEEL(滚轮事件)。

(7) MouseEvent.MOUSE_MOVE(鼠标移动事件)。

(8) MouseEvent.ROLL_OUT(鼠标移出事件)。

(9) MouseEvent.MOUSE_OUT(鼠标移出事件)。

(10) MouseEvent.ROLL_OVER(鼠标移入事件)。

还有很多其他的 AS 3.0 脚本语言，如有需要可以直接查看帮助文件。

【实例 6-4】 简单的 Action 实例

下面以一个控制播放、暂停、后退的影片为例，熟悉一下 AS 3.0 的语法。

(1) 新建 as3 项目文件，设置舞台大小为 800px×400px，背景颜色为黑色，按 Ctrl+L 键打开库面板，如图 6-48 所示。

(2) 执行“插入”→“新建元件”命令，在打开的对话框中输入名称“imagesMoving”，在“类型”下拉列表框选择“影片剪辑”，单击“确定”按钮新建元件，如图 6-49 所示。

图 6-48　导入图片后的库面板

图 6-49　新建影片剪辑元件

进入 imagesMoving 影片剪辑，将库面板中的5张图片拖到舞台，设置图片高度为200px，并布局成一行，如图6-50所示。然后创建一个第1帧至第200帧的传统补间动画，第1帧中的第1张图片的左边与舞台左边重合，第200帧中的第5张图片的右边与舞台右边重合。

图 6-50 影片剪辑图片布局

(3) 返回到场景1，将图层1重命名为"images"，并将库面板中的"imagesMoving"影片剪辑拖到图层第1帧，打开属性面板，在实例名称输入文本框中输入"imgMc"，如图6-51所示。

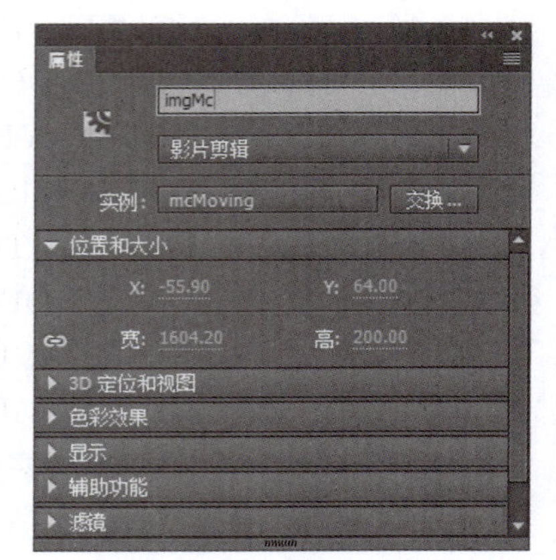

图 6-51 影片剪辑实例名称命名

(4) 新建图层，并重命名为"button"，在舞台上绘制一个70px×21px 的红色(#FF0000)矩形，右击之并选择"转换为元件"命令，打开"转换为元件"窗口，输入名称"停止"，在"类型"下拉列表框选择"按钮"，然后单击"确定"按钮。

(5) 进入"停止"按钮元件进行编辑，将图层重命名为"bg"，用鼠标拖动选择"指针经过""按下""点击"3帧，按F6键插入关键帧，如图6-52所示。选择"指针经过"关键帧上的红色矩形，将背景颜色修改为橘黄色(#FF9900)，新建图层，重命名为"btnName"，并在该图层第1帧中使用文本工具输入"停止"，如图6-53所示。

图 6-52 停止按钮帧编辑

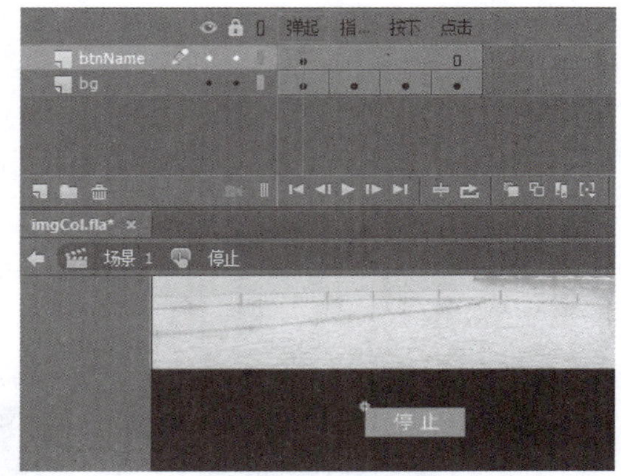

图 6-53 停止按钮编辑

(6) 重复(4)和(5)，完成"播放"和"后退"按钮的制作，并将3个按钮布局到场景1中，如图6-54所示。依次选择3个按钮，并在属性面板中将实例名称设置为"btnStop""btnPlay""btnBack"，如图6-55所示。

图 6-54　按钮的布局

图 6-55　按钮实例名称设置

(7) 新建图层,并重命名为"as",选择第 1 帧,按 F9 键打开动作面板,输入如下 AS 3.0 代码,如图 6-56 所示。

```
//为btnStop按钮添加鼠标的单击事件监听器
btnStop.addEventListener(MouseEvent.CLICK, funStop);
//创建事件函数funStop
function funStop(e: MouseEvent) {
    //清除imgMc影片剪辑ENTER_FRAME事件监听器
    imgMc.removeEventListener(Event.ENTER_FRAME, funEnter);
    //停止播放影片剪辑imgMc
    imgMc.stop();
}


//为btnPlay按钮添加鼠标的单击事件监听器
btnPlay.addEventListener(MouseEvent.CLICK, funPlay);
//创建事件函数funPlay
function funPlay(e: MouseEvent) {
    //清除imgMc影片剪辑ENTER_FRAME事件监听器
    imgMc.removeEventListener(Event.ENTER_FRAME, funEnter);
    //播放影片剪辑imgMc
    imgMc.play();
}

//为btnBack按钮添加鼠标的单击事件监听器
btnBack.addEventListener(MouseEvent.CLICK, funBack);
//创建事件函数funBack
function funBack(e: MouseEvent) {
    //为imgMc影片剪辑添加ENTER_FRAME事件监听器
    imgMc.addEventListener(Event.ENTER_FRAME, funEnter);
}
//创建事件函数funEnter
function funEnter(e: Event) {
    //影片剪辑imgMc向前播放1帧
    imgMc.prevFrame();
}
```

第 22 行(共 33 行),第 15 列

图 6-56　代码窗口

```
//为 btnStop 按钮添加鼠标的单击事件监听器
btnStop.addEventListener(MouseEvent.CLICK, funStop);
//创建事件函数 funStop
function funStop(e: MouseEvent) {
    //清除 imgMc 影片剪辑 ENTER_FRAME 事件监听器
    imgMc.removeEventListener(Event.ENTER_FRAME, funEnter);
    //停止播放影片剪辑 imgMc
    imgMc.stop();
}

//为 btnPlay 按钮添加鼠标的单击事件监听器
btnPlay.addEventListener(MouseEvent.CLICK, funPlay);
//创建事件函数 funPlay
function funPlay(e: MouseEvent) {
    //清除 imgMc 影片剪辑 ENTER_FRAME 事件监听器
    imgMc.removeEventListener(Event.ENTER_FRAME, funEnter);
    //播放影片剪辑 imgMc
    imgMc.play();
}

//为 btnBack 按钮添加鼠标的单击事件监听器
btnBack.addEventListener(MouseEvent.CLICK, funBack);
//创建事件函数 funBack
function funBack(e: MouseEvent) {
    //为 imgMc 影片剪辑添加 ENTER_FRAME 事件监听器
    imgMc.addEventListener(Event.ENTER_FRAME, funEnter);
}
//创建事件函数 funEnter
function funEnter(e: Event) {
    //影片剪辑 imgMc 向前播放 1 帧
    imgMc.prevFrame();
}
```

最终的效果如图 6-57 所示。

图 6-57 脚本控制的补间动画

6.4 三维动画制作软件 3ds Max 应用

6.4.1 3ds Max 简介

3D Studio Max，常简称为 3ds Max 或者 3d Max，是由 Discreet 公司(后被 Autodesk 公司收购)开发的一款 3D 动画制作和渲染软件。3ds Max 不仅具备灵活的操作方式，还具有良好的扩展性，用户可以方便地加载应用程序模块，从而扩展其功能。3ds Max 已跻身于全球用户最多的 3D 软件之一。

3ds Max 被广泛地用于广告、影视娱乐行业中，例如电视片头和视频游戏的制作；在国内发展较为成熟的建筑效果图和建筑浏览动画制作中，3ds Max 的使用率也占据了绝对的优势；其他行业如工业设计、3D 动画、多媒体制作、游戏以及工程可视化等领域也常青睐 3ds Max。图 6-58 就是由 3ds Max 建模得到的房屋效果图。

图 6-58 3ds Max 的效果图

6.4.2 3ds Max 工作界面

3ds Max 软件每年都会推出新版本，除了一些新功能和新的界面特性外，主体基本保持不变。启动 3ds Max，打开图 6-59 所示的界面，新版采用了流线型新图标及扁平化界面设计，界面更易于识别与操作。下面详细介绍各个模块。

(1) 标题栏。标题栏显示的是当前文件名称、文件的版本号等信息。

(2) 菜单栏。包括标准的 Windows 菜单栏，如 File(文件)、Edit(编辑)，而且还包括 Max 专有的菜单，如 Tools(工具)、Group(组)、Views(视图)、Create(创建)、Modifiers(修改器)等。

(3) 工具栏。工具栏里包含一些常用的、重要的工具，例如选择、旋转、3D 捕捉等，很多工具都提供了快捷方式，便于用户操作。

(4) 石墨建模工具。工具栏的下方是石墨建模工具，当光标置于其上时会呈现下拉面板。这是一套快速有效的多边形建模工具，提供了强大的子对象选择、编辑、变换、UV 编辑、视口绘图等工具集，在多边形编辑时非常有用。

(5) 视图。3ds Max中最大的区域就是视图区域(viewport),也被称为视口。视图被分为4个相等的矩形区域,默认情况下分别为Top(顶)视图、Front(前)视图、Left(左)视图、Perspective(透视)视图。其中Top(顶)视图、Front(前)视图、Left(左)视图为2D视图,而Perspective(透视)视图观察到的模型类似于人眼实际观察的效果。用户可以单击视图标识切换不同的视图,或者按每个视图的首字键切换,例如T(顶视图)、F(前视图)、L(左视图)、P(透视视图)。

(6) 命令面板。命令面板是3ds Max中非常重要的一块区域,集合了6大模块的内容,包括创建、修改、层次、运动、显示、工具面板。特别是创建面板,它是建模的基础。该面板包含了创建几何体、2D形体、灯光、摄像机以及其他的一些辅助对象等。

(7) 视图导航区。该模块是用来调节视图状态的区域。

(8) 动画控制区。该模块包含创建动画、控制动画、修改动画参数等操作命令。

(9) 轨迹栏。轨迹栏是基于帧的时间线,通过轨迹栏可以呈现生动的动画效果。

(10) 状态栏。用于显示场景和当前命令的提示和信息。

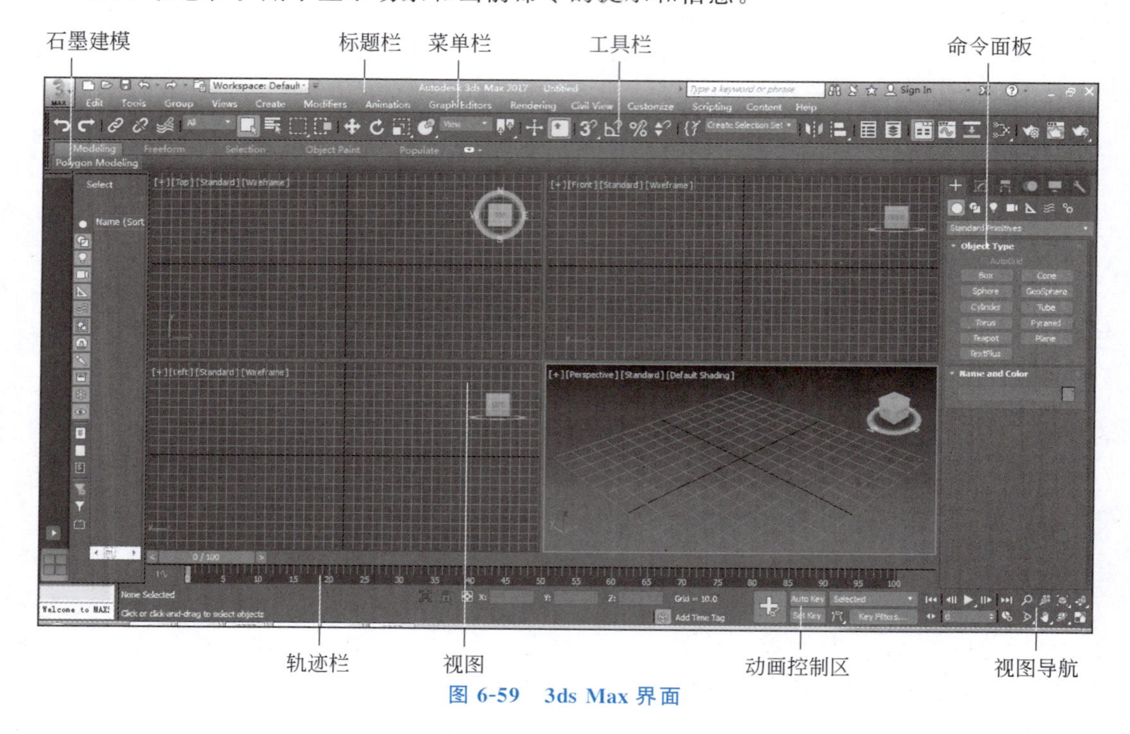

图6-59 3ds Max界面

6.4.3 基本操作

1. 选择操作

选择操作是最基础的对象操作,在一些大场景中做出精准的选择可以大大提高建模的速度。

(1) 直接选择。

Select Object(选择物体)工具可以用于选择视图中的场景对象。此工具适用于只选择而不移动该物体,快捷键为Q。

（2）区域选择。

区域选择也可称为框选对象，默认情况下，在选定 Select Object（选择物体）工具的情况下，按住鼠标左键，拖动光标在视图中绘制出一个矩形选框，然后松开左键，即可选中框选的所有对象。

（3）增加选择、取消选择、反选。

如果当前已选择了一个或者多个对象，还需要再选择其他物体，可以在按住 Ctrl 键的同时单击或框选其他对象；如果当前已选择了多个对象，需要取消某些对象，可按住 Alt 键，同时单击或框选要取消的对象。

如果当前已选择了某些对象，需要排除已选对象之外的对象，可以执行“Edit（编辑）”→“Select Invert（反选）”命令，或者按 Ctrl+I 键。

（4）根据名称选择。

宏大场景中的道具、物品往往非常多，此时很难快速选择某个物体。在这种情况下，根据名称选择是非常好的一个方法。选择工具栏上的 Select by Name（根据名称选择）工具或者按快捷键 H 打开图 6-60 所示的面板。为了能快速定位到物体，建模时应养成及时修改模型名称的习惯。

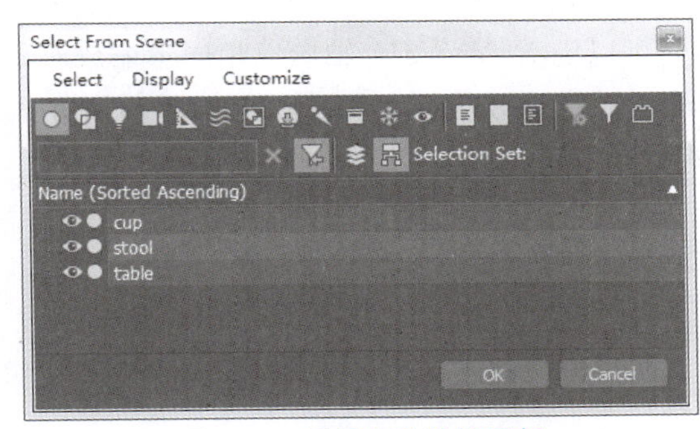

图 6-60　根据名称选择面板

2. 移动、缩放物体

选择物体后，即可对该物体进行移动、旋转、缩放等编辑。

（1）移动物体。

移动物体包括沿着轴向移动、沿着平面移动、任意移动等。若要移动物体，应先单击选择工具栏上的 Select and Move（选择并移动）工具，再使用该工具选中要移动的物体，待该物体上显示出轴向（红色代表 X 轴，绿色代表 Y 轴，蓝色代表 Z 轴）时按需移动即可。沿某个轴向移动时，需要将光标悬浮在该轴向上，待其轴向以高亮黄色显示时再移动物体，如图 6-61 所示。

在实际操作中，也可以让物体沿着某个平面活动。同样，将鼠标放在两轴交叉处，待中间矩形块变成亮黄色，按住鼠标左键并移动，即可将物体锁定在该平面内活动。

（2）旋转物体。

3D 物体可以绕着自身轴向旋转，也可以绕着某个固定的点旋转。单击工具栏上的 Select and Rotate（选择并旋转）工具或按快捷键 E，再选择要旋转的物体，待物体上出现红、绿、蓝3种颜色的旋转箭头时，激活某个方向即可让物体绕着该轴向旋转。旋转时若需要控制旋转角度，可以右击Angle snap toggle(角度捕捉切换)工具，打开网格和捕捉设置对话框。如图6-62所示，设置每转一次的角度，这样可以精确控制旋转角度。

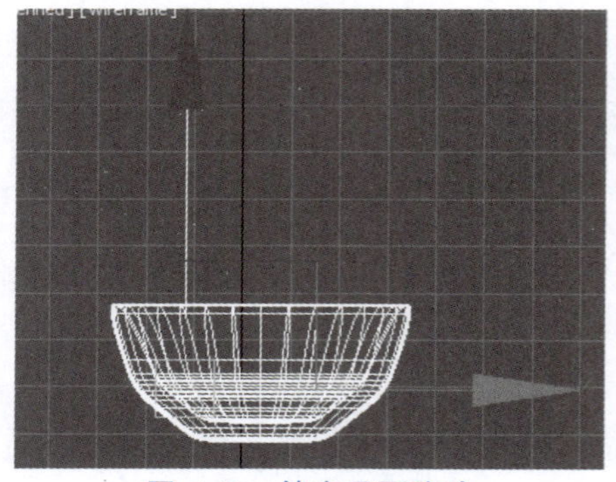

图6-61 锁定平面移动

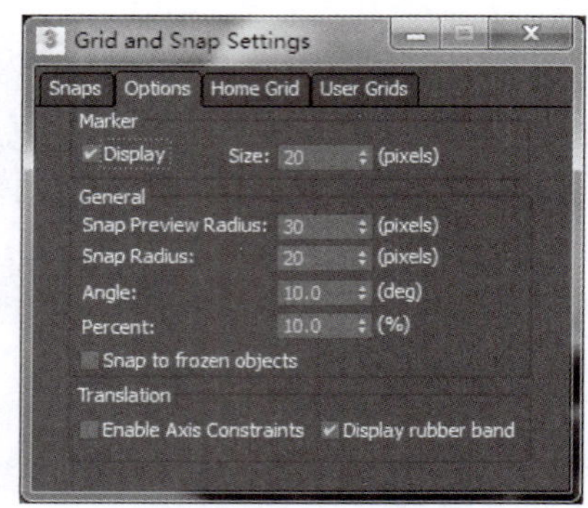

图6-62 网格和捕捉设置对话框

(3) 缩放物体。

缩放物体工具包括选择并均匀缩放、选择并非均匀缩放、选择并挤压3种方式。使用"选择并均匀缩放"工具可以沿X、Y、Z 3个轴向以相同量缩放对象，同时保持对象的原始比例。使用"选择并非均匀缩放"可以根据活动轴约束以非均匀方式缩放物体。"选择并挤压"工具可以在缩放的同时产生挤压或拉伸的效果。

3. 复制物体

在同一个场景中，若同一物体多次出现，那么为了提高建模速度，往往可使用复制的方式创建出多个的模型。复制模型可以通过Clone(克隆)、Mirror(镜像)、Array(阵列)3种方式进行。

(1) 通过Clone(克隆)复制。

3d Max的Clone Options(复制选项)对话框中，有Copy(复制)、Instance(实例)和Reference(参考)3种选项，如图6-63所示。

- Copy(复制)：该方式复制的物体与源物体一模一样，并且相互独立。
- Instance(实例)：该方式复制的物体与源对象有关联，对两者中的任一对象进行修改时，另一对象都会发生相应的变化。
- Reference(参考)：与实例有点类似，修改源物体会影响参考物体，但修改参考物体不会影响到源物体。

复制模型时有多种方法，最快捷的方法是按住Shift键，往某一方向拖动模型，会打开如图6-63所示的界面，选择好复制方式，并确认好复制的物体数量，就可以整齐地复制出想要的物体。旋转和缩放的同时同样可以复制出很多模型，方法同移动复制。

(2) 通过Mirror(镜像)复制。

镜像复制是利用镜像工具通过镜像的方式复制选择的物体。要创建镜像物体，首先应激活被镜像的物体，执行"Tools(工具)"→"Mirror(镜像)"命令或者选择工具栏的镜像工具，打开如图6-64所示的对话框。Mirror Axis(镜像轴)用于选择镜像轴，Offset(偏移)用于设置镜像偏移量，Clone Selection（克隆当前对象）用于选择复制的类型。

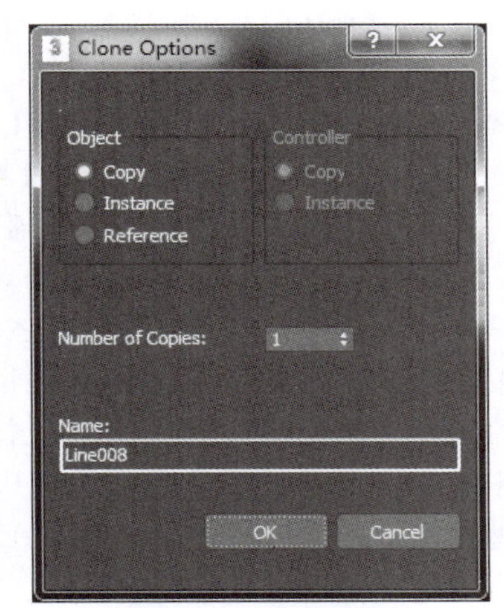

图 6-63　复制方式

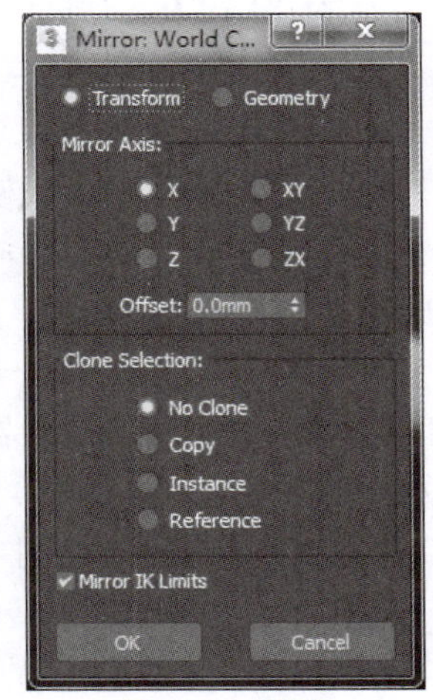

图 6-64　镜像

（3）通过 Array（阵列）复制

阵列复制可以复制出多个存在某种变化或者按某种顺序排列的物体。执行 Tools（工具）→Array（阵列）命令可以打开如图 6-65 所示的 Array（阵列）对话框。阵列包括 1D 阵列、2D 阵列和 3D 阵列，如图 6-66 所示的基因模型就是用阵列复制出来的。

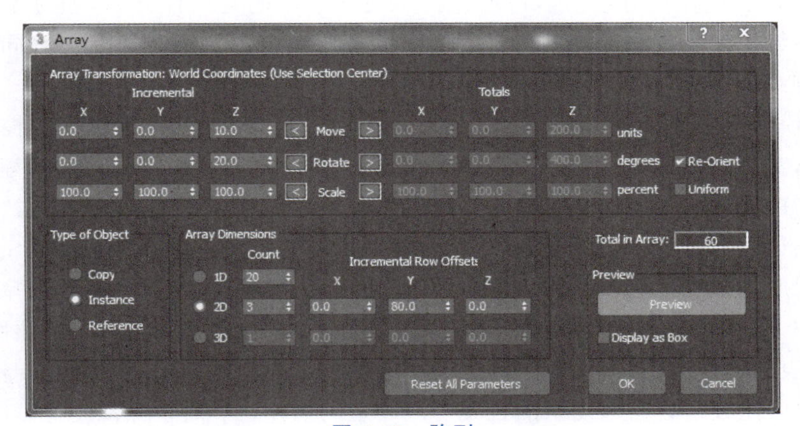

图 6-65　阵列

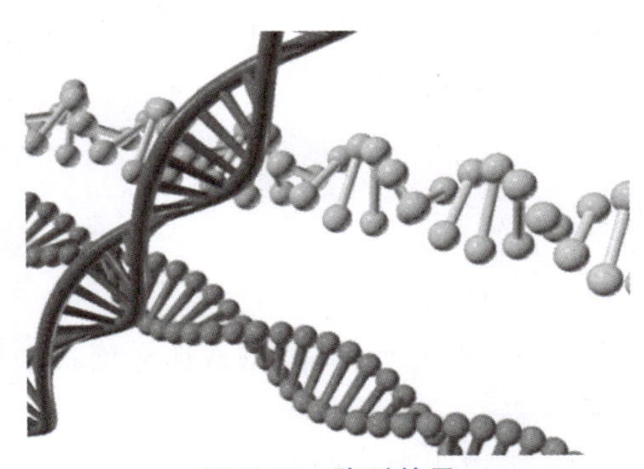

图 6-66　阵列效果

6.4.4 常用的建模手段

建模方式可以分为基础建模和高级建模两部分。其中,基础建模包括基本几何体建模、扩展几何体建模、2D建模及复合建模等,高级建模包括多边形建模、面片建模和NURBS建模等。不同的建模方法具有各有不同的特点,应用于不同的场合,互相补充、相辅相成。

(1) 基础建模。

基本几何体和扩展几何体都是Max自带的一些模型,可以根据情况调用之,并将其转换为"可编辑多边形"或者添加修改器对其进行编辑。使用基础模型可以快速地搭建出想要的模型,但这些模型相对比较规则,如要搭建较为复杂的物体则应在此基础上进行修改。

2D建模是将2D模型(如线、圆、多边形等)进行编辑后再转换成3D模型,从而创建出所需要的3D模型。在将2D模型转换成3D模型过程中,经常会用到一些例如Extrude(挤出)、Lathe(车削)和Loft(放样)等的修改器。

复合几何体建模是一种非常高效的建模方式,它可以将两个或两个以上的2D、3D形体组合建模出另一个3D物体。比较常用的复合几何体建模方法有Boolean(布尔运算)和Loft(放样)。

(2) 高级建模。

多边形建模(Polygon)是最为传统也是最为流行的一种建模方法,它是通过点、线、面建立更加复杂的3D模型的方法。多边形建模一般从基本的几何体开始,通过不断地细分和光滑处理,最终创建出理想的模型。多边形建模占用系统容量小,操作便利,同时还能创建出光滑、富有细节的造型和复杂的生物模型。

面片建模(Surface/Patch)是一种表面建模技术,面片建模可以用较少的控制点来控制很大的区域,常用来创建较大的平滑物体。在很多方面,面片建模都比多边形建模更具有优势,它占用的内存更少,对边的控制更容易。然而面片建模对建模师的3D空间感要求更高,在建模的速度上也和多边形建模相去甚远。但某些面片建模工具(例如Surface Tools等)在部分程度上弥补了这些缺陷,使用户既能使用面片建模又可提高建模效率。

NURBS是一种具有广泛用户的建模方法,它基于控制点来计算曲面的曲度,可自动计算出光滑的表面精度。它的优点是控制点少,易于在空间中调节造型,而且自身具有一套完整的造型工具,比较适合搭建复杂的且具有流线型的物体,例如汽车、动物等。

总之,建模方法多种多样,每种建模方式各有优缺点,需根据模型情况而定。但不管哪种建模方式,都需要用户具备较强的3D空间感。用户需要综合考虑模型特点,选择一种合适的建模方式,从而达到事半功倍的效果。

6.4.5 使用修改器

修改器是用来修改2D或3D物体的一些命令。创建几何体之后,修改命令面板中显示的是几何体的修改参数,在修改和编辑几何体时,修改命令面板中就会显示修改命令对应的参数。下面介绍几种常见的修改器。

(1) "噪波"修改器是一种能使物体表面凸起、破碎的工具,一般来创建地面、山石和水面的波纹等不平整的场景。

(2) "融化"修改器可以将实际融化效果应用到所有类型的对象上，包括可编辑面片和 NURBS 对象，同样也包括传递到堆栈的子对象选择。选项包括边的下沉、融化时的扩张以及可自定义的物质集合，这些物质遍及坚固的塑料表面到自行塌陷的冻胶类型等。

(3) "拉伸"修改器可以模拟挤压和拉伸的传统动画效果。

(4) 自由形式变形(FFD)提供了一种通过调整晶格的控制点使对象发生变形的方法。控制点相对原始晶格源体积的偏移位置会引起受影响对象的扭曲。

(5) "弯曲"命令是一个比较简单的命令，可以使物体产生弯曲效果。弯曲命令可以调节弯曲的角度和方向以及弯曲所依据的坐标轴向，还可以将弯曲修改限制在一定的区域之内。

6.4.6　使场景更逼真

1. 材质编辑器基础

在 3ds Max 中，材质通过材质编辑器设置，单击主工具栏上的或者按盘上的 M 键即可打开材质编辑器。材质编辑器有两种模式：Compact Material Editor(精简材质编辑器)和 Slate Material Editor(Slate 材质编辑器)，这里以前者为例进行讲解，其界面如图 6-67 所示。精简材质编辑器由菜单栏、材质样本窗、水平工具栏、垂直工具栏、材质控制区、参数面板等构成。Slate 材质编辑器是一个具有多个元素的图形界面，包括菜单栏、工具栏、材质/贴图浏览器、活动视图、导航器、参数编辑器、状态栏、视图导航。Slate 材质编辑器是 2011 版新增的材质编辑工具，其操作方法与精简材质编辑器有很大区别。

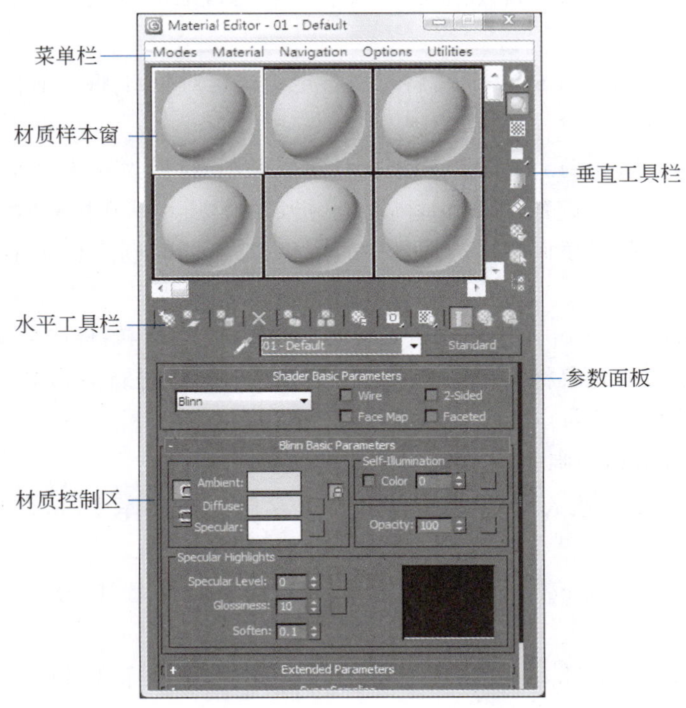

图 6-67　精简材质编辑器

(1) 菜单栏。

菜单栏由Mode(模式)、Material(材质)、Navigation(导航)、Options(选项)、Utilities(实用程序)几个下拉菜单构成,菜单里的大部分功能都可以在工具栏里找到。特别要强调的是,Modes可以在Compact Material Editor(精简材质编辑器)和Slate Material Editor(Slate材质编辑器)两种模式间相互切换。

Slate材质编辑器的菜单包括Modes(模式)、Material(材质)、Edit(编辑)、Select(选择)、View(视图)、Options(选项)、Tools(工具)、Utilities(实用程序)。同样的,大部分的功能也可以在工具栏或者面板中找到。

(2) 材质样本窗。

材质样本窗里包含着多个样本球,每个样本球存储一个材质,可以用来为场景中的模型赋材质。窗口中共有24个样本球,默认情况下显示6个样本球,用户可以在样本球上右击选择显示3×2,5×3或者6×4。当材质球上的材质已经被赋给具体模型时,材质球的四周会出现白色小三角形,此时该材质称为热材质;未指定给具体模型的材质称为冷材质。

(3) 工具栏。

精简模式下的工具栏可以分为水平工具栏和垂直工具栏,水平工具栏的具体功能如图6-68所示。

图6-68 水平工具栏

(Get Material,获取材质):可以从现有的材质库里获取材质或者浏览材质。

(Put Material to Scene,将材质放入场景):把修改后的材质重新指定给场景中的同名材质。

(Assign Material to Selection,将材质指定给选定对象):将当前材质小球中的材质指定给场景中选定的对象。

(Reset Map/Multi to Default Settings,重置贴图/材质为默认设置):把当前选中的材质小球样本恢复至默认设置,即删除材质。已指定的材质小球在恢复时会有两种情况,一是只删除材质小球中的材质而不影响场景中的对象;二是同时删除材质小球的材质和场景中对象的材质。

(Make Material Copy,生成材质副本):单击该按钮时,热材质会变成冷材质,改变参数将不影响场景中的对象材质。也可以通过该方法对材质进行重命名,当场景中的材质超过24种时,用这种方法可以定义更多的材质。

(Make Unique,使唯一):切断材质间的关联。

(Put to Library,放入库):将当前的材质存储到材质库中,从而扩充材质库中的材质。

(Material ID Channel,材质ID通道):为当前材质指定ID通道,一般用在后期效果中。

(Show Standard Material in Viewport,在视口中显示标准材质):在视图中显示/取消材质贴图的显示。

(Show Ended Result,显示最终效果):在多重复合材质制作过程中,用该功能可以在子层级中显示最终效果。

(Go to Parent,转到父对象):在复合材质中,可以从子对象转到上一级。

(Go Forward to Sibling,转到下一个同级层):在同级对象之间跳转。

垂直工具栏主要用来控制材质的显示状态,对材质不产生任何影响。其几个主要的按钮含义如下。

(Sample Type,样本类型):样本小球的显示类型包括球形、圆柱形、立方体 3 种选择。

(Background,背景):是否呈现彩色方格背景,通常在制作透明、折射或反射材质时使用。

Slate 材质编辑器的工具栏与此基本类似,不再赘述。

(4) 参数面板。

不同材质的参数面板各异,这些参数面板也称为卷展栏。参数面板上方显示了材质名称及材质类型。左侧的可吸取场景对象中的材质,并显示在材质小球上。在文本框内可对材质小球进行重命名,右侧的 Standard 为材质类型,当前默认选项为标准材质。

(5) 材质控制区。

材质控制区里是一些具体的参数,不同的材质拥有不同的属性参数。

那么编辑好的材质怎么才能指定给场景中的对象呢?大家可以运用以下两种方法。

① 用鼠标拖曳的方法直接把材质球拖到场景中的对象上,即可为场景中的对象指定材质。

② 用工具栏上的(Assign Material to Selection,将材质指定给选定对象)将材质小球上的材质指定给场景中已选定的对象。

2. 贴图基础

所谓贴图,就是为物体表面指定一张图片。贴图可不同程度地增加模型的复杂度,得到很多复杂的效果,如反射、折射、反光和凹凸等。材质与贴图相互关联又有所区别,材质主要反映的是物体表面的颜色、反光、透明度等基本属性,而贴图反映的是丰富多彩的纹理、凹凸效果;它们之间密不可分,贴图基于材质通道。也可以将材质比作骨架,贴图比作肉,肉必须附着在骨架上才会呈现出力量感,因此,贴图只有加载到材质上后才会随着材质在模型表面显示出来。

(1) 2D 贴图。

2D 贴图即是 2D 平面图像,可直接映射到物体表面或者用于创建环境贴图。2D 贴图包括 Bitmap(位图)贴图、Checker(棋盘格)贴图、Gradient(渐变)贴图、Tile(平铺)贴图等,如图 6-69 所示。其中,最常用的属位图贴图,位图贴图是使用一张或多张位图图像作为贴图文件,如静态的 JPG、GIF、BMP、TGA、TIFF 文件等,也可以采用动态的 AVI 文件。其他的 2D 贴图都是由程序自动计算完成。

(2) 3D 贴图。

3D 贴图也属于程序贴图,它是贴图程序基于空间的 3 个方向产生的贴图,包括 Wood

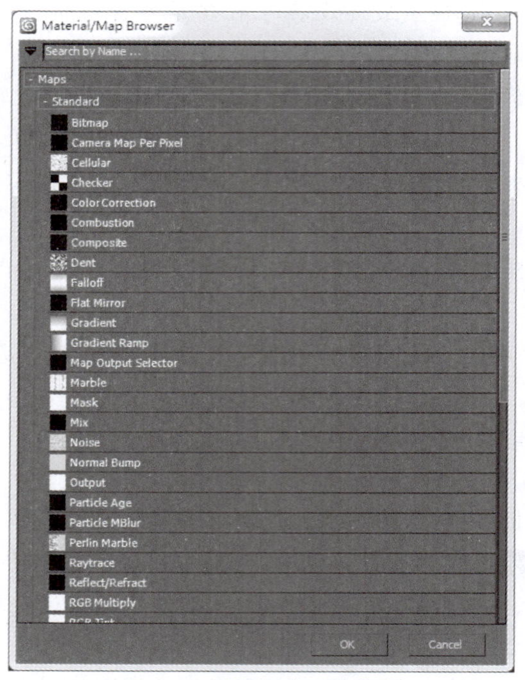

图 6-69 材质/贴图浏览器

(木纹)贴图、Dent(凹痕)贴图、Falloff(衰减)贴图、Smoke(烟雾)贴图、Noise(噪波)贴图、Particle Age(粒子年龄)贴图等。例如用噪波贴图可制作波涛汹涌的海平面,也可以制作出微波粼粼的湖面。

(3) 反射与折射贴图。

反射和折射贴图可以制作出一些比较真实的效果,例如清晰的镜面、富有质感的玻璃、光滑的地板等。该类贴图包括 Flat Mirror(平面镜)贴图、Retrace(光线跟踪)贴图、Reflect/Refract(反射/折射)贴图。

(4) 混合贴图。

混合贴图有点类似于混合材质,可以将两种贴图混合在一起,通过控制混合数量调节混合程度,例如 Mix(混合)贴图、Composite(合成)贴图。

(5) 其他贴图。

除了上述讲到的贴图,其他的贴图还有 Mask(遮罩)贴图、Normal Bump(法线凹凸)贴图,相关信息参见 Max 帮助文件。

6.4.7 3ds Max 动画技术

3D 动画技术是一个涉及面很广的技术,一个完整的动画需要经过一个比较复杂的制作流程。在 3ds Max 中,几乎所有的物体都可以设置动画,例如记录一个物体缩放、旋转、移动的动画,或者通过变换参数来记录物体的变化过程,甚至是再复杂点的角色动画。这里介绍相对简单的参数动画。

Max 界面下方显示了动画控制面板,如图 6-70 所示。一般的动画可直接利用该动画控制面板完成，更为复杂的动画则可以运用其他工具，如轨迹控制、动画控制器等。记录动画过程有以下两种方式。

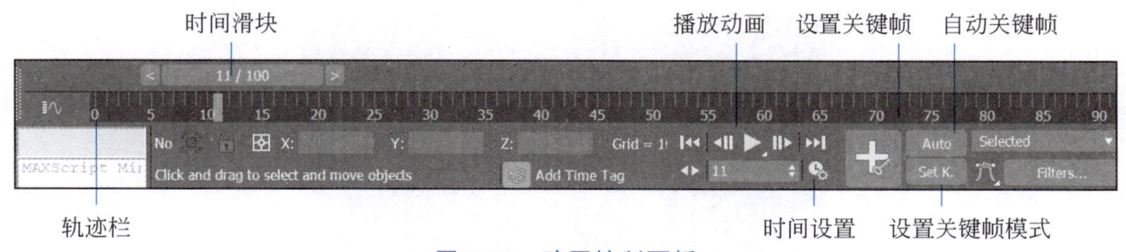

图 6-70　动画控制面板

(1) 自动设置动画方式。

单击选中“自动设置关键帧”，在轨迹栏中将时间滑块移到某个位置，系统就会自动将该时间设置为关键帧，自动将场景中对象的变化记录下来，并自动演算出关键帧之间的过渡变化。

(2) 设置关键帧。

单击选择“设置关键帧模式”后，轨迹栏呈红色。此时拖动物体或者改变属性不会被记录下来，只有单击选择“设置关键帧”，该动画才会被记录下来。

【实例 6-5】　跷跷板动画

下面以一个跷跷板动画的案例来讲解 3D 动画制作过程。具体操作步骤如下。

(1) 在顶视图中创建一个长方体和一个球体，选中球体，并单击选择工具栏上的“对齐”工具，再次单击长方体，使球体的下边缘对齐长方体的上边缘。对齐面板与对齐后的效果分别如图 6-71 和图 6-72 所示。

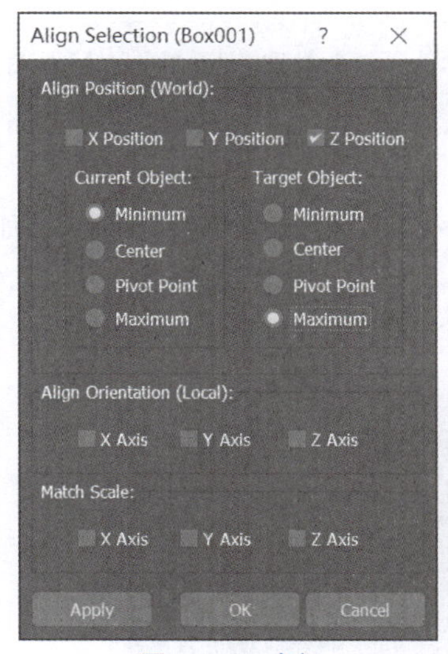

图 6-71　对齐

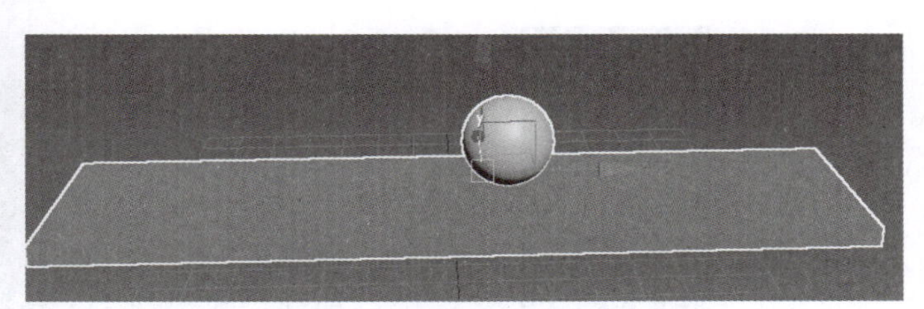

图 6-72　对齐后的效果

(2) 接下来，在该跷跷板左右摇摆的同时，让小球从一头滚到另一头。首先，选中小球，单击选择工具栏上的“链接”，用鼠标将小球拖到板上，此时，两个物体就被链接在一起，当木板产生动画时，小球也会相应地动起来。

(3) 选中木板,将时间滑块移动至第 15 帧。单击选择“自动关键帧” Auto ,在前视图中旋转木板,如图 6-73 所示。将时间滑块移至第 30 帧,旋转木板至图 6-74 所示的状态。

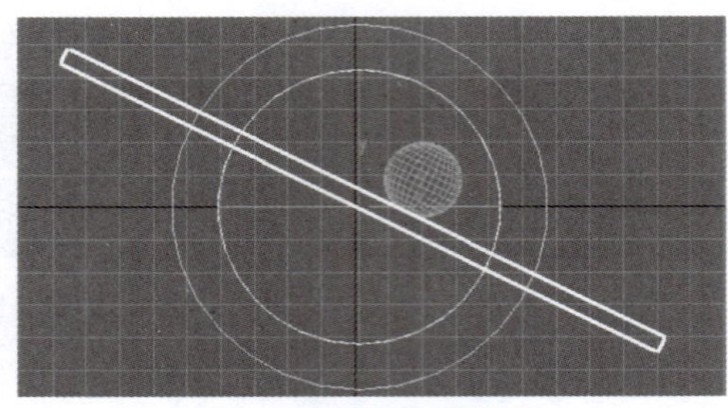

图 6-73　第 15 帧状态

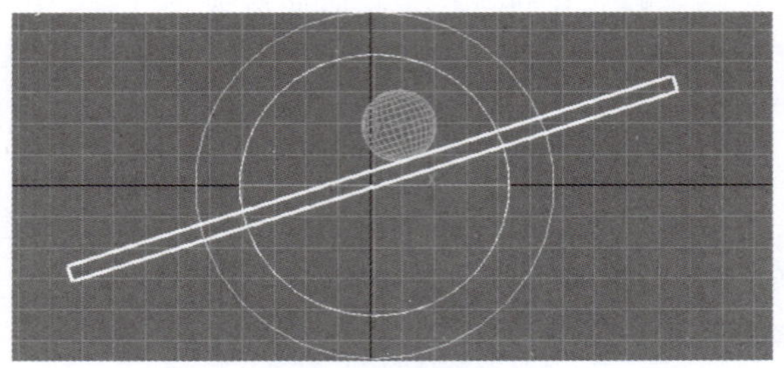

图 6-74　第 30 帧状态

(4) 使用选择工具,按住 Shift 键,拖动第 0 帧关键帧,将第 0 帧的关键帧复制至第 100 帧,将第 15 帧的关键帧复制至第 45、第 75 帧,将第 30 帧关键帧复制至第 60、第 90 帧,如图 6-75 所示。设置好后,单击取消“自动关键帧”的选择。

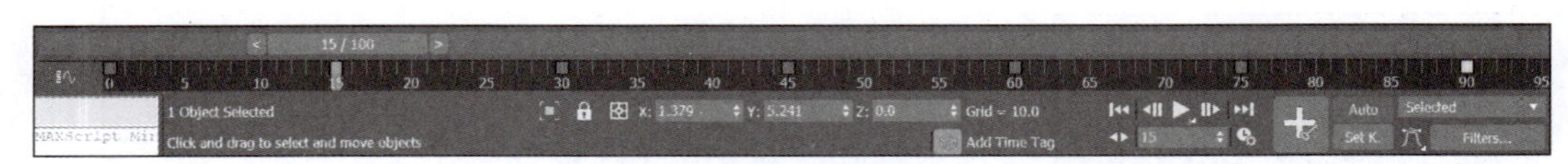

图 6-75　木板关键帧显示状态

(5) 选择球体,执行工具栏上的 View(视图坐标系统)→Pick(拾取坐标系统)命令,如图 6-76 所示。单击场景中的木板,此时,球体的坐标系统与木板的坐标系统保持一致。当木板摆动时,球体移动的方向也会跟木板保持一致,坐标的变化如图 6-77 和图 6-78 所示。

图 6-76　拾取坐标系统

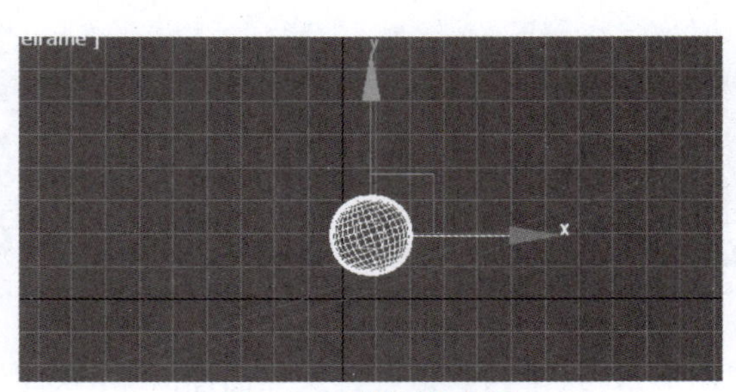

图 6-77　拾取前坐标

(6) 此时,将时间滑块移至第 15 帧,单击选择“自动关键帧” Auto ,沿着轴线方向移动小球，小球就会一直紧贴木板而不会偏离木板的摆动方向。分别在相应的关键帧上移动该小球，使其符合木板摆动的方位，如图 6-79 所示。

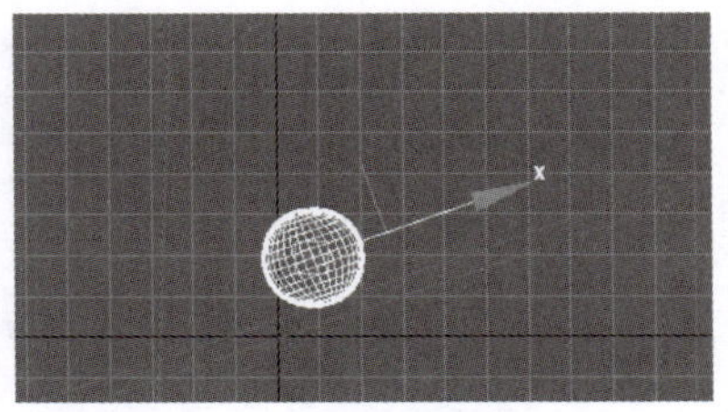

图 6-78　拾取后坐标

（7）还可以在记录关键帧的时候同时加进旋转操作，使小球一边滚动一边旋转，这样更接近真实的小球滚动。制作完成后，取消“自动关键帧” Auto 的选择。

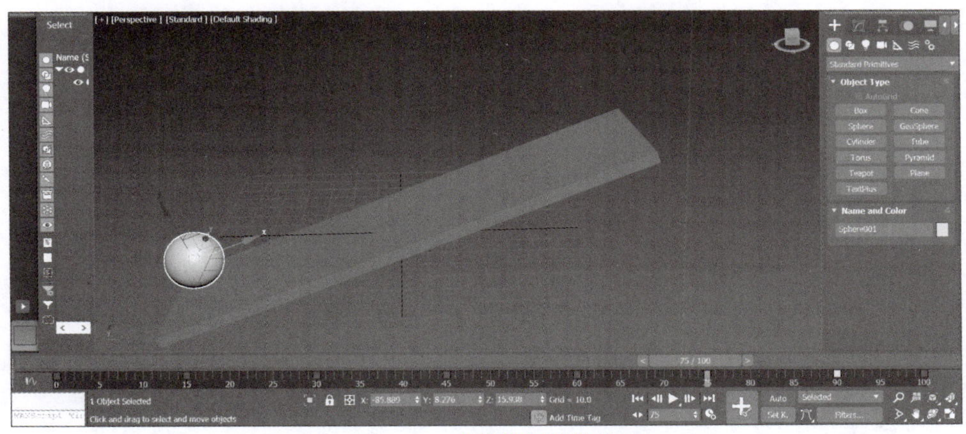

图 6-79　小球的运动轨迹

（8）执行 Rendering（渲染）→Render setup（渲染设置）命令，将渲染范围改成 Active Time Segment（活动时间片段），如图 6-80 所示。并选择保存的地址及格式，如图 6-81 所示，动画制作完成。

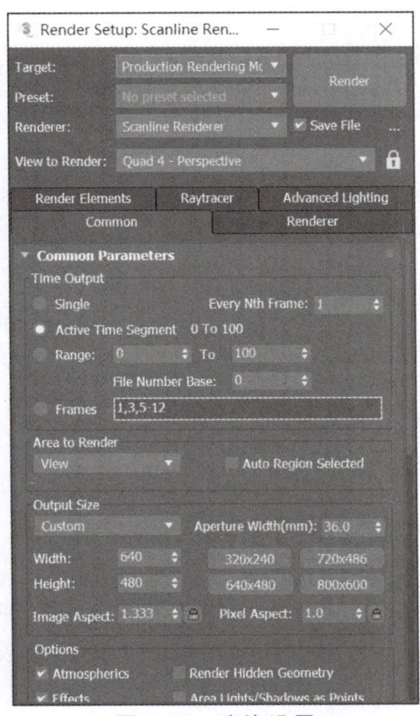

图 6-80　渲染设置

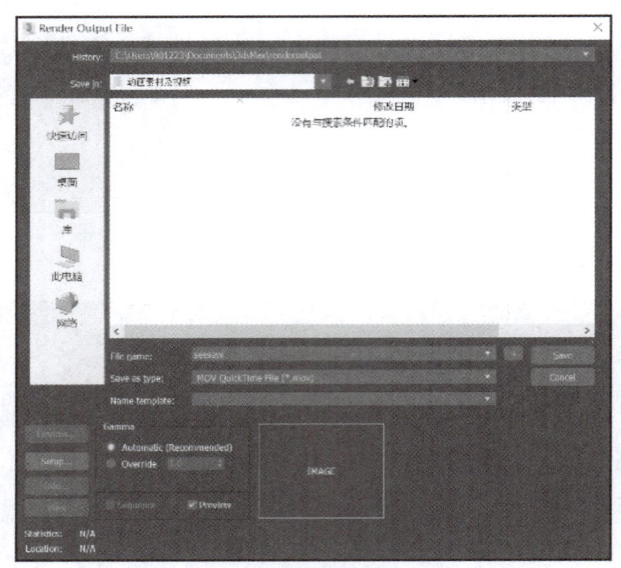

图 6-81 输出窗口

6.5 本章小结

本章主要介绍多媒体动画制作过程中的一些基本概念与技术,涉及到以下几个知识点。

(1) 计算机动画的相关概念。计算机动画是一种借助计算机生成一系列可动态实时演播的连续图像的技术,它是计算机图形学和艺术相结合的产物。根据不同的分类维度,计算机动画可以有很多种类。例如,根据动画性质的不同,可以分为帧动画和矢量动画两类;根据动画的表现形式,可以分为2D动画和3D动画;按计算机软件在动画制作中的作用分类,可分为计算机辅助动画和造型动画,前者属2D动画,其主要用途是辅助动画师制作传统动画,而后者属于3D动画。

(2) 动画的基本原理。动画基于视觉暂留原理创作。视觉暂留原理指的是物体移开后其形象在人眼视网膜上可停留0.05～0.2秒。因此,当快速播放序列静止画面时,就会看到动态图像。

(3) GIF动画的概念及特点。GIF是CompuServe公司在1987年开发的图像文件格式。GIF图像的深度从1b到8b,即GIF最多支持256种色彩的图像。另外,在一个GIF文件中可以存放多幅彩色图像,如果把存于一个文件中的多幅图像数据逐幅读出并显示到屏幕上,就可构成一种最简单的动画。

(4) ImageReady软件的使用。ImageReady是一款专门用来编辑GIF动画的软件,其中包含了大量制作网页图像和动画的工具,甚至可以产生部分html代码。

(5) Animate软件的基本构成。元件是Animate动画中的主要动画元素,不同元件在动画中各具不同的特性与功能。Animate运用元件可以更好地管理对象。组件即是被封装好的具备一定功能的对象。图层可以看作叠放在一起的透明胶片,如果层上没有任何东西,那么便可以透过其直接看到下一层。图层可以分为普通图层、引导层和遮罩层。在时间轴上，每一个小方格就是一个帧。一般来说，帧可以分为关键帧、过渡帧、空白关键帧 3 类。

(6) 几种动画类型的制作。逐帧动画、补间动画、变形动画。逐帧动画由一系列的相关帧构成，其优点是便于进行精确的操作控制，而缺点是需要大量的人工绘制，文件比较大。区别于逐帧动画，补间动画需要满足以下几个条件：至少两个关键帧；关键帧中必包含必要的组合实体；需设定运动渐变的动画方式。

(7) 3D 动画的实现。3D 动画的完成需要建模、材质、动画等环节。3D 建模可分为基础建模和高级建模，2D 维建模、复合几何体建模属于基础建模，多边形建模、面片建模、NURBS 建模属于高级建模，要根据具体的模型采用不同的建模方式。材质可使得模型和场景更逼真，特别是各种贴图通道的灵活应用，可不同程度地增加模型的复杂度。在此基础上，可以采用自动设置关键帧或者设置关键帧模式对模型设置动画，从本质上讲，这两种方式都是关键帧动画。

思考与练习

一、判断题

1. 在 Animate CC 里绘制的图形是向量图。 ( )
2. 用于动画制作的主要工作场所通常称为舞台。 ( )
3. 若要将某一物体由舞台上的一点移动到另一点，则必须将补间动画设定为形状。 ( )
4. 若要将某一图形的背景色改成其他颜色，可先将该图形打散后再用索套工具将背景图改成其他颜色。 ( )
5. 使用者可以先选中多个物体，再按 Ctrl+G 键或执行“修改”→“群组”命令，将多个物体变成一个单一物体。 ( )

二、单选题

1. ( )的工作原理非常类似于过去的翻翻书。
   A. 帧帧动画　B. 角色动画　C. 关键帧动画　D. 路径动画
2. 下列这些图像格式中，支持透明输出的是( )。
   A. gif　B. JPEG　C. TIFF　D. BMP
3. ( )不可存储动画格式。
   A. GIF　B. SWF　C. FLV　D. PNG
4. 在动画制作中一般帧速选择( )。
   A. 30 帧/秒　B. 60 帧/秒　C. 120 帧/秒　D. 90 帧/秒
5. Animate CC 文档中的库存储了在 Animate 中创建的( )以及导入的文件。
   A. 图形　B. 按钮　C. 电影剪辑　D. 元件
6. 下面不属于高级建模方法的是( )。
   A. 复合几何体建模　B. 多边形建模　C. 面片建模　D. NURBS 建模

三、填空题

1. Animate CC 动画的源文件格式是________。
2. 若要创建动画,必须将所在帧设定为________。
3. Animate CC 文件用于播放的文件扩展名是________。
4. 每秒显示的静止帧格数称为________。
5. 要改变某一物体大小时可以选择________工具。
6. 在 3ds Max 中,通过克隆复制的选项方式包括________、________、________。

四、课外实践

1. 任意选择一张风景画,利用遮罩制作一段探照灯动画。
2. 利用工具栏的刷子工具绘制火柴人的不同形态,制作一段简单的火柴人走路效果。

第 7 章　多媒体作品的设计与制作

学习目标

（1）了解多媒体作品的设计过程和设计原则。

（2）理解多媒体作品的界面设计原理。

（3）学会多媒体作品设计与制作的基本方法。

随着多媒体技术的迅猛发展，多媒体创作蒸蒸日上，其动感的影像、美妙的音乐、精致的图像、友善的人机交互等时常令人耳目一新。

多媒体作品又称多媒体应用软件或多媒体应用系统，它是由特定应用领域专家和开发人员利用多媒体编程语言或多媒体创作工具编制的最终软件产品，主要包括多媒体教学软件、培训软件、电子图书、演示系统、多媒体游戏等。

多媒体作品实质上是一种特殊的计算机应用产品，因此，有关计算机应用系统的开发与设计的基本思想、基本方法与原则，也同样适用于多媒体应用系统的开发与设计。但是，与一般计算机软件应用系统不同的是多媒体产品更加强调人性化和视听美，需要开发者具备更多方面的知识和能力，其还有自己独特的工程化设计特点，既需要创意，更强调表现方法的运用。本章主要介绍多媒体应用系统的设计原理以及创作多媒体作品的基本方法。

7.1　多媒体作品设计

7.1.1　多媒体作品的设计过程与设计原则

按照软件工程的思想，多媒体作品（即多媒体应用软件）的设计应遵循“需求分析—设计—编码—测试—运行—维护”的一般过程。实际上，多媒体作品的创作更类似于电影或电视的创作，其许多具体的术语（如脚本、编号、剪接、发行等）都是直接借鉴电影和电视创作的。总体上看，多媒体创作的一般步骤为策划选题、结构设计、建立设计标准和细则、素材选取与加工、制作并生成多媒体作品、系统测试与用户评价、系统维护等，如图 7-1 所示。

1. 策划选题

通常，多媒体作品都是源于某种想法或需要。首先必须定出作品的范围和内容，然后再着手制订计划。

作品的内容往往出于某种应用需要,策划选题则是创作新软件产品的第一阶段,也是软件产品生命周期的一个重要阶段。该阶段的任务就是对整个作品的需求进行评估,确定用户对应用系统的具体要求和设计目标。

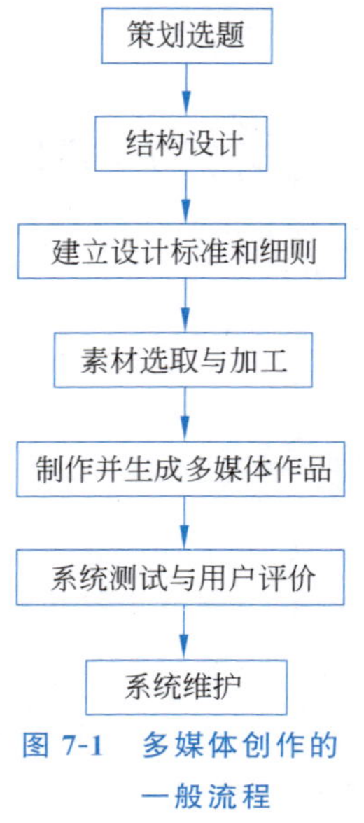

图 7-1 多媒体创作的一般流程

2. 结构设计

策划好选题,确定设计方案后,就要决定如何构造系统。需要强调的是多媒体作品设计后,必须将交互的概念融于项目的设计之中。在确定系统整体结构设计模型之后,还要确定组织结构是线性、层次、网状链接,还是复合型,然后着手脚本设计,绘制导向图,并通过脚本与导向图的良好结合确定如下内容。

(1) 目录主题。即项目的入口点,一旦选定目录主题,即表示同时设定了其他主题内容,所以应以整个项目为一体,形成一致而有远见的设计。

(2) 层次结构和浏览顺序。许多时候,信息所表示的仅是前一屏幕的后续部分而非其他层的信息内容,故需建立浏览顺序,使用户更好地理解内容。

(3) 交叉跳转。通常要连接相关主题,可采用主题词或图标作为跳转区,并指定要转向的主题。但交叉跳转功能需慎重使用,大量跳转便于浏览信息,但也会致使查找过于复杂,而且要花费许多时间检测跳转以保证跳转的正确性。

3. 建立设计标准和细则

在开发应用系统之前必须制定出设计标准,以确保多媒体设计具有一致的内部设计风格。主要标准列举如下。

(1) 主题设计标准。当把表现的内容分为多个相互独立的主题或屏幕时,应当使声音、内容和信息保持一致的形式。例如,要么在一个主题中用移动屏幕的方法来阅读信息,要么限制每个主题的信息量,使其在标准窗口中显示。

(2) 字体使用标准。利用 Windows 提供的字型、字体大小和字体颜色来选择文本字体,使项目易读和美观。

(3) 声音使用标准。选用声音时要注意内容易懂、音量不可过大或过小,并与其他声音采样在质量上保持一致。

(4) 图像和动画的使用。选用图像时,要在设计标准中说明其用途。同时要说明图像的显示方式及其位置,是否需要边框,颜色数,尺寸大小及其他因素。若采用动画则一定要突出动画效果。

在开发应用系统之前制定高质量的设计标准,需要花费一定时间。但按照精心制定的标准工作,不仅会使项目更美观,也更易于使用和推广。

4. 素材选取与加工

多媒体素材的选取与加工是一项十分重要的基础工作。在一般的多媒体系统中,文字的加工工作比较简单,所占的存量也很少,因此在多媒体系统中,基本可以不考虑文字所占用的存储空间。但另外几种媒体信息，例如声音、动画和图像等占用的存储空间就比较大，准备工作也较复杂。其中，图像的处理过程十分关键，不仅要进行剪裁处理，而且还要进行修饰和拼接合并，以得到更好的效果。声音（如音乐和配音）必要时也可以通过合适的编辑进行特殊处理（如回声、放大、混声等）。其他的媒体准备（如动画的制作，动态视频的录入等）也与此类似。最后，这些媒体都必须转换为系统开发环境下要求的存储和表示形式。

5. 制作并生成多媒体作品

在完全确定产品的内容、功能、设计标准和用户使用需求后，要选择适宜的创作工具和方法进行制作，目前的多媒体应用系统开发工具可分为两大类：基于语言的编程开发平台和基于集成制作的创作工具。

在生成应用系统时，则如果采用程序编码设计，则首先要选择功能强、可灵活进行多媒体应用设计的编程语言和编程环境，如 VB、VC++ 和 Java 等。经过编程学习和训练的人才能胜任。有经验的编程人员可较好地完成设计要求，精确地达到设计目标。若采用工程化设计方法，可缩短开发周期。

制作多媒体作品时会面临多媒体压缩、集成、交互及同步等问题，编程设计不仅复杂，而且工作量大，无编程经验的人只能望而却步，因此多媒体创作工具应运而生。虽然各种创作工具的功能和操作方法不同，但都有操作多媒体信息进行全屏幕动态综合处理的能力。根据现有的多媒体硬件环境和应用系统设计要求选择适宜的创作工具，可高效、方便地进行多媒体编辑集成和系统生成工作。

具体的多媒体作品制作任务可分为两个方面：一是素材制作，二是集成制作。素材制作是各种媒体文件的制作。由于多媒体创作不仅媒体形式多，而且数据量大，制作的工具和方法也较多，因此素材的采集与制作需多人分工合作，例如美工人员设计动画，程序设计人员实现制作，摄像人员拍摄视频影像，专业人员配音等。但无论文本录入，图像扫描，还是声音和视频信号采集处理，都要经过多道工序才可能进行集成制作。

集成制作是应用系统最后的生成过程。许多多媒体/超媒体创作工具，实际上都是对已加工好的素材进行最后的处理与合成，因此它们都是集成制作工具。设计者应充分了解使用的创作工具或开发环境并能熟练地操作，才能高效地完成多媒体/超媒体应用系统的制作。

集成制作应尽量采用"原型"和逐渐使之"丰满"起来的手法，即在创意的同时或在创意基本完成之时，先行采用少量最典型的素材对少量的交互性进行"模板"制作。因为多媒体产品的制作受到多种因素的影响，所以大规模的正式批量生产必须在"模板"获得确认后方才进行，而在"模板"的制作过程中，实际上也已经同时解决了将来可能会碰到的各种各样的问题。

在多媒体创作中，一般素材准备占大部分工作量，而集成制作仅占整个工作量的 1/3 左右。在素材编辑量大的情况下，集成创作工具的更是只占整个工作量的 1/10 左右。目前绝大部分创作工具软件都基于 Windows 环境，其中许多创作工具还针对多媒体应用程序提供了创作模式，因此这些不同的模式会影响使用其开发的多媒体应用程序的特征。

6. 系统测试与用户评价

多媒体系统创建好之后，一定要进行系统测试。系统测试的工作相当烦琐，测试的目的是发现程序中的错误。测试工作从系统设计一开始就可进行,在开发周期的每个阶段,每个模块都要经过单元测试和功能测试。模块连接后还要进行总体功能测试。

可执行的版本经测试、修改后形成一个可用的版本,便可投入试用。而后在应用中再不断地清除错误,强化软件的可用性、可靠性及功能。最后经过一段时间的试用、完善,便可进行商品化包装及上市发行。

软件发行后,测试还应继续进行。这些测试应包括可靠性、可维护性、可修改性、效率及可用性等。其中可靠性是指程序执行的结果和预期一样,而且前后两次执行的结果相同;可维护性是指即便其中某一部分有错,仍然可以容易地更正之;可修改性是指系统可以根据新的环境,随时适应性地增减和更改其中的功能;效率则是指程序执行时不会占用过多的资源或时间;可用性是指产品可以达成用户提出的全部要求。

经过上述应用测试后,再进行用户满意度分析,进而详细整理并去除影响用户满意的因素,便可完成开发过程。

7. 系统维护

软件交付使用后,可能由于在开发时期需求分析得不彻底,或测试与纠错不彻底,系统仍存在一些潜藏的错误,某些功能需要进一步完善和扩充,因此要进行维护、修改工作,以延长系统的生命周期。软件维护的内容有改正性(纠错性)维护、适应性维护、完善性维护和预防性维护等。

7.1.2 人机界面设计

人机界面是指用户与多媒体应用系统交互的接口,人机界面设计是多媒体设计中需要详细设计的内容。由于多媒体系统最终是以一幅幅界面的形式呈现的,因此人机界面设计在多媒体系统的开发与实现中占有非常重要的地位。

1. 界面设计的一般原则

通常,人机界面设计应遵循下列基本原则。

(1) 用户为中心的原则。界面设计应该适合用户需要。用户分各种类型,例如按照对使用计算机的熟练程度,可分为专家、初学者和几乎未接触过计算机的外行;按照用户的特点,可分为青少年、学生和其他不同的人群等。在设计界面时,需要对用户作基本的分析,了解他们的思维、生理和技能方面的特点。

(2) 最佳媒体组合的原则。多媒体界面的优点之一就是能运用各种不同的媒体,以恰如其分的组合有效地呈现需要表达的内容。一个界面的表述形式是否最佳,不在于它使用的媒体种类有多丰富,而在于选择的媒体是否恰当、内容的表达是相辅相成还是互相干扰。

(3) 减少用户负担的原则。一个设计良好的人机界面不仅赏心悦目,而且能使用户在操作中减少疲劳,轻松操作。为此,窗口布局、控件设置、菜单选项、帮助、提示都要一目了然,并尽可能采用人们熟悉的、与常用平台一致的功能键和屏幕标志,以减少用户的记忆负担。恰到好处的超级链接可为用户检索相关的信息提供捷径,也可减轻用户的操作负担。

2. 界面设计的指导规则

在多媒体作品中，多媒体教学软件占有重要地位。这类软件多属于内容驱动软件，其中出现最多的是内容显示界面，此外还可能包含数据输入界面以及各类控制界面。以下介绍在实现内容显示界面时，屏幕布局、使用消息和颜色等应该遵守的指导规则。

1）屏幕的布局

无论何种界面，屏幕布局必须均衡、顺序、经济、符合规范。具体要求如下。

（1）均衡：画面要整齐协调、均匀对称、错落有致，而不是杂乱无章。

（2）顺序：屏幕上的信息应由上而下、自左至右地依序显示，整个系统的信息应按照逐步细化的原则一屏屏地显示。

（3）经济：力求以最少的数据显示最多的信息，避免信息冗余和媒体冗余。

（4）规范：窗口、菜单、按钮、图标呈现格式和操作方法应尽量标准化，使对象的执行结果可以预期；各类标题、各种提示应尽可能采用统一的规范等。

2）文字的表示

文字是一种重要的语言表达形式。在显示内容时，文本也是显示消息的重要手段。文字与其他的媒体相配合，可形成一种反映多媒体作品的结构、强化多媒体作品的内容、说明多媒体作品过程的独特的语言形态。文字不是多媒体作品的重复，而是对多媒体作品要点的强调。其一般规则主要有以下几点：

（1）简洁明了，多用短句。

（2）关键词采用加亮、变色、特殊字体等强化效果，以吸引关注。

（3）对长文字可分组、分页，避免阅读时滚动屏幕（尤其是左右滚屏）。

（4）英文标注宜用小写字母。

3）颜色的选用

好的颜色搭配可美化屏幕，减轻观者的视疲劳。但过度使用颜色也会增强对观者视感不必要的刺激。页面构设中常使用文字、图形、图像、动画、视频 5 种媒体，每一种媒体都与色彩有关。在设计多媒体作品的页面时，对色彩的处理必须谨慎，不能只凭个人对色彩感觉的好恶来表现，而要根据内容的主次、风格及学习对象来选择合适的色彩作为主体色调。例如，活泼的内容常以鲜艳、亮丽的色调来表现；政治、文化类的内容多以暖色、绿色来衬托；一些科技类及专业的内容则以蓝色、灰色来定调。

一般来说，一部多媒体作品要有一个整体基调，不管层次多么复杂，整体基调不能变，否则多媒体作品的内容首先从页面上失去了整体感，从而显得杂乱无章、基调和风格不统一了。

通常情况下，颜色的使用有以下几点注意事项。

（1）牢记彩色与单色各自的特点。彩色悦目，但单色能更好地分辨细节，不要一味地排斥单色。

（2）同一屏幕中使用的色彩不宜过多，同一段文字一般用同一种颜色。

（3）前景与活动对象的颜色宜鲜艳，背景与非活动对象的颜色宜暗淡。

（4）除非想突出对比，否则不要把不兼容的颜色对（如红与绿、黄与蓝等）一起使用。

（5）提示信息宜采用日常生活中惯用的颜色。例如，用红色代表警告；用绿色表示通行；提醒注意用白、黄或红色的“！”号等。

3. 界面设计的评价

良好的界面设计不仅能产生良好的视觉效果，而且能使问题表达更形象化，同时还能增加系统的产品价值。因此，在多媒体作品的开发设计中，必须要重视界面设计，遵循上述原则，进行界面评价或评审，并且评价或评审要贯穿系统开发的各个阶段。评价或评审界面设计时，主要从以下几个方面展开。

(1) 界面设计是否有利于完成系统目标。

(2) 界面的操作和使用是否方便、快捷。

(3) 界面使用效率是否高。

(4) 界面是否美观、简洁。

(5) 界面设计是否违背了上述某条原则。

(6) 用户是否满意界面设计，不满意的地方有哪些。

(7) 界面设计还存在哪些潜在问题。

通过长时间和多人次的使用，统计界面设计的稳定性指标、出错率、响应时间、环境及其各设备的使用率等数据，以此判断界面设计的优劣。

7.1.3 多媒体创作工具

多媒体创作工具是多媒体应用系统开发的基础，随着多媒体应用系统需求的日益增长，多媒体创作工具越来越受重视，发展得十分迅速。

创作工具是在系统集成阶段广泛使用的一种多媒体软件工具，其目的是简化多媒体系统的编码过程。作为一种支持可视化程序设计的开发平台，它一般能在输入多种媒体元素(即多媒体素材)的基础上，为软件工程师提供一个自动生成程序代码的基本环境。由于其命令通常被设计成图标或菜单命令等形式，因此易学易用，用户不需要或很少需要自己编程，从而大大简化了多媒体系统的实现过程。

1. 创作工具的功能

一个理想的多媒体创作工具要求具备以下功能。

(1) 提供良好的编程环境。除了一般编程工具所具有的流程控制能力以外，多媒体创作工具还应具有对多媒体数据流的编排与控制的能力，包括空间分布、呈现顺序和动态文件输入和输出能力等。

(2) 输入和处理各种媒体素材的能力。通常，媒体素材由单一媒体的素材准备软件完成，而创作工具则主要负责素材的整合和集成。因此，创作工具应具有将各种不同格式媒体数据文件输入/输出的能力，并能通过键盘、剪贴板等工具，在创作工具和单个媒体编辑软件之间实现数据交换。

正确处理相关媒体(如动画文件及其配音文件)之间的“同步”关系，也是创作工具的一项重要功能。为此，创作工具通常都具有设定各种媒体的位置和播放顺序的能力，使集成后的整个节目能按照同步信息正确地播放。

(3) 支持超级链接。超级链接是帮助多媒体系统实现网状结构的关键技术，它提供快

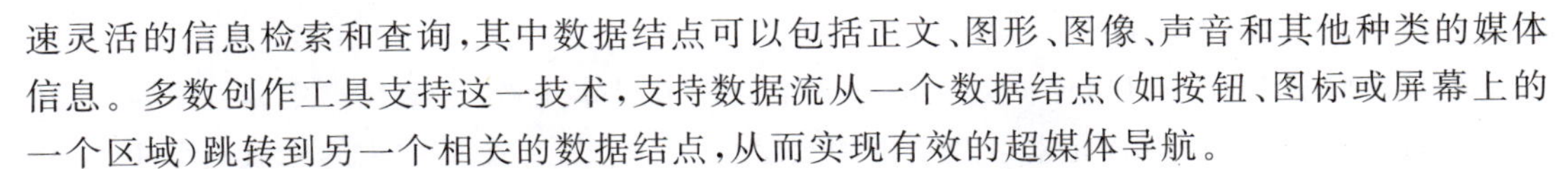

速灵活的信息检索和查询，其中数据结点可以包括正文、图形、图像、声音和其他种类的媒体信息。多数创作工具支持这一技术，支持数据流从一个数据结点（如按钮、图标或屏幕上的一个区域）跳转到另一个相关的数据结点，从而实现有效的超媒体导航。

（4）支持应用程序的动态链接。除了上述数据之间的链接外，许多创作工具还支持把外部应用程序与用户自创的应用程序相链接。换句话说，它们允许用户将外部多媒体应用程序接入自己开发的多媒体系统，向外部程序加载数据，然后返回自己的程序。这种动态链接可以方便地扩充所开发系统的功能。

（5）标准的人机界面。因为创作工具的用户多为不熟悉程序设计的非专业人员，所以创作工具总是把界面友好性放在第一位，只有易学易用，用户才能把主要精力集中到脚本的创意和设计上。创作工具的人机界面十分重视支持交互功能，方便操作，尽可能为用户提供一个标准的、所见即所得的可视化开发环境。

综上所述，多媒体创作工具的特点可以归纳为突出集成性、交互性和标准化等几个方面。

2. 多媒体创作工具

每种多媒体创作工具都提供了不同的应用开发环境，都具有各自的功能和特点，并适用于不同的应用范围。目前市场上流行的大多数创作工具一般仅具备前文所述的部分功能，而且各有所长。以下介绍几种常见的创作工具类型及其主要优、缺点。

（1）基于流程图的创作工具。这类工具的集成作品按照流程图的方式进行编排。它将流程图作为作品的主线，把各种数据或事件元素（如图像、声音或控制按钮）以图标的形式逐个接入流程线中，并集成为完整的系统。打开每个图标，将显示一个用于输入相应的内容的对话框。在这里，图标所代表的数据元素既可以预先用素材编辑工具来制作，也可以事先从系统提供的图标库中选择，然后用鼠标拖至工作区中的适当位置。

这类工具的优点是集成的作品具有清晰的框架，流程一目了然。整个工具采用"可视化创作"的方式，易学易用，无须编程，常用于制作教学软件。缺点是当多媒体应用软件规模很大时，图标及分支增多，复杂性增大。属于这类创作工具的有 Authorware、IconAuthor 等。

（2）以时间线为基础的创作工具。基于时基的多媒体创作工具所制作出来的节目，以可视的时间轴来决定事件的顺序和对象上演的时间。这种时间轴包括许多轨道或频道，以便安排多种对象同时展现。它还可以通过编程控制转向某个序列中任意位置的节目，从而增加导航功能和交互控制。通常，基于时基的多媒体创作工具中都具有一个控制播放的面板，它与一般录音机的控制面板类似。在这些创作系统中，各种成分和事件按时间路线组织。

这类工具的优点是能把抽象的时间转换为看得见的时间线，轻松预测各种数据媒体的出现时间，操作简便、形象直观。在一个时间段内，可任意调整多媒体素材的属性，如位置、转向等。但是若要对每个素材的展现时间做出精确安排，则调试工作量会激增，并且其对作品交互功能的支持不如前一类创作工具，故一般多用于制作对交互性要求不高的影视片与商业广告。这类多媒体创作工具的典型代表有 Animate CC 和 Director 等。

（3）基于页面或卡片的创作工具。基于页面或卡片的多媒体创作工具提供了一种可以将对象与页面或卡片连接的工作环境。一页或一张卡片便是数据结构中的一个结点，它类似于教科书中的一页或数据袋内的一张卡片。只是这种页面或卡片的数据比教科书上的一页或数据袋内一张卡片的数据类型更为多样化。在这类创作工具中，可以将这些页面或卡片连接成有序的序列。

这类多媒体创作工具以面向对象的方式来处理多媒体元素,这些元素用属性来定义,用剧本来规范,允许播放声音元素以及动画和数字化视频节目。在结构化的导航模型中,可以根据命令跳至所需的任何一页,形成多媒体作品。其优点是组织和管理多媒体素材方便,通常具有很强的超级链接功能,所设计的系统有比较大的弹性,适于制作各种电子出版物。缺点是当处理的内容非常多时,会因卡片或页面数量过大,而不利于维护与修改。这类多媒体创作工具典型代表有 Asymetrix 公司的 ToolBook 和 Machintosh 公司的 Hypercard 等。

(4) 基于对象的可视化编程语言的多媒体创作工具。以上 3 类创作工具的共同特点是由工具代替用户编程来进行多媒体作品的开发。但是大多数创作工具会限制设计的灵活性和设计者的创新,因为创作工具使用的命令通常是比较高级的"宏"命令,其灵活性不一定能满足系统的全部功能。要在项目设计上拥有很高的灵活性和创造性,就应采用编程语言做工具,这需要对语言及开发环境有相当的了解和较丰富的编程经验。从原则上讲,越是低级的语言或软件表达能力越强,但编码工作量也越大。微软公司的 VB、VC++、Borland 公司的 C++ 等都是其中著名的代表。

7.2 多媒体作品设计与制作案例

本节介绍一个综合多媒体作品"皮影之光"交互课件的设计与制作。首先进行需求分析,搜集和整理有关文档、图像及视音频资料,然后根据主题需要设计并对相关素材进行加工处理,最后根据设计框架,应用 Animate CC 进行集成制作。

7.2.1 作品规划与设计创意

皮影是我国优秀的非物质文化遗产之一,历史悠久,内容丰富。为了弘扬民族文化,让更多青少年了解非物质文化遗产,形成全社会学习、保护皮影非物质文化遗产的环境和氛围,本节特设计和制作了皮影之光作品。

好的故事离不开一个绚丽的片头,虽然不能做到 21th Century Fox 或 Walt Disney 公司那么经典,但值得尽力而为。片头动画结束后,进入地图页面,切换到主场景。为了使皮影之光交互课件呈现轻松愉快的气氛,可配上和主题比较贴切的背景音乐,同时贴合不同人的需求添加自由暂停和播放背景音乐的控制按钮。主场景提供 4 个导航按钮,单击导航可分别进入"地图"及其下属的"皮影小讲堂""皮影制作坊""皮影大剧场"模块。各个模块页面都有返回、背景音乐控制和导航,具有较强的交互性,具体的框架结构如图 7-2 所示。

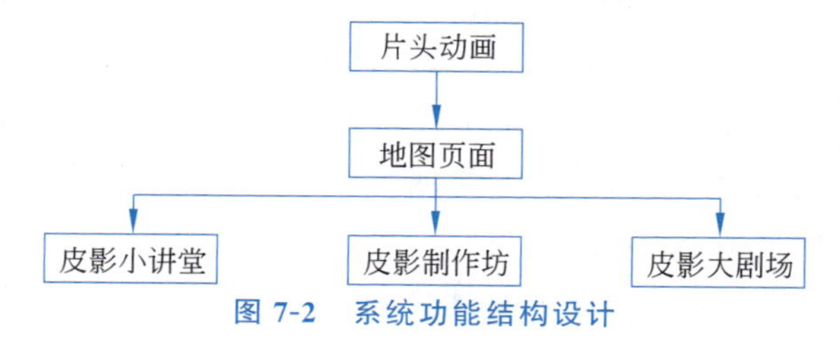

图 7-2 系统功能结构设计

7.2.2 “皮影之光”交互作品制作

根据作品框架结构图，采用 Animate CC 进行开发，其具体制作步骤如下。

(1) 在 Animate CC 中新建文档，选择 ActionScript 3.0，将宽设为 1920 像素，高设为 1080 像素，其他保持默认设置，如图 7-3 所示。

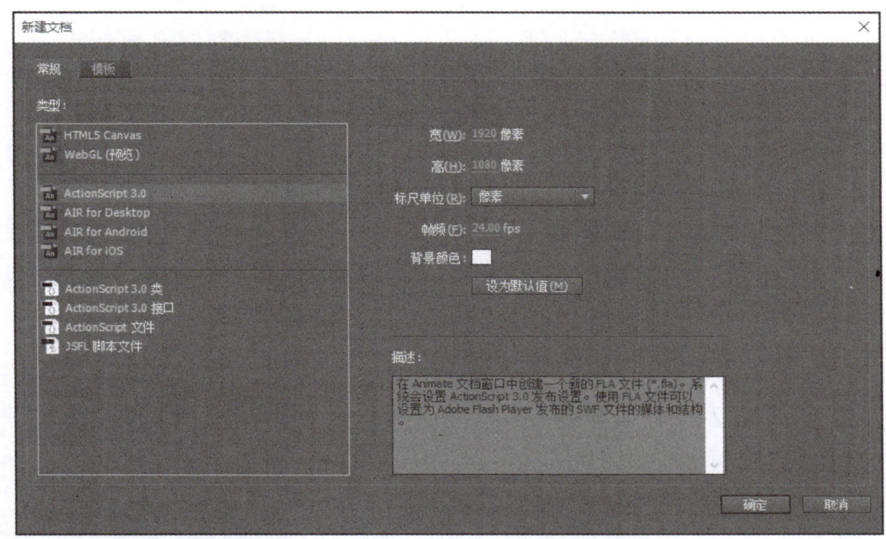

图 7-3 新建文档设置

由于作品使用到了较多的图形，因此可提前将图形插入库面板，并按照各个模块进行整理，如图 7-4 所示。读者可以直接双击“PYZG.fla”文件进行编辑。

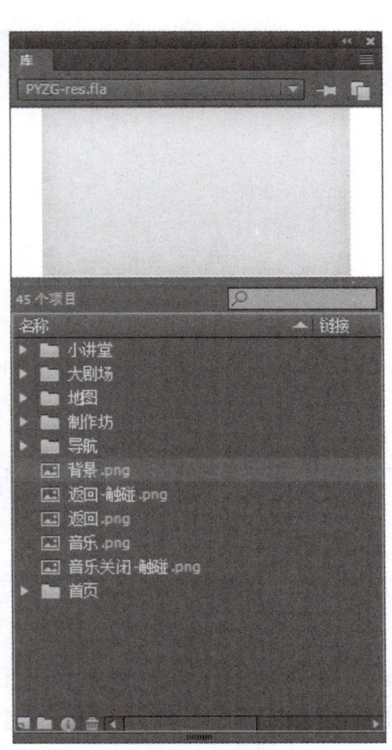

图 7-4 库面板

(2) 从库面板中拖动“背景.png”图片到图层 1 第 1 帧，将图层重命名为“背景”，打开属性面板，选中背景图片，设置 X：0，Y：0。然后将库面板中的“山 1.png”“山 2.png”“山 3.png”3 张图片拖动到背景图层，如图 7-5 所示。

(3) 新建图层，重命名为“片头动画”，把库面板“片头动画”文件夹中的“皮影之光”图片拖入舞台，并设置 X：465，Y：180，选中图片，右击并选择“转换为元件”命令，在打开的对话框中取名“片头动画-影片剪辑”，如图 7-6 所示，最后单击“确定”按钮，效果如图 7-7 所示。

(4) 双击舞台上的皮影之光影片剪辑进入编辑，将图层重命名为“logo”，并制作帧数为 20 帧的传统补间动画，选中第 1 帧上的内容，在属性面板中设置 Alpha(透明度)为 0，如图 7-8 所示。

(5) 新建两个图层，分别取名为“左人物”和“右人

图 7-5 背景图层效果

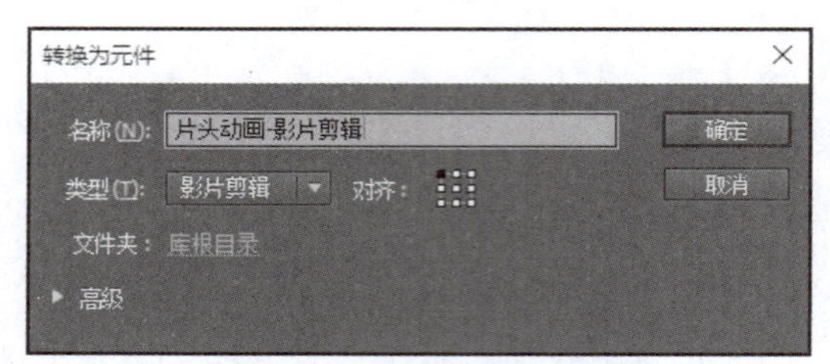

图 7-6 片头动画影片剪辑

物”,从库面板中将“左人物.png”和“右人物.png”拖到对应图层,并制作帧数为10帧的传统补间动画,选中第1帧上的内容,在属性面板中设置Alpha为0。

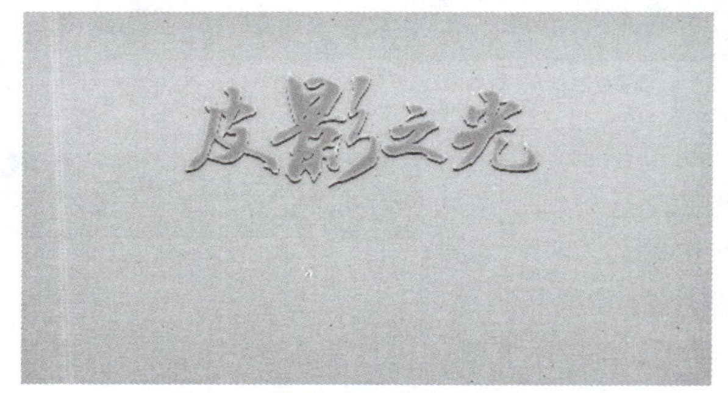

图 7-7 片头动画影片剪辑效果

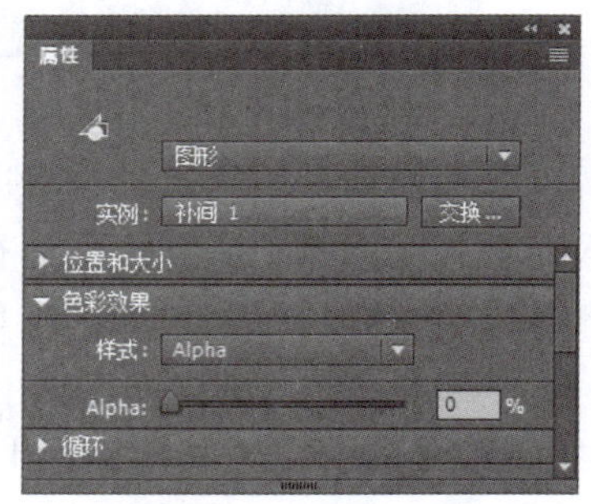

图 7-8 透明度设置

(6) 新建图层,重命名为“树”,从库面板中将“树-左.png”和“树-右.png”拖到图层第1帧,并制作帧数为10帧的传统补间动画,选中第1帧的内容,在属性面板中设置Alpha为0。

(7) 新建图层,重命名为“开始按钮”,从库面板中将“开始教学.png”拖到图层第1帧,选中图片,右击并选择“转换为元件”命令,在打开的对话框中设置名称为“开始学习-按钮”,在“类型”下拉列表框选择“按钮”,单击“确定”按钮。双击按钮,选择“按下”,按F6键插入关键帧,然后将“开始教学-触碰.png”拖到“按下”帧,如图7-9所示。

图 7-9 开始学习按钮

(8) 回到片头动画影片剪辑,选择“开始学习”按钮所在的第1帧,将其拖动到第15帧,选择“开始学习”按钮,在属性面板中设置实例名称为“startBtn”;新建图层,并取名为“as”,图层效果如图7-10所示,舞台效果如图7-11所示。

(9) 选择“as”图层第20帧,按F6键插入关键帧,按F9键打开动作面板,输入如下代码。

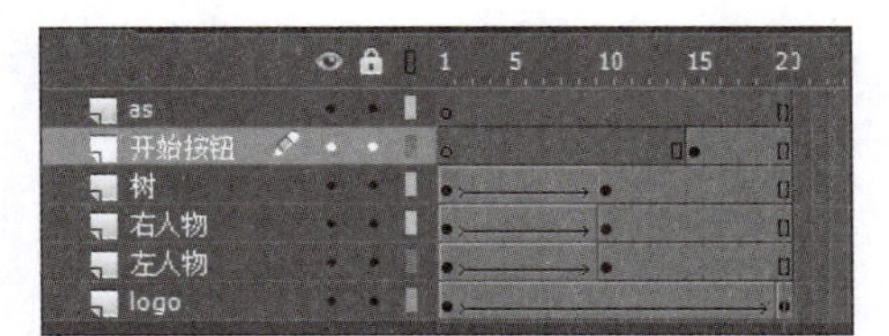

图 7-10　图层效果

图 7-11　舞台效果

```
stop();                                             //停止
import flash.events.MouseEvent;                     //导入鼠标事件
//startBtn 按钮添加鼠标单击事件侦听器
startBtn.addEventListener(MouseEvent.CLICK, funJump);
//创建 funJump 侦听函数
function funJump(e: MouseEvent) {
    //跳转到主场景并在第 2 帧停止
    MovieClip(root).gotoAndStop(2);
}
```

（10）回到主场景，新建图层，并重命名为“as”，选择第 1 帧，按 F9 键打开动作面板，输入 stop()命令，如图 7-12 所示。

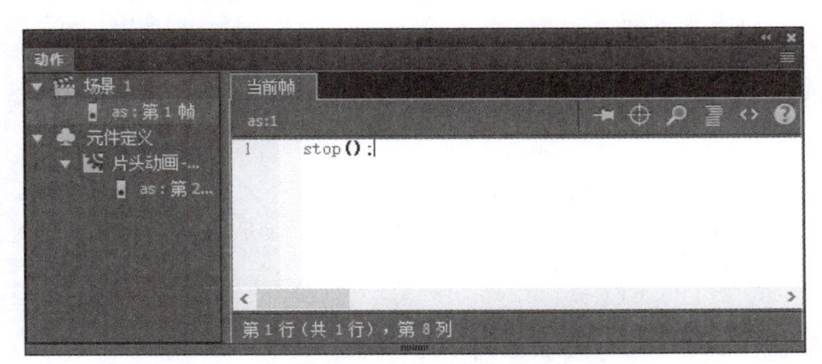

图 7-12　stop()命令

（11）选择“背景”图层第 5 帧，按 F5 键插入帧；新建图层，并重命名为“地图”，选择第 2 帧，按 F6 键插入关键帧，然后拖入库面板中“地图”文件夹下的“地图背景.png”，如图 7-13 所示。

（12）选中地图，右击并选择“转换为元件”命令，在打开的对话框中设置名称为“地图-影片剪辑”，在“类型”下拉列表框选择“影片剪辑”，单击“确定”按钮。双击打开地图影片剪辑，重命名图层为“地图”，并制作帧数为 20 帧的传统补间动画，选中第 1 帧上的内容，在属性面板中设置 Alpha 为 0。

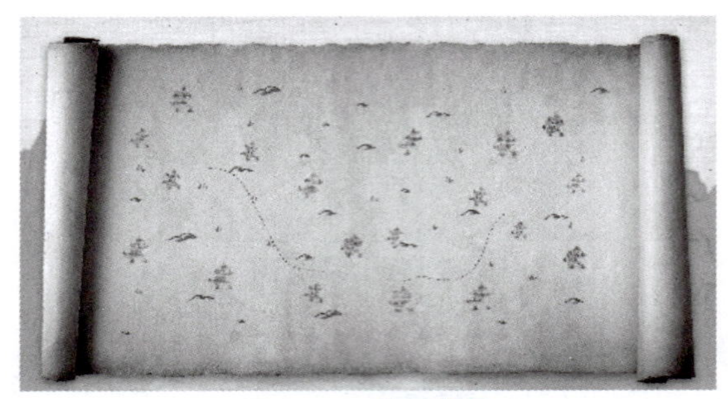
图 7-13 地图背景

(13) 新建图层,重命名为“地图按钮”,选中第 20 帧,按 F6 键插入关键帧,并将库面板中的“小讲堂.png”“大剧场.png”“制作坊.png”3 张图片拖到对应的位置,选中小讲堂图片,右击并选择“转换为元件”命令,取名为“小讲堂-按钮”,在“类型”下拉列表框中选择“按钮”,单击“确定”按钮;然后双击编辑按钮,选择后 3 帧,按 F6 键插入关键帧,选择第 2 帧,将图片适当放大,如图 7-14 所示。

(14) 按照相同的方法,完成大剧场和制作坊按钮的制作,然后在属性面板中分别将“小讲堂”“大剧场”“制作坊”3 个按钮的实例名称设置为“xjtBtn”“djcBtn”“zzfBtn”,完成后效果如图 7-15 所示。

图 7-14 小讲堂-按钮

图 7-15 地图影片剪辑效果

(15) 新建图层,重命名为“as”,选择第 20 帧,按 F9 键打开动作面板,输入如下代码。

```
stop() ;
import flash.events. MouseEvent ;
//为 xjtBtn、djcBtn、zzfBtn 这 3 个按钮添加按钮单击侦听事件,单击后分别跳转到
//主场景并停止播放到第 3、4、5 帧
xjtBtn.addEventListener(MouseEvent.CLICK, funXjt);
function funXjt(e: MouseEvent) {
    MovieClip(root).gotoAndStop(3);
}
djcBtn.addEventListener(MouseEvent.CLICK, funDjc);
function funDjc(e: MouseEvent) {
    MovieClip(root).gotoAndStop(4);
}
zzfBtn.addEventListener(MouseEvent.CLICK, funZzf);
function funZzf(e: MouseEvent) {
    MovieClip(root).gotoAndStop(5);
}
```

(16) 新建图层，重命名为“导航”，选择第 3 帧，按 F6 键插入关键帧，拖入库面板中的“导航-未展开.png”图片，放置在舞台左下角，右击并选择“转换为元件”命令，设置名称为“导航-影片剪辑”，在“类型”下拉列表框中选择“影片剪辑”，单击“确定”按钮。然后双击打开导航影片剪辑，重命名图层名为“导航图片”，右击并选择“转换为元件”命令，命名为“导航-按钮”，在属性面板中将实例名称设置为“navBtn”；选择第 2 帧，按 F6 键插入关键帧，拖入库面板中的“导航-展开.png”图片，删除“导航-未展开.png”；复制第 1 帧，选择第 10 帧，执行“粘贴帧”命令，选择第 18 帧，按 F5 键插入帧，图层效果如图 7-16 所示。

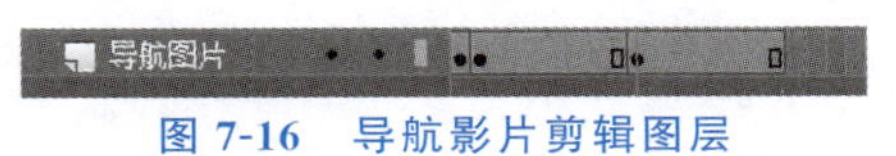

图 7-16 导航影片剪辑图层

(17) 新建 4 个图层，分别重命名为“讲堂”“制作坊”“大剧场”“地图”，连续选择 4 个图层第 2 帧，按 F6 键插入关键帧，将库面板中的“小讲堂.png”“皮影制作坊.png”“皮影剧场.png”“地图.png”图片分别拖放到对应的图层，置于适当的位置，如图 7-17 所示。然后将 4 张图片转换为 4 个按钮，设置名称为“小讲堂-按钮”“制作坊-按钮”“大剧场-按钮”“地图-按钮”，并在属性面板中设置实例名称为“xjtBtn”“zzfBtn”“djcBtn”“dtBtn”；然后连续选中 4 个按钮图层的第 10 帧，按 F6 键插入关键帧，创建传统补间动画，并将最后 1 帧的图片设置到合适的位置，如图 7-18 所示；复制 4 个图层的第 2 帧，连续选中第 17 帧，然后执行粘贴帧，并创建传统补间动画，图层效果如图 7-19 所示。

图 7-17 导航 4 个按钮起始帧

图 7-18 导航 4 个按钮结束帧

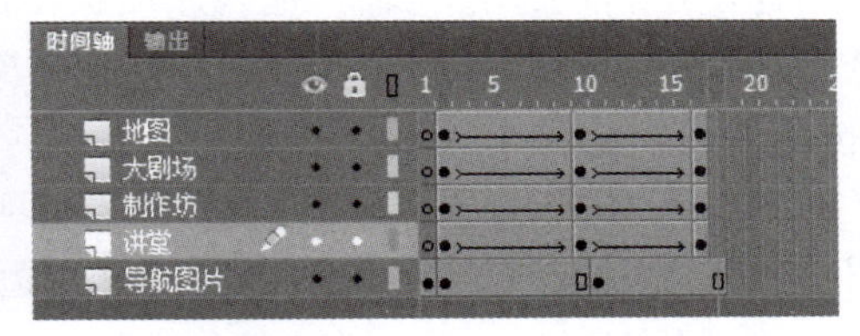

图 7-19 导航 4 个按钮时间轴

(18) 新建图层，重命名为“as”，按 F9 键打开动作命令窗口，输入如下代码：

```
stop();
import flash.events.MouseEvent;
//navBtn 添加鼠标单击事件侦听，单击按钮后播放第一帧
navBtn.addEventListener(MouseEvent.CLICK, navFun);
function navFun(e: MouseEvent) {
    gotoAndPlay(1);
}
```

(19) 选择第 10 帧，按 F6 键插入关键帧，按 F9 键打开动作命令窗口，输入如下代码：

```
stop();
import flash.events.MouseEvent;
//为 dtBtn、xjtBtn、djcBtn、zzfBtn 这 4 个按钮添加按钮单击侦听事件，单击后分别跳转到主场
//景并停止播放到第 2、3、4、5 帧
dtBtn.addEventListener(MouseEvent.CLICK, mapFun);
```

```
function mapFun(e: MouseEvent) {
    gotoAndPlay(11);
    MovieClip(root).gotoAndStop(2);
}
xjtBtn.addEventListener(MouseEvent.CLICK, jtFun);
function jtFun(e: MouseEvent) {
    gotoAndPlay(11);
    MovieClip(root).gotoAndStop(3);
}
djcBtn.addEventListener(MouseEvent.CLICK, jcFun);
function jcFun(e: MouseEvent) {
    gotoAndPlay(11);
    MovieClip(root).gotoAndStop(4);
}
zzfBtn.addEventListener(MouseEvent.CLICK, zzfFun);
function zzfFun(e: MouseEvent) {
    gotoAndPlay(11);
    MovieClip(root).gotoAndStop(5);
}
```

(20) 新建图层,重命名为"小讲堂",选择第3帧,按F6键插入关键帧,拖入库面板中的"小讲堂背景.png"图片,右击并选择"转换为元件"命令,设置名称为"小讲堂-影片剪辑",在"类型"下拉列表框中选择影片剪辑,单击"确定"按钮。双击打开元件,重命名图层名为"背景",新建图层,重命名"卷轴",拖入库面板中的"卷轴.png"图片,右击并选择"转换为元件"命令,设置名称为"皮影起源-影片剪辑",在"类型"下拉列表框中选择"影片剪辑",单击"确定"按钮。

双击打开"皮影起源-影片剪辑",按Ctrl+B键打散图片,用鼠标选择左边卷轴立柱,新建图层并粘贴到当前位置,同样方法选择右边卷轴立柱粘贴到新图层,并创建20帧的传统补间动画,制作卷轴立柱分别向左右拉开动画,时间轴如图7-20所示。

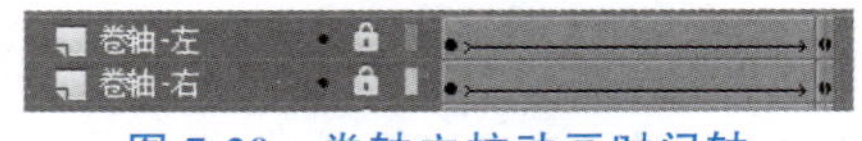

图7-20 卷轴立柱动画时间轴

新建图层,输入"皮影起源"文本,新建图层,制作20帧矩形左右展开的动画,用于遮罩层,时间轴效果如图7-21所示。第1帧和第20帧的舞台效果如图7-22所示。

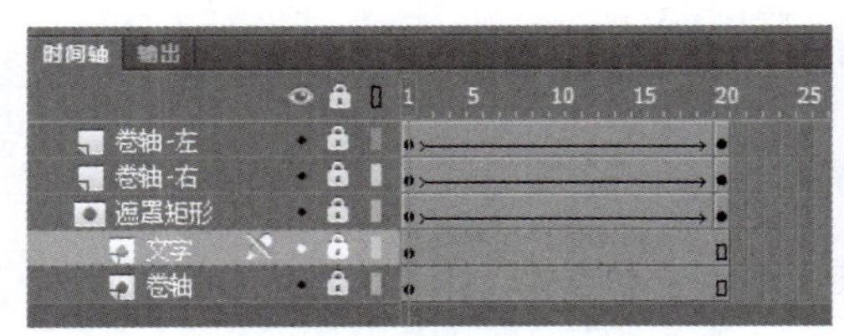

图7-21 卷轴动画时间轴

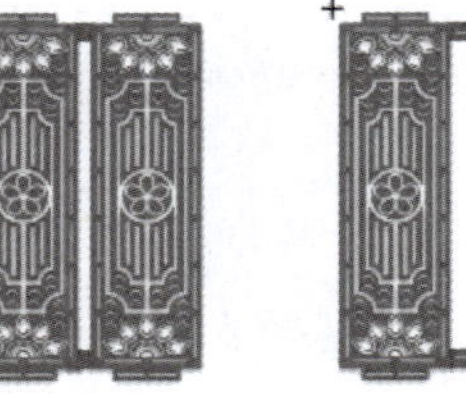

图7-22 卷轴起始动画效果

新建as图层,选择20帧,按F6键插入帧,按F9键打开动作面板,输入stop()命令。

(21) 选择库面板中的"皮影起源-影片剪辑",右击选择"直接复制"命令,如图7-23所示,设置名称为"皮影习俗-影片剪辑",将影片剪辑拉到舞台,双击进行编辑,将文字图层的内容改成“皮影习俗”，使用相同的方法完成“皮影人物”和“学堂测试”的制作。

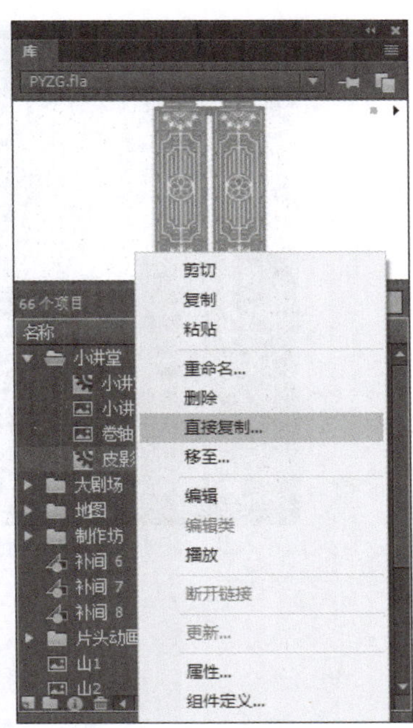

图 7-23　直接复制影片剪辑

(22) 回到主场景，新建图层，重命名“制作坊”，选择第 4 帧，按 F6 键插入关键帧，拖入库面板中的“制作坊背景.png”图片，右击并选择“转换为元件”命令，设置名称为“制作坊-影片剪辑”，在“类型”下拉列表框中选择“影片剪辑”，单击“确定”按钮。双击打开元件，重命名图层名为“背景”，新建图层，重命名为“令牌”，从库面板中将“制作流程”“影人制作”“影台制作”“测试”4 张图片拖入该图层第 1 帧，按 Ctrl+K 键打开对齐面板，选择图片进行上对齐和水平平均间隔设置，完成后如图 7-24 所示。

为令牌图层制作 20 帧传统补间动画，设置第 1 帧内容的 Alpha 为 0，新建 as 图层，在第 20 帧处插入关键帧，并输入 stop()命令，完成后时间轴效果如图 7-25 所示。

(23) 回到主场景，新建图层，重命名“大剧场”，选择第 5 帧，按 F6 键插入关键帧，拖入库面板中的“剧场背景.png”图片，右击并选择“转换为元件”命令，设置名称为“大剧场-影片剪辑”，在“类型”下拉列表框中选择“影片剪辑”，单击“确定”按钮。双击打开元件，重命名图层名为“背景”，新建图层，重命名为“视频”，打开组件面板，拖动 FLVPlayback 组件到舞台，如图 7-26 所示。

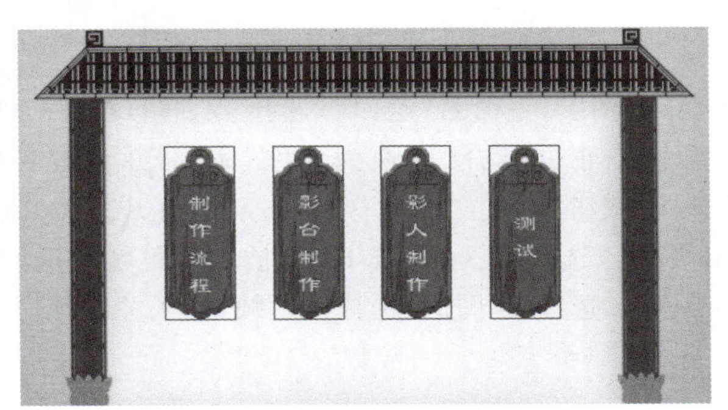

图 7-24　制作坊内容设置

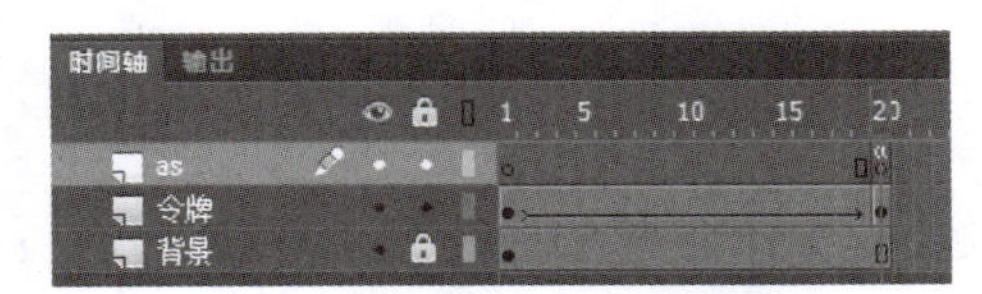

图 7-25　制作坊时间轴设置

选择舞台上的组件，在属性面板中设置 source 属性，选择视频文件，设置路径，如图 7-27 所示。

新建图层，重命名为“文字”，输入“《盗马关》”，完成后的舞台效果如图 7-28 所示。

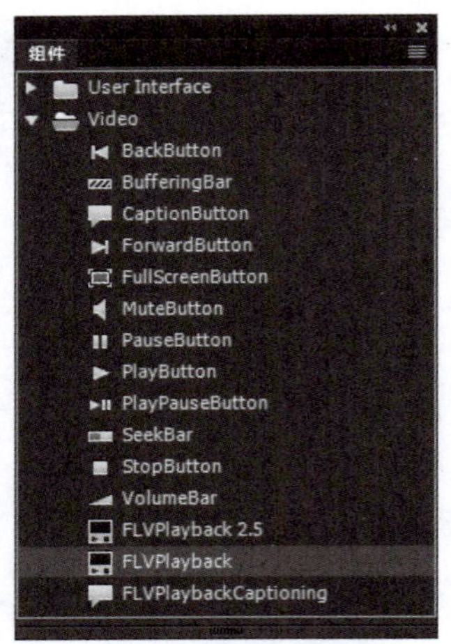

图 7-26 视频播放组件面板

图 7-27 视频路径设置

图 7-28 大剧场舞台

(24) 回到主场景,新建图层,重命名"返回",选择第 2 帧,按 F6 键插入关键帧,拖入库面板中的"返回.png"图片,右击并选择"转换为元件"命令,并设置名称为"返回-按钮",在"类型"下拉列表框中选择"按钮",单击"确定"按钮。双击打开元件,选择第 2 帧,拖入库面板中的"返回-触碰.png"图片,选择第 3 帧,按 F6 键插入关键帧。返回主场景,在属性面板中设置实例名称"backBtn"。选择 as 图层,选择第 2 帧,插入关键帧,打开动作面板,输入如下代码:

```
backBtn.addEventListener(MouseEvent.CLICK, funBack);
function funBack(e: MouseEvent) {
    gotoAndStop(2);
}
```

(25) 回到主场景,新建图层,重命名"音乐控制",拖入库面板中的"音乐.png"图片,右击并选择"转换为元件"菜单,设置名称为"音乐控制-按钮",在"类型"下拉列表框中选择"按钮",单击"确定"按钮。双击打开元件,选择第 2 帧,拖入库面板中的"音乐关闭-触碰.png"图片,选择第 3 帧,按 F6 键插入关键帧。返回主场景,在属性面板中设置实例名称"btnSound"。选择 as 图层,选择第 1 帧,插入关键帧,打开动作面板,输入如下代码:

```
stop();
//定义变量 pausePoint 用于记录音乐播放的位置
var pausePoint: Number = 0. 00;
//实例化 URLRequest 对象,用于加载外部音乐文件
var url: URLRequest = new URLRequest("bgMusic.mp3");
//实例化 SoundChannel 对象,用于控制音乐
var soundChannel: SoundChannel = new SoundChannel();
//实例化 Sound 对象
var mySound: Sound = new Sound();
//加载音乐
mySound.load(url);
//创建鼠标侦听事件
btnSound.addEventListener(MouseEvent.CLICK, onCLICK);
//播放音乐
soundChannel = mySound.play();
//定义音乐播放还是关闭控制变量
var isplaying = true;
function onCLICK(e: MouseEvent) {
    if (isplaying) {
        //用 pausePoint 变量记录音乐停止位置
        pausePoint = soundChannel.position;
        //停止音乐
        soundChannel.stop();
        isplaying = false;
    } else {
        //从 pausePoint 位置播放音乐
        soundChannel = mySound.play(pausePoint);
        isplaying = true;
    }
}
```

(26) 完成后的时间轴如图 7-29 所示。

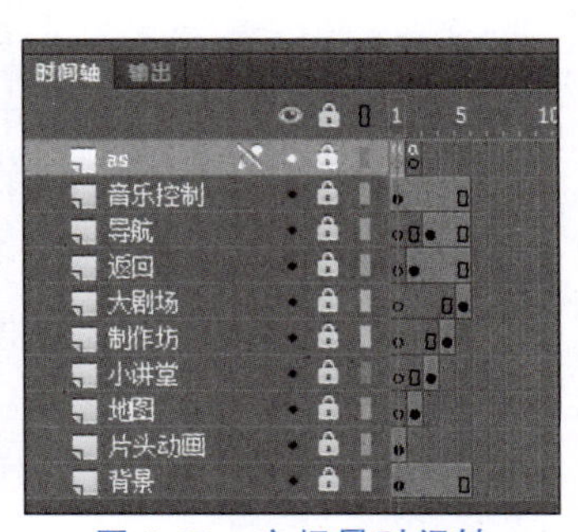

图 7-29　主场景时间轴

7.3　本章小结

本章介绍了多媒体作品的创作流程,以及与多媒体开发相关的开发过程和创意设计,并通过一个多媒体交互作品的设计与制作案例详细讲解了多媒体作品的综合设计与制作过

程。通过本章的学习,读者可了解多媒体作品的创作流程和原则,熟悉多媒体作品的界面设计及交互设计和多媒体素材的获取和处理;能根据内容的特点和信息表达的需要,确定表达意图和作品风格,选择适合的素材和表现形式,并对制作过程进行规划;能根据表达的需要,综合考虑文本、图像、音频、视频动画等不同媒体形式素材的优缺点和适用性,选择合适的素材并形成组合方案,学会使用适当的工具采集必要的图像、音频、视频等多媒体素材。

读者可在学习和制作实践中逐步建立软件工程的思想,按照多媒体作品的创作流程来进行设计;多浏览优秀的多媒体作品,注意分析、总结,从中汲取经验;平时多留意各种多媒体素材的处理技巧,掌握高效获取和处理所需素材的方法。

练习与思考

一、简答题

1. 简述多媒体作品的制作流程。
2. 多媒体创作工具应具有哪些主要功能?常见的类型有哪些?
3. 多媒体作品的界面设计应注意哪些问题?

二、操作题

使用 Animate CC 设计制作某一主题的交互作品等。包括如下内容。

1. 交互作品的设计,包括内容、结构和流程图的设计,即考虑从哪些方面介绍,使用什么媒体来表现,交互控制的跳转关系有哪些,是否包含背景音乐等。
2. 素材的制作,包括片头动画、音频、背景、按钮的制作。
3. 多媒体素材的集成。
4. 作品的打包输出。

第8章 虚拟现实技术与系统开发

学习目标

(1) 掌握虚拟现实技术的概念与特征。
(2) 掌握虚拟现实系统的分类。
(3) 掌握虚拟现实系统的组成。
(4) 了解虚拟现实系统的开发流程。
(5) 学会使用 Unity 引擎和 SteamVR 插件开发 HTC VIVE 平台虚拟现实案例。

8.1 虚拟现实技术概述

虚拟现实(virtual reality)技术是近年来一项十分活跃的研究与应用技术。其自 20 世纪 80 年代被人们关注以来,发展极为迅速。目前,已经在教育学习、数字娱乐、虚拟导览、数字城市、模拟训练、工业仿真、虚拟医疗、数字典藏、电子商务、网络直播等诸多领域得到广泛应用。

虚拟现实技术融合了数字图像处理、计算机图形学、多媒体技术、传感器技术、人机交互技术等多个信息技术分支,是对这些技术更高层次的集成、渗透与综合应用。

8.1.1 虚拟现实技术的概念

自 1962 年,美国青年 Morton Heilig 发明实感全景仿真机开始,虚拟现实技术越来越受到人们的关注。伊凡·苏瑟兰德(Ivan Sutherland)领导研制成功的第一个头盔显示器于 1970 年 1 月 1 日进行了首次的正式演示。Virtual Reality 的概念由美国 VPL Research 公司的创始人加隆·兰里尔(Jaron Lanier)于 1989 年正式提出,中文通常译作"虚拟现实"。

虚拟现实技术采用以计算机技术为核心的现代高科技生成逼真的视、听、触觉一体化的特定范围内的虚拟环境(如飞机驾驶舱、分子结构世界),用户使用必要的特定装备(如数字化服装、数据手套、数据鞋以及头盔、立体眼镜等),就可以自然地与虚拟环境中的客体进行交互,相互影响,从而产生身临其境的感受和体验。

8.1.2 虚拟现实技术的特征

自从人类发明计算机以来,人机的和谐交互一直是人们追求的方向。虚拟现实系统提供了一种先进的人机界面,通过为用户提供视觉、听觉、嗅觉、触觉等多种直观而自然的实时交互的方法与手段,最大程度地方便了用户的操作,从而减轻了用户的负担,提高了系统的工作效率。美国科学家G.Burdea和Philippe Coiffet在1993年世界电子年会上发表了一篇题为"Virtual Reality System and Applications"的文章。在该文中提出一个"虚拟现实技术的三角形",它表示出虚拟现实技术具有的3个突出特征:沉浸性(immersion)、交互性(interactivity)和想象性(imagination),如图8-1所示。

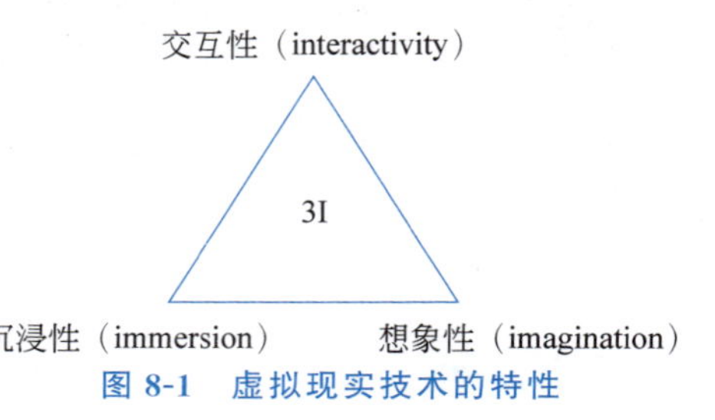

图8-1 虚拟现实技术的特性

1. 沉浸性

沉浸性又称浸入性,是指用户感觉到好像完全置身于虚拟世界之中,被虚拟世界所包围。虚拟现实技术的主要技术特征就是让用户觉得自己是计算机系统所创建的虚拟世界中的一部分,使用户由被动的观察者变成主动的参与者,从而沉浸于虚拟世界之中,参与虚拟世界的各种活动。比较理想的虚拟世界可以达到难以分辨真假的程度,甚至超越真实,实现比现实更逼真的效果。

虚拟现实的沉浸性来源于对虚拟世界的多感知性。除了常见的视觉感知、听觉感知外,还有力觉感知、触觉感知、运动感知、味觉感知、嗅觉感知、身体感觉等。从理论上来讲,虚拟现实系统应该具备人在现实客观世界中具有的所有感知功能。但鉴于目前科学技术的局限性,在虚拟现实系统中,研究与应用较为成熟或者相对成熟的主要是视觉沉浸(立体显示)、听觉沉浸(立体声)、触觉沉浸(力反馈)、嗅觉沉浸(虚拟嗅觉),有关味觉等其他的感知技术则正在研究之中,还不成熟。

2. 交互性

在虚拟现实系统中,交互性的实现与传统的多媒体技术有所不同。在传统的多媒体技术中,人机之间的交互工具,主要是通过键盘与鼠标等进行1D、2D的交互,而虚拟现实系统强调人与虚拟世界之间要以自然的方式进行交互,并且借助于虚拟现实系统中特殊的硬件设备(如数据手套、力反馈设备等),以自然的方式与虚拟世界进行交互,能够实时产生与真实世界相同的感知,甚至连用户本人都意识不到计算机的存在。例如,用户可以佩戴力反馈数据手套,用手直接抓取虚拟世界中的物体,这时手不但会有触摸感,而且可以感觉到物体的重量,能区分所拿的是石头还是海绵,并且场景中被抓的物体也能立刻随着手的运动而移动。

3. 想象性

想象性是指虚拟的环境是人想象出来的,同时这种想象体现出设计者相应的思想,因而可以用来实现一定的目标。因此,虚拟现实技术不仅是一个媒体或一个高级用户界面,还是一个为解决工程、医学、军事等方面的问题而由开发者设计出来的应用软件。通常,它以夸大的形式反映设计者的思想。虚拟现实系统的开发是虚拟现实技术与设计者并行操作的过程,是为发挥设计者无穷的创造性而设计的。虚拟现实技术的应用,为人类认识世界提供了一种全新的方法和手段，可以使人类突破时间与空间，去经历和体验世界；可以使人类进入宏观或微观世界进行研究和探索；也可以突破某些条件限制完成一些看似不可能完成的事情。

8.1.3　虚拟现实系统的分类

随着计算机技术、网络技术等技术的高速发展及应用，虚拟现实技术也得到了迅速发展，并呈现出多样化的发展趋势，其内涵也已经得到了极大的扩展。虚拟现实的分类主要可以从两个角度来划分：一方面是虚拟世界模型的建立方式，另一方面是虚拟现实系统的功能和实现方式。

1. 按虚拟世界模型的建立方式分类

虚拟现实就是人们利用计算机技术建立一个虚拟世界。虚拟世界的建模有两种方式：一种是通过影片缝合成一个三维虚拟环境，即所谓的影像式虚拟现实；另一种三维虚拟环境的模型是由人们运用建模工具软件（如 3ds Max、Maya 等）手工绘制的多边形构成，即 3D/VR 虚拟现实（Polygon-based VR）。

1）影像式虚拟现实

影像式虚拟现实又分为针对环境的全景虚拟现实和针对物体的环物虚拟现实两类，如图 8-2 和图 8-3 所示。

图 8-2　全景虚拟现实

图 8-3　环物虚拟现实

在基于全景图像的虚拟现实系统中,虚拟场景按以下步骤生成。首先,将采集的离散图像或连续的视频作为基础数据,经过处理形成全景图像。然后,通过合适的空间模型把多幅全景图像组织为虚拟全景空间。用户可以在这个空间中进行前进、后退、环视、仰视、俯视、近看、远看等操作。全景虚拟现实主要应用在旅游景观及酒店建筑等环境展示。

环物虚拟现实是以所拍摄物体为中心,采集一系列连续的帧序列,然后缝合成三维物体,可以进行旋转、拉远、拉近观看。环物虚拟现实主要用于博物馆文物数字化及在线商品展示。

2) 3D/VR 虚拟现实

3D/VR 虚拟现实是使用三维模型设计软件,通过多个多边形组合成一个三维模型,再给模型增加上纹理、材质、贴图等完成虚拟场景及人物的三维呈现。3D/VR 虚拟现实如图 8-4 所示。

图 8-4 3D/VR 虚拟现实

影像式虚拟现实与 3D/VR 虚拟现实相比,前者能够提供高度逼真的效果、最大限度地保存真实物体的原有信息,但只能进行旋转及有限度的拉远、拉近观看,交互性不够;而后者由于手工建模,存有误差,很难达到影像式虚拟现实所保存原始信息的丰富程度,但其能够提供丰富的交互行为,方便用户对虚拟世界进行各种自然、和谐的交互。

2. 按虚拟现实系统的功能和实现方式分类

虚拟现实技术不仅指那些采用高档可视化工作站、高档头盔显示器等一系列昂贵设备的技术,也包括一切与其有关的具有自然交互、逼真体验的技术与方法。虚拟现实技术的目的在于达到真实的体验和基于自然的交互,针对一般的单位或个人不能承受昂贵的硬件设备及相应软件的问题,和不同用户应用的需要,提供桌面式、沉浸式、增强式、分布式虚拟现实系统等从初级到各种高端应用的解决方案。

1) 桌面式虚拟现实

桌面式虚拟现实(Desktop VR)是应用最为方便、灵活的一种虚拟现实系统。它抛开了其他或复杂或大型或昂贵的虚拟现实输出设备,采用个人计算机作为可视化输出设备,搭配主动立体眼镜观看立体效果;而其输入设备部分既可以选用基本的鼠标键盘进行操作,也可以根据需要搭配 3D 鼠标、追踪球、力矩球、空间位置跟踪器、数据手套甚至是力反馈设备进行仿真过程的各种设计。桌面式虚拟现实系统如图 8-5 所示。

桌面式虚拟现实系统主要具有以下 3 个特点。

(1) 实现成本低,应用方便、灵活。

图 8-5　桌面式虚拟现实系统

(2) 对硬件设备要求极低，最简单的方式可以通过支持 NVIDIA 3D Vision 的显示器和计算机配合主动立体眼镜来实现虚拟现实系统。

(3) 用户处于不完全沉浸的环境，会受到周围现实世界的干扰，缺少身临其境的感受。因此，有时候为了增强桌面虚拟现实系统的效果，还可以借助立体投影设备，增大显示屏幕，达到增加沉浸感及多人观看的目的。

对于从事虚拟现实研究工作的初始阶段的开发者及应用者，实现成本低、应用方便灵活，实用性强的桌面虚拟现实系统是非常合适的解决方案。

2) 沉浸式虚拟现实

沉浸式虚拟现实(Immersive VR)是一种高级的、较理想的虚拟现实系统，它可提供一个完全沉浸的体验，使用户有一种仿佛置身于真实世界之中的感觉。它通常采用洞穴式立体显示装置(CAVE 系统)或头盔式显示器(HMD)等设备，首先把用户的视觉、听觉和其他感觉封闭起来，并提供一个新的、虚拟的感觉空间，利用 3D 鼠标、数据手套、空间位置跟踪器等输入设备和视觉、听觉等设备，使用户产生一种身临其境、完全投入和沉浸于其中的感觉，如图 8-6 所示。

图 8-6　沉浸式虚拟现实系统

沉浸式虚拟现实系统具有以下 5 个特点。

(1) 具有高度沉浸感。沉浸式虚拟现实系统采用多种输入、输出设备从视觉、听觉甚至触觉、嗅觉等各方面来模拟营造出一个虚拟的世界，并使用户与真实世界隔离，不受外面真实世界的影响，沉浸于虚拟世界之中。

(2) 具有高度实时性与交互性。在沉浸式虚拟现实系统中要达到与真实世界相同的感受，必须具有高度实时性能。

(3) 具有良好的系统集成度与整合性能。为了实现用户全方位的沉浸,就必须要将多种设备与多种相关软件相互作用,且相互之间不能有影响,因此系统必须有良好的兼容与整合性能。

(4) 具有良好的开放性。虚拟现实技术之所以发展迅速是因为它采用了其他先进技术的成果。在沉浸式虚拟现实系统中要尽可能利用最先进的硬件设备、软件技术,这就要求虚拟现实系统能方便地改进硬件设备与软件技术。因此,必须用比以往更灵活的方式构造虚拟现实系统的软、硬件结构体系。

(5) 能支持多种输入与输出设备并行工作。沉浸性的实现需要综合应用多个设备,如用手"拿"物体,就必须使用数据手套、空间位置跟踪器等设备同步工作。因此,支持多种输入与输出设备的并行处理是实现虚拟现实系统的一项必备技术。

常见的沉浸式虚拟现实系统有基于头盔式显示器的虚拟现实系统、投影式虚拟现实系统、远程存在系统。

基于头盔式显示器的虚拟现实系统是采用头盔显示器来实现单用户的立体视觉输出、立体声音输出的环境。它将用户与现实世界隔离,使用户的听觉和视觉完全沉浸于虚拟环境。

投影式虚拟现实系统是采用一个或多个大屏幕投影来实现大画面的立体视觉效果和立体声音效果,使多个用户同时具有完全投入的感觉。

远程存在系统是一种远程控制形式,也称遥操作系统。它由人、人机接口、遥操作机器人组成。这里的遥操作机器人代替了计算机,环境是机器人工作的真实环境,且远离用户,很可能是人类无法进入的工作环境(如高温、高危等环境)。这时,虚拟现实系统可帮助人们自然地感受真实环境,并完成此环境下的工作。

3) 增强现实系统

增强现实(Augmented Reality,AR)是一个较新的研究领域,它是一种利用计算机对使用者所看到的真实世界产生的附加信息进行景象增强或扩张的技术。Azuma是这样定义增强现实的:虚实结合,实时交互,3D注册。

增强现实系统是利用附加的图形或文字信息,对周围真实世界的场景进行动态的增强。在增强现实的环境中,使用者可以在看到周围真实环境的同时,看到计算机产生的增强信息。这种增强的信息可以是在真实环境中与真实环境共存的虚拟物体,也可以是关于存在的真实物体的非几何信息。

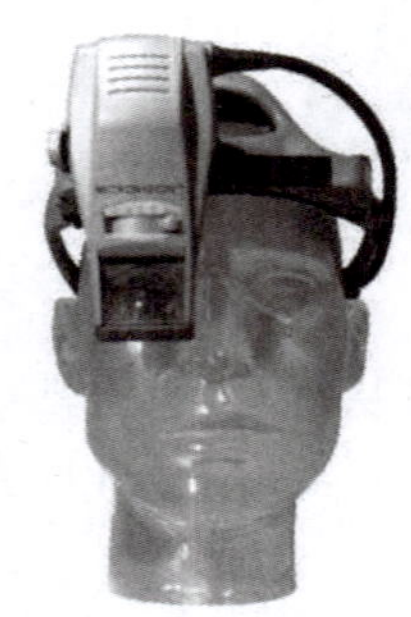

图8-7 增强现实头盔显示器

增强现实在虚拟现实与真实世界之间的沟壑上架起了一座桥梁。因此,增强现实的应用潜力相当巨大。例如,可以利用叠加在周围环境上的图形信息和文字信息,指导操作者对设备进行操作、维护或是修理,而不需要查阅手册,甚至不需要操作者具有工作经验;可以利用增强现实系统的虚实结合技术进行辅助教学,同时增进学生的理性认识和感性认识;也可以使用增强现实系统进行高度专业化训练等。

实现增强现实的一个方法是使用光学透射头盔显示器(optical see-through HMD),如图8-7所示。使用者可以透过放置在眼前的半透、半反的光学合成器看到外部真实环境的景物,同时也可以看到光学合成器反射的由头盔内部显示器上计算机生成的图像。当转动和移动头部的时候,眼睛所看到的视野随之变动,同时计算机产生的增强信息也随之做相应的变化。因此,增强现实系统必须能够实时地检测出回路中人的头部位置和朝向,以便能够根据这些信息实时确定所要添加的虚拟信息在真实空间坐标中的映射位置,并将这些信息实时显示在图像的正确位置。这就是 3D 环境注册系统所要完成的任务。因此,3D 环境注册技术一直是计算机应用研究的重要方面,也是主要的难点。

3D 环境定位注册所要完成的任务是实时地检测出使用者头部的位置和视线方向,然后计算机会根据这些信息确定所要添加的虚拟信息在投影平面中的映射位置,并将这些信息实时显示在显示屏的正确位置。注册定位技术的好坏直接决定增强现实系统的成功与否。

4) 分布式虚拟现实系统

计算机技术、通信技术的同步发展和相互促进已成为全世界信息技术与产业飞速发展的主要特征。特别是网络技术的迅速崛起,使得信息应用系统在深度和广度上发生了本质性的变化,分布式虚拟现实系统(DVR)即是一个较为典型的实例。所谓 DVR 是指一个支持多人实时通过网络进行交互的软件系统,每个用户都处在虚拟现实环境中,通过计算机与其他用户进行交互,并共享信息。

分布式虚拟现实系统的目标是在"沉浸式"虚拟现实系统的基础上,将地理上分布的多个用户或多个虚拟世界通过网络连接在一起,使每个用户同时参与到一个虚拟空间,通过联网的计算机与其他用户进行交互,共同体验虚拟经历,以达到协同工作的目的。它将虚拟现实的应用提升到了一个更高的境界。

8.1.4 虚拟现实技术的应用

根据有关资料统计,虚拟现实技术目前在军事、航空、娱乐、医学、机器人方面的应用占据主流,其次是在教育、艺术及商业领域,另外在可视化计算、制造业等领域也有相当的比重。并且,虚拟现实技术的应用领域还在不断扩展。

1. 军事模拟

与虚拟现实技术最为相关的军事应用有军事训练和武器的设计制造等。采用 VR 技术构建武器装备模拟器和各种联网虚拟训练环境进行军事训练,其突出的特点是不仅能够大大减少实战和实装训练中的人力、物资消耗,节约训练经费,提高训练质量,而且还不受自然地理环境等其他条件的约束和限制。

目前,虚拟现实技术在军事训练领域主要集中在虚拟战场环境、单兵模拟训练、近战战术训练和诸军兵种联合战略战术演习、指挥员训练等方面。可以缩短军人学习周期、提高作战能力和指挥决策能力,增强军队的作战效率。

2. 工业仿真

随着虚拟现实技术的发展,其应用从军工逐步进入民用市场。例如,在工业设计中,虚拟样机就是利用虚拟现实技术和科学计算可视化技术,对每个变化产品的计算机辅助设计(CAD)模型和数据以及计算机辅助工程(CAE)仿真和分析的结果,所生成的一种具有沉浸感和真实感,并可进行直观交互的仿真产品。波音公司对 777 飞机的设计、沃尔沃公司对新型汽车内部的仪表和控制部件的布置、卡特彼勒(Caterpillar)公司对挖土机驾驶员铲斗动作的可见性的改进等,都是虚拟现实技术成功应用的典范。

虚拟制造技术于20世纪80年代提出。20世纪90年代随着计算机技术的迅速发展,仿真产品得到了人们的极大关注,进而获得了迅速发展。虚拟制造采用计算机仿真和虚拟现实技术在分布技术环境中开展群组协同作业,支持企业实现产品的异地设计、制造和装配,是CAD/CAM等技术的高级阶段。利用虚拟现实技术、仿真技术等在计算机上建立起的虚拟制造环境是一种接近人们自然活动的"自然"环境。在这种环境中,人的视觉、触觉和听觉都与实际环境接近。在这样的环境中进行产品的开发,可以充分发挥技术人员的想象力和创造能力。人们相互协作,可以发挥集体智慧,大大提高产品开发的质量并缩短开发周期。目前其应用主要集中在产品造型设计、虚拟装配、产品加工过程仿真、虚拟样机等几方面。

虚拟现实已经被世界上一些大型企业广泛地应用到工业的各个环节,对企业提高开发效率,加强数据采集、分析、处理能力,减少决策失误,降低企业风险起到了重要的作用。虚拟现实技术的引入,使工业设计的手段和思想发生质的飞跃,更加符合社会发展的需要。可以说,在工业设计中应用虚拟现实技术是可行且必要的。

3. 数字城市

在城市规划、工程建筑设计领域,虚拟现实技术被作为辅助开发工具。由于城市规划的关联性和前瞻性要求较高,虚拟现实系统在城市规划中发挥着巨大的作用。例如,在城市的近期、中期、远景规划中需要考虑各个建筑同周围环境是否和谐相容,新建筑是否同周围原有的建筑协调,以避免建成建筑物后,才发现它破坏了城市原来的风格和合理布局。另外,因前些年房地产业的火爆,针对各种楼盘的规划展示以及虚拟售房等建筑虚拟漫游系统也已迅速普及和应用开来。

4. 数字娱乐

数字娱乐是虚拟现实技术应用最广阔的领域。从早期的立体电影到现代高级的沉浸式游戏,其丰富体感与3D显示世界,使得虚拟现实成为理想的视频游戏工具。由于娱乐对虚拟现实的真实感要求不太高,因此近几年来虚拟现实在该领域发展较为迅猛。

作为传输显示信息的媒体,虚拟现实在未来艺术领域方面所具有的潜在应用能力也不可低估。虚拟现实所具有的临场参与及实时交互能力可以将静态的艺术(如油画、雕刻等)转化为动态,从而使观赏者更具参与性地欣赏作品,深刻理解作者所表达的艺术思想。例如,虚拟博物馆可以利用网络或光盘等载体实现远程访问,使文物爱好者能够虚拟把玩真实世界中难以实际触摸、观赏到的文物。

5. 数字教学

虚拟现实技术在教学中的应用很多,尤其在建筑、机械、物理、生物、化学等相对抽象学科教学中有着质的突破。它不仅适用于课堂教学,使之更形象生动,也适用于互动实验。

另外,将虚拟现实技术应用于技能培训领域,可以大大节约成本,并且能够针对一些高危工作环境展开技能培训,保证技术人员的安全。比较典型的应用是训练飞行员的模拟器及汽车驾驶的培训系统。交互式飞机模拟驾驶器是一种小型的动感模拟设备，舱体前方是显示屏幕，配备有飞行手柄和战斗手柄。在虚拟的飞机驾驶训练系统中，学员可以反复操作控制设备，学习各种天气情况下驾驶飞机起飞、降落的技能，达到熟练掌握驾驶技术的目的。

6. 电子商务

近年来，虚拟现实技术被广泛应用于产品展示及推销等商业领域。虚拟现实技术可以全方位地展示商品，演示商品的多种功能。另外，还能模拟工作时的情景，包括声音、图像等效果，这比单纯使用文字或图片宣传更加具有吸引力。这种展示可用于因特网中，实现网络上的 3D 互动，为电子商务服务。而顾客在选购商品时，则可以根据自己的意愿自由组合，并实时查看现实模拟效果。

7. 网络直播

在传统电视直播中，观众往往不能了解直播画面周围的情况。虚拟现实网络直播最大的优势就是能让观众身临其境地感受现场，自由地选择感兴趣的观看角度，实时全方位地体验现场气氛，甚至可以和网络上的虚拟观众一起交流互动。随着 5G 技术的逐渐成熟和普及，4K 和 8K 分辨率的实时 VR 直播已经成为可能。越来越多的体育赛事、演唱会、发布会、新闻现场采用虚拟现实技术进行网络直播。

8. 自动驾驶

自动驾驶 AI 的训练过程需要依赖大量的道路测试。即使花费大量的成本建设封闭测试道路，也不能做到无限扩大测试场地面积和车队规模。通过虚拟现实技术模拟真实道路环境可以极大地降低成本，解决安全问题，在短时间内通过并发式的训练积累大量训练数据，加快自动驾驶汽车研发量产进度。

8.2 虚拟现实系统的组成

典型的虚拟现实系统主要由计算机、输入/输出设备、虚拟现实设计/浏览软件(应用软件系统)等组成。用户以计算机为核心，通过输入/输出设备与应用软件设计的虚拟世界进行交互。虚拟现实系统构成如图 8-8 所示。

1. 计算机

在虚拟现实系统中，计算机是系统的心脏，也被称为虚拟世界的发动机。它负责虚拟世界的生成、人与虚拟世界的自然交互等功能的实现。

2. 输入、输出设备

在虚拟现实系统中，用户与虚拟世界之间要实现自然的交互，就必须采用特殊的输入与输出设备，用以识别用户各种形式的信息输入，并实时生成逼真的反馈信息。

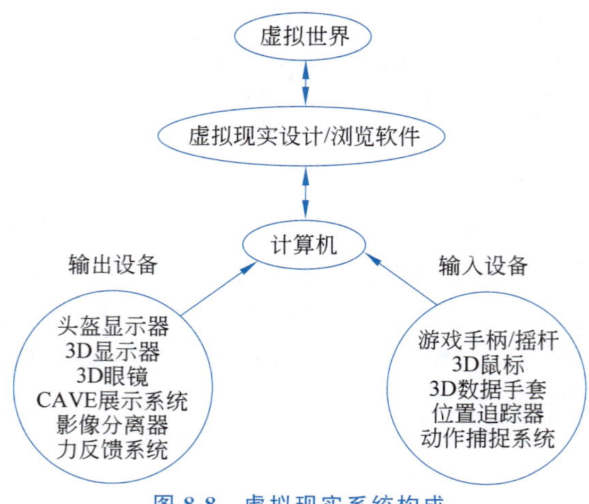

图 8-8 虚拟现实系统构成

3. 虚拟现实系统应用软件

在虚拟现实系统中，应用软件完成的功能有虚拟世界中物体模型的建立、虚拟世界的实时渲染及显示、3D 声音的生成，等等。

8.2.1 虚拟现实系统的硬件设备

虚拟现实系统的首要目标是建立一个虚拟的世界。处于虚拟世界中的人与系统之间是相互作用、相互影响的。特别要指出的是，在虚拟现实系统中，人与虚拟世界之间必须是基于自然的人机全方位交互。当人完全沉浸于计算机生成的虚拟世界之中时，常用的计算机键盘、鼠标等交互设备就变得无法适应要求了，而必须采用其他手段及设备来与虚拟世界进行交互，即人对虚拟世界采用自然的输入方式。虚拟世界要根据其输入进行实时场景自然输出。

1. 输入设备

1) VR 手柄

VR 手柄是目前虚拟现实系统中最常用的输入设备，是对传统游戏手柄的改良。目前市场上的 VR 手柄分为 3 自由度和 6 自由度两个种类。3 自由度手柄的惯性传感器由加速计(测加速度)、陀螺仪(测角速度)和地磁仪(测重力方向)组成。可以追踪 X、Y、Z 各轴的旋转量，不能测量到平移量。6 自由度的手柄通过集成在头盔上的红外光学追踪系统或者单独的激光雷达传感器来捕捉 3 个轴向的位置信息。通过手柄上的按钮摇杆，用户可以完成空间中的抓取、移动等操作。

2) 3D 鼠标

普通鼠标只能感受平面运动，而 3D 鼠标(见图 8-9)则可让用户感受到 3D 空间中的运动。推、拉、倾斜或转动操控器，就能对 3D 物体和环境进行同步平移、缩放和旋转。

图 8-9 3D 鼠标

3）数据手套

数据手套是一种被广泛使用的传感设备，如图 8-10 所示。将它戴在手上，即可作为一只虚拟的手与虚拟现实系统进行交互，在虚拟世界中进行物体抓取、移动、装配、操纵、控制等操作。它能把手指和手掌伸屈时的各种姿态转换成数字信号传送给计算机，计算机通过应用程序识别出用户的手在虚拟世界中操作时的姿势，进而执行相应的操作。在实际应用中，数据手套还必须配有空间位置跟踪器，以检测手在空间中的实际方位及其运动方向。

4）位置追踪器

三维定位跟踪设备是虚拟现实系统中关键传感设备之一，如图 8-11 所示。它的任务是检测位置与方位，并将其数据报告给虚拟现实系统。在虚拟现实系统中，用来跟踪用户的头部或者身体的某个部位的空间位置和角度，一般与其他虚拟设备结合使用。

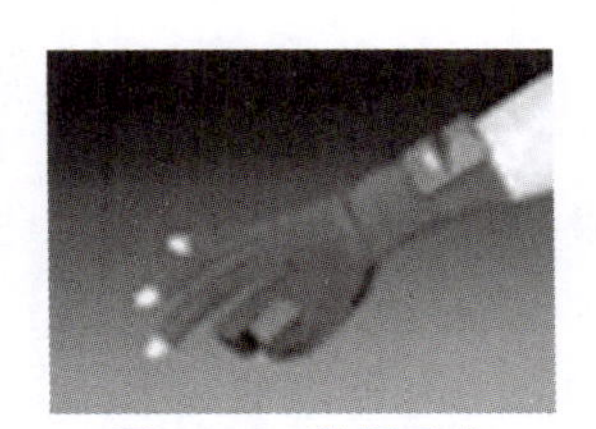

图 8-10　数据手套

图 8-11　位置跟踪器

5）3D 扫描仪

3D 扫描仪是一种 3D 模型输入设备，如图 8-12 所示。它是当前对实际物体 3D 建模的重要工具，能快速方便地将真实世界的立体彩色的物体转换为计算机能直接处理的数字信号，为实物数字化提供了有效的手段。

6）动作捕捉系统

动作捕捉系统利用网络连接的动作捕捉摄像机和其他相应设备来进行实时动作捕捉和分析，如图 8-13 所示。捕捉的数据可以是简单地记录躯体部件的空间位置，也可复杂地记录脸部和肌肉群的细致运动。

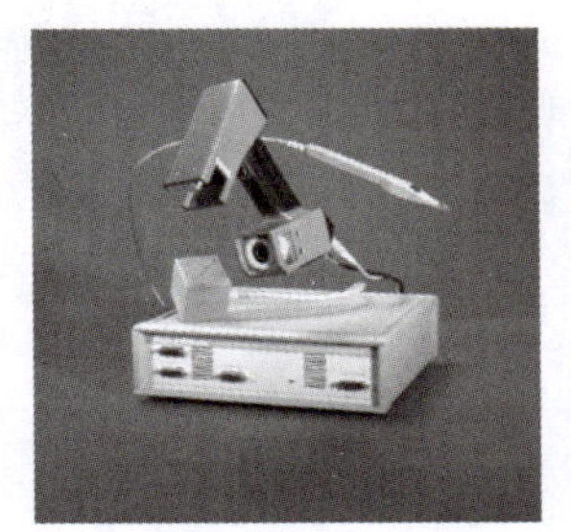

图 8-12　3D 扫描仪

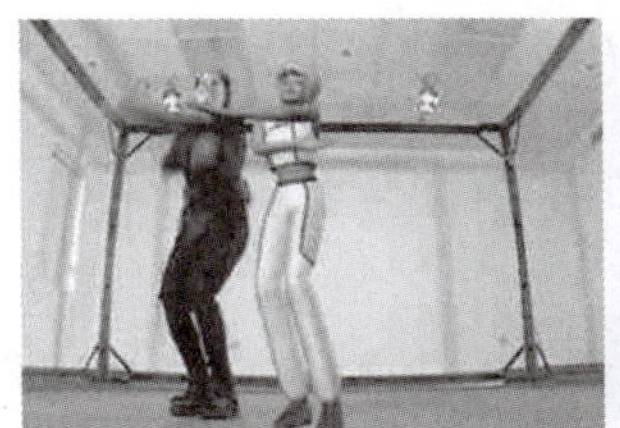

图 8-13　动作捕捉系统

Vicon 系统是一套专业化的动作捕捉系统，工作过程中有 4 个最主要的环节：校准、捕捉、后台处理、数据处理。

校准：校准过程实际上就是定位各个摄像机位置的过程。

捕捉：将光学跟踪器粘贴在身体的相应部位，在不方便粘贴的部位，将提供相应的部件，便于固定跟踪器。之后，只需要使用鼠标在计算机软件操纵界面中单击“开始”按钮，就可以进行捕捉工作。

后台处理：包括全自动3D数据重建、跟踪器自动识别等功能。这些功能的实现需要计算机系统完成大量的计算工作。

数据处理：处理运动采集系统产生的数据。由Vicon产生的数据可以被Maya、3ds Max等软件支持。

2. 输出设备

1）头盔显示器

头盔显示器又称数据头盔或数字头盔，如图8-14所示。用于沉浸式虚拟实境的体验，可单独与主机相连，以接受来自主机的立体或非立体图形信号。通常的头盔显示器的视野范围为70°～110°。一般和头部位置跟踪器配合使用，使用者可以不受外界环境的干扰，在视觉上达到沉浸式效果，较立体眼镜好很多。

2）3D眼镜

液晶立体眼镜(主动立体眼镜)如图8-15所示。3D眼镜搭配CRT显示器，是虚拟现实用户最便捷、最经济的立体体验方式。

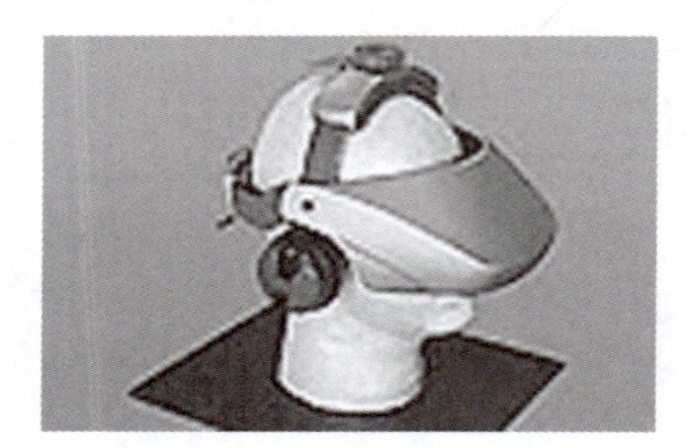

图8-14 头盔显示器

图8-15 主动立体眼镜

3）3D显示器

普通的计算机屏幕只能显示3D物体的透视图，而裸眼立体显示器是不需要佩戴助视眼镜的立体显示设备，如图8-16所示。它使用特殊的光学元件改变显示器和人眼的成像系统。它采用通用的TFT LCD液晶显示器作为图像显示部件，通过科学设计符合立体显示照明原理的照明板部件，与液晶盒精密装配在一起组成裸眼立体显示屏，配合电路系统和显示软件完成裸眼立体显示器的系统结构设计。

图8-16 裸眼立体显示器

4）CAVE展示系统

CAVE(洞穴式)系统如图8-17所示，它是一种基于多通道视景同步技术和立体显示技术的房间式投影可视协同环境。该系统通过级联的媒体服务器，实现小到10平方米，大到数百平方米的沉浸式立体显示空间，可供多人参与。所有参与者均可完全沉浸在一个被立体投影画面包围的高级虚拟仿真环境中，借助相应虚拟现实交互设备(如数据手套、力反馈装

图8-17 CAVE展示系统

置、位置跟踪器等)，从而获得一种身临其境的高分辨率 3D 视听影像和 6 自由度交互感受。

8.2.2　虚拟现实系统的开发软件

虚拟现实系统的开发软件主要分为建模工具软件与交互设计工具软件两大类。

1. 建模工具软件

关于建模的工具软件有很多种，目前在建筑设计、游戏场景及角色设计和动画设计等数字娱乐领域比较通用的有 Autodesk 公司的 3ds Max 和 Maya、NewTek 公司的 Lightwave 等。在飞机设计、船舶设计、汽车设计等工业机械设计领域，主要有法国达索公司(Dassault Systemes)的 Catia、美国 PTC(Parametric Technology Corporation)公司的 Pro/E(Pro/Engineer)和美国 UGS 公司的 UG(Unigraphics)。

2. 虚拟现实交互设计工具软件

近年来，虚拟现实技术迅猛发展，涌现出了许多虚拟现实软件，为广大用户提供了便捷、高效的开发工具，虚拟现实系统的开发也不再只是会使用 C/C++ 或 OpenGL 底层编程的高级程序员的专利。

1) Web3D

Web3D 技术是实现网页虚拟现实的一种最新技术。网络 3D 技术的出现最早可追溯到 VRML，VRML 是互联网 3D 图形的开放标准，是 3D 图形和多媒体技术通用交换的文件格式，它基于建模技术，描述交互式的 3D 对象和场景，不仅应用在互联网上，也可以用在本地客户系统中，应用范围极广。于 1998 年，VRML 组织把自己改名为 Web3D 组织，同时制定了一个新的标准，Extensible 3D(X3D)。X3D 整合正在发展的 XML、Java、流技术等先进技术，包括了更强大和更高效的 3D 计算能力、渲染质量和传输速度。

2) Three.js

Three.js 是一款在浏览器中运行的 3D 引擎，它是一个广泛应用并且功能强大的 JavaScript 3D 库，从创建简单的 3D 动画到创建交互的 3D 游戏，它都能实现。

3) 虚幻 4 引擎

虚幻 4 引擎(UE4)是由 Epic Games 公司推出的一款游戏开发引擎，相比其他引擎，虚幻 4 引擎不仅高效、全能，还能直接预览开发效果，赋予了开发商更强的能力。

4) Unity

Unity 作为实时 3D 互动内容创作和运营平台，在游戏开发、美术、建筑、汽车设计、影视等应用领域拥有大量的开发者。Unity 平台提供一整套完善的软件解决方案，可用于创作、运营和实现 VR 和 AR 内容。其跨平台的特性支持手机、Web、PC 等各种平台上的不同虚拟现实设备。并且，Unity 拥有大量的社区资源，是目前 VR 内容制作的主流工具软件。

8.3 虚拟现实系统的开发

8.3.1 虚拟现实系统的开发过程

虚拟现实系统的开发简单来讲主要分为以下3个步骤。

(1) 虚拟现实作品3D模型建立,包括设计3D模型、3D场景、贴图、骨骼系统、角色动作等。

(2) 虚拟现实作品交互设计,对步骤(1)建立的3D模型进行整合、加入互动、物体行为、镜头特效、光影效果、粒子效果等。

(3) 系统集成,即将输入/输出设备与虚拟现实作品内容整合起来,完成读取虚拟世界资料、接收输入设备信号、送交计算机运算、将结果传到输出设备等功能,形成一套完整的系统供用户使用。

虚拟现实系统开发流程如图8-18所示(以Unity软件开发为例)。

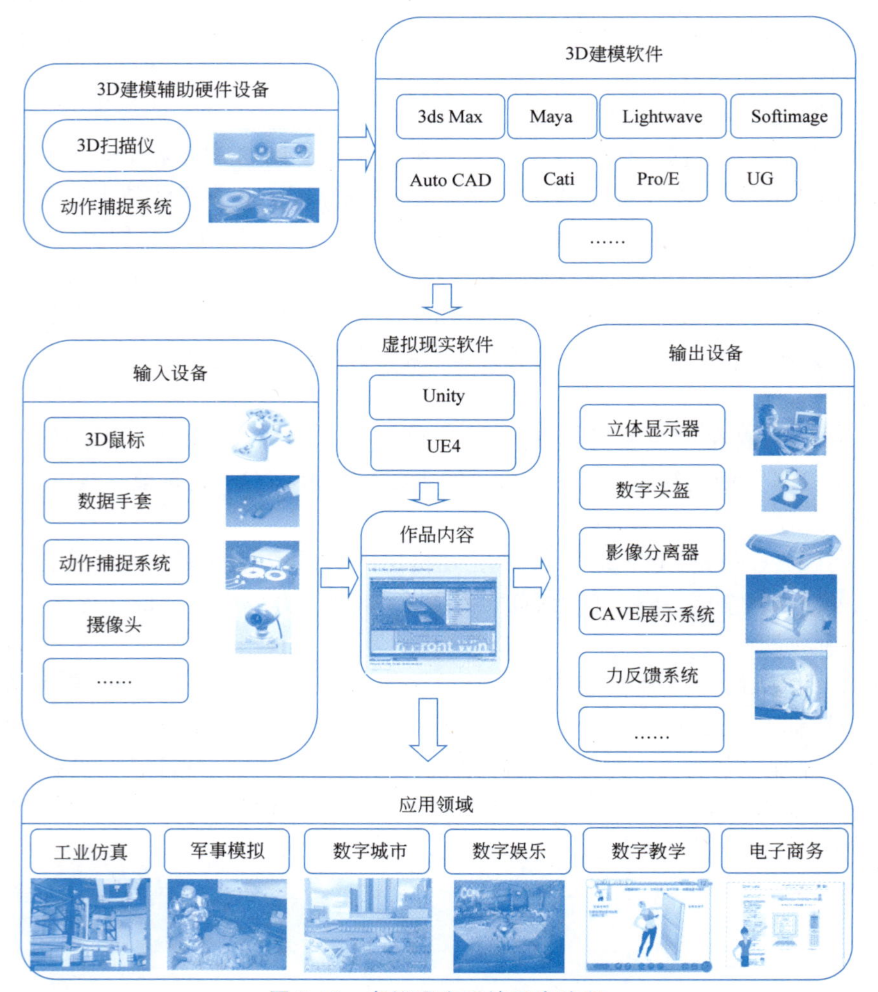

图8-18 虚拟现实系统开发流程

8.3.2　Unity 软件开发环境准备

1. 安装 Unity Hub

Unity Hub 是 Unity 的管理工具，可用于安装 Unity 的多个版本及相关组件，管理项目工程。可从 Unity 官网(https://store.unity.com/)下载个人版，启动 Unity Hub 安装程序，根据引导进行安装。

2. 安装 Unity Editor

选择 Unity 版本，勾选开发平台组件。如果是针对 Windows 平台的 VR 游戏开发，则选择 Microsoft Visual Studio Community 平台组件。安装完成后，注册 Unity 账户，激活许可证。

3. 创建新项目

在 Unity Hub 中创建新项目，选择项目模板、设置项目名称和位置，如图 8-19 所示。

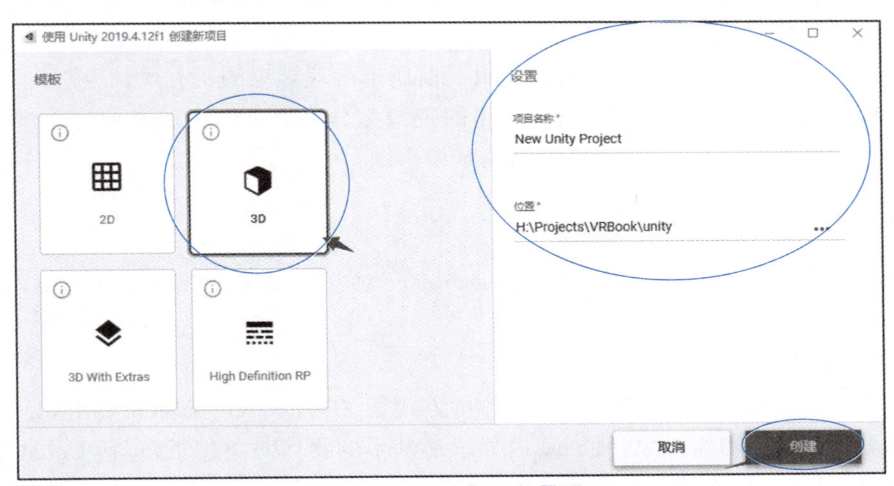

图 8-19　创建新工程界面

8.3.3　Unity 软件的基本使用

1. Unity 软件主界面

Unity 软件主界面主要包括工具栏、Hierarchy 窗口、Game 视图、Scene 视图、Inspector 窗口、Project 窗口，如图 8-20 所示。

(1) 工具栏，提供最基本的工作功能。左侧包含用于对游戏中的对象进行移动、旋转、缩放操作的基本工具。中间是游戏的播放、暂停和步进控制工具。

(2) Hierarchy 窗口，是场景中每个游戏对象的列表。层级视图显示游戏对象之间相互连接的结构。

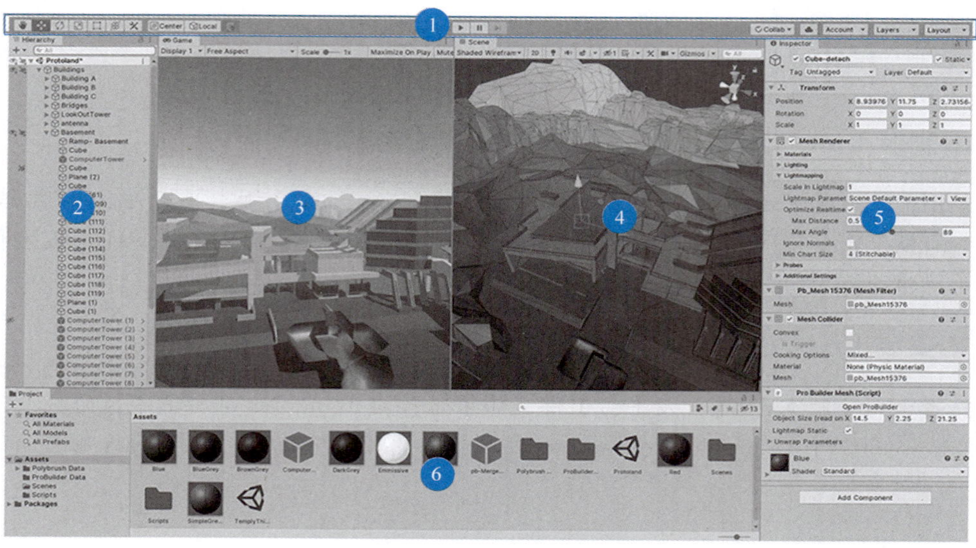

图 8-20 Unity 软件主界面

(3) Game 视图,通过场景摄像机模拟最终渲染的游戏的外观效果。

(4) Scene 视图,可用于编辑场景。

(5) Inspector 窗口,可用于查看和编辑当前所选游戏对象的所有属性。

(6) Project 窗口,显示可在项目中使用的资源库。将资源库中的资源拖入 Scene 视图或 Hierarchy 窗口中后,该资源将在游戏场景中出现。

2. 游戏对象的基本操作

下面通过创建一个立方体,介绍 Game Object 对象的旋转、平移、缩放变换,添加组件等基本操作。

1) 添加 3D 物体对象

有多种方法向场景中添加物体。最常用的方式是,在 Hierarchy 面板中右击 3D Object,在其中选择需要添加的物体对象。Unity 内置了最基本的物体对象模板,包括 Cube(立方体)、Sphere(球体)、Capsule(胶囊体)、Cylinder(圆柱体)、Plane(平面)、Terrain(地形编辑体)等,如图 8-21 所示。这里通过执行“Create”→“3D Object”→“Cube”命令创建一个立方体。

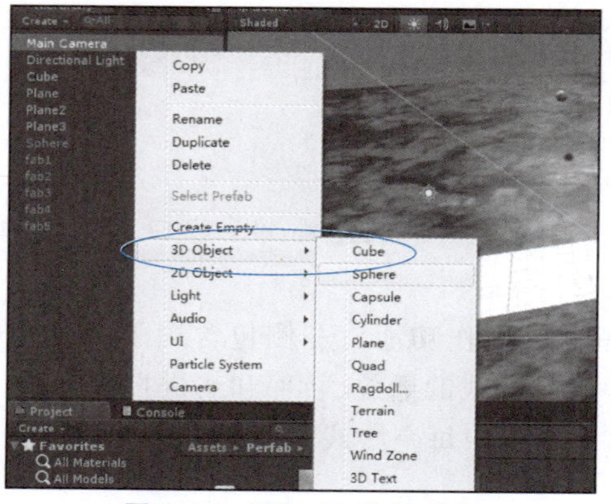

图 8-21 添加 3D 物体对象

2）对象的旋转、平移和缩放变换

在 Scene 视图中，选中立方体，按住 W 键，场景中的立方体就会显示移动操作的 UI 箭头。使用鼠标拖动这些箭头，就可以控制立方体在 X、Y、Z 坐标轴向的移动。按住 E 键，并拖动带颜色的圆环，可以控制旋转。按住 R 键，拖动带颜色的方块，可以控制缩放。立方体的位移、旋转、缩放如图 8-22 所示。

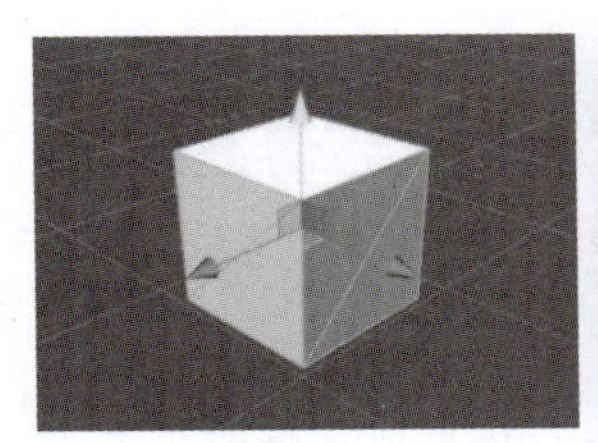
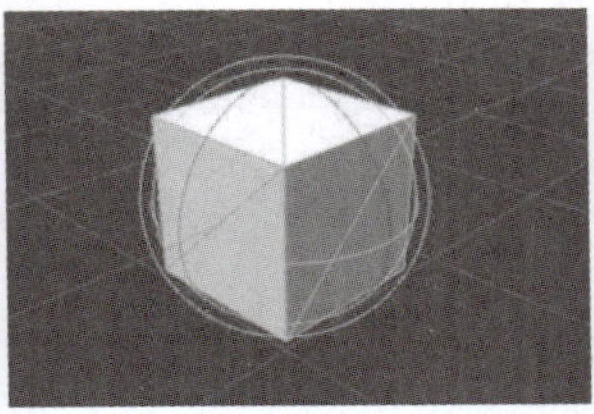
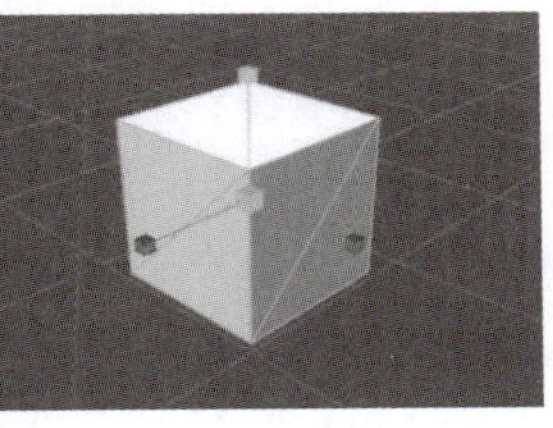

图 8-22　对象的位移、旋转、缩放

另外，还可以通过输入数值的方式精确地控制物体的位置。在 Inspector 视图中，每个 Game Object 均带有一个 Transform 组件，通过设置 Position、Rotation、Scale 的参数值可以改变立方体的位置、旋转姿态和缩放尺度，如图 8-23 所示。

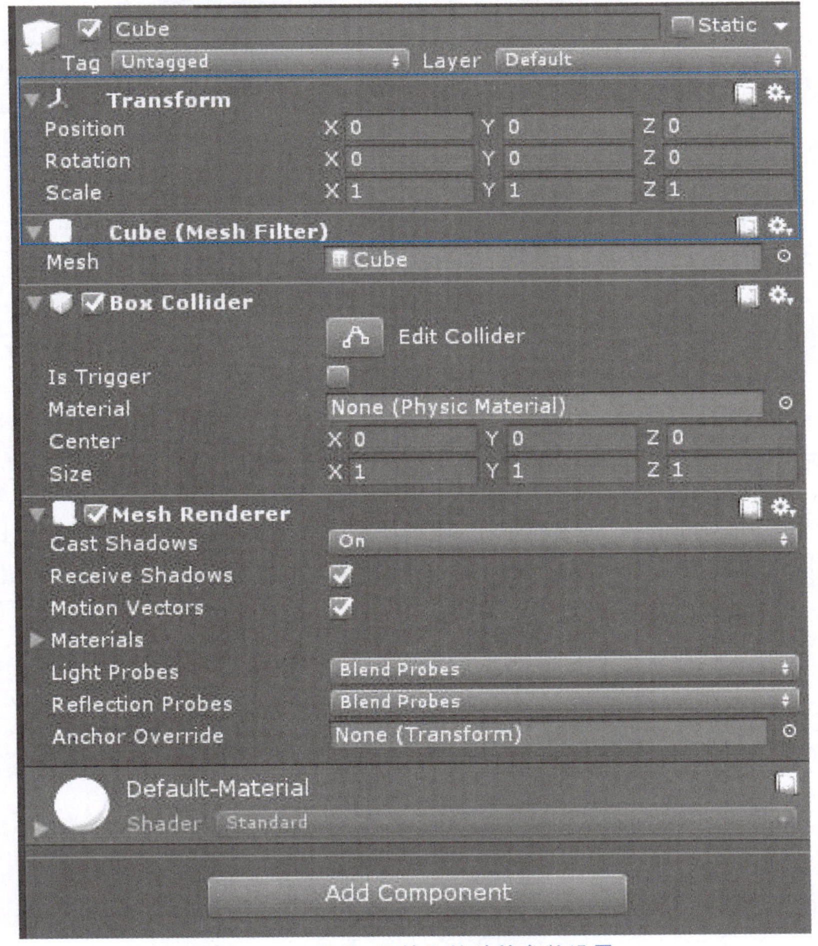

图 8-23　位移、旋转和缩放的参数设置

3. 添加组件

在 Unity 中,为 Game Object 对象增加功能和属性,都是通过添加组件和修改组件的参数来实现的。常用的组件有 Transform、Mesh、Collider、Renderer 和 Rigidbody。

(1) Transform 组件:控制物体在场景中的位置、旋转角度和大小。

(2) Mesh 组件:指定物体网格形状。

(3) Collider 组件:指定物体碰撞体属性,属于物理系统模块。

(4) Renderer 组件:指定物体的渲染。

(5) Rigidbody 组件:指定物体刚体属性,属于物理系统模块,里面有一系列物理特性(如重力、摩擦力等)。

为 Game Object 添加组件有两种常用的方式。方式一是选中要修改的物体对象,在 Inspector 面板的最下方单击 Add Component 按钮,选择需要添加的组件,如图 8-24 所示。方式二是在 Project 资源面板中找到需要添加的组件拖放到 Inspector 面板中。

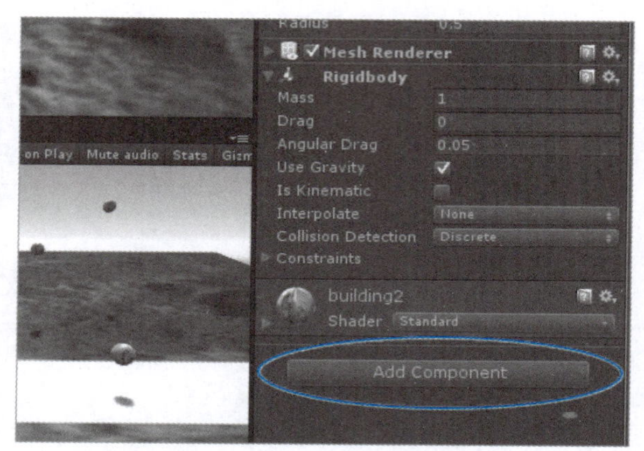

图 8-24 添加组件

8.3.4 基于 HTC VIVE 的 VR 应用开发

本节介绍使用 Unity 和 SteamVR Plugin 开发 VIVE 设备中的虚拟现实应用系统。

VIVE 是目前最为常用的虚拟现实设备。VIVE 是 HTC 和 Valve 合作开发的头盔式 PC 虚拟现实系统设备,如图 8-25 所示。

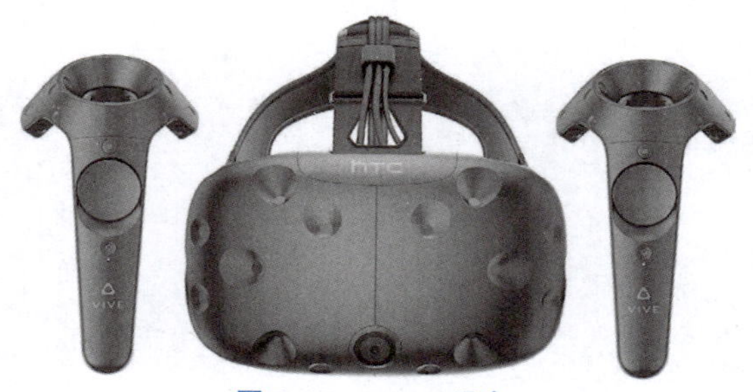

图 8-25 VIVE 设备

SteamVR Plugin 是 Unity 中开发支持 VIVE 设备 VR 内容必要的插件，可以从 Assert Store 中搜索并下载。

1. SteamVR Plugin 首次使用配置

首先，将下载的 SteamVR Unity Plugin 导入 Unity。导入完成后会打开插件的设置界面，单击 Accept All 按钮即可。

执行 Window→SteamVR Input 命令，如图 8-26 所示。

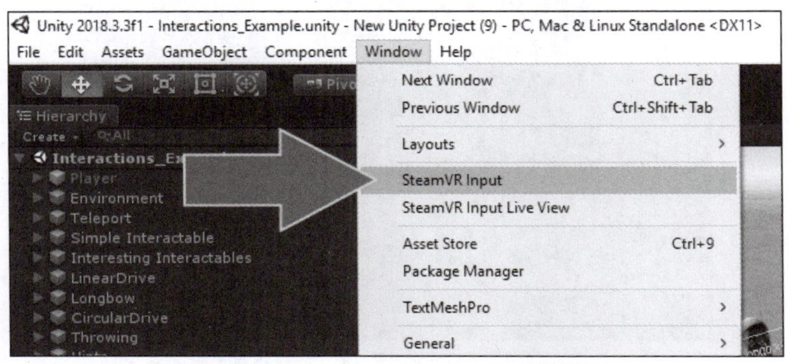

图 8-26　SteamVR Unity Plugin 安装界面 1

之后，会打开 Copy Examples 界面，如图 8-27 所示。单击 Yes 按钮，系统会将默认的动作配置 JSON 文件复制到插件中。

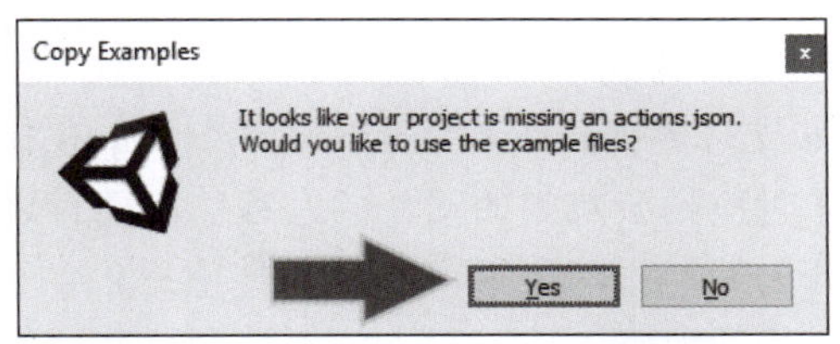

图 8-27　SteamVR Unity Plugin 安装界面 2

复制完成后，可以看到 SteamVR Input 的主界面，如图 8-28 所示。其中已经配置了常用的动作。一般情况下，可以使用系统默认的动作配置来开始 VR 内容的开发。单击 Save and generate 按钮来完成配置。

完成配置后，就可以使用 SteamVR Plugin 了。

SteamVR Plugin 提供了一些交互案例，用户可以连上 VIVE 设备，试着运行这些案例，来快速了解 SteamVR Unity Plugin 的功能。这些案例位于 Assets/SteamVR/InteractionSystem/Samples/Interaction_Example 文件夹中。

2. SteamVR Plugin 的功能模块

以下介绍 SteamVR Plugin 4 个模块的功能。

1）Render Models 模块

SteamVR Plugin 支持多种不同型号的虚拟现实头盔和手柄控制器。为了在 VR 环境中操作手柄，需要在 Unity 中显示手柄的准确 3D 模型。SteamVR Plugin 中提供了精确的

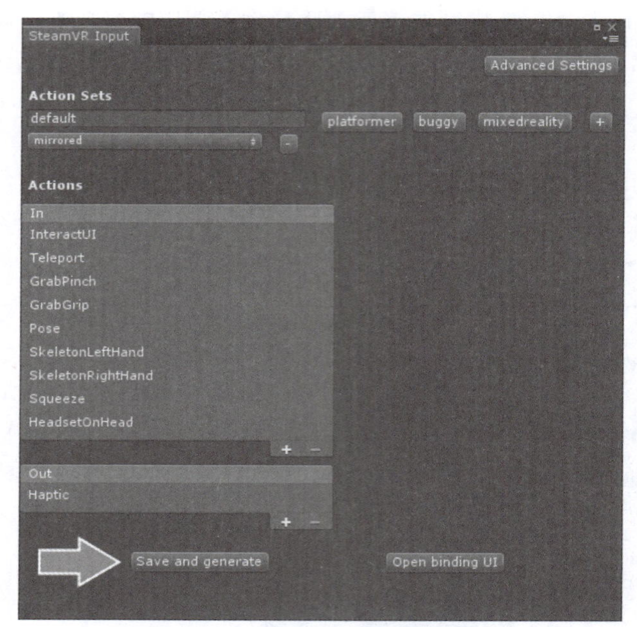

图 8-28 SteamVR Input 主界面

控制器 3D 模型，包括位置和姿态的跟踪匹配功能，以及手柄上按钮的动作反馈。使用 Render Models 中的功能可以方便地将现实世界中对手柄的操作一比一地在 VR 环境中还原出来。

2）SteamVR Input 模块

由于 SteamVR Plugin 支持多种输入设备，SteamVR Input 模块简化了将不同输入设备的按键、摇杆等物理操作对应到游戏中的动作的过程。简而言之，一次开发，多硬件使用。开发者只需要关注抓取、开火等动作的逻辑。通过插件中提供的面板将不同的物理按键匹配到这些动作上，可省去大量的编码工作。

3）Skeleton Input 模块

为了更好的操作体验，Skeleton Input 模块提供了一套支持不同手柄控制器的手部骨骼模型，模拟了用户操作手柄控制器时的手部动作。

开发者可以使用插件自带的手套模型，也可以通过 helper component 来驱动自己制作的手部模型。

4）Interaction System 模块

Interaction System 模块提供了大量交互操作使用到的脚本、预制体和案例，通过调用这些脚本和预制体可以方便快速地开发交互类的虚拟现实应用。

Interaction System 模块常用的 8 个功能分别是：与用户界面的交互；捡起，丢弃，投掷；投掷物速度的多种计算模式；射箭；转盘交互；按钮交互；多个骨骼动画控制的案例；位置传送。

3. Interaction System 系统的功能

下面详细介绍 Interaction System 系统中的主要功能。

1) Player 类

Player 类是整个系统的核心，大部分其他功能模块都依赖于 Player。Player 类是单例，每个场景中只能存在一个。Player 类提供了头盔和手柄控制器的位置跟踪功能。其他功能模块可以全局访问 Player 类提供的数据，在整个游戏过程中 Player 类不应该被销毁。

Player 类还提供了一些有用的属性，让开发者读取用于其他交互。常用的 3 个属性及其说明如下。

hmdTransform 属性：读取 VR 头盔的位置信息，同时也是 Unity 中摄像机的位置。

feetPositionGuess 属性：虽然 VIVE 设备没有体感功能，但是可以通过头盔的位置来预测玩家双脚的大致位置，这在多人交互类的互动内容中尤其有用。

bodyDirectionGuess 属性：与双脚位置预测类似，身体的朝向也可以通过头盔的位置来预测。

2) Hand 类

Hand 类承担了大部分交互的核心功能。Hand 类检测可交互物体的状态，例如是否被手接触到，并且将接触状态发送到交互物体。每一只手同时只能接触一个可交互物体。可交互物体可以通过抓取等动作的触发被绑定到手上，同样的也可以通过投掷解绑。当手上没有绑定可交互物体时，默认状态下系统将显示手柄控制器模型。根据需要，手也可以在抓取固定的可交互物体时被绑定到固定位置上，如控制杆，方向盘等。

(1) Hand 类的状态信息。

Hand 类会将状态信息发送到可交互物体上。状态信息可包含 OnHandHoverBegin(手开始接触可交互物体)；HandHoverUpdate(手接触可交互物体时每帧触发此状态)；OnHandHoverEnd(手结束接触可交互物体)；OnAttachedToHand(可交互物体绑定到手上)；HandAttachedUpdate(当手上有绑定的可交互物体时每帧发此状态)；OnDetachedFromHand(可交互物体从手上解绑)。

(2) Hand 类的方法和属性。

Hand 类还提供了一些属性和方法供调用，这些属性和方法说明如下。

OtherHand 属性：获取另一只手，通常在射箭类的交互中使用。

HoverSphereTransform and Radius 属性：调整手的接触范围。

HoverLayerMask 属性：可以控制手指接触指定层内的物体。

HoverUpdateInterval 属性：调整接触检测的频率。

GetAttachmentTransform 方法：可交互物体吸附到手上后的位置。

3) Player Prefab 预制体

Player Prefab 预制体将 SteamVR Unity Plugin 中最基本的功能整合到一起，提供了干净清晰的结构，包括 Player 类、Hand 类。同时，也包含了 SteamVR 基本的设置选项。交互系统中的其他类会默认用户使用了 Player 预制体，所以不建议改变 Player 预制体的结构。

4) Interactable 类

Interactable 类作为一类可交互物体的标识，告诉 Hand 类，接触到的物体是可交互的。带有 Interactable 类的物体可以接收 Hand 类发出的相关消息。

通过 Interaction System 提供的几种类的组合，就可以完成复杂的交互逻辑。

5) Throwable类

可投掷物是最基本的可交互物体。当玩家手接触到带有 Throwable 类的物体时,可以按住手柄扳机键来实现拾取动作,物体会吸附到手上;当扳机键放开时,手的速度信息会传给 Throwable 类。如此即可完成基本的拾取和投掷交互。

6) LinearDrive类

在可交互物体上添加 LinearDrive(线性驱动器)类,设置一个开始位置和一个结束位置,玩家可以在这两点之间线性的移动可交互物体。例如,其常用于推拉抽屉、操作杆等的交互中。

7) CircularDrive类

CircularDrive 类类似于 LinearDrive 类,它可以让玩家操作物体围绕一个轴向做旋转。通常用在开门、方向盘等操作上。

8) VelocityEstimator类

VelocityEstimator 类通过操作手柄位置的变化来预估可交互物体的速度和加速度。

9) UIElement类

将 UIElement 类添加到 Unity 的 UI 组件上,这个 UI 组件就能通过 VR 手柄控制器来触发。UIElement 类可以触发鼠标悬停(hover)和点击(click)事件发送给 Unity UI 的 event system。

10) ItemPackage类

ItemPackage 道具包类可以临时替代 Hand 类的功能。例如在弓箭类的交互中,当弓被拿起吸附到手上时,弓上的 ItemPackage 类会替代 Hand 类原来的功能。当带有道具包类的物体被放下时,会自动地被吸附回到初始的位置。道具包类支持单手和双手操作。

11) PlaySound类

PlaySound 类可以被看作 Unity 自带的声音播放器的加强版,它带有更多的属性和功能。

12) Teleport类

Teleport 传送类支持玩家站立的位置传送某一个目标传送点或者区域。当手柄上的触摸板被按下时,传送指示器会出现,显示手柄指向的位置是否是一个可以被传送的点。如果是,传送指示器就会变色,当玩家松开手柄触摸板时会被传送到手柄指向的传送点的位置上。

为了避免位置快速移动给玩家带来的眩晕感,传送类提供了传送时画面短暂的黑场过渡功能,开发者可以设置黑场的时间。传送类会计算场景内所有的传送点的位置,玩家的位置以及手柄的指向位置,实时控制他们的显示状态。

SteamVR Unity Plugin 提供了 Teleporting 和 TeleportPoint 预制体,如图 8-29 所示。只需要将预制体放入场景内,然后配置相关参数就可以完成传送功能的设置。

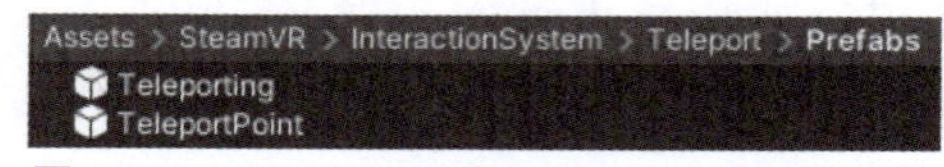

图 8-29 Teleporting 和 TeleportPoint 预制体

13) TeleportArc类

TeleportArc 类用于显示传送指示器,通过设置不同的参数来调整指示器的外观。

TeleportArc 参数设置界面如图 8-30 所示。其中，Segment Count 用于设置分段数；Thickness 用于设置宽度；Arc Duration 用于设置动画效果持续时间；Material 用于设置指示器的材质。

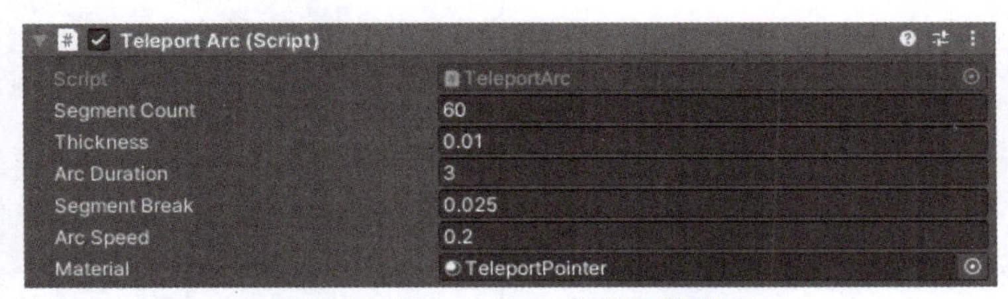

图 8-30　TeleportArc 参数设置界面

14）TeleportPoint 类

若场景中的不同位置设置了 TeleportPoint 传送点，那么当玩家手柄指向这些点时就可以通过 Teleport 类的功能传送到这些点的位置上。传送点同时也支持场景切换，玩家可以通过传送点传送到另一个场景。

15）TeleportArea 类

不同于传送点，TeleportArea 传送区域支持将家传送到指定区域内的任意位置上。这个区域可以通过模型来指定，把传送区域类添加到场景内含有碰撞体的模型物体上就可以自动完成传送区域的设置，如房间地板。

8.3.5　虚拟现实系统案例开发

本节将通过案例的形式，介绍使用 SteamVR Plugin 来搭建完整的虚拟看房 VR 应用系统。在开发过程中，使用到了 SteamVR Plugin 中的大部分常用功能。通过对这些功能模块的组合运用，可以开发出更加丰富的不同类型的 VR 应用系统。

1. 案例工程文件准备

下载案例工程文件，使用 Unity 软件打开。工程文件中已经安装好了 SteamVR Plugin，也可以参照 8.3.4 节新建工程安装 SteamVR Plugin。

在 Assets\Scenes 文件夹下有两个文件，VRExampleStart.unity 为案例教程开始时的场景，VRExampleEnd.unity 为案例教程结束时的场景状态。

打开 VRExampleStart.unity 场景文件，场景中包含了一套虚拟样板间模型，如图 8-31 所示。

在 Hierarchy 面板中可以看到场景的层级结构安排，如图 8-32 所示。其中，包括 Probe（反射探针）、Light（灯光）、STATIC（静态场景模型）、Decals（墙面贴花）、Post Process Volume（后期处理效果）和 Interactable（可交互物体）等。

2. 为场景添加 VR 交互功能

1）添加头盔和手柄控制器

在工程目录的 Assets\SteamVR\InteractionSystem\Core\Prefabs 文件夹下找到 Player 预制体，将其拖放到场景中，如图 8-33 所示。将 Player 移到应用开始时玩家站立的

图 8-31 VRExampleStart.unity 场景文件虚拟样板间模型

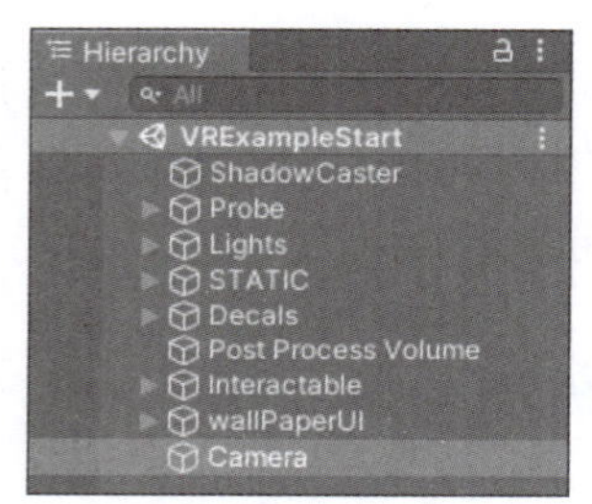

图 8-32 VRExampleStart.unity 场景文件层级结构

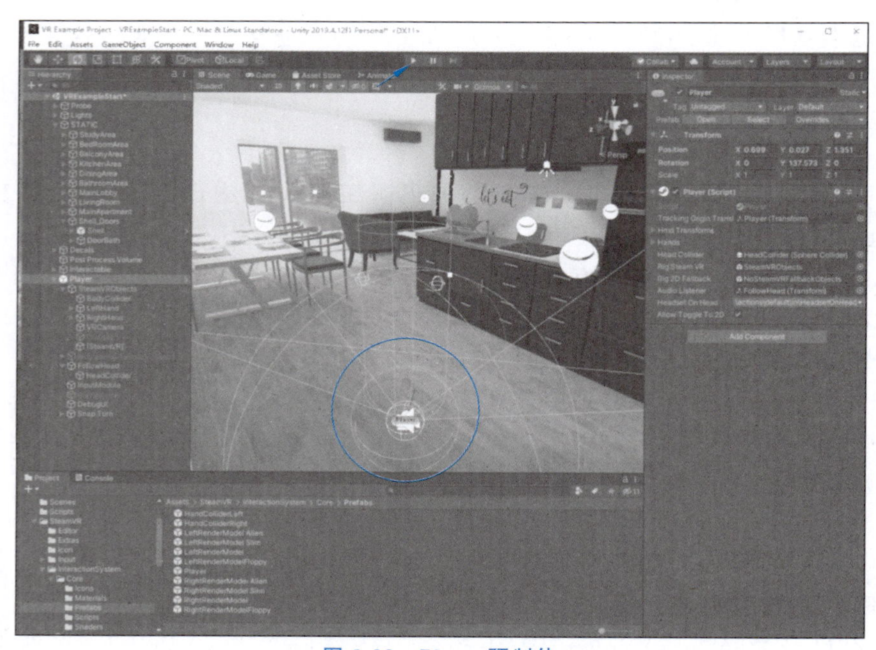

图 8-33 Player 预制体

位置。此时，可以接上 HTC VIVE VR 头盔，按 Unity 的开始键，就可以在 VR 头盔中看到样板间的模型，拿起手柄则可以在头盔里看到虚拟的手部模型。

2）添加传送功能

当前状态下 Player 预制体的功能支持玩家在现实空间和虚拟样板间的空间里 1∶1 地移动。但是如果需要移动更大的范围，如移动到其他房间，就需要用到传送功能。

首先，找到工程文件夹 Assets\SteamVR\InteractionSystem\Teleport\Prefabs 下的 Teleporting 预制体，拖放到场景中，如图 8-34 所示。

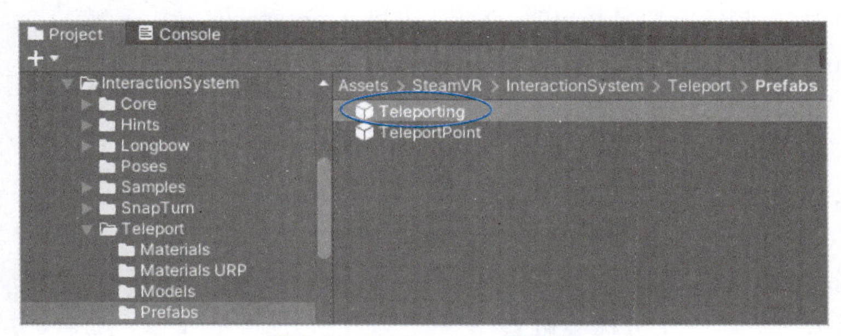

图 8-34 Teleporting 预制体

之后，在 Maya 或 3ds Max 等其他三维软件中制作一个面片模型，参照房间地板，将面片的大小形状修改成虚拟样板间的可移动范围。为避免穿插，面片可以略小于房间，在四周留出一定距离。

将制作好的活动范围面片模型导入工程文件中，命名为 TeleportAreaMesh，拖放到场景中对准地板的位置，如图 8-35 所示。

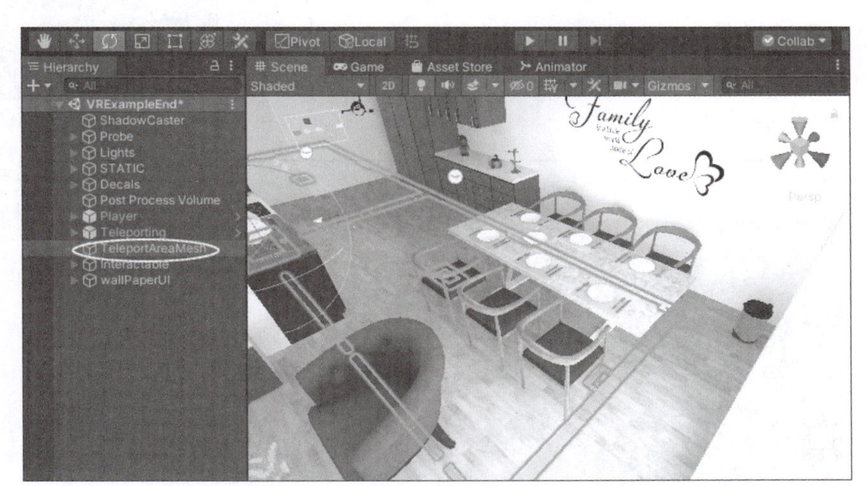

图 8-35 场景中导入的 TeleportAreaMesh 模型

选中 TeleportAreaMesh 物体，在 Inspector 面板的 Mesh Renderer 组件里，将 Material/Element 0 的材质修改为插件中提供的 TeleportAreaVisible 材质球。这个材质球可以在项目工程的 Assets\SteamVR\InteractionSystem\Teleport\Materials 文件夹下找到。该材质为可移动范围标识出了边界。当然，也可以使用自行制作的材质和贴图来定制活动范围的可视化效果。

接下来,为面片模型添加脚本组件。保持 TeleportAreaMesh 物体被选中的状态,单击 Inspector 面板最下方的 Add Component 按钮,输入"Teleport Area",单击出现的脚本,如图 8-36 所示。

至此,传送功能就完成了。单击"开始"按钮就可以在 VR 中测试功能:使用手柄控制器的圆盘触摸面板来触发指示器,在虚拟样板间的各个房间中使用传送来移动。

3) 添加可交互物体

为场景中的沙发物体添加交互功能。首先,找到 Intereactable 层级下的 chair 物体并选中之。之后,在 Inspector 面板中,单击右上角关闭 Static 的开关。执行菜单栏的"Component"→"Physics"命令,分别为沙发物体添加 Rigidbody 和 Box Collider 组件,如图 8-37 所示。

Rigidbody 组件为物体提供刚体的物理碰撞和解算功能。Box Collider 是长方体碰撞器,添加这个组件后,Rigidbody 解算器将会把物体当成一个长方体来解算。

在 Inspector 面板中,调整刚刚添加的 Box Collider 组件的 Size 属性,让长方体的范围包裹住沙发。这个范围同时也是 VR 手柄接触事件的触发范围。

对于不同外形的物体可以使用不同的 Collider,如球形、胶囊形、轮形等。也可以自己制作建模用于碰撞模型。

在 Inspector 面板中添加 Interactable 和 Throwable 脚本,这两个脚本可以在 Assets\SteamVR\InteractionSystem\Core\Scripts 文件夹中找到。添加这两个脚本后,物体就具有了被 VR 手柄拿起和放下的功能。

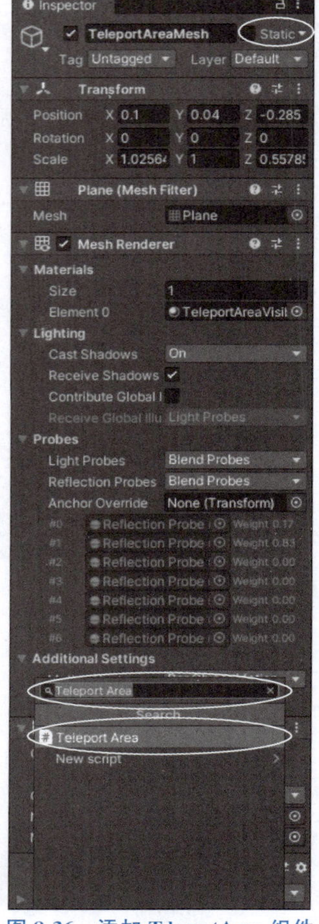

图 8-36 添加 TeleportArea 组件

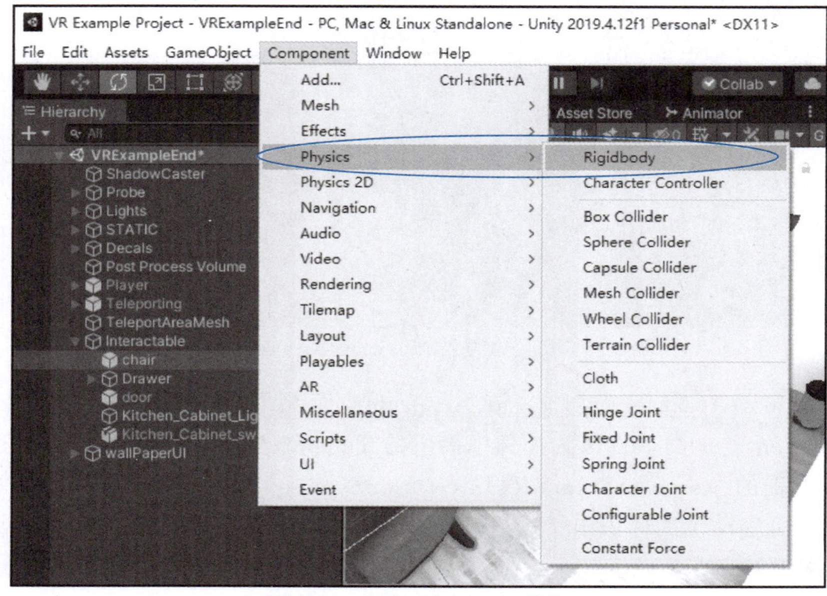

图 8-37 添加 Rigidbody 组件

Throwable 组件中的 Scale Release Velocity 属性可以调整物体的投掷速度，Scale Release Velocity Curve 曲线可以用来区分调节放下动作和投掷动作的不同速度反馈。Throwable 组件的参数设置如图 8-38 所示。

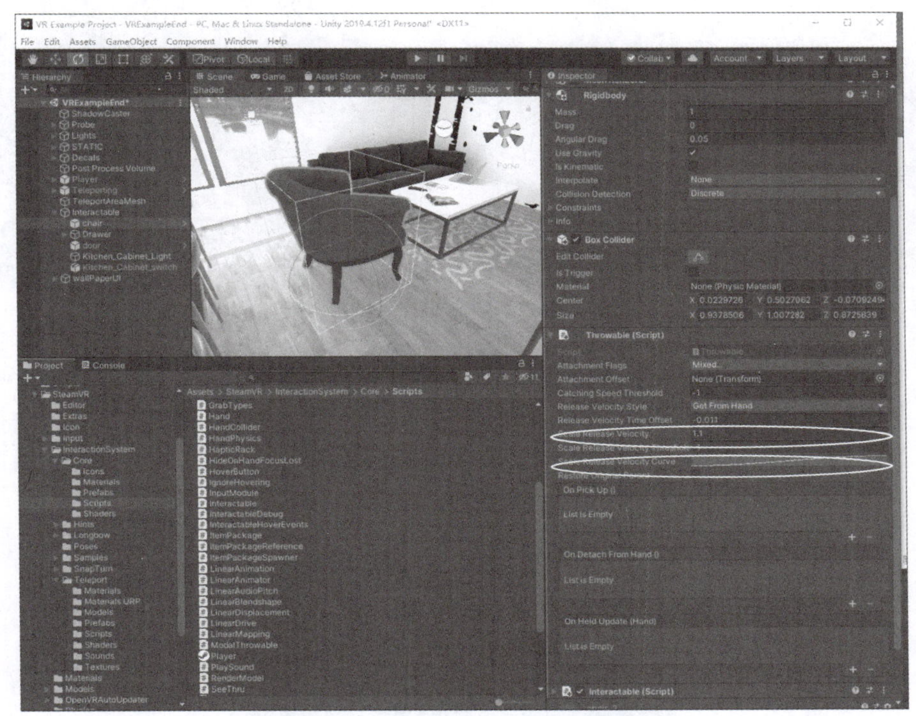

图 8-38　Throwable 组件的参数设置

至此，已为沙发添加了拾取和放下的基本交互功能。单击"开始"按钮尝试手柄：拿起沙发，将其移动至合适位置后再放下沙发。

4）添加抽屉交互

为厨房抽屉添加推拉交互，这里用到了线性驱动器组件。在 Hierarchy 面板中，找到 Interactable 下的 Drawer 层级，drawerMesh 是我们要控制的模型。选中 Drawer 层级，右击 Create Empty 按钮创建两个空物体，分别命名为 DrawerStartPos 和 DrawerEndPos。这两个空物体的位置代表了抽屉移动的起始和结束位置，将 DrawerStartPos 的 Position（位置）坐标 X、Y、Z 值均设置为 0。将 DrawerEndPos 的位置坐标的 X、Y、Z 值分别设为 0、0、10。要注意这些物体的层级关系，避免移动出现错误。抽屉的交互设置如图 8-39 所示。

选中 drawerMesh，按照制作沙发的方法为抽屉模型添加 Box Collider，调整碰撞范围大小。添加 Interactable 和 LinerDrive 脚本组件。

在 LinerDrive 组件中将 Start Position 指定到 DrawerStartPos 物体上，将 End Position 指定到 DrawerEndPos 物体上。这个脚本将限制可移动物体只能在 Start Position 和 End Position 两个位置之间做直线运动。LinerDrive 组件的设置如图 8-40 所示。

单击"开始"按钮，测试抽屉功能。

5）添加开门交互

开门交互中将用到 Circular Drive 组件，它可以限制可移动物体只能在设定的轴向角度

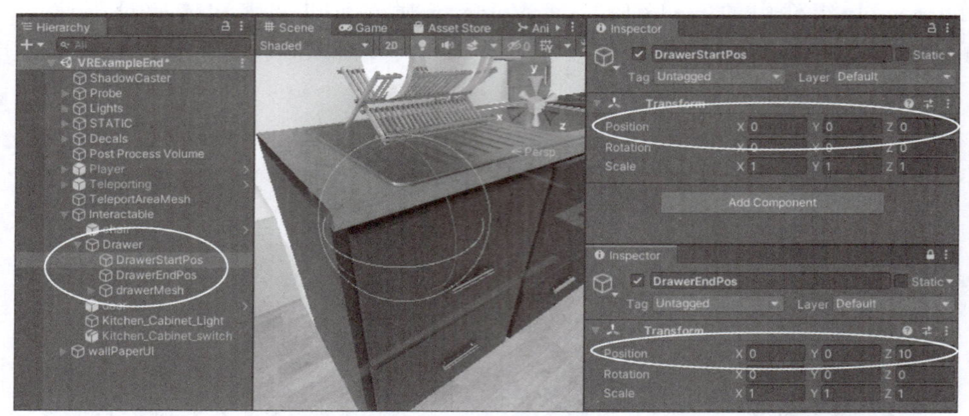

图 8-39　抽屉的交互设置

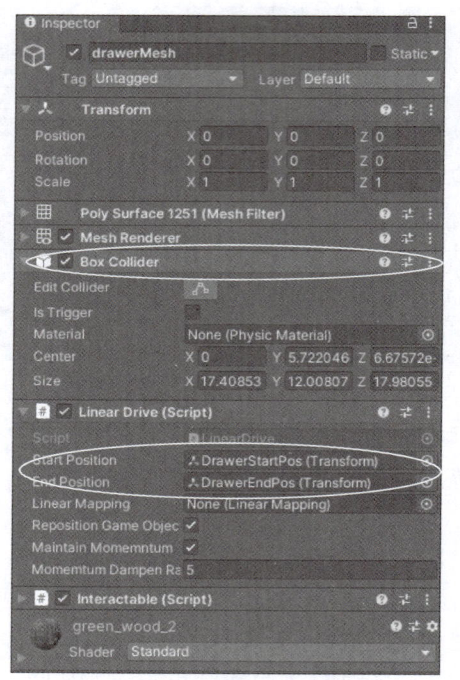

图 8-40　LinerDrive 组件的设置

范围内转动。

找到 Interactable 层级下的 Door 物体，同样的方法添加 Box Collider，Interactable 和 Circlar Drive 脚本组件。将 Box Collider 的位置调整到门把手，将大小调整为略大于门把手，这个碰撞的范围决定了门的可交互区域。

在 Circular Drive 组件中通过改变 Axis Of Rotation 属性来选择旋转轴，此处选择 Y 轴。勾选 Limited Rotation 下的 Limited 复选框来限制旋转的最大、最小角度。分别设置 Min Angle 和 Max Angle 为－90 和 0，控制门只能向内开启 90 度。

在 CircularDrive 组件中勾选 ForceStart 选项，在 Start Angle 中填入－90。这两个属性可以控制门在游戏开始时的初始角度。

Circular Drive 组件的设置如图 8-41 所示。

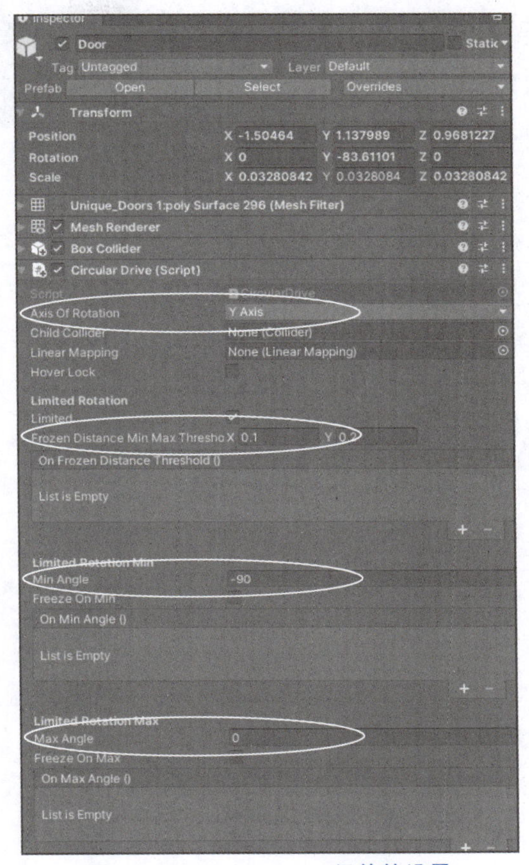

图 8-41　Circular Drive 组件的设置

6）添加灯光开关交互

开关类的交互是 VR 应用中最常用的交互之一，Steam VR Plugin 中的 Hover Button 组件可以用来方便地设置开关类交互。下面为厨房灯添加开关交互。

首先，在 Hierarchy 面板中，找到 Interactable 层级下的 Kitchen_Cabinet_switch 物体。为物体添加 Box Collider 组件，设置大小和位置，让其略大于开关物体。用同样的方法添加 Interactable 和 Hover Button 脚本组件。

然后，在 Hover Button 组件的属性中找到 Moving Part 属性，这个属性指向的物体代表了开关中活动部分的模型，在这里将设置为 Kitchen_Cabinet_switch 物体层级下的 polySurface2。将 Local Move Distance 的 X、Y、Z 值分别设为 0、0、−0.015，这个属性代表了开关的可移动部分被按下时的移动距离。至此，开关的互动设置完毕。

接下来，为开关添加脚本，实现厨房灯光的开关功能和灯材质的自发光控制功能。在 Project 面板中，选中 Scrips 文件夹，这个文件夹用于存放将用到的脚本。右击空白处，在弹出菜单中执行“Create”→“C＃ Script”命令，创建一个新脚本，将其命名为 LightSwitch，如图 8-42 所示。

双击脚本打开脚本编辑器，输入以下代码。

图 8-42　创建 LightSwitch 脚本组件

```
=====================================================================
using System.Collections;
using System.Collections.Generic;
using UnityEngine;

public class LightSwitch : MonoBehaviour
{
    public Material ChiminiLightMat;                          //厨房灯的材质球
    public GameObject ChiminiLightObj;                        //灯光物体
    public bool IsLightOn = true;                             //灯光的开关状态
    public void Switch()                                      //开关灯的方法
    {
        if (IsLightOn)                                        //如果灯是打开的状态
        {
            ChiminiLightMat.DisableKeyword("_EMISSION");    //关掉材质球的自放光
            ChiminiLightObj.SetActive(false);                 //关掉灯光物体
            IsLightOn = false;                                //将开关状态设置为关
            return;
        }
        if (!IsLightOn)                                       //如果灯是关闭的状态
        {
            ChiminiLightMat.EnableKeyword("_EMISSION"); //打开材质球的自放光
```

```
            ChiminiLightObj.SetActive(true);                    //打开灯光物体
            IsLightOn = true;                                   //打开关状态设置为关
            return;
        }
    }
}
================================================================
```

保存后返回到 Unity Editor，将脚本拖放到 Kitchen_Cabinet_Switch 物体上。

下一步，指定脚本的属性。在 Project 面板中，找到 Assets\DevDen Arch Viz Scotland\Materials 文件夹下的 chimini 材质球，将其作为厨房灯模型的材质。通过上一步编写的脚本来控制这个材质球上的自发光属性的开关。单击 Kitchen_Cabinet_Switch 物体 LightSwitch 脚本组件上 ChiminiLightMat 属性右边的圆点，在打开的面板中搜索 chimini，单击出现的材质球。用同样的方法单击 ChiminiLightObj 属性右侧的圆点，搜索 Kitchen_Cabinet_Light，单击出现的物体，指定厨房的灯光物体，脚本将控制灯光物体的开关。勾选 IsLightOn 属性，设置灯光的默认状态为“开”，如图 8-43 所示。至此，脚本属性的设置完成。

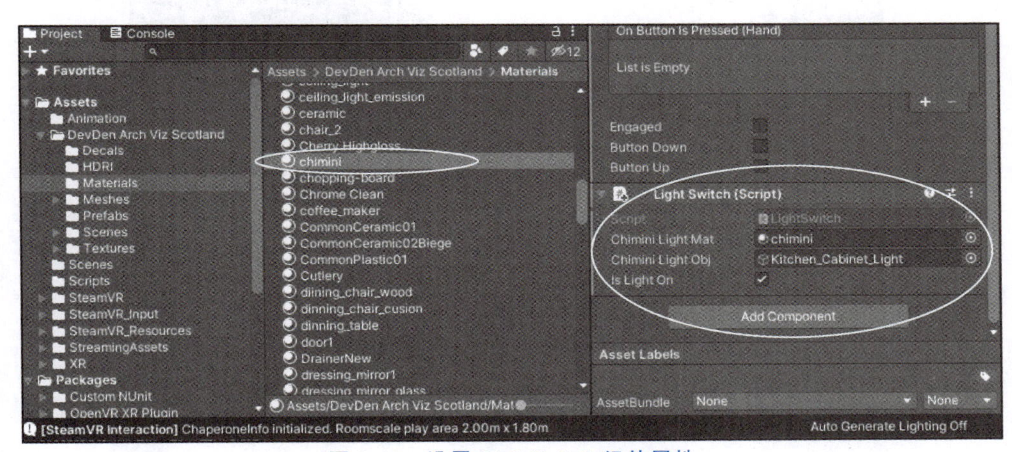

图 8-43 设置 LightSwitch 组件属性

最后，还需要设置 Hover Button 组件。为灯光开关的 LightSwitch 脚本的 Switch 方法设置触发事件。在 Hover Button 组件中找到 On Button Up(Hand)，单击下方的“+”(加号)，将 LightSwitch 脚本组件拖放到出现的参数输入框中，在右边的下拉列表中选择 LightSwitch.Switch，如图 8-44 所示。这样在开关抬起时(On Button Up)，Hover Button 组件就会自动调用已编写的 Switch 方法来开关灯。至此，开关功能就制作好了。可以单击“开始”按钮进行测试。

7）添加更换壁纸交互

用 VR 手柄设备触发 UI 的交互也是 VR 内容开发中经常用到的功能。下面介绍简单的 UI 实现房间壁纸换色功能的制作。

首先，创建一块 UI 画布。执行 Unity 菜单栏的“GameObject”→“UI”→“Canvas”命令，如图 8-45 所示。选中刚刚创建的 Canvas 画布物体，在 Scene 面板中将画布调整到合适位置和大小。

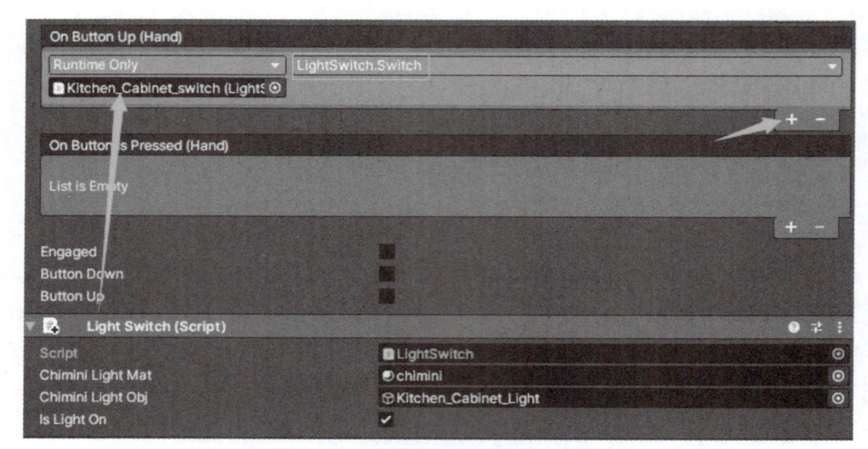

图 8-44 设置 Hover Button 组件

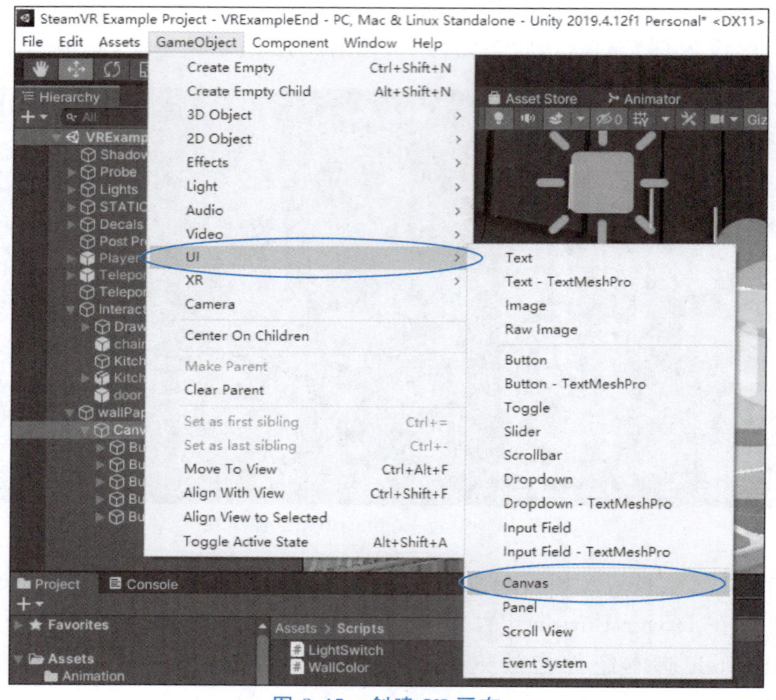

图 8-45 创建 UI 画布

之后,在画布上添加按钮。保持画布物体的选中,执行菜单栏的"GameObject"→"UI"→"Button"命令,添加按钮后命名为 ButtonSetRed。调整按钮在画布中的大小和位置,并在 Inspector 面板将 Image 组件的 Color 属性设置为红色。为 ButtonSetRed 按钮物体添加 Interactable、UI Element 和 Box Collider 组件,调整 Box Collider 的大小位置。在 Hierarchy 面板中展开按钮层级,按钮下一级的 Text 物体是按钮上显示的文字,将 Text 属性设为红色。这样就制作好了一个可以单击的按钮。

将制作好的按钮复制 3 个,分别设置它们的属性并调整颜色、文字和大小位置,添加组件。这 4 个按钮被分别用来将壁纸更换成红色、绿色、黄色和白色。当前只是准备好了按钮

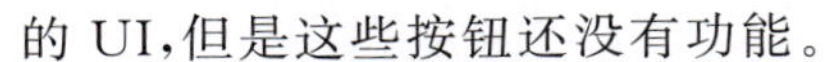

的 UI,但是这些按钮还没有功能。

接下来,编写按钮功能的脚本代码。在 Project 面板的 Scripts 文件夹中右击创建一个新的脚本,命名为 WallColor。双击打开脚本编辑器,写入以下脚本代码。

```
==================================================================
using System.Collections;
using System.Collections.Generic;
using UnityEngine;

public class WallColor : MonoBehaviour
{
    public Color Green;                                   //绿色
    public Color Red;                                     //红色
    public Color Yellow;                                  //黄色

    public Material WallLivingroom;                       //壁纸材质球
    public void ButtonSetGreen()                          //设置壁纸材质为绿色
    {
        WallLivingroom.SetColor("_Color", Green);

    }
    public void ButtonSetRed()                            //设置壁纸材质为红色
    {
        WallLivingroom.SetColor("_Color", Red);

    }
    public void ButtonSetYellow()                         //设置壁纸材质为黄色
    {
        WallLivingroom.SetColor("_Color", Yellow);

    }
    public void ButtonSetWhite()                          //设置壁纸材质为白色
    {
        WallLivingroom.SetColor("_Color", Color.white);

    }
}
==================================================================
```

保存后将脚本拖到 Canvas 画布物体上。将 Green、Red、Yellow 这 3 个属性设为相应的颜色。单击 WallLivingroom 属性后面的圆点,搜索 livingroom_wall3,将属性指向壁纸的材质球。

最后,设置按钮的属性,使按钮被单击后能够触发脚本中的方法。在 Hierarchy 面板中,选中红色按钮物体,找到之前添加的 UI Element 组件,单击加号,然后将 canvas 物体拖入新出现的属性框中。在右边的下拉菜单中执行"WallColor"→"ButtonSetRed"命令,如图 8-46所示。用同样的方法分别为其他 3 个按钮设置触发功能。

至此,VR 内容中的 UI 按钮就制作好了。可以单击"开始"测试更换壁纸,效果如图 8-47所示。

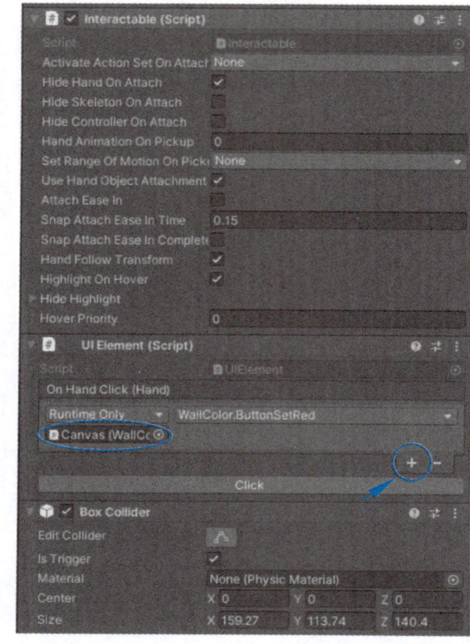

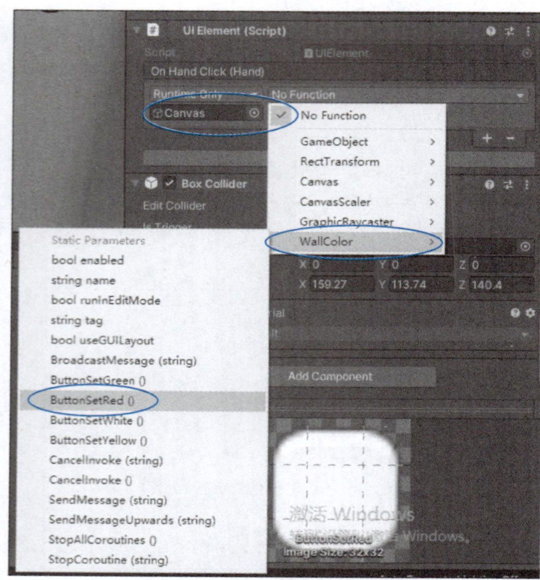

图 8-46　设置按钮的属性

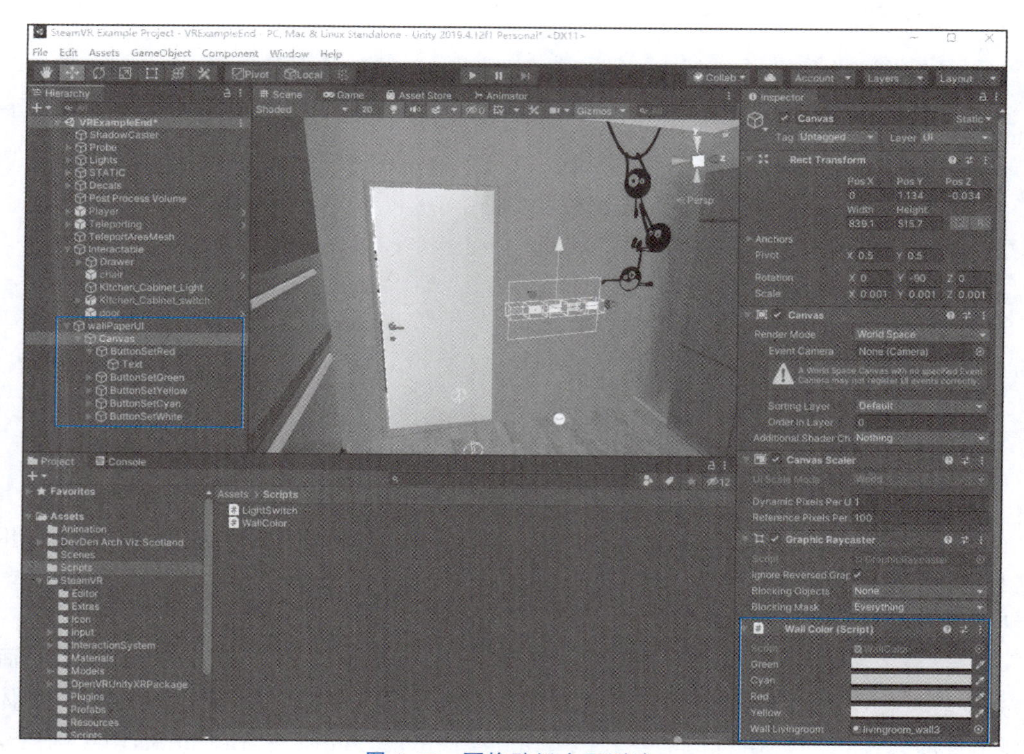

图 8-47　更换壁纸交互测试

3. 项目工程打包

工程制作完成后，需要将工程打包成可执行文件。执行“File”→“Build Settings”命令，打开 Build Settings 界面，如图 8-48 所示。

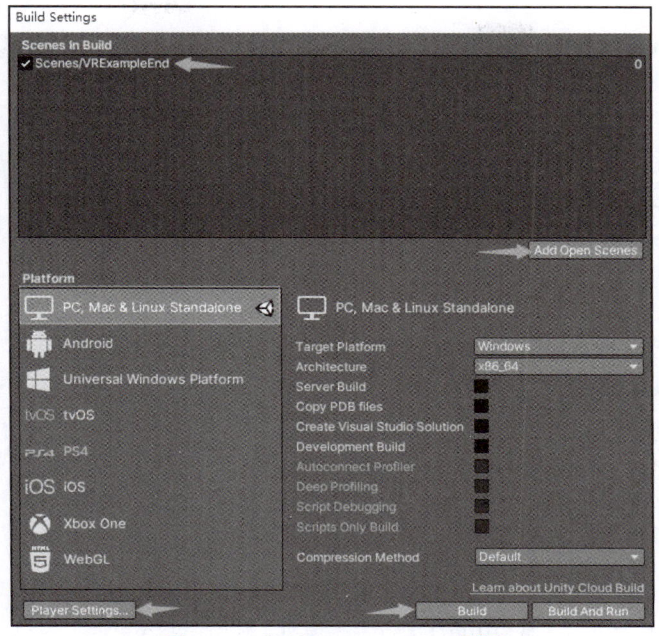

图 8-48　打开 Build Settings 界面

Unity 支持跨平台的打包发布，本项目可在 Platform 处选择 PC 平台。之后，单击“Add Open Scenes”按钮，将做好的场景添加到打包文件中。

打包前，可单击“Player Settings”按钮，根据需要设置 Company Name（公司名称）、Product Name（项目名称）、Version（版本号）等信息。设置后，回到 Build Settings 面板。

单击“Build”按钮将项目打包。

打包完成后，文件夹下会包含一个.exe 可执行文件。接好头盔，双击可执行文件即可开始 VR 内容的体验。

8.4　本章小结

本章主要介绍了虚拟现实技术的相关内容，涉及的知识点如下。

（1）虚拟现实技术的概念与特征。虚拟现实技术采用以计算机技术为核心的现代高科技生成逼真的视、听、触觉一体化的特定范围内的虚拟环境，用户使用必要的特定装备与虚拟环境中的客体进行交互，相互影响，从而产生身临其境的感受和体验。虚拟现实技术具有沉浸性、交互性、想象性等特点。

（2）虚拟现实系统的分类可以从两种角度来划分。一种是虚拟世界模型的建立方式，另一种是虚拟现实系统的功能和实现方式。

（3）一个典型的虚拟现实系统主要由计算机、输入/输出设备、虚拟现实设计/浏览软件（应用软件系统）等组成。用户以计算机为核心，通过输入/输出设备与应用软件设计的虚拟世界进行交互。

(4) 虚拟现实系统的开发流程包括虚拟现实作品3D模型建立,虚拟现实作品交互设计,虚拟现实系统集成。

(5) 基于Unity引擎和SteamVR Plugin开发HTC VIVE平台虚拟现实的案例开发介绍。

思考与练习

一、单选题

1. (　　)属于虚拟现实系统中的输入设备。

A. HMD头盔式显示器　　B. 数据手套

C. CAVE投影设备　　D. 媒体服务器

2. (　　)不属于虚拟现实开发中使用的软件。

A. Maya　　B. Unity

C. Altium Designer　　D. UE4

3. 使用SteamVR Plugin实现位置传送功能需要使用到(　　)类。

A. Teleport　　B. LinerDrive　　C. Throwable　　D. Rigidbody

二、简答题

1. 在虚拟现实系统中可以通过哪些硬件设备实现动作采集?
2. 目前的虚拟现实系统主要通过哪些手段实现用户的沉浸感?

第二部分

实验指导篇

实验1　音频的录制与基本编辑

【实验目的】

（1）通过实验理解声音的数字化过程，了解计算机如何处理和存储声音。

（2）掌握利用 Audition 软件进行声音录制和基本编辑的技术。

【实验内容】

（1）使用 Audition 录制声音，并保存原文件。

（2）使用 Audition 实现声音文件的格式转换。

（3）使用 Audition 对录音文件进行基本编辑、组接，保存录音作品。

【实验预备】

（1）硬件设备。搭建音频工作室往往需要上万元的投入。对音乐爱好者或者普通应用而言，配一台符合 Audition 最低要求配置的计算机，加一个耳机和麦克风就足够用了，最多为了方便乐曲创作，再加上一个 MIDI 设备即可。

（2）进行音频录制与处理之前，需要测试音频设备是否正常工作。确保录入设备已与计算机正确连接。如果使用麦克风录音，就把麦克风与声卡的 Microphone 插孔连接起来；如果要从磁带等设备中录音，则将放音设备的 Line Out 插孔通过音频线与声卡的 Line In 插孔连接。

（3）右击 Windows 任务栏的“声音控制”图标，在图 E1-1 所示的窗口中，设置输入/输出设备、音量大小并测试麦克风。

（4）准备好诗歌文本素材，做好朗诵录音设计。

【实验步骤】

1. 录制音频

（1）新建音频文件。启动 Audition 软件，执行“文件”→“新建”→“音频文件”命令，在图 E1-2 所示的对话框中，输入文件名，设置采样频率、声道数以及位深度，然后单击“确定”按钮。

（2）进行声音的录制。待录制的“编辑器”窗口有一条空白波形。准备好后，单击编辑器下方播放控制面板中的红色“录音”按钮开始录音。通过麦克风朗诵产生的波形信息会实时显示在编辑器中。录制完毕后，单击“停止”按钮停止录音。录制的音频波形信息如

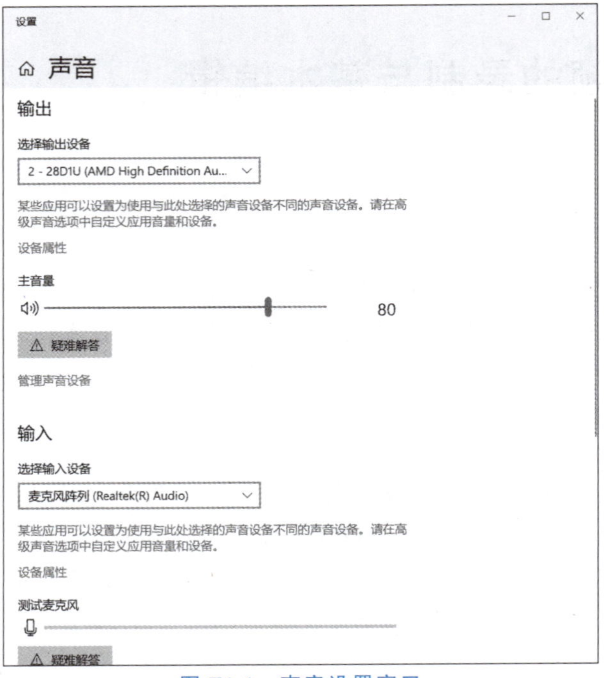

图 E1-1　声音设置窗口

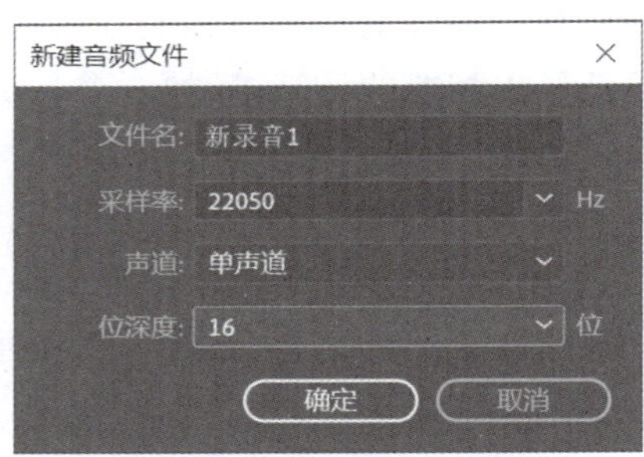

图 E1-2　“新建音频文件”对话框

图 E1-3 所示。

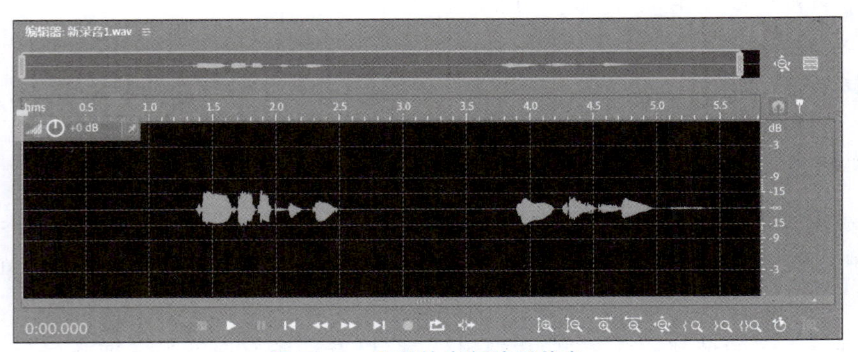

图 E1-3　录制的音频波形信息

(3) 单击“播放”按钮或者“循环播放”按钮对录制的音频进行整体预听。注意听噪声，听细节，听音色。

（4）录音结束后，执行“文件”→“另存为”命令，在图 E1-4 所示的“另存为”对话框中设置文件的格式、位置以及文件名，单击“确定”按钮完成保存。

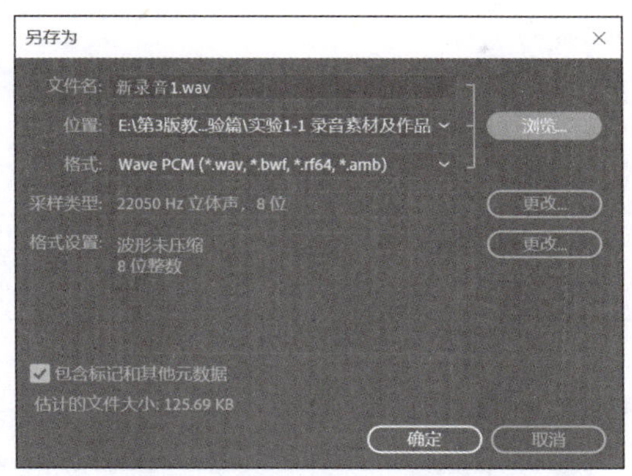

图 E1-4　“保存”对话框

（5）按照上述步骤，将诗歌分段朗读录制，保存为多个音频文件。

提示 1：调节录制声音大小。在 Audition 中打开监视录音电平后，电平面板如图 E1-5 所示。对着麦克风说话或者播放 Line In 设备，注意观察电平不要出现过载，否则应调低音量。相反，如果录音监视电平总是在－20dB 上下或者更低，则应提高音量。

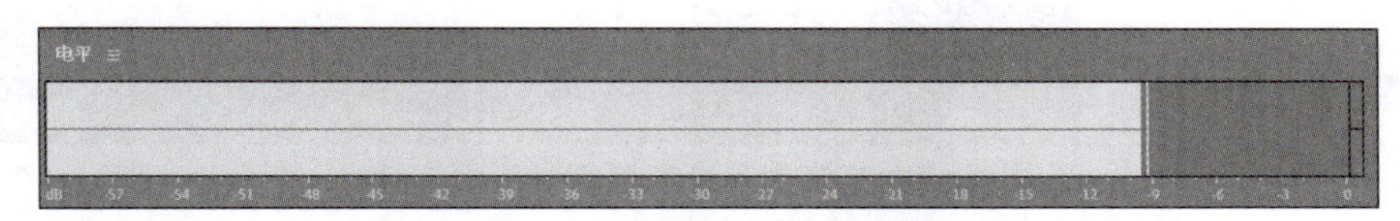

图 E1-5　录音监视电平面板

提示 2：在多轨视图模式下，要录制声音应打开录音音轨的录音开关 R，单击“录音”按钮，戴上监听耳机，用麦克风录制声音。录制完成后，再关闭录音开关 R。

提示 3：录制声音时可以分段、分轨录制，便于编辑和处理。

2. 音频的组接与基本编辑

（1）导入已录制的声音文件。执行“文件”→“导入”→“文件”命令，或者双击“文件”面板的空白位置，在打开的图 E1-6 所示的对话框中，选择“新录音 1.wav”文件。Audition 允许一次导入多个文件。

（2）导入“新录音 1.wav”音频文件后，编辑窗轨道中会显示出音频波形图。

（3）将多个录音文件波形组接成一个新文件。将指针移至“新录音 1.wav”文件波形结尾处，执行“文件”→“打开并附加”→“到当前文件”命令，选择“新录音 2.wav”文件。在编辑器中，波形将依次首尾相接在一起，如图 E1-7 所示。依此方法，将其他需要的文件组接进来。

提示：在单轨模式中，音频的组接也可使用通常的方法，即“选取”音频信息，进行“复制”“粘贴”来完成波形的组接。在多轨编辑模式中，将音频文件放置在不同轨道的时间线上的合适位置，导出多轨混音即可完成组接。

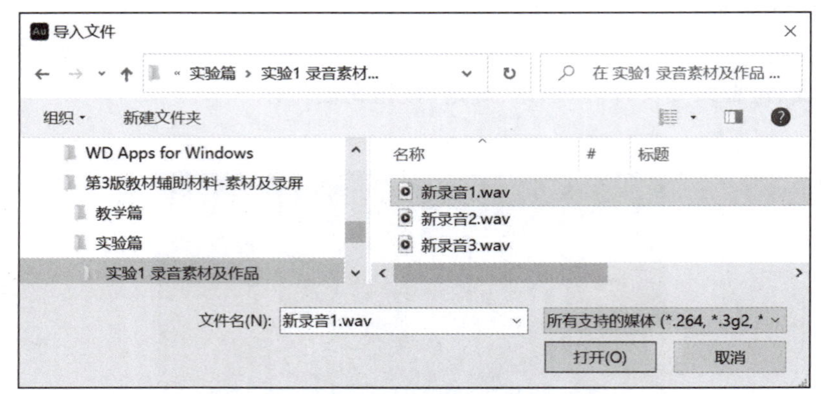

图 E1-6 “导入文件”对话框

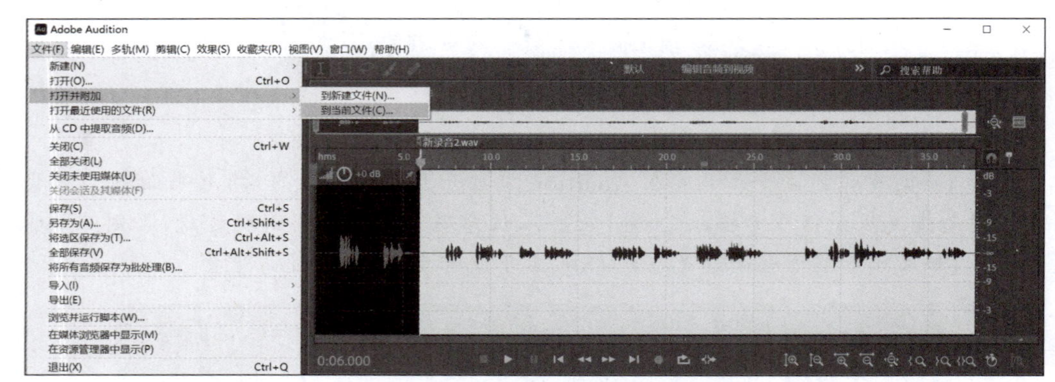

图 E1-7 将文档打开并附加到当前文件

(4) 单击“播放”按钮▶,仔细听完整朗诵的效果。

(5) 录音瑕疵处理。若有的朗读语句间歇时间过长,可用拖曳鼠标的方式选择这段区域,执行“编辑”→“删除”命令或者直接按 Delete 键进行删除。若有的朗读语句间歇时间过短,则可在需要放置静音的开始位置单击鼠标或者选择需替换的音频波形,执行“生成”→“静音”命令,在打开的对话框中输入静音的时间,确定插入静音。录音过程中可能会产生不同程度的噪声,必要时还要进行降噪。

(6) 完成组接后,执行“文件”→“另存为”命令,将文件名设置为“完整朗诵录音.wav”。再另存为 MP3 格式,实现音频文件格式转换。

【实验总结与思考】

本实验运用实例详细描述了声音录制、声音存储和音频基本编辑处理的整个流程。通过实验,即可理解声音的数字化过程,了解不同录音参数和编码格式对音频文件数据量和质量的影响,并掌握音频录制与基本编辑操作技术。

思考题

(1) 左右声道的内容完全一致是真正的立体声效果吗?

(2) 记录实验的完整过程,撰写实验报告,并记录实验的心得体会。

【课外实践题】

为自行拍摄的短视频或其他来源的影片片段录制解说词，完成音频的制作。在学习视频处理知识后，可以尝试实现影片配音效果，为视频编辑制作打下基础。

（1）自行拍摄短视频或者寻找一部自己喜爱的影片片段。

（2）录制解说词。

（3）录制效果音。

（4）对解说音和效果音进行去噪处理。

（5）合成解说词和环境音效。

（6）导出成 MP3 格式的数字音频。

实验 2　配乐诗朗诵赏析音频制作

【实验目的】

（1）通过实验掌握 Audition 软件的音频效果应用。

（2）掌握 Audition 软件多轨录音、编辑和输出技术。

【实验内容】

（1）使用 Audition 进行多轨会话录音，并保存录音文件。

（2）使用 Audition 实现音频特效制作。

（3）保存多轨会话存档，导出多轨混音文件输出作品。

【实验预备】

（1）载入实验 1 输出的“完整朗诵录音”文件。

（2）准备一曲伴奏音乐文件。

（3）撰写诗歌赏析解说文本以备录音。

【实验步骤】

1. 完整朗诵音频文件特效处理

（1）使用 Audition 软件，执行“文件”→“导入”命令，导入实验 1 输出的“完整朗诵录音”文件。

（2）在“文件”面板中双击该文件，在单轨中显示音频波形。单击播放按钮或者循环播放按钮，进行整体预听，听细节，听音色。

（3）朗诵诗歌第二句语速过快，可进行适当拉伸调整。选取诗歌第二句对应的波形片段，执行“效果”→“时间与变调”→“伸缩与变调”命令，如图 E2-1 所示。

在图 E2-2 所示的“伸缩与变调”效果对话框中，将“伸缩”值设置为 120%，适当拉长音频片段时长以慢速播放。

（4）给音频添加混响效果。执行“效果”→“混响”→“混响”命令，弹出如图 E2-3 所示的“混响”效果设置对话框。根据实际需要进行相关参数设置，这里使用预设下拉列表中的“房间临场感”。单击预听按钮听效果，满意后单击“应用”按钮完成混响。

2. 建立多轨会话，编辑诗歌朗诵与配乐、录制赏析解说

（1）切换到多轨视图模式。

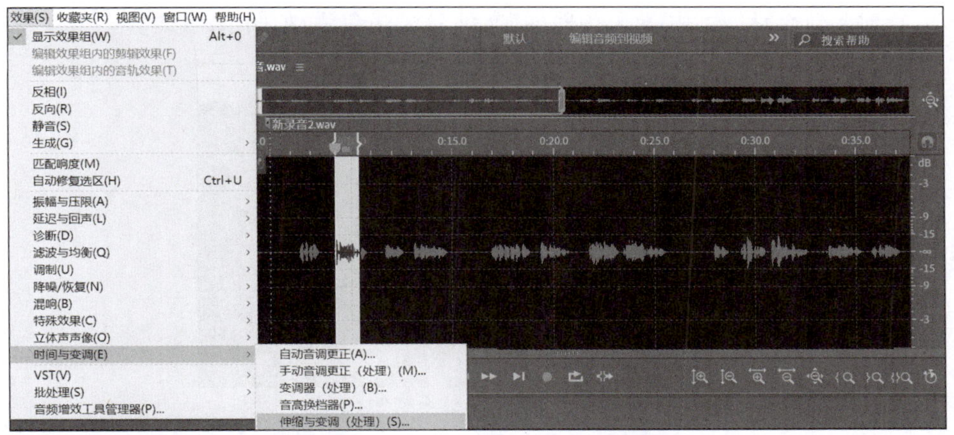

图 E2-1　选取的音频片段与“伸缩与变调”界面

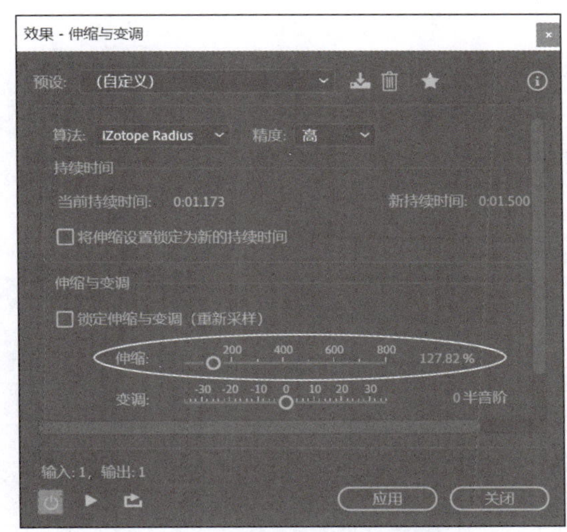

图 E2-2　“伸缩与变调”对话框

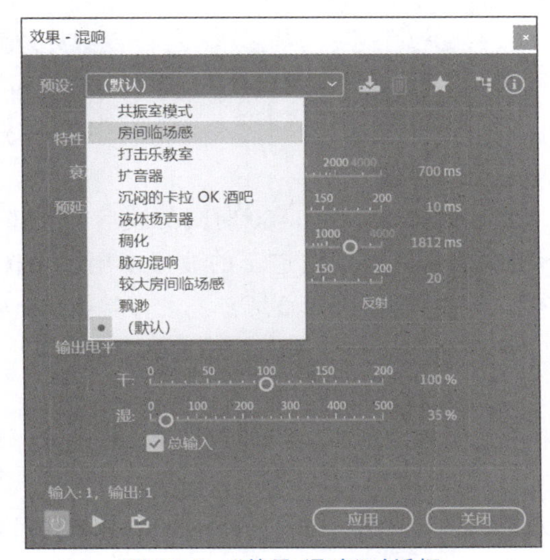

图 E2-3　“效果-混响”对话框

(2) 新建多轨会话,使用“配乐诗朗诵”文件名保存会话,如图 E2-4 所示。

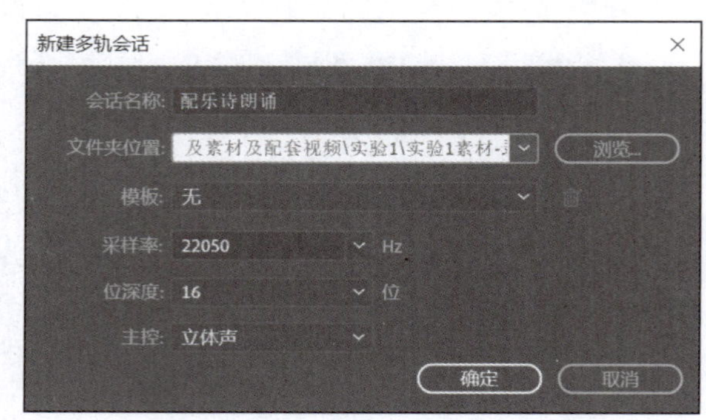

图 E2-4 “新建多轨会话”对话框

(3) 导入素材文件中的伴奏音乐文件。

(4) 执行“编辑”→“插入”→“插入多轨会话中”菜单命令,或从“文件”面板中直接拖动该音乐文件,将它插入多轨视图编辑器的轨道 1。

(5) 调低伴乐音量,过高的伴乐音量会影响诗歌朗诵声。选择轨道 1,执行“效果”→“振幅与压限”→“增幅”菜单命令,在图 E2-5 所示的“增幅”效果对话框中,将增益值减小,或直接选择“预设”中的相关削减方案,单击“确定”按钮。

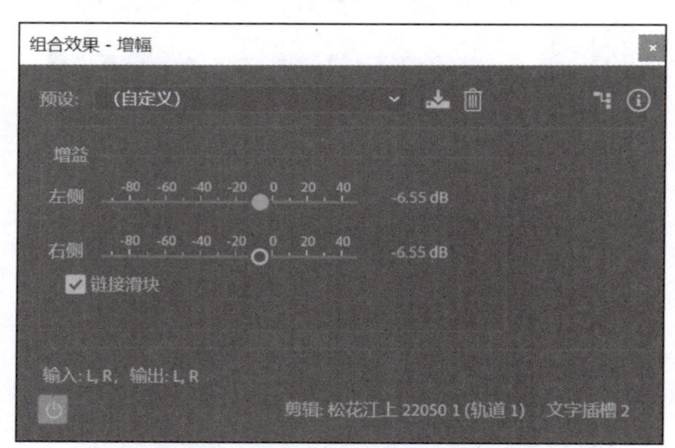

图 E2-5 “增幅”效果对话框

(6) 将前述步骤中处理后的“完整朗诵录音.wav”文件,插入轨道 2 中并调整波形文件在时间序列上的相对位置,如图 E2-6 所示。

(7) 使用“切断工具”,裁切轨道 1 中约 1:50 时刻的波形,并删除后部波形片段。

(8) 录制诗歌赏析解说。将指针移到轨道 1 的波形末尾。单击轨道 3 的录音开关 R ,再单击播放控制区的红色“录音”按钮 ● ,开始录音。录音完成后,再次单击“录音”按钮,停止录音。之后,单击轨道 3 的红色录音开关 R ,关闭录音。插入 3 个波形文件后的多轨视图界面如图 E2-7 所示。

(9) 双击轨道 3 中刚刚录制的波形,切换到单轨编辑模式,进行降噪处理(降噪处理操作参见第 3 章实例 3-1)。

(10) 对步骤(9)处理后的波形信息执行“另存为”命令,将文件命名为“诗歌赏析解说.wav”。

(11) 切换到多轨视图模式,然后保存会话文件(文件扩展名为.sesx)。

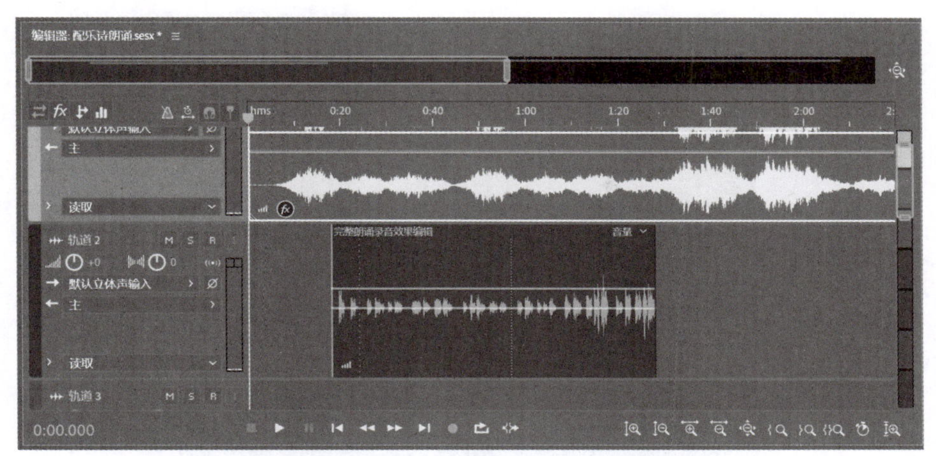

图 E2-6　插入两个波形文件后的多轨视图界面

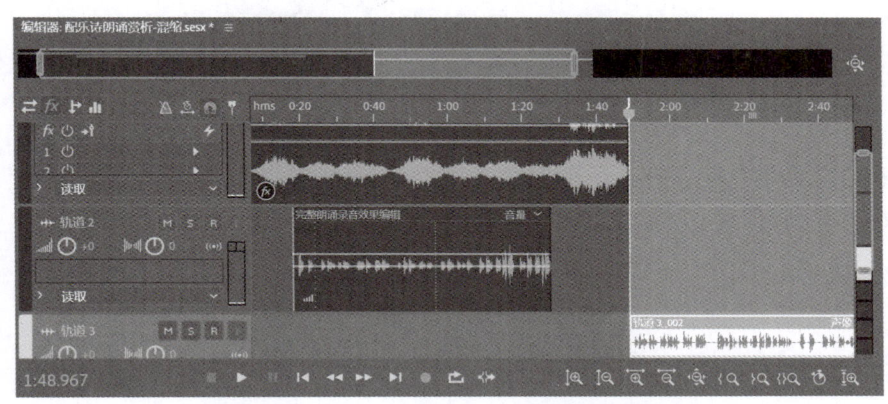

图 E2-7　插入 3 个波形文件后的多轨视图界面

(12) 导出多轨混音文件。执行“文件”→“导出”→“多轨混音”→“整个会话”菜单命令。在图 E2-8 所示“导出多轨混音”对话框中，输入文件名、选择存储位置及文件格式。设置完毕后，单击“确定”按钮，将多轨波形导出为一个完整的音频文件，完成最终作品。

【实验总结与思考】

本实验在多媒体作品的创作中使用了多轨录音、编辑和输出技术。Audition 内置的音频特效功能很强大，需要通过大量的练习才能熟练掌握。

思考题

(1) 单轨视图与多轨视图下对于音频编辑效果的作用有何不同？

(2) 为什么要保存多轨会话文件？有何用途？

【课外实践题】

数字音频作品的策划、设计和制作。采集所需特殊音效、进行解说声录制、多角色配音

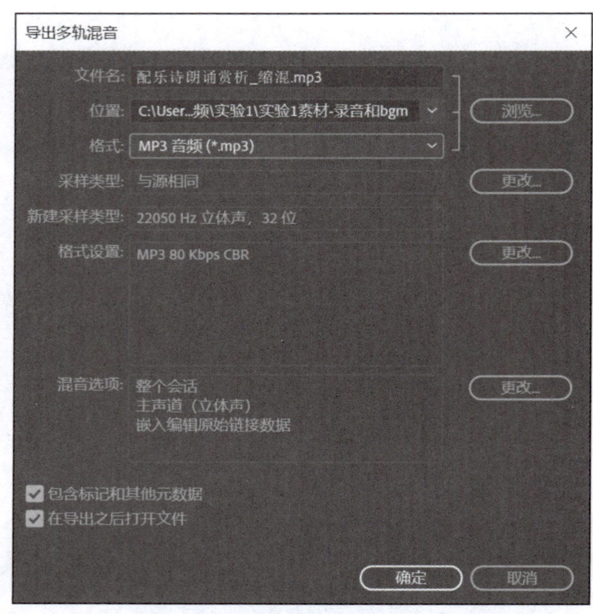

图 E2-8 “导出多轨混音”对话框

录制。通常,在为角色配音时就会根据情景模拟角色发声,并可使用 Audition 软件中相关音调特效修饰。根据设计,加工整合所需素材,导出成 MP3 格式的数字音频。

实验 3　百福图创作

【实验目的】

（1）掌握选区创建、描边等图像操作。

（2）掌握图像基本变换操作：图像变换、再次变换。

（3）掌握图层重命名、图层复制、图层成组等操作并进行应用。

【实验内容】

创作图 E3-1 所示的“百福图”图像。

图 E3-1　“百福图”图像

【实验预备】

（1）设计构思。根据图像需要表达的内涵和效果进行设计构思。本实验创作的“百福图”，意在表达人们祈盼幸福吉祥的美好愿望。

（2）了解图像基本变换的操作及应用。

【实验步骤】

（1）打开 Photoshop，新建图像文件。将其命名为“百福图”，设置宽、高分别为 60 厘米，分辨率为 72 像素/英寸，白色背景。

(2) 执行"视图"→"标尺"命令,按住鼠标从顶部/左部标尺拖曳,在文档中心30厘米处建立一条水平/垂直参考线,如图E3-2所示。

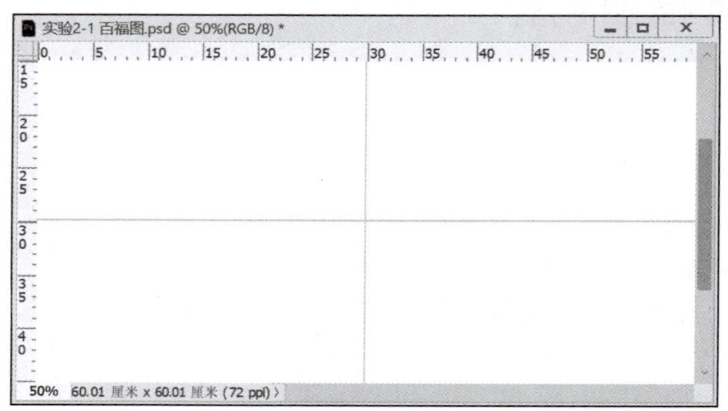

图E3-2 在文档中心设置水平和垂直参考线

(3) 选取文字工具,在文字工具选项栏中设置字体为华文行楷、字体大小为300点、字体颜色为红色,如图E3-3所示。

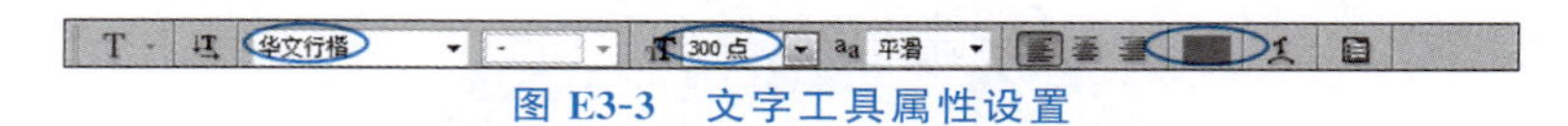

图E3-3 文字工具属性设置

(4) 在文档编辑窗口写入"福"字,并使用移动工具将福字移动到参考线交叉处,如图E3-4所示。

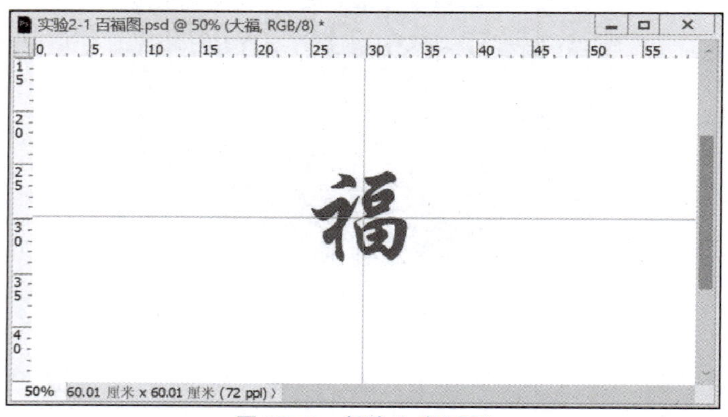

图E3-4 创建文字"福"

(5) 选取椭圆选区工具,按Alt+Shift键,单击参考线交叉点并进行拖曳,创建圆形选区并使选区包围文字"福",如图E3-5所示。

(6) 在"图层"面板中单击"新建图层"按钮,建立一个新图层。执行"编辑"→"描边"命令,设置描边宽度为9像素,颜色为红色。完成后效果如图E3-6所示。

(7) 双击"图层"控制面板中的文字层和描边层名称,更改图层名称,如图E3-7所示。

(8) 创建第2圈正上方的"福"文字,将其所在图层命名为"福2",如图E3-8和图E3-9所示。

(9) 将"福2"图层拖至"新建图层"按钮上,复制一个"福2副本"。

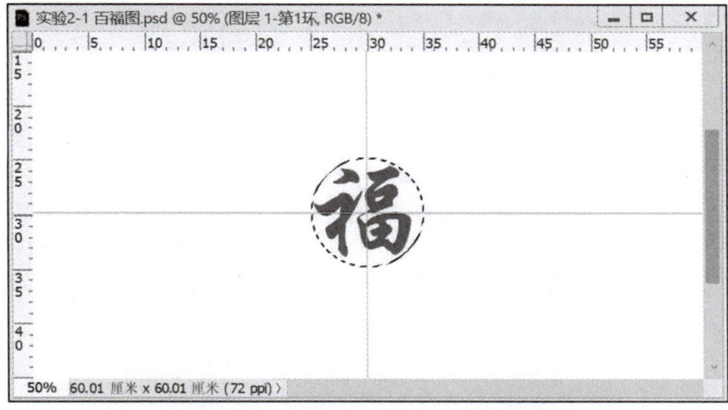

图 E3-5　创建包围“福”字的圆形选区

图 E3-6　为“福”字设置描边效果

图 E3-7　在“图层”面板中更改图层名称

(10) 选取“福 2 副本”图层，执行“编辑”→“变换”→“旋转”命令，将旋转变换中心拖至参考线交叉处，并在变换选项栏中设置旋转角度为 20 度，如图 E3-10 所示。

(11) 按 Alt+Ctrl+Shift+T 键，复制并再次变换，完成图 E3-11 所示的效果。

(12) 为便于对图层进行管理，将第 2 圈“福”字图层建立编组。在“图层”面板中，单击“福 2”图层，按住 Shift 键的同时单击“福 2 副本 17”图层，然后执行“图层”面板快捷菜单中的“从图层新建组”命令，将该组命名为“组 1-第 2 圈福字”，如图 E3-12 所示。

图 E3-8　第 2 圈正上方"福"字效果

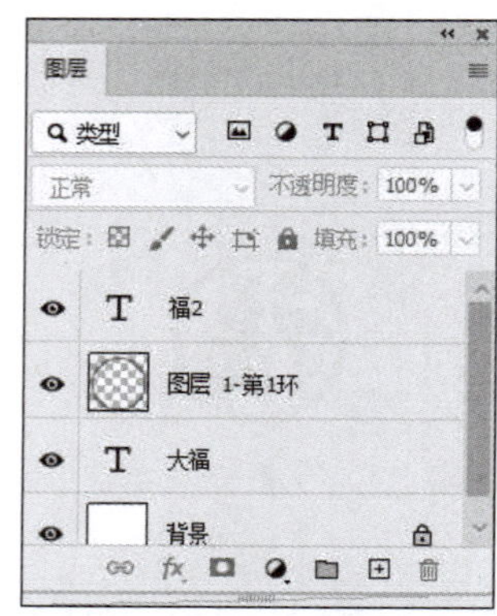

图 E3-9　将第 2 圈正上方"福"字图层命名为"福 2"

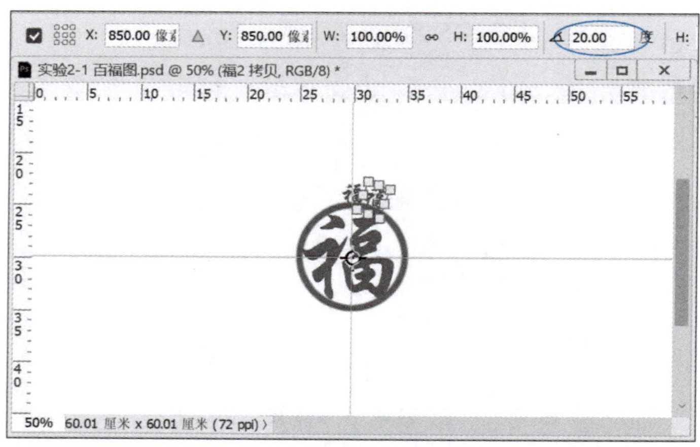

图 E3-10　旋转变换设置及旋转效果之一

(13) 参照步骤(6)为第 2 圈"福"字建立描边图案,完成后的效果如图 E3-13 所示。

(14) 参照步骤(9)至步骤(13),创建其他 7 圈"福"字,完成百福图创作,如图 E3-14 所示。

(15) 执行"文件"→"保存"命令,将文件保存为 PSD 文件格式。再执行"文件"→"存储为"命令,输出 JPEG 格式或 GIF 格式的百福图。

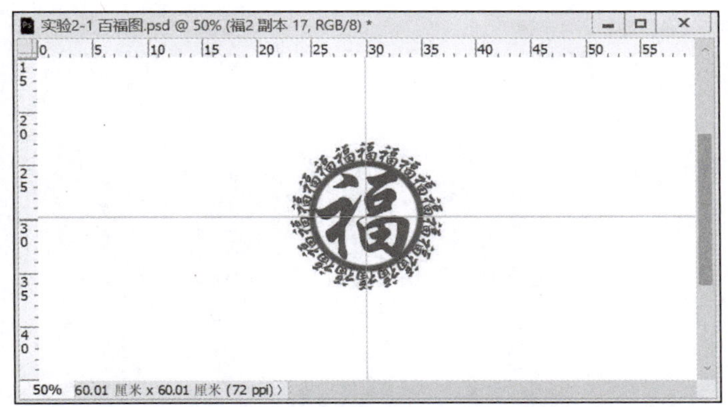

图 E3-11　旋转变换设置及旋转效果之二

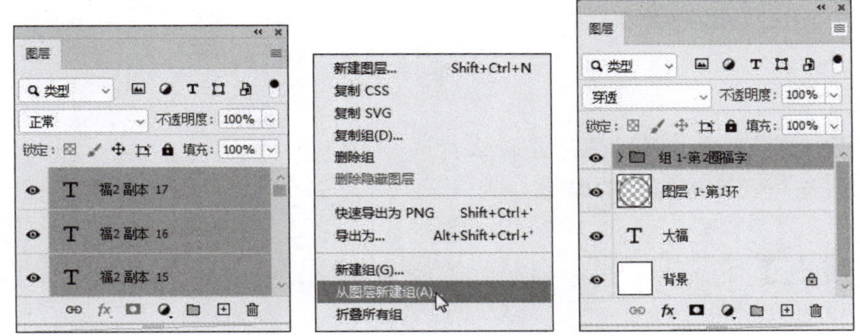

图 E3-12　第 2 圈“福”字图层成组

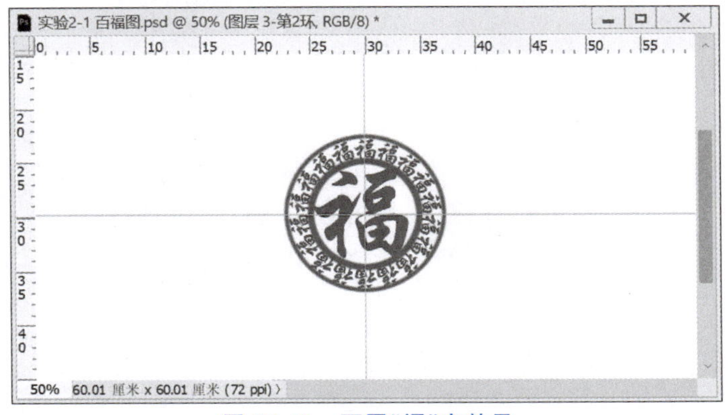

图 E3-13　两圈“福”字效果

【实验总结与思考】

本实验主要运用了图像变换与再次变换以及复制对象来高效地制作按一定规律编排的图像。在图像创作中，为了便于对图层进行管理，可以将多个内容相关的图层成组。本实验可以帮助读者掌握选区创建、绘图、图像变换、再次变换以及图层基本编辑操作技术，具备图像编辑的基本能力。

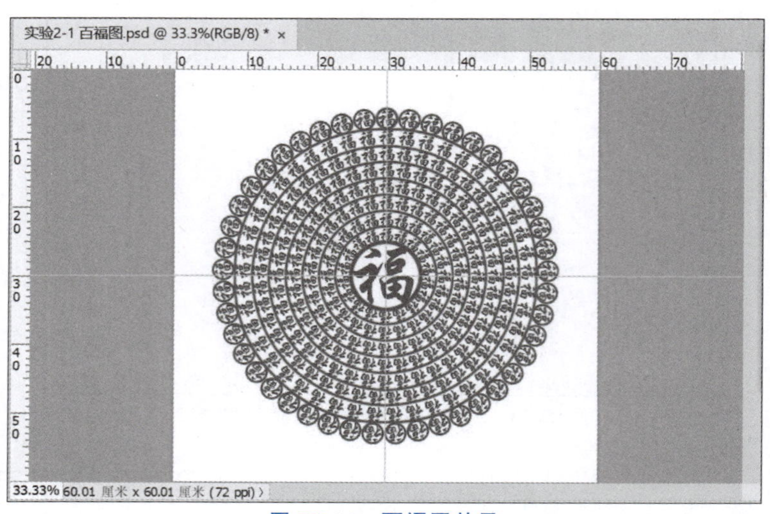

图 E3-14　百福图效果

思考题

(1) 图像变换、再次变换的原理是什么?

(2) 如何进行变换控制点的编辑?

【课外实践题】

(1) 了解各种字体变化的福字图案。

(2) 制作以篆体为基础,多种字体变化的剪纸效果百福图。

实验 4　“沟通·交流”图像创作

【实验目的】

（1）掌握图层样式设置及复制的方法。
（2）掌握图层基本操作及图层蒙版的使用方法。
（3）掌握图像色彩调整的方法。

【实验内容】

创作图 E4-1 所示的“沟通·交流”主题图像。

图 E4-1　“沟通·交流”主题图像

【实验预备】

（1）设计构思。本实验以“沟通·交流”为主题创作图像，意在表达人与人之间的沟通不仅是信息交流，更是互通心灵。

（2）准备素材。根据实验内容，选取和制作相关的素材，并保存在文件夹中备用。

【实验步骤】

（1）打开 Photoshop，新建文件，将其命名为“沟通·交流”，并进行如下设置：宽度 1800 像素，高度 1200 像素；分辨率 72 像素/英寸；白色背景；RGB 颜色模式。

（2）在“图层”面板中新建“图层 1”。

(3) 选取工具箱中自定形状工具,在选项工具栏中设置形状为心形,如图 E4-2 所示。

图 E4-2　自定形状工具选心形

(4) 在图像窗口左上角区域绘制 100 像素×85 像素大小的心形图案,图像窗口效果及“图层”面板如图 E4-3 所示。

(5) 在“图层”面板中单击右上角的快捷菜单按钮,从弹出的快捷菜单中选择“混合选项”命令,如图 E4-4 所示。

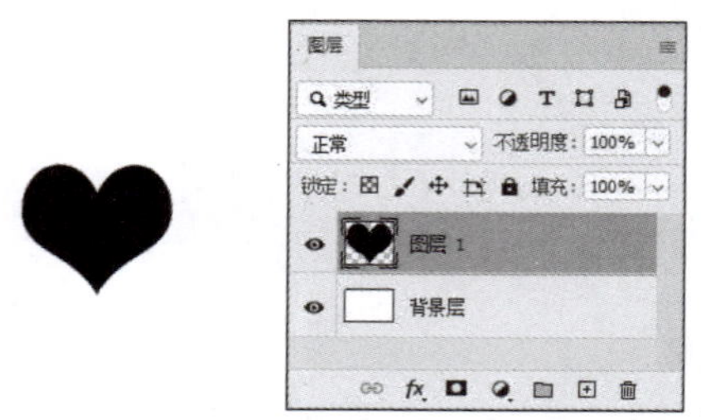

图 E4-3　心形图案及“图层”面板

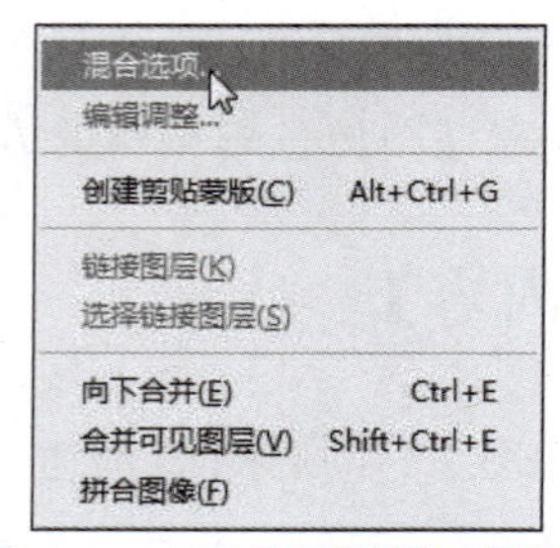

图 E4-4　“图层”面板快捷菜单

(6) 在打开的“图层样式”对话框中进行样式设置,参数设置如图 E4-5～图 E4-9 所示。

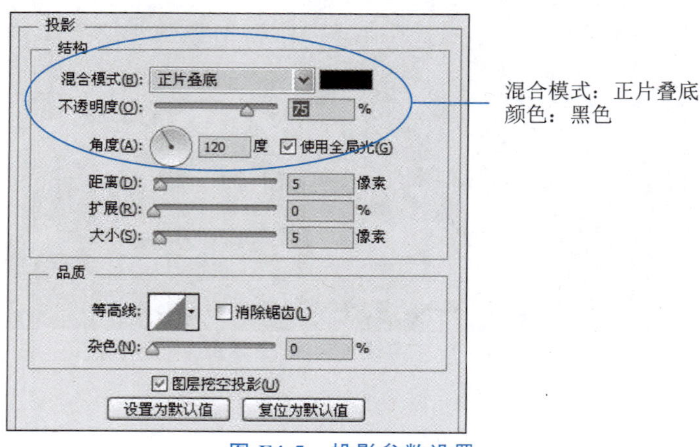

图 E4-5　投影参数设置

(7) 查看“图层”面板以及图像窗口,其样式列表与图像效果如图 E4-10 所示。

(8) 在“图层”面板中新建“图层 2”,在“图层 2”上绘制稍大的心形图案。

(9) 右击“图层”面板的“图层 1”,在弹出的快捷菜单中选择“拷贝图层样式”命令。

(10) 右击“图层 2”,在弹出的快捷菜单中选择“粘贴图层样式”命令,完成图 E4-11 所示的心心相印图像创作。

(11) 打开图 E4-12 所示的书法文字“素材 1”。

(12) 在“通道”面板中,将蓝色通道拖曳至面板底部的“新建通道”按钮上,复制蓝色通道。

(13) 单击“通道”面板底部的“将通道作为选区载入”按钮。执行“选择”→“反选”命令,产生文字选区,然后执行“选择”→“存储选区”命令。“通道”面板如图 E4-13 所示。

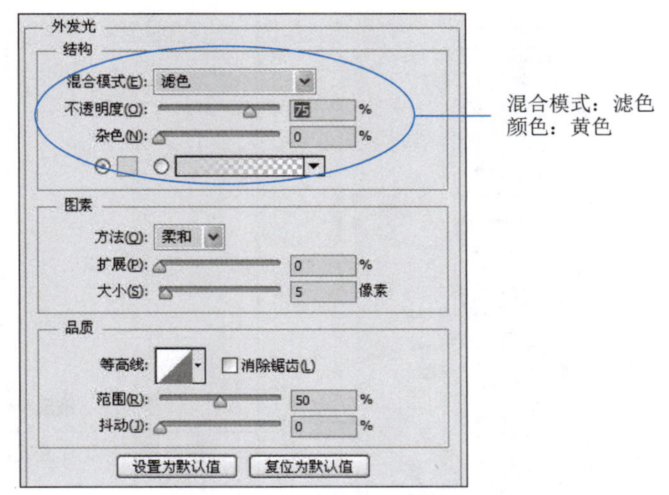

图 E4-6　外发光参数设置

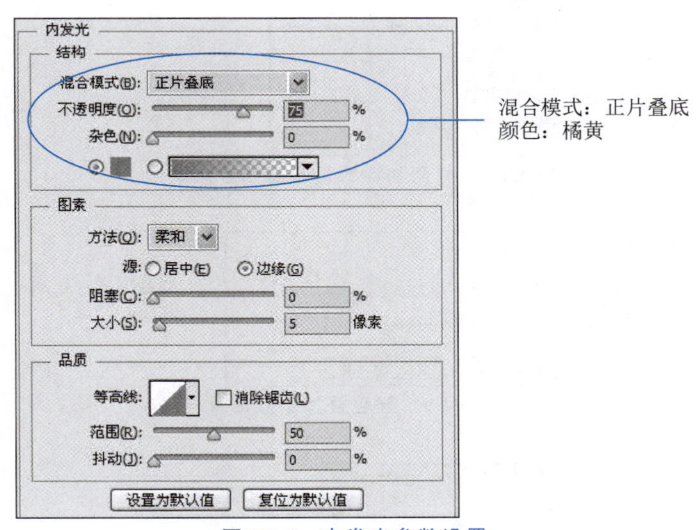

图 E4-7　内发光参数设置

(14) 设置前景色为红色，执行“编辑”→“填充”命令，将文字选区填充为红色。

(15) 执行“编辑”→“拷贝”命令，在“沟通交流”图像文件窗口执行“编辑”→“粘贴”命令，使用红色字创建“图层 3”。

(16) 对“图层 3”应用“图层 1”的样式，图像效果如图 E4-14 所示。

(17) 打开“素材 2”地球图像，首先执行“选择”→“全选”命令，接着执行“编辑”→“拷贝”命令。

(18) 激活“沟通交流”图像文件，执行“编辑”→“粘贴”命令，创建“图层 4”。合成的图像效果如图 E4-15 所示。

(19) 打开“素材 3”商务交流图像，将其复制到“沟通交流”图像的“图层 5”，并调整其大小和位置。

(20) 为“图层 5”图像建立矩形选区并设置羽化值为 15。

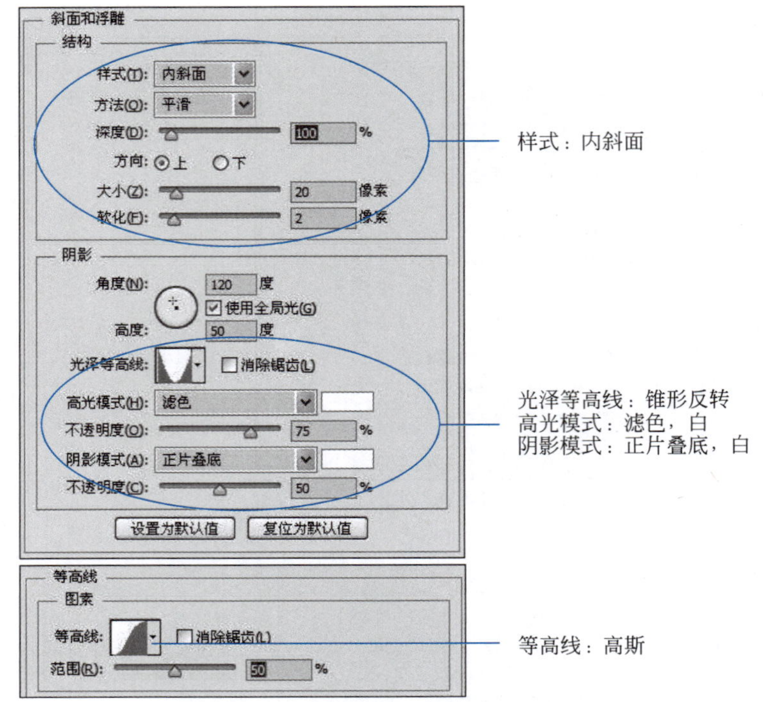

图 E4-8　斜面和浮雕与等高线参数设置

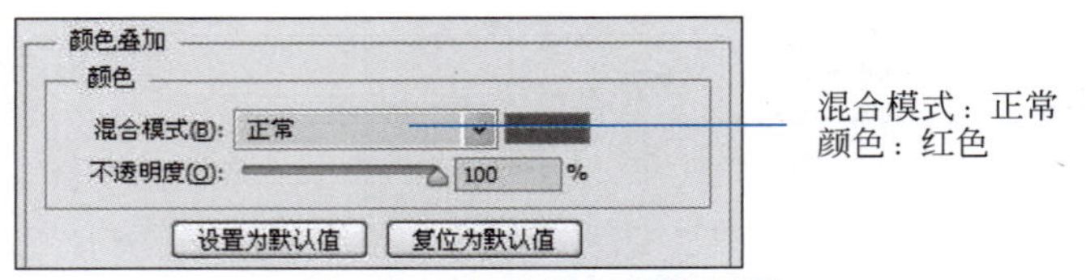

图 E4-9　颜色叠加参数设置

图 E4-10　“图层”面板与图像样式应用效果

(21) 执行“图层”→“图层蒙版”→“显示选区”命令。为“图层 5”建立图层蒙版。“图层”面板及图像效果如图 E4-16 所示。

图 E4-11　心心相印图像效果

图 E4-12　书法文字素材

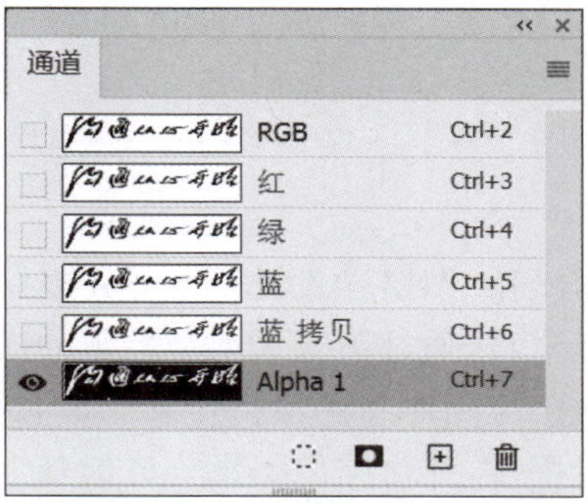

图 E4-13　“通道”面板及 Alpha 通道

图 E4-14　书法文字图像应用样式后的效果

图 E4-15　“素材 2”合成效果

(22) 依次参照步骤(19)至步骤(21)将其他素材在图像窗口进行合成,并对表现人们过度使用电子设备交流的图片执行“图像”→“调整”→“去色”命令,以去掉彩色,完成实验要求的图像效果。

(a) “素材3”合成效果

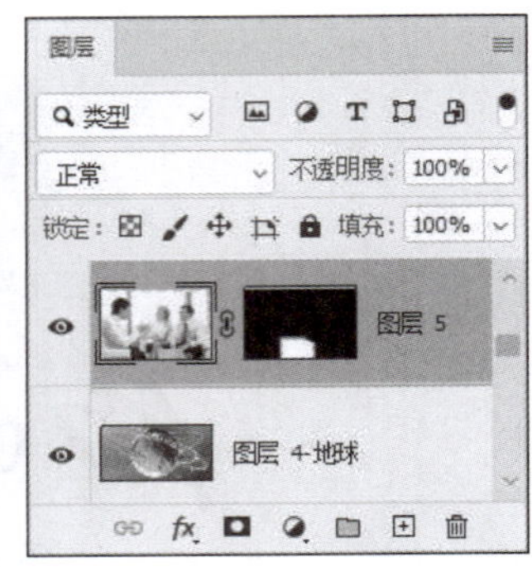

(b) “图层5”及图层蒙版效果

图 E4-16 “图层”面板与合成图像效果

【实验总结与思考】

本实验主要运用图层基本操作、图层样式设置及样式复制、图层蒙版等应用进行图像合成创作。图层样式的选项非常丰富,通过不同选项及参数的搭配,可以创作出丰富多样的图像样式效果。图层蒙版的编辑与应用对图像编辑合成效果大有帮助。本实验可以帮助读者掌握图像编辑创作的基本技术手段,强化图像编辑合成的基本能力。

思考题

(1) 在图像编辑中,图层蒙版起到了什么作用?如何编辑图层蒙版,使图层图像与其他图像自然地衔接融合?

(2) 如何在不同图层、不同图像文件中应用已设定样式?

【课外实践题】

综合应用图层基本操作、图层混合、图层样式及图层蒙版等进行特定主题的图像编辑创作,如运动会宣传画、校庆海报等。

实验 5　应用滤镜创作油画效果图像

【实验目的】

(1) 掌握滤镜的使用与参数设置方法。

(2) 掌握图层混合模式的应用。

【实验内容】

创作图 E5-1 所示的油画效果图像。

图 E5-1　油画效果图像

【实验预备】

(1) 选择较适合创作油画效果的图像素材。

(2) 了解 Photoshop 中滤镜的基本操作,使用滤镜组为图像增加特效。

【实验步骤】

(1) 打开原始图像文件。执行“文件”→“打开”命令,打开原始图像文件,如图 E5-2 所示。

(2) 增加图像的饱和度。执行“图像”→“色相/饱和度”命令,设置“饱和度”为+60,如图 E5-3 所示。

(3) 应用“玻璃”扭曲滤镜。执行“滤镜”→“滤镜库”→“扭曲”→“玻璃”命令,打开图 E5-4 所示的“玻璃”对话框。设置“扭曲度”为 5,“平滑度”为 3,从“纹理”下拉列表框中选择“画布”,设置“缩放”值为 80%。

图 E5-2 原始图像

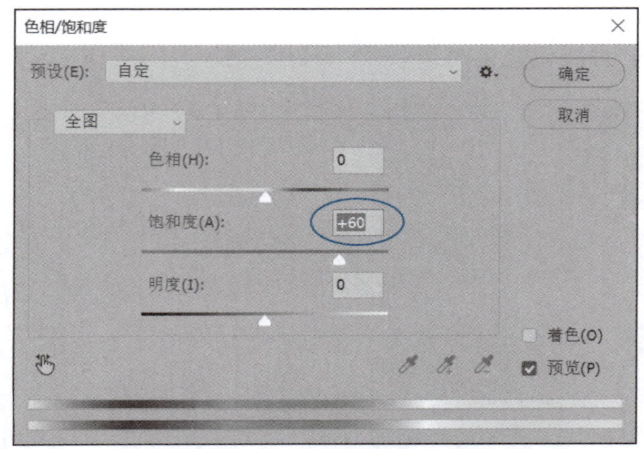

图 E5-3 “色相/饱和度”对话框

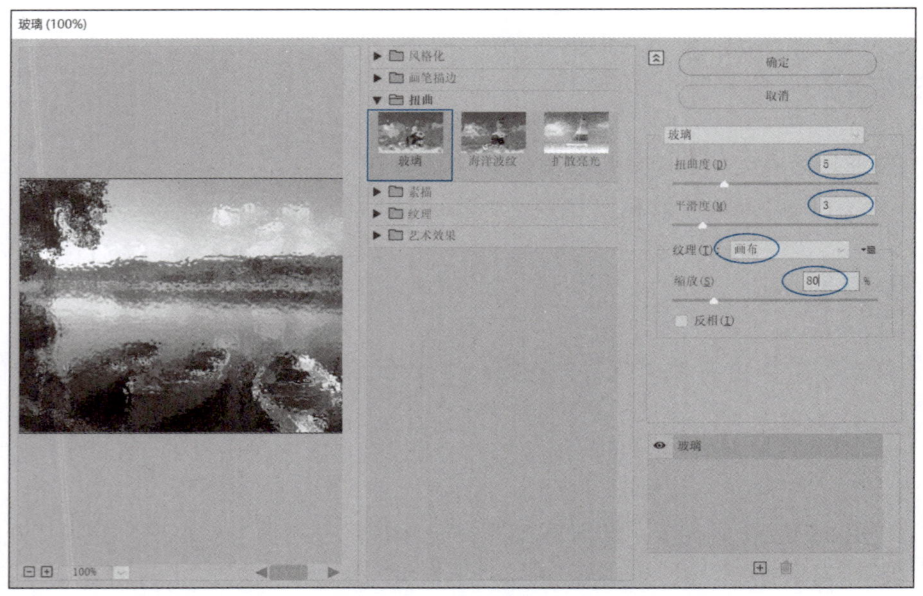

图 E5-4 “玻璃”滤镜设置

(4) 增加一个新的滤镜效果层。单击图 E5-5 所示"新建效果层"按钮,在玻璃层之上增加一个新效果层。

图 E5-5　单击"新建效果层"按钮增加一个效果层

(5) 应用"绘画涂抹"滤镜。执行"艺术效果"文件夹的"绘画涂抹"命令,如图 E5-6 所示。设置"画笔大小"为 4,"锐化程度"为 1,从"画笔类型"下拉列表框中选择"简单"。

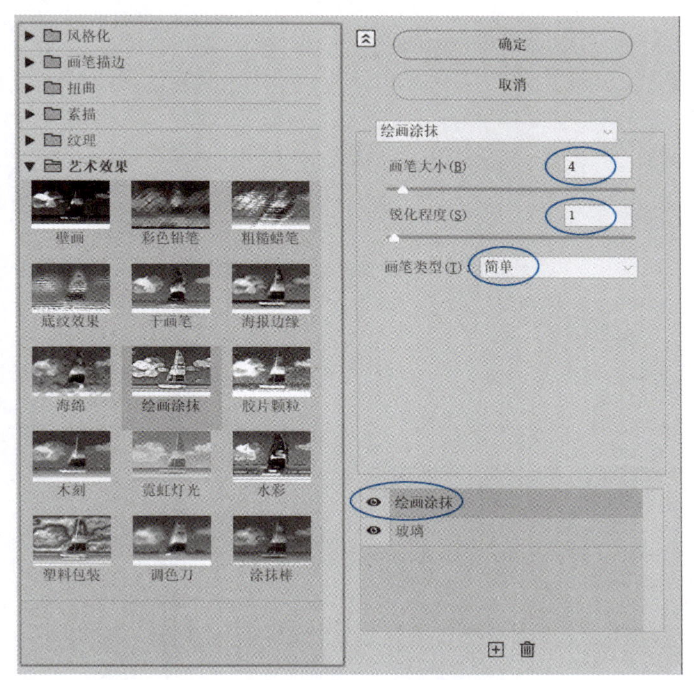

图 E5-6　"绘画涂抹"滤镜设置

(6) 增加另一个新效果层,应用"成角的线条"滤镜。执行"画笔描边"文件夹下的"成角的线条"命令,打开图 E5-7 所示的对话框。设置"方向平衡"值为 46,"描边长度"为 3,"锐化程度"为 1。

(7) 增加最后一个新效果层,应用"纹理化"滤镜。新增效果层,执行"纹理"文件夹下的"纹理化"命令,如图 E5-8 所示。从"纹理类型"下拉列表框中选择"画布",设置"缩放"值为 65%,"凸现"值为 2,"光照"为"左上"。最后单击"确定"按钮,应用滤镜效果。

(8) 复制背景图层。在"图层"面板中,将背景层拖曳至面板底部的"创建新图层"按钮上,复制背景图层,并将背景层副本更名为"层 1"。

(9) 将"层 1"图像调整成黑白效果。执行"图像"→"调整"→"去色"命令,将"层 1"图像调整成黑白效果。

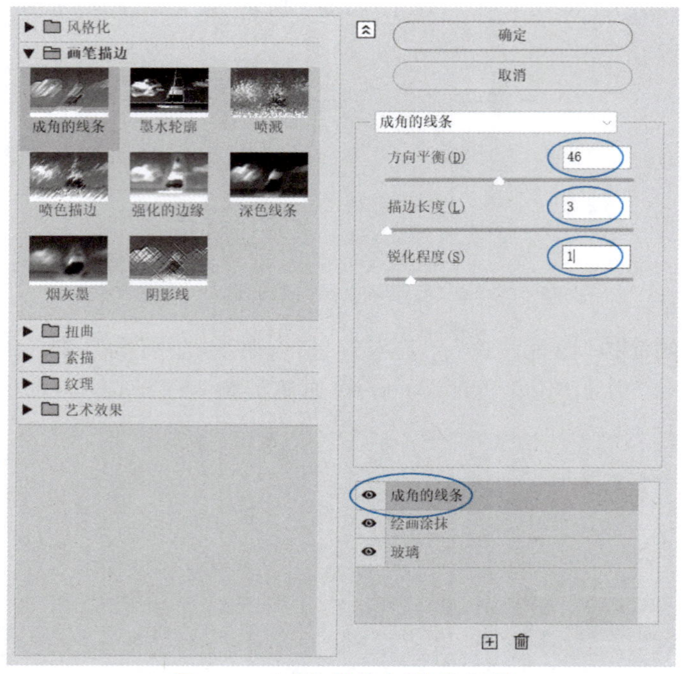

图 E5-7 “成角的线条”滤镜设置

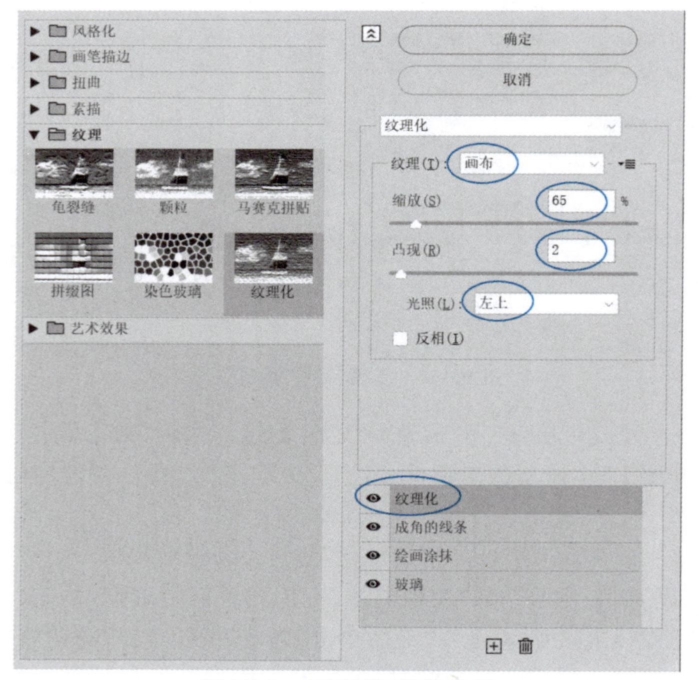

图 E5-8 “纹理化”滤镜设置

(10) 将图层混合模式更改为“叠加”。在“图层”面板中,从“混合模式”下拉列表框中选择“叠加”模式,如图 E5-9 所示。

(11) 应用“浮雕”滤镜。执行“滤镜”→“风格化”→“浮雕效果”命令,如图 E5-10 所示。

设置“角度”值为 135，“高度”为 1 像素，“数量”值为 500%。

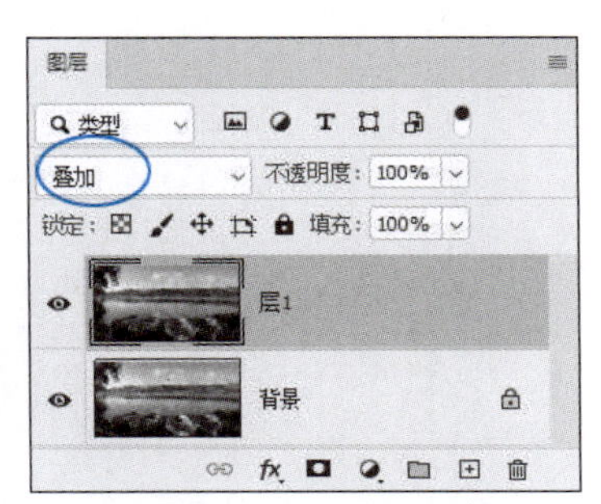

图 E5-9　在“图层”面板中改变混合模式为“叠加”

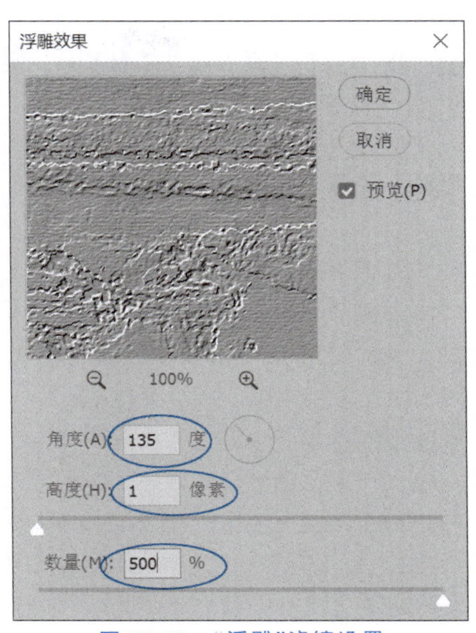

图 E5-10　“浮雕”滤镜设置

(12) 降低不透明度。在“图层”面板中将“层 1”的不透明度从 100%减低到 40%。查看图像窗口，观察图像效果。至此已完成“实验内容”要求的油画效果。

【实验总结与思考】

本实验通过对图像应用多种滤镜特效，来生成油画效果。可以对图像应用多种滤镜，并通过滤镜的选用及参数的搭配，创作出变化多端的奇特效果。本实验旨在帮助读者掌握图像特效的设置及应用技巧。

思考题

(1) 滤镜是 Photoshop 中的图像特效工具，其应用对图像色彩模式有哪些限制？

(2) 在 Photoshop 中如何使用外挂滤镜(第三方开发的滤镜程序)？

【课外实践题】

选用多种滤镜创作图像特效。

实验 6　清晨风光视频制作

【实验目的】

（1）熟悉 Premiere 各窗口界面。

（2）掌握 Premiere 的基本操作。

（3）了解使用 Premiere Pro 制作影视节目的过程。

【实验内容】

制作一个风光短片。

【实验预备】

（1）素材片段之间的转换。素材片段间的转换有两种，一种是无技巧转场，即一个素材片段结束时立即转换为另一个素材片段，也叫切换；另一种叫有技巧转场，即一个素材片段用某种特技效果逐渐地转换成另一个素材片段。有技巧转场常用于特技效果制作。

（2）Premiere 滤镜。滤镜也称为特效，就是后期处理的特技效果。Premiere 滤镜大多数都会随着时间产生动态效果，音频也同样拥有丰富的音频滤镜。

（3）常见的数字视频文件格式主要有 AVI、MOV、MP4、DAT 等。AVI 文件中的伴音和视频数据交织存储，播放时可获得连续的信息，文件格式灵活，与硬件无关。MOV 是一种从苹果计算机移植到 PC 的视频文件格式，效果比 AVI 格式稍好。MP4 是采用 H.264 编码压缩制成的视频文件，也是目前最常见的视频压缩文件格式。DAT 是常见的 VCD 和 CD 光盘存储格式。

【实验步骤】

（1）启动 Premiere Pro 软件，建立一个新项目并命名为“风光”，如图 E6-1 所示。根据视频素材的分辨率为 1280 像素×720 像素，帧速率为 25 帧/秒，选择 HDV 720p25 预设，其界面如图 E6-2 所示。

（2）由于新建的项目没有内容，因此需要向项目窗口中添加原始素材。双击项目窗口，在打开的导入对话框中选择适合的风光素材。将导入的素材按时间逻辑拖到时间线上，如图 E6-3 所示。

（3）在视频间加入过渡效果，在效果面板上执行“视频过渡”→“交叉溶解”命令，并将“交叉叠化”拖至两个素材之间，所有的素材中间都采用各种交叉溶解效果，如图 E6-4 所示。点击交叉叠化效果，可以在效果控制面板上看到相应的参数设置，如图 E6-5 所示。

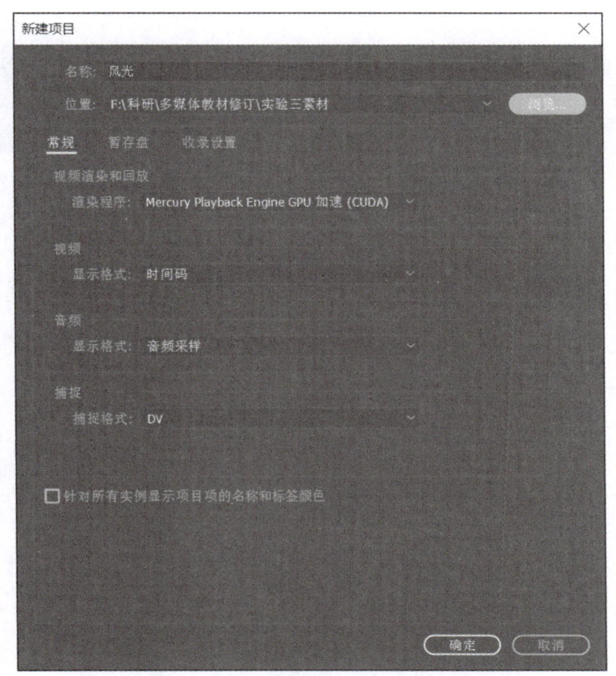

图 E6-1　新建项目

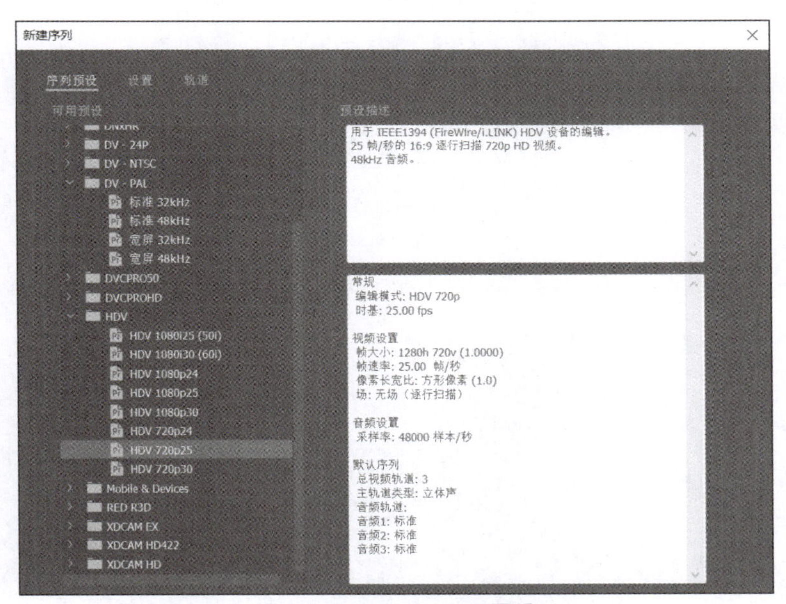

图 E6-2　Premiere pro 预设

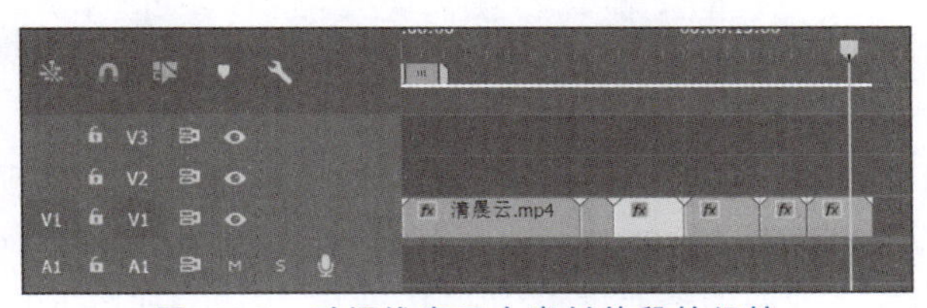

图 E6-3　时间线窗口中素材片段的组接

图 E6-4 添加视频过渡效果

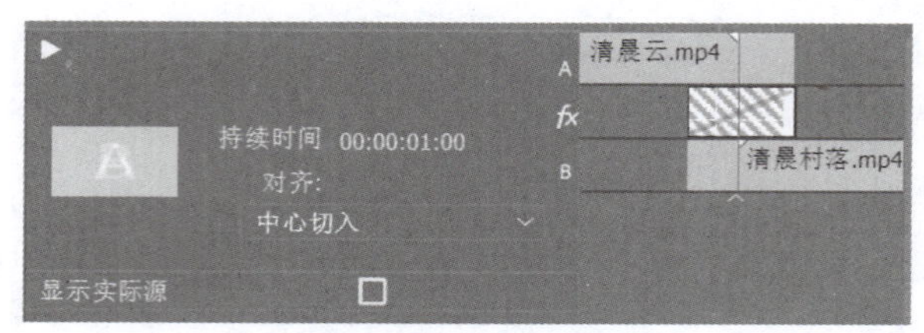

图 E6-5 特效控制对话框

(4) 接下来制作字幕,执行"文件"→"新建"→"标题"命令,在打开的对话框中输入名称"标题",如图 E6-6 所示。

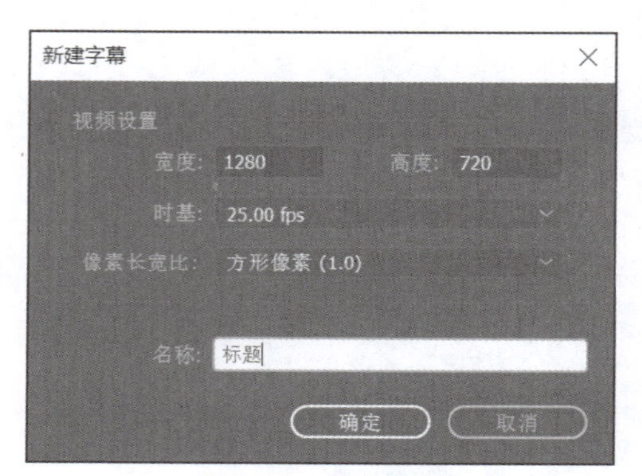

图 E6-6 新建字幕

(5) 在字幕窗口中,输入"清晨"两个字,并设置其大小、字体、颜色等,如图 E6-7 所示。

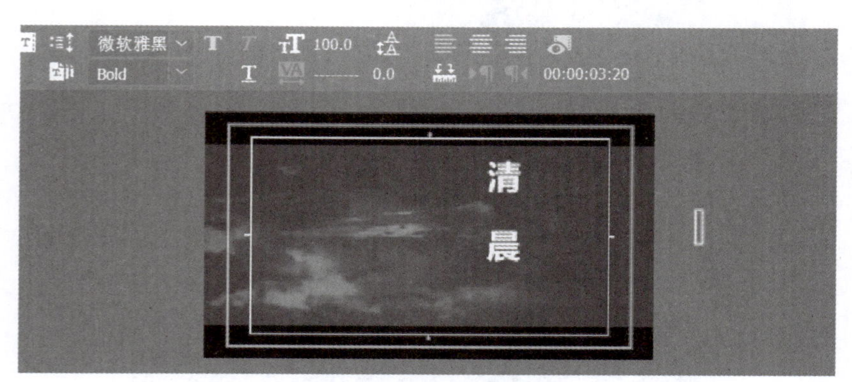

图 E6-7 输入文字

(6) 切换至节目监视器,并将字幕拖至视轨 2,对该标题做一个透明度动画,使其淡入、淡出。单击片头字幕,在特效控制台上可以看到透明度选项。单击透明度前面的"切换动画"按钮,将第 0 帧和第 3 秒处的透明度设为 0,中间设为 100,如图 E6-8 所示。

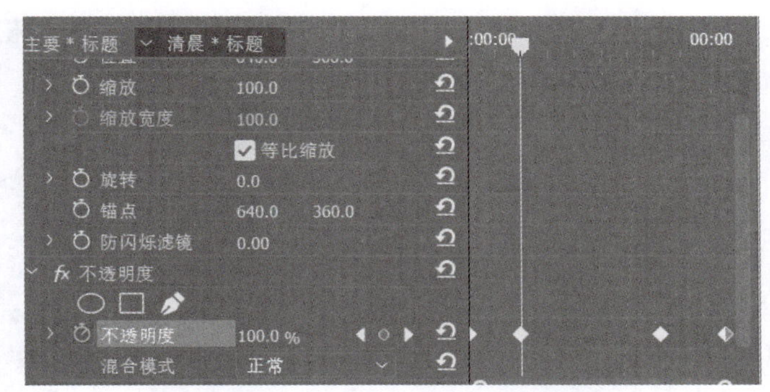

图 E6-8　片头淡入、淡出效果制作

（7）用同样的方法制作片尾“谢谢欣赏”，并制作淡入、淡出的效果，如图 E6-9、图 E6-10 所示。

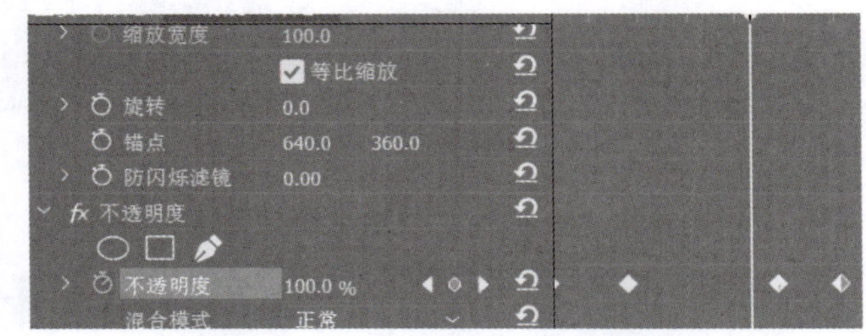

图 E6-9　片尾淡入、淡出效果制作

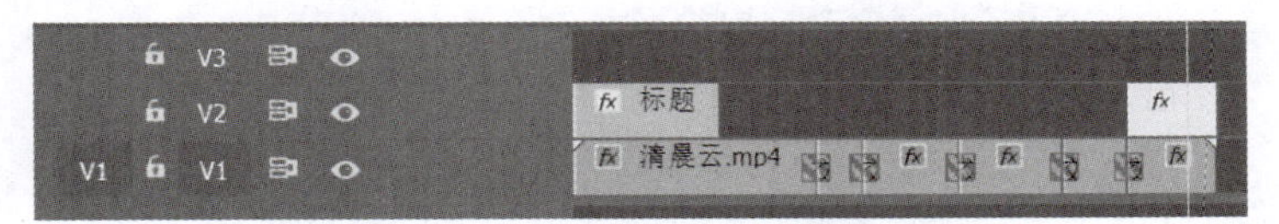

图 E6-10　片尾动画效果

（8）为整个片子添加音频，将音频“配音.mp3”拖至音轨 1 上，用剃刀工具对音频素材进行剪辑，使其跟视频素材长度一致。如果视频过长，可以调整视频长度以符合音频的长短。在音频开始和结尾处添加淡入、淡出效果，如图 E6-11、图 E6-12 所示。

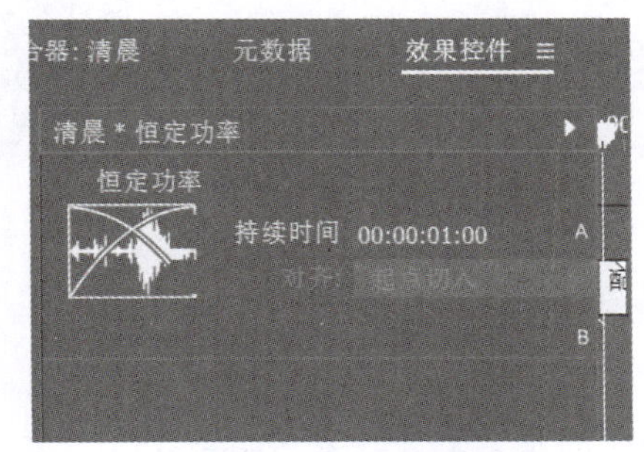

图 E6-11　添加音频效果

（9）最后执行“文件”→“导出”→“媒体”命令，选择相应的导出参数，如图 E6-13 所示，导出视频。

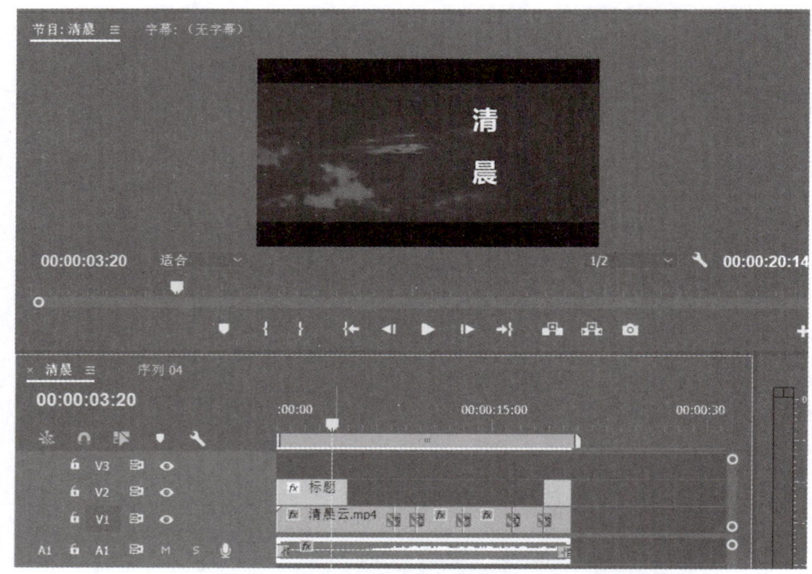

图 E6-12　最终效果

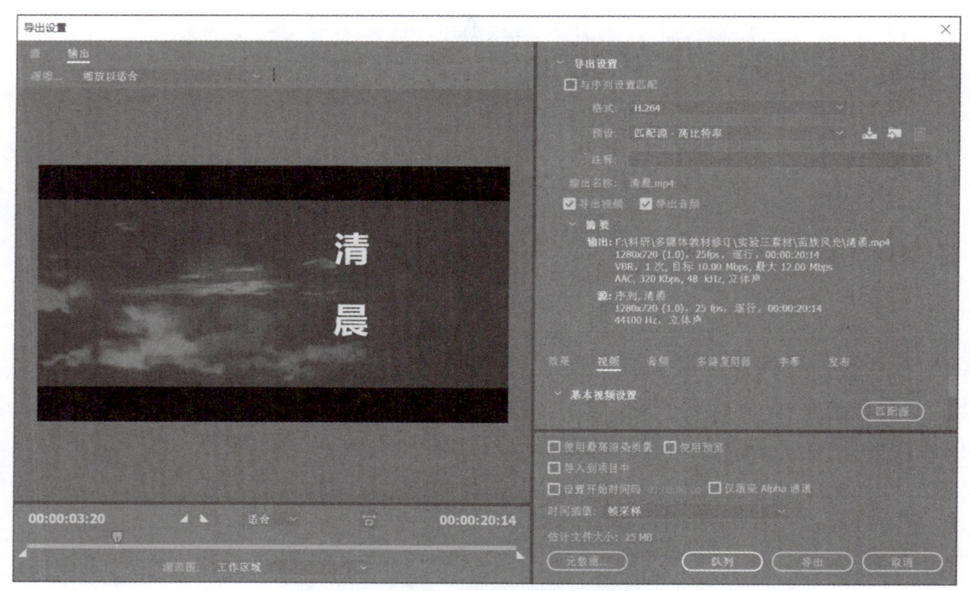

图 E6-13　导出参数设置

【实验总结与思考】

本实验旨在熟悉视频制作的基本操作。在 Premiere 中,不仅可以结合图片创作视频,还可以为视频添加绚丽的特效、字幕和片头,从而表达创作者的创意。

思考题

(1) 如何在影片中添加水平滚动的字幕?

（2）如何在影片中添加声音并设置声音特效？

【课外实践题】

制作一个完整的数字视频，视频素材可以自己搜集。要求：

（1）为视频配备解说和背景音乐。

（2）视频开头有标题，中间有转场特效以及滚动字幕。滤镜效果不少于两种，滚动字幕的运动方式不限。

（3）制作完成后视频长度为 1 分钟左右。

实验 7　卷轴画效果视频制作

【实验目的】

（1）熟悉 Premiere 各窗口的界面。

（2）掌握 Premiere 的基本操作。

（3）了解使用 Premiere Pro 制作影视动画的过程。

【实验内容】

卷轴画的制作。

【实验预备】

（1）卷轴画效果可以让画面慢慢展开，更显生动。本例将采用视频过渡及“彩色蒙版”创作出一个流畅的卷轴动画，意在说明特效的制作贵在融合。

（2）熟悉转场特效、彩色蒙版以及关键帧动画的制作。

【实验步骤】

（1）启动 Premiere Pro 软件，建立一个新项目并命名为“卷轴画效果”，如图 E7-1 所示。新建序列，选择 DV-PAL 标准 48kHz 预设，其界面如图 E7-2 所示。

（2）执行“文件”→“导入”命令或者双击项目窗口，在出现的导入对话框中选择卷轴画。并将导入的素材拖到时间线视轨 2 上，如图 E7-3 所示。将 Scale 值设为原来的 132%，如图 7-4 所示。

（3）在“项目”面板中单击“新建”按钮，在弹出的菜单中选择“彩色蒙版”命令，打开彩色蒙版对话框，将颜色设为灰色，如图 E7-5 所示。单击“确定”按钮，打开“选择名称”对话框，在文本框中输入“底色”，如图 E7-6 所示。

（4）使用相同的方法，再次创建名为“黄轴”和“黑轴”的彩色蒙版（黑轴彩色蒙版为黑色，黄轴彩色蒙版为土黄色——其 R、G、B 的值分别为 80、62、47），项目面板如图 E7-7 所示。

（5）在“项目”面板中，选中“底色”彩色蒙版，并将其拖曳到时间线窗口中的视轨 1 中，如图 E7-8 所示。

（6）在“效果”面板中，找到“视频过渡”→“擦除”→“划出”特效，将“划出”特效拖到视轨 2 的卷轴画图像上，如图 E7-9 所示，调整其“效果控制”参数，如图 E7-10、图 E7-11 所示。

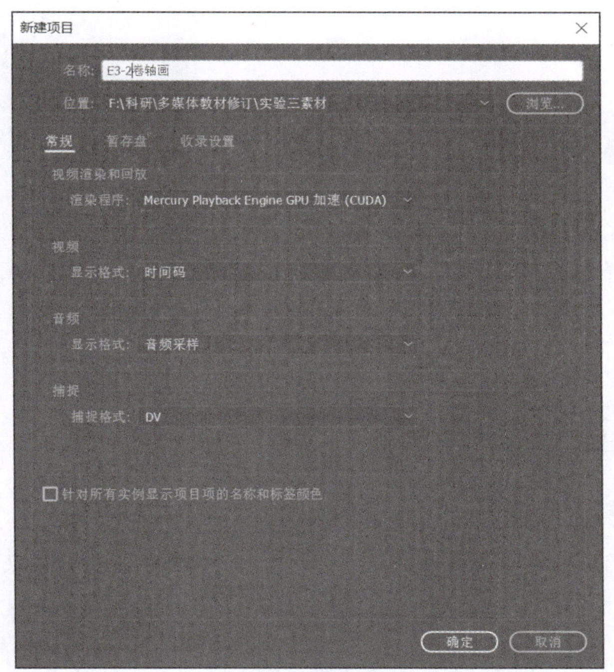

图 E7-1　新建项目

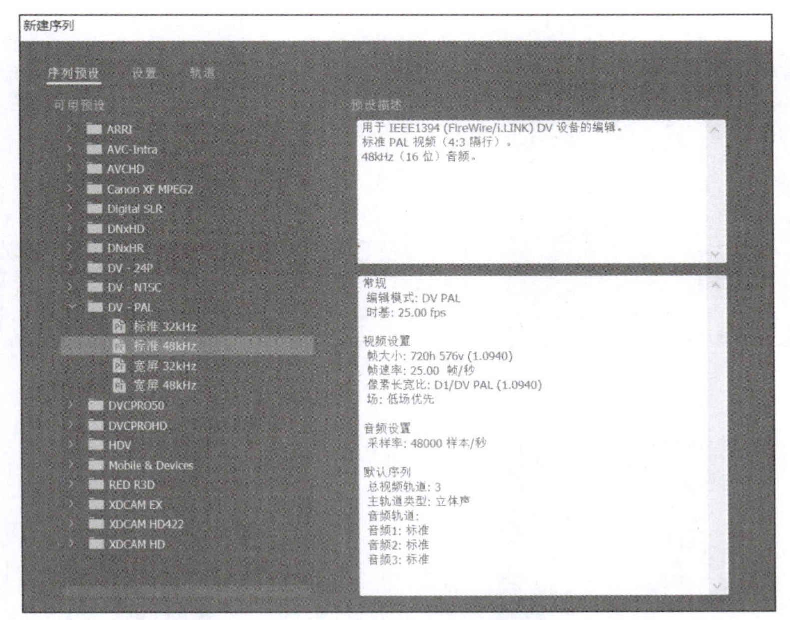

图 E7-2　Premiere Pro 预设

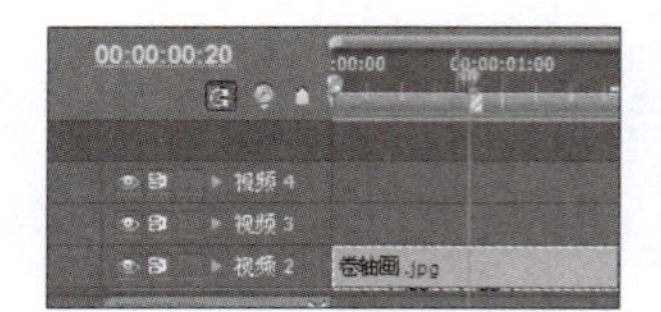

图 E7-3 卷轴画放置于视轨 2

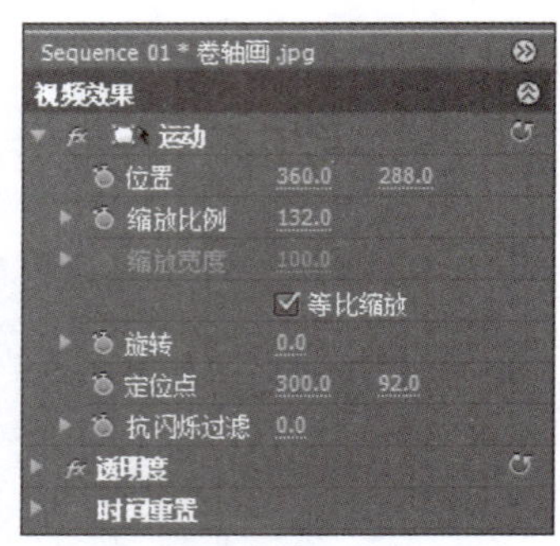

图 E7-4 卷轴画比例设置

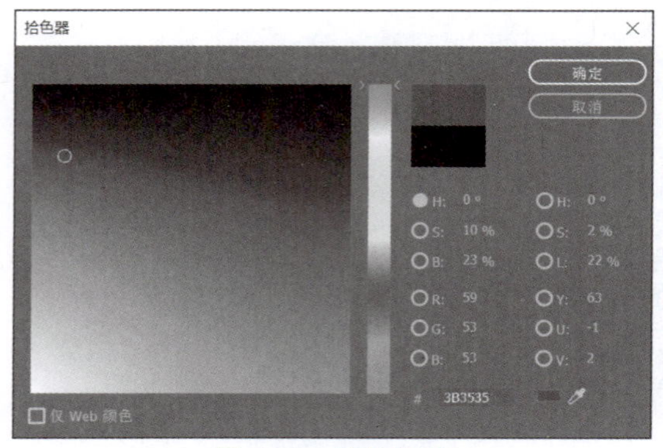

图 E7-5 选择颜色

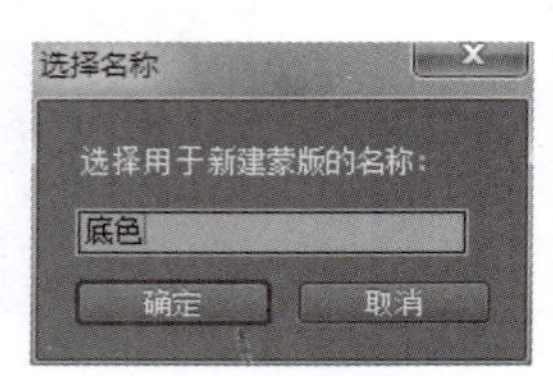

图 E7-6 重命名

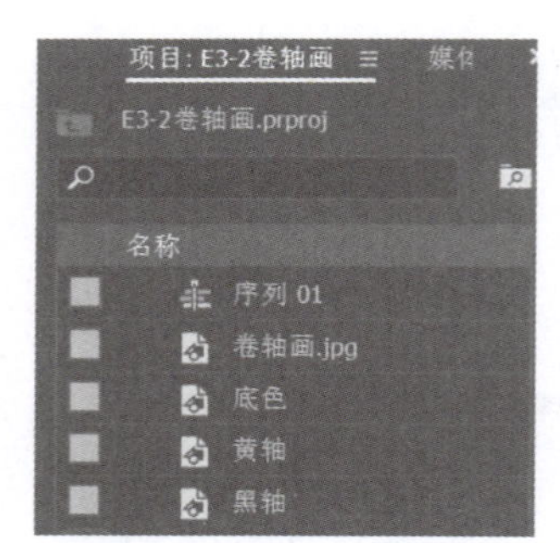

图 E7-7 项目面板显示

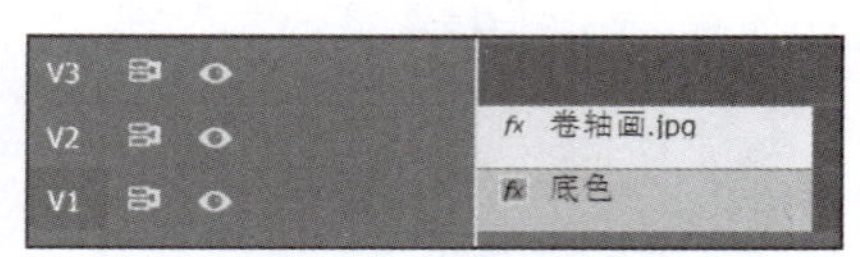

图 E7-8 视轨分布

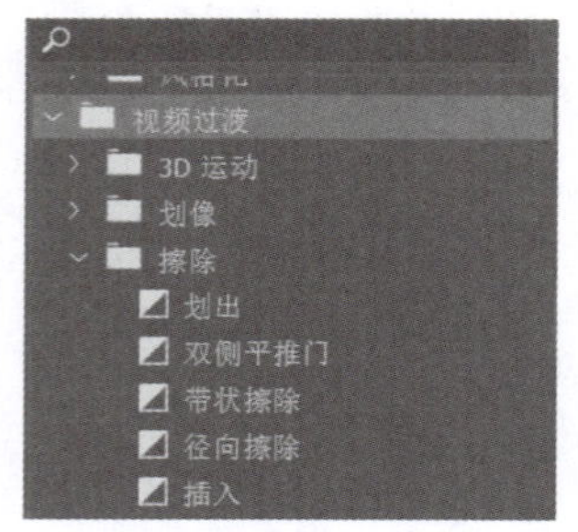

图 E7-9 划出特效

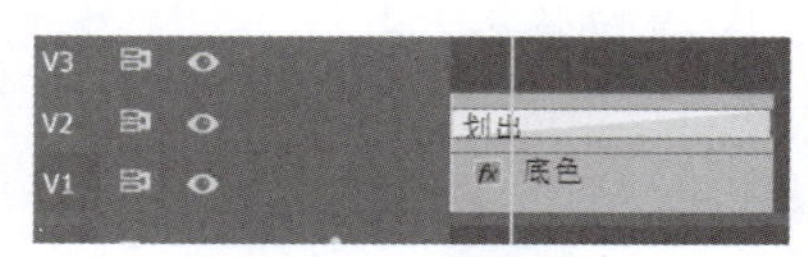

图 E7-10 视轨显示

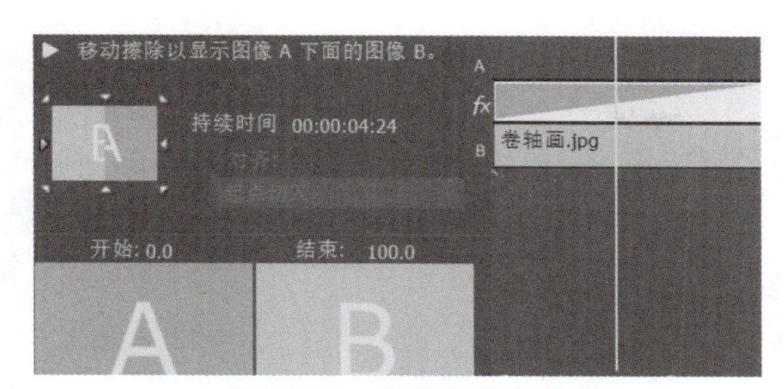

图 E7-11　划出特效参数

（7）将“黑轴”拖曳到时间线窗口中的视轨 3 中，并在“效果控制”面板中展开“运动”选项，取消“等比缩放”选项的勾选，将“缩放高度”设为 47，“缩放宽度”设为 4。将时间指针置于第 0 帧，并单击“位置”前的切换动画按钮，设置第 0 帧的值为(0,288)，将时间指针置于视频末尾，设置“位置”值为(720,288)，如图 E7-12 所示，效果如图 E-13 所示。

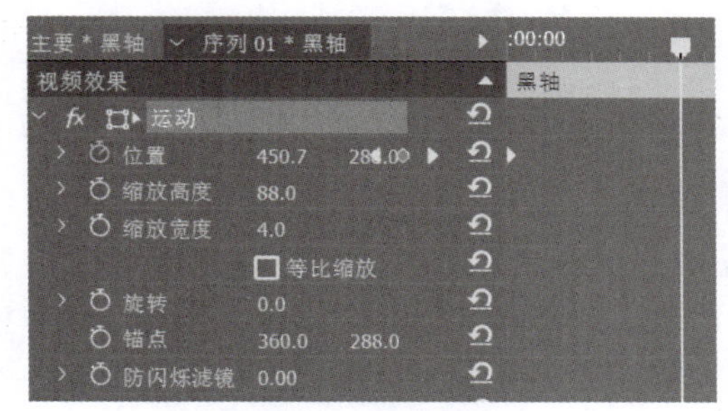

图 E7-12　黑轴的动画

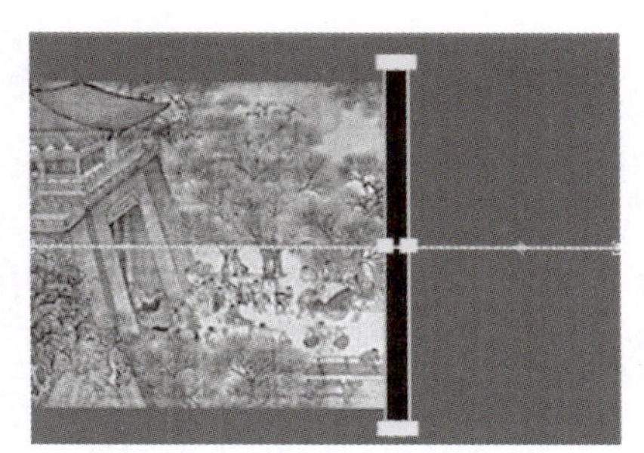

图 E7-13　动画过程

（8）右击时间轨道，增加一个轨道。

（9）将“黄轴”拖曳到时间线窗口中的视轨 4 中，在“效果控制”面板展开“运动”选项，取消“等比缩放”选项的勾选，将“缩放高度”设为 42，“缩放宽度”选项设为 5。将时间指针置于第 0 帧，并单击“位置”前的切换动画按钮，设置第 0 帧的值为(0,288)，将时间指针置于视频末尾，设置“位置”值为(720,288)，如图 E7-14 所示，最终效果如图 E7-15 所示，卷轴画制作完成。

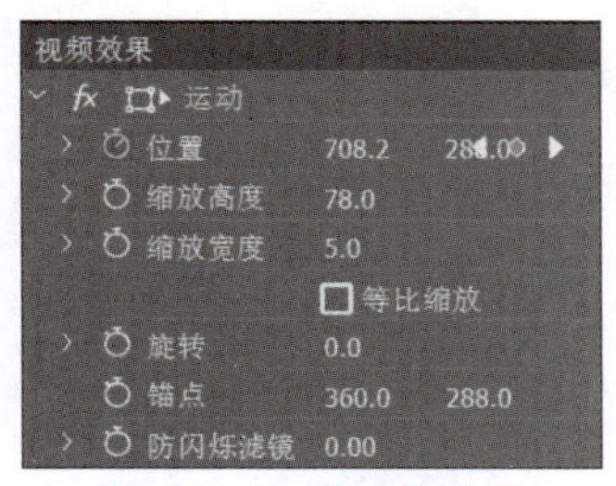

图 E7-14　黄轴的动画

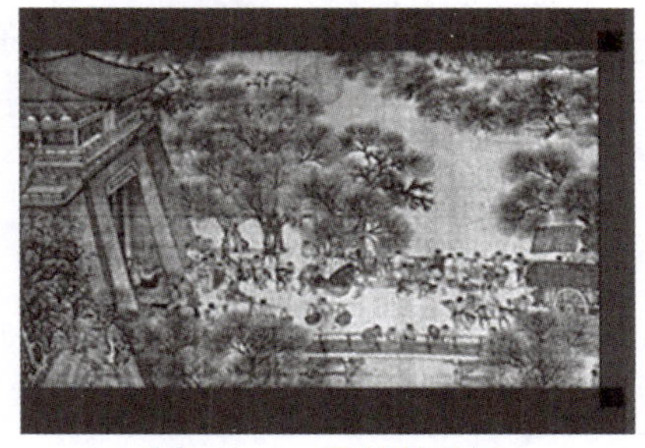

图 E7-15　黑轴的动画

【实验总结与思考】

本实验旨在熟悉动画制作的基本操作。转场、特效、蒙版的合理应用可以将原本呆板的效果以更为灵动的方式呈现。

思考题

如何制作竖直的卷轴画?

【课外实践题】

自选素材,制作一幅竖直方向展开的卷轴画。

实验 8 动画相册制作

【实验目的】

(1) 理解活动画面的基本概念,了解动感是如何产生的。

(2) 掌握传统补间动画的制作方法。

(3) 能用 Animate 软件设计并实现简单的动画。

(4) 使用 AS 3.0 实现简单交互操作。

【实验内容】

(1) 运用按钮制作翻页的相册。

(2) 使用 AS 3.0 实现相册翻页的交互。

【实验预备】

(1) 元件

元件是 Animate 动画中的主要元素,各具有不同的特性与功能。运用元件可以更好地管理对象。在插入菜单中单击"新建元件"即可新建一个元件。

(2) 动作面板

可执行"窗口"→"动作"命令或按 F9 键调出动作面板,也可以直接在关键帧处右击并选择"动作"命令。在动作面板中,可以使用 ActionScript 语言进行编辑,从而实现 Animate 的强大功能。本实验涉及的所有语言都是 AS 3.0 版本。

【实验步骤】

(1) 新建一个宽 800 像素、高 400 像素、背景色为灰色(#333333)的相册文件,并将其帧频设为 24。具体设置如图 E8-1 所示。

(2) 按 Ctrl+F8 键创建新影片剪辑元件,命名为"pictures",并将第一层重命名为"images";将 5 张图片分别从外部导入各帧中,如图 E8-2、图 E8-3 所示。

(3) 新建一个 action 层,右击第 1 帧,选择"action"并写下代码"stop();",如图 E8-4 所示。

(4) 创建新影片剪辑元件,命名为"circle",在图层 1 的第 1 帧绘制 5 个 width 为 12px、height 为 12px 的正圆,设笔触为 2px,颜色为#999999,填充色为#333333;选中第 2~5 帧,按 F6 键插入关键帧,并将第 1 帧第 1 个圆、第 2 帧第 2 个圆、第 3 帧第 3 个圆、第 4 帧第 4 个圆、第 5 帧第 5 个圆的填充色改成#ffff00,如图 E8-5 所示。新建 action 层,右击第 1 帧,选择"action"并写下代码"stop();"。

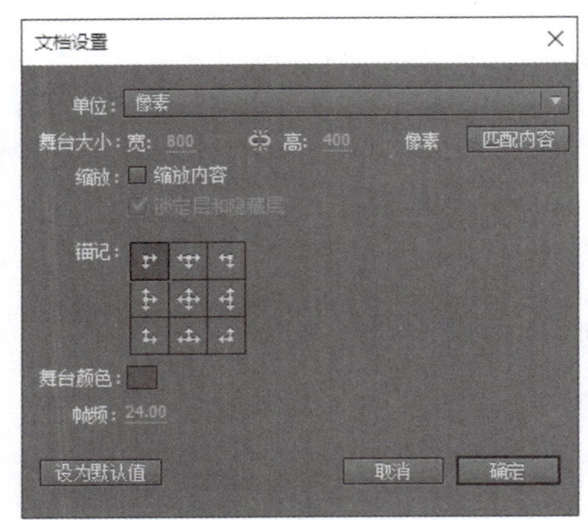

图 E8-1 文档属性设置

图 E8-2 创建新元件

图 E8-3 导入 5 张图片

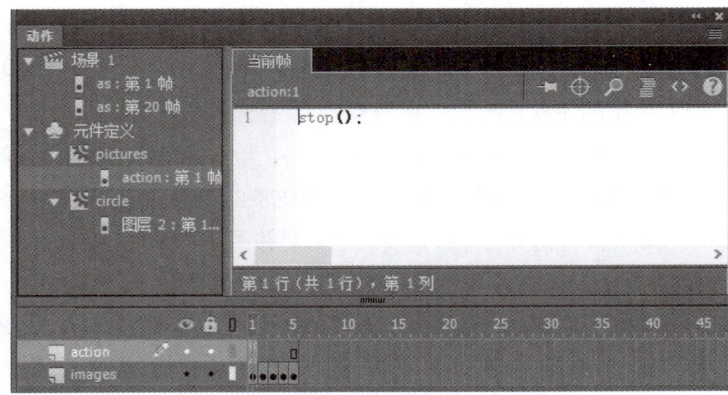

图 E8-4 第 1 帧的设置

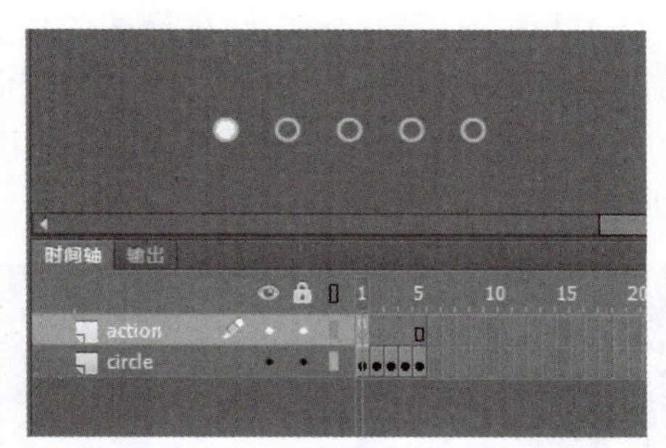

图 E8-5　创建按钮元件

(5) 创建新按钮元件，命名为“btnArrow”，在第 1 帧绘制一个 width 为 9px、height 为 35px，背景颜色为 #999999 的灰色矩形，选择“任意变形工具”，按住 Shift 键，将矩形旋转 45 度；复制矩形，执行“编辑”→“变形”→“垂直翻转”命令，并将两个矩形左端对齐，如图 E8-6 所示。

(6) 回到主场景，创建 4 个图层，分别命名为“5circles”“images”“btn”“as”。具体设置和效果如图 E8-7 所示。

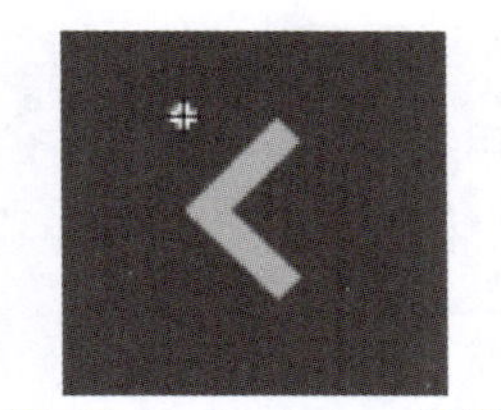
图 E8-6　btnArrow 按钮

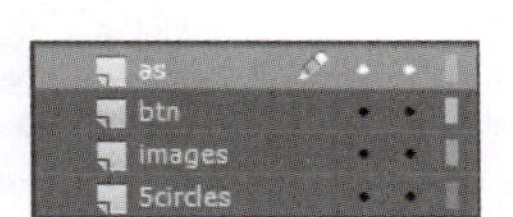

图 E8-7　创建图层

(7) 按 Ctrl+L 键打开库面板，将 circle 元件拖入 5circles 图层第 1 帧，放置在合适的位置上，命名为“mcCircle”，并选择第 20 帧，按 F5 键插入帧。

(8) 将“pictures”元件拖入“images”图层的第 1 帧，放置在合适的位置上，命名称为“mcImage”，在第 2 帧、第 11 帧、第 20 帧分别按 F6 键插入关键帧；在第 2 帧和第 11 帧之间以及第 11 帧和第 20 帧之间分别创建补间动画，如图 E8-8 所示。选中第 2 帧，在属性面板中将缓动设置为 100，选中第 11 帧，在属性面板中将缓动设置为 −100，其目的是让图片切换自然。选中第 11 帧中的元件，打开属性面板，选择“颜色”→“高级”命令，再单击旁边的设置按钮，在打开的对话框中将 R、G、B 都设为 200，注意，不要设为 255 以避免图片在过渡时会成为一片白，如图 E8-9 所示。(注意，RGB 的值越大，则图片越亮且图片中原先较亮的部分最先变白，反之越黑。)

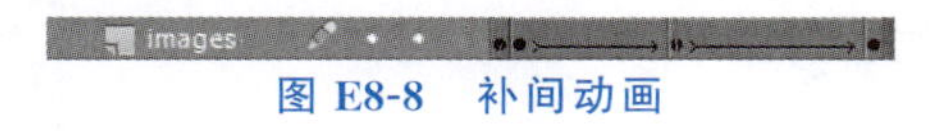

图 E8-8　补间动画

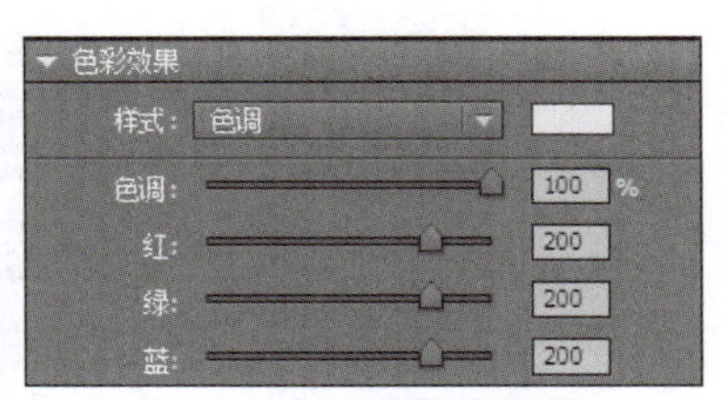

图 E8-9　过渡颜色设置

(9) 将 btnArrow 元件拖入 btn 图层第 1 帧,放在合适的位置上,命名为“btnLeft”;复制一个 btnArrow 按钮元件,执行“修改”→“变形”→“水平翻转”命令后,将其拖放到合适的位置上,命名为“btnRight”,选择第 20 帧,按 F5 键插入帧,如图 E8-10 所示。完成后时间轴各图层的样式如图 E8-11 所示。

图 E8-10 舞台效果

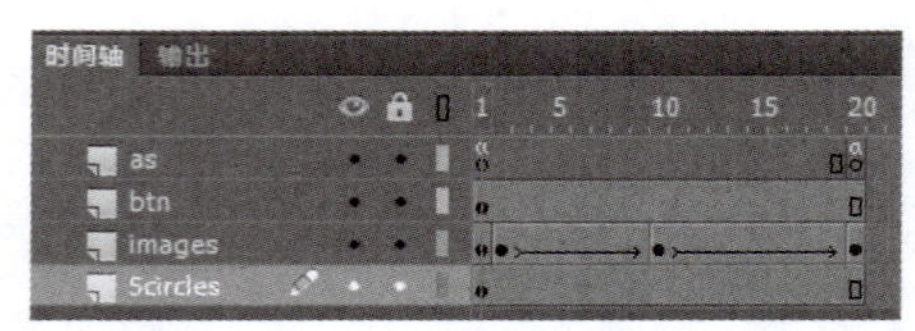

图 E8-11 最终图层样式

(10) 选择 as 图层第 1 帧,按 F9 键打开代码窗口,输入代码,如图 E8-12 所示。

```
1   //停止帧
2   stop();
3   //初始化变量num,用于控制5张图片和圆圈的播放顺序
4   var num = 1;
5   //为btnLeft按钮添加鼠标的单击事件监听器
6   btnLeft.addEventListener(MouseEvent.CLICK, funLeft);
7   //创建事件函数funLeft
8   function funLeft(e: MouseEvent) {
9       //播放主场景动画
10      play();
11      //控制变量num+1
12      num += 1;
13      //如果控制变量num>5,重置num=1
14      if (num > 5) {
15          num = 1;
16      }
17      //mcCircle和mcImage影片剪辑播放并停止在num帧
18      mcCircle.gotoAndStop(num)
19      mcImage.gotoAndStop(num)
20  }
21  //为btnRight按钮添加鼠标的单击事件监听器
22  btnRight.addEventListener(MouseEvent.CLICK, funRight);
23  //创建事件函数funRight
24  function funRight(e: MouseEvent) {
25      //播放主场景动画
26      play();
27      //控制变量num-1
28      num -= 1;
29      //如果控制变量num<1,设置num=5
30      if (num < 1) {
31          num = 5;
32      }
33      //mcCircle和mcImage影片剪辑播放并停止在num帧
34      mcCircle.gotoAndStop(num)
35      mcImage.gotoAndStop(num)
36  }
```

图 E8-12 代码窗口

```
//停止帧
stop();
//初始化变量 num,用于控制 5 张图片和圆圈的播放顺序
var num = 1;
//为 btnLeft 按钮添加鼠标的单击事件监听器
btnLeft.addEventListener(MouseEvent.CLICK, funLeft);
//创建事件函数 funLeft
function funLeft(e: MouseEvent) {
    //播放主场景动画
    play();
    //控制变量 num+1
    num += 1;
    //如果控制变量 num>5,重置 num=1
    if (num > 5) {
        num = 1;
    }
    //mcCircle 和 mcImage 影片剪辑播放并停止在 num 帧
    mcCircle.gotoAndStop(num)
    mcImage.gotoAndStop(num)
}
//为 btnRight 按钮添加鼠标的单击事件监听器
btnRight.addEventListener(MouseEvent.CLICK, funRight);
//创建事件函数 funRight
function funRight(e: MouseEvent) {
    //播放主场景动画
    play();
    //控制变量 num-1
    num -= 1;
    //如果控制变量 num<1,设置 num=5
    if (num < 1) {
        num = 5;
    }
    //mcCircle 和 mcImage 影片剪辑播放并停止在 num 帧
    mcCircle.gotoAndStop(num)
    mcImage.gotoAndStop(num)
}
```

(11) 选择 as 图层第 20 帧,按 F9 键打开代码窗口,输入代码,如图 E8-13 所示。

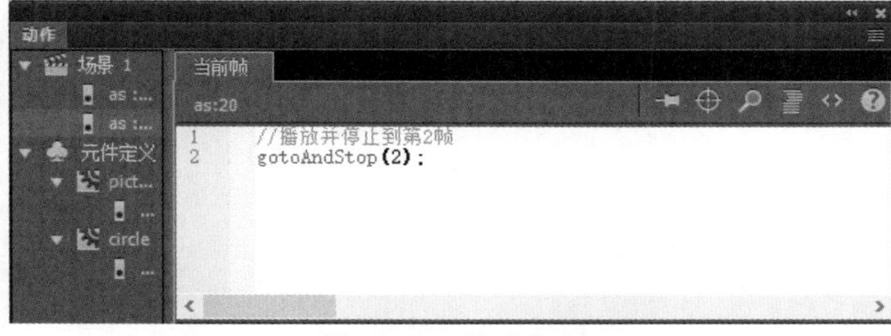

图 E8-13　代码窗口

【实验总结与思考】

本实验在了解计算机动画原理的基础上,运用按钮、元件及AS制作了相册翻页效果。本实验中使用的所有技巧都是比较常见的,综合应用这些技巧便能制作出实用且兼具欣赏性的动画。

思考题

(1) 元件是Animate中的重要概念,其在动画制作中的作用是什么?

(2) 使用AS 3.0如何给按钮添加单击事件?

【课外实践题】

为动画相册实验中图片下方的5个圆圈制作切换图片的动画效果。

实验 9　时钟动画制作

【实验目的】

（1）理解活动画面的基本概念，了解动感是如何产生的。

（2）了解影片剪辑元件的作用。

（3）掌握声音的加载和使用。

（4）掌握变形、对齐等设计面板的使用。

【实验内容】

（1）运用各种绘图工具绘制时钟。

（2）运用影片剪辑制作时钟动画。

【实验预备】

影片剪辑是包含在 Animate CC 中的影片，有自己的时间轴和属性，具有交互性，是用途最广、功能最多的部分。影片剪辑既可以包含交互控制、声音以及其他影片剪辑的实例，也可以被放置在按钮元件的时间轴中制作动画按钮。

【实验步骤】

（1）新建一个场景动画。执行“插入”→“新建元件”命令新建一个图形元件，命名为 clock，并在场景中按住 Shift 键画出一个正圆，如图 E9-1 所示。

（2）新建一个图层，复制正圆，将其缩小，并将填充改为白色。用选择工具选中两个圆，执行“修改”→“对齐”→“水平对齐”和“垂直对齐”命令，使两圆中心对齐，如图 E9-2 所示。

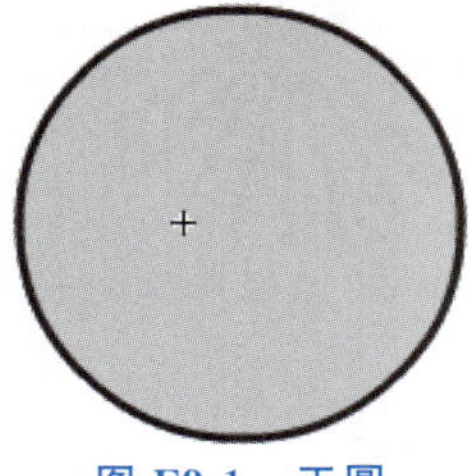

图 E9-1　正圆

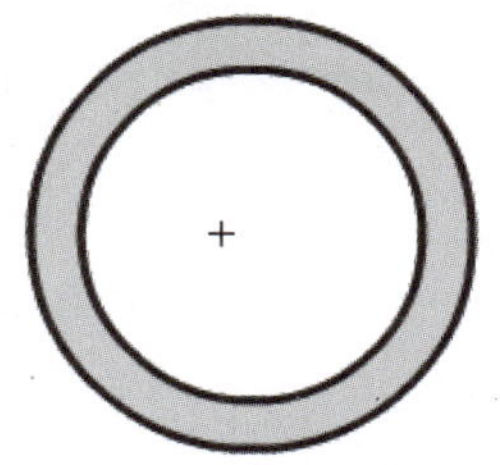

图 E9-2　同心圆

（3）新建一个图层，命名为“ear”，绘制一个绿色的圆，并用任意变形工具调整大小如图 E9-3 所示，调整好后再复制一份对称放置。

(4) 同理,新建一个图层,命名为"foot",将耳朵复制一份并将其拖至最底层,如图E9-4所示。

图 E9-3 绘制耳朵

图 E9-4 制作时钟的脚

(5) 画时间刻度。新建一个图层,命名为"time",放在最上层。用直线工具画一条任意长度的直线,如图E9-5所示。

(6) 选中这条直线,按Ctrl+T键调出变形面板,将"旋转"的角度设为"15"。单击右下角的"复制并应用变形"按钮复制出另外一条,如图E9-6所示。并继续单击此按钮直到复制出一整圈直线,如图E9-7所示。

图 E9-5 画直线

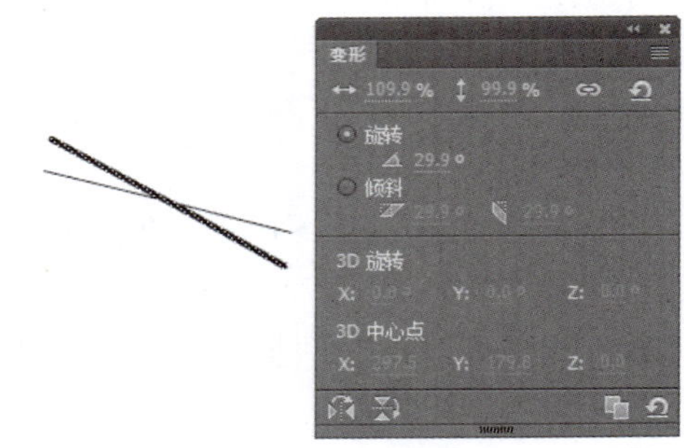

图 E9-6 复制直线

(7) 选中所有的直线,按Ctrl+G键群组,再用椭圆工具画出图E9-8所示的正圆,选中直线和椭圆,执行"修改"→"对齐"→"水平居中"和"竖直居中"命令。

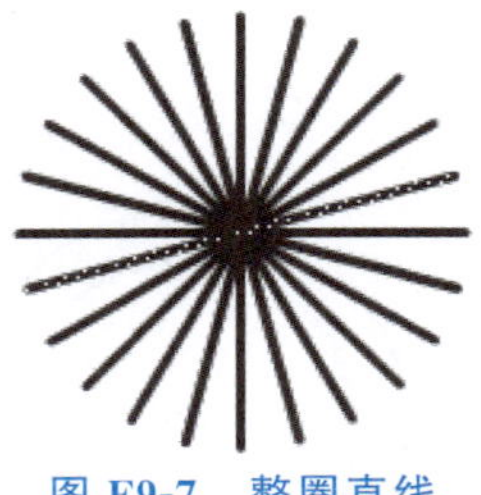

图 E9-7 整圈直线

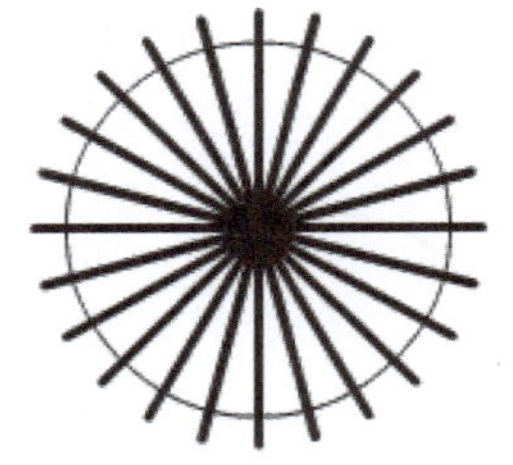

图 E9-8 直线与圆对齐

(8) 按Ctrl+B键将所有的直线和圆打散,删除多余的线段,只留下圆外的线段,并按Ctrl+G键群组,如图E9-9所示。用任意变形工具调整其大小,放到时钟中间,如图E9-10所示。

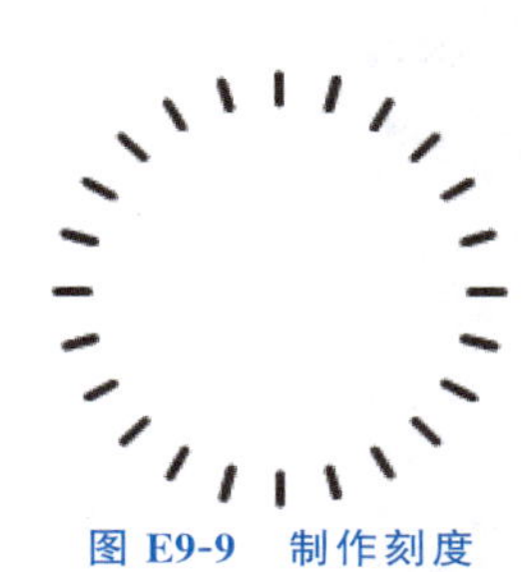
图 E9-9　制作刻度

图 E9-10　放置刻度

(9) 新建一个元件命名为“arrow01”。用矩形工具及变形工具等画出图 E9-11 所示的指针，设置笔触为黑色，填充为绿色。用自由变形工具将指针的中心点移至最底端，以便其能绕着底端中心点旋转，如图 E9-12 所示。

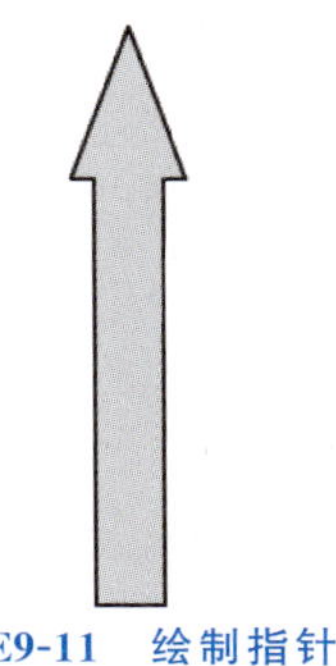
图 E9-11　绘制指针

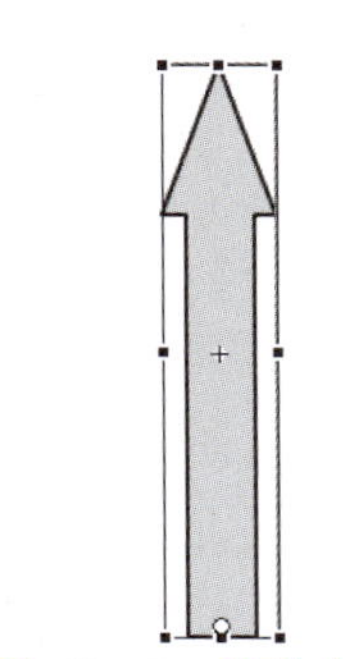
图 E9-12　移动中心点

(10) 回到主场景，新建图层，重命名“arrow”，从库面板拖动 3 个“arrow01”到舞台，分别用作时针、分针和秒针，并在属性面板中将 3 个实例名称分别设置为“hourArm”“minuteArm”“secondArm”，如图 E9-13 所示。

(11) 回到主场景中，新建图层，命名为“text”，选择文本工具在舞台上单击，并在属性面板上设置实例名称为“txt”，类型为“动态文本”，如图 E9-14 所示。再在属性面板中设置动态文本的样式，包括字体嵌入、字体大小、颜色等，如图 E9-15 所示。

图 E9-13　设置旋转动画

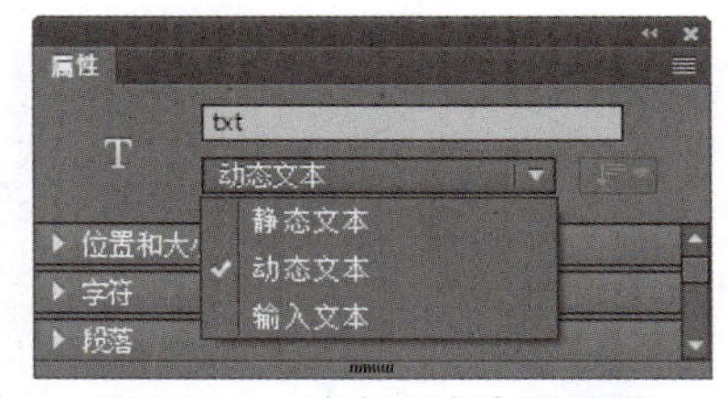

图 E9-14　动态文本类型设置

(12) 新建图层，命名为“as”，选择第 1 帧，按 F9 键打开动作面板，输入如图 9-16 所示的代码。

(13) 最后，将声音文件“时钟声音.wav”导入库中，建立一个新层，并将声音文件拖至场

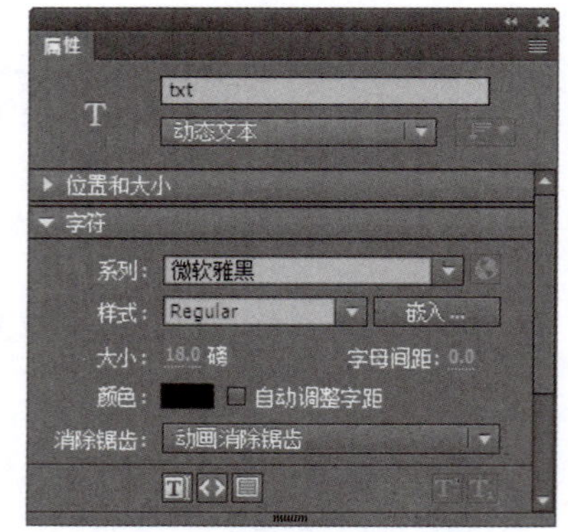

图 E9-15　动态文本属性设置

```
//实例化一个Timer对象
var t: Timer = new Timer(200);
//添加一个事件监听器
t.addEventListener(TimerEvent.TIMER, onTimer);
//t对象启动
t.start();

function onTimer(e: TimerEvent): void {
    //实例化一个date对象
    var date: Date = new Date();
    //返回根据世界时(UTC)表示的四位数字年份
    var year = String(date.getUTCFullYear());
    //返回根据世界时(UTC)表示月份的数字
    var month = String(date.getUTCMonth() + 1);
    //返回根据世界时(UTC)表示一个月中某一天的数字
    var day = String(date.getUTCDate());

    //设置时针的旋转角度
    hourArm.rotation = date.hours * 30 + date.minutes / 60 * 30;
    //设置分针的旋转角度
    minuteArm.rotation = date.minutes * 6 + date.seconds * 6 / 60;
    //设置秒针的旋转角度
    secondArm.rotation = date.seconds * 6 + date.milliseconds / 1000 * 6;
    //将具体的日期对象获得的各个值赋值给动态文本框txt
    txt.text = year + "年" + month + "月" + day + "日" + "    " + date.hours + ":" + date.minutes + ":" + date.seconds;
}
```

图 E9-16　代码

景中,至此整个时钟转动动画制作完成,如图 E9-17 所示。

(14) 按 Ctrl+Enter 键测试完成的动画,如果没问题,就可以进行输出设置。执行"文件"→"发布设置"命令,设置发布的格式及发布质量等,并单击"发布"按钮,如图 E9-18 所示。

2021年8月2日　20:12:2

图 E9-17　旋转动画参数设置

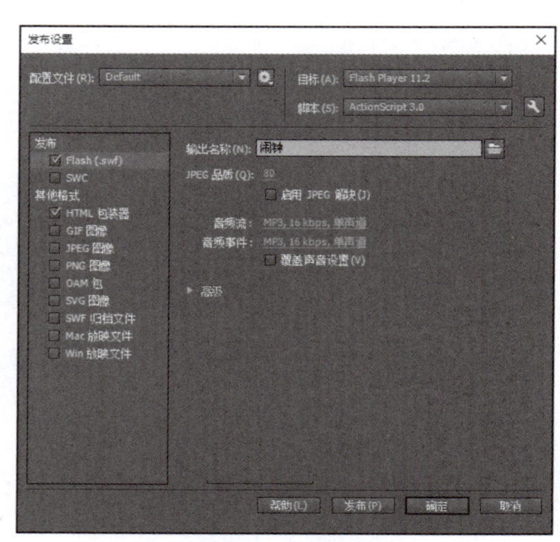

图 E9-18　发布设置

（15）执行“文件”→“导出”命令将文件导出成相应的格式，如图 E9-19 所示。

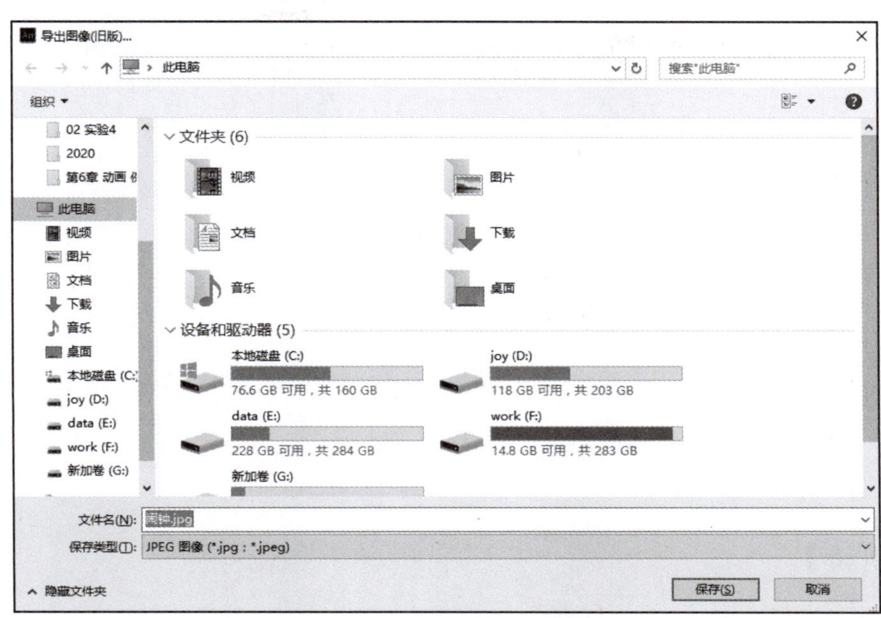

图 E9-19　导出图像对话框

【实验总结与思考】

本实验在了解计算机动画原理的基础上，运用影片剪辑元件制作了时钟动画。整个动画制作过程中仅通过一些常见的技巧(尤其是影片剪辑的嵌套使用)，便能做出符合自然规律的动画。

思考题

（1）在动画中如何添加声音和视频文件？

（2）高版本 Animate 的文件能否用低版本 Animate 软件打开？

（3）影片剪辑元件和图形元件的区别是什么？本实验中的时钟动画能否用图形元件代替？

【课外实践题】

（1）了解 AS 3.0 中 Date 对象的其他用法。

（2）在闹钟的文本框中加入星期几的显示。

实验 10　直升机飞行 3D 动画制作

【实验目的】

（1）了解 3D 关键帧的动画制作。

（2）了解路径动画的制作过程。

【实验内容】

直升机飞行动画。

【实验预备】

（1）熟悉按照轴向旋转物体。

（2）熟悉关键帧的制作过程。

（3）熟悉路径动画的制作及参数调整过程。

【实验步骤】

（1）导入“直升机原型”，先为螺旋桨制作旋转动画。选中螺旋桨，单击“自动关键帧”按钮 Auto ，此时轨迹栏呈红色。单击工具栏上的“选择并旋转”按钮，螺旋桨上绘出图 E10-1 所示的 Gizmo 坐标。此坐标上的红色为 X 轴，绿色为 Y 轴，蓝色为 Z 轴。要让螺旋桨绕 Z 轴旋转，需将鼠标移至 Z 轴坐标上，使其呈黄色激活状态。在第 0 帧处旋转 Z 螺旋桨，使其记录下初始状态。再将时间滑块拖至第 100 帧，沿着 Z 轴继续旋转几圈。再次单击自动关键帧按钮，然后单击播放按钮查看其是否符合要求。

图 E10-1　螺旋桨旋转动画

(2) 在源文件中，直升机的螺旋桨和机身是分开的，若要使螺旋桨跟随飞机飞行，就必须让这两个物体链接起来，使机身成为螺旋桨的父物体。在工具栏上单击"选择并链接"按钮，将螺旋桨拖至机身，待模型闪烁时则表示链接成功。

(3) 在"创建"面板上执行"Shape(样条线)"→"Line(线)"命令，如图 E10-2 所示。在顶视图中创建一条闭合的 2D 样条线，作为飞机飞行的路线，如图 E10-3 所示。

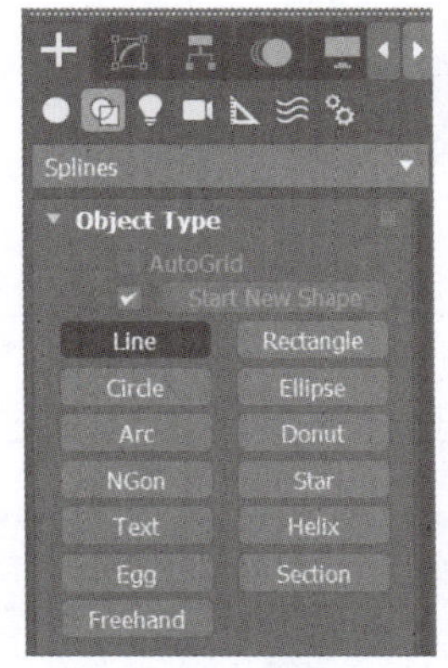

图 E10-2　2D 样条线

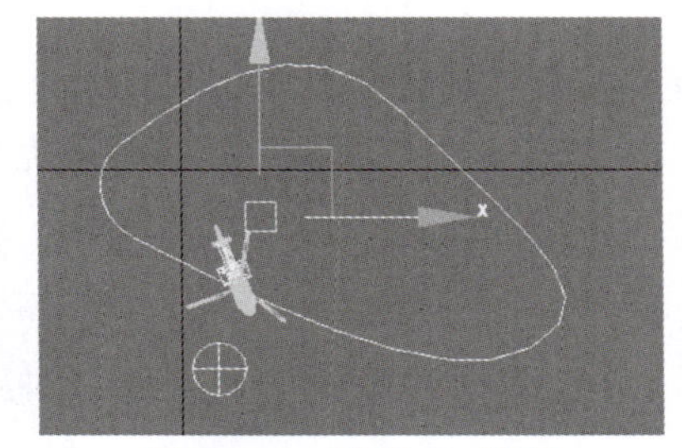

图 E10-3　绘制 2D 路径

(4) 选中机身，执行"Animation(动画)"→"Constrains(约束)"→"Path constrains(路径约束)"命令，如图 E10-4 所示。此时，光标后会跟随一条虚线，当光标移至路径上，路径会呈黄色，单击路径就可以将飞机约束到路径上，如图 E10-5 所示。

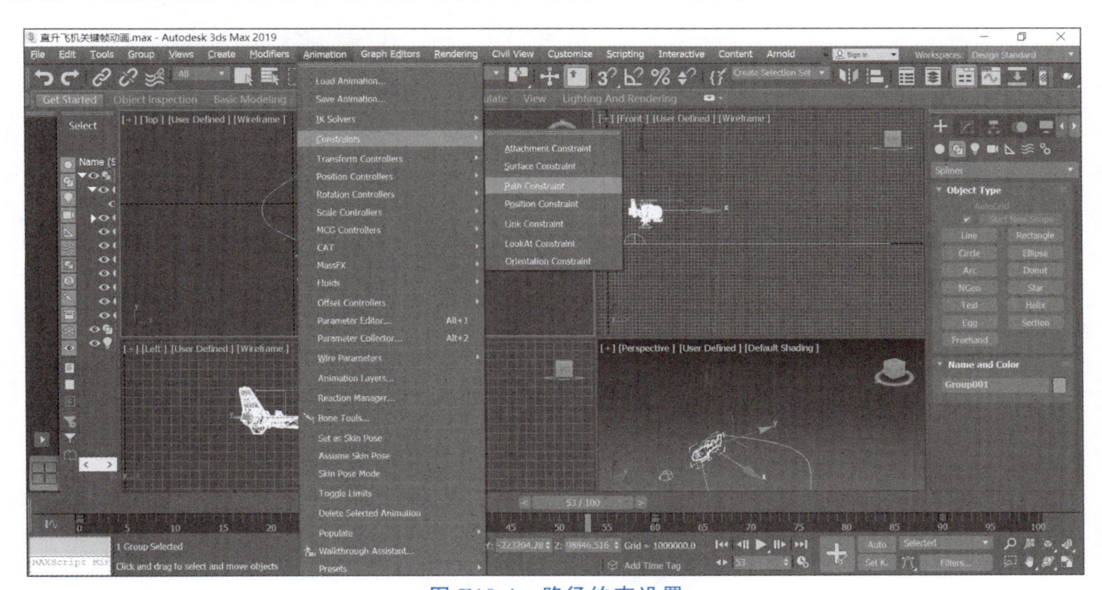

图 E10-4　路径约束设置

(5) 播放动画，直升机便可以跟随路径运动了，但方向是错误的。选中机身，进入右侧的 Motion(运动)面板，选中 Follow(跟随)，并将轴线改为 Y 轴，如果发现飞机飞行的方向与设想方向相反，可以勾选 Flip(翻转)，如图 E10-6 所示。

(6) 激活透视视图，使其呈现一个最佳的视角。执行"Rendering(渲染)"→"Render

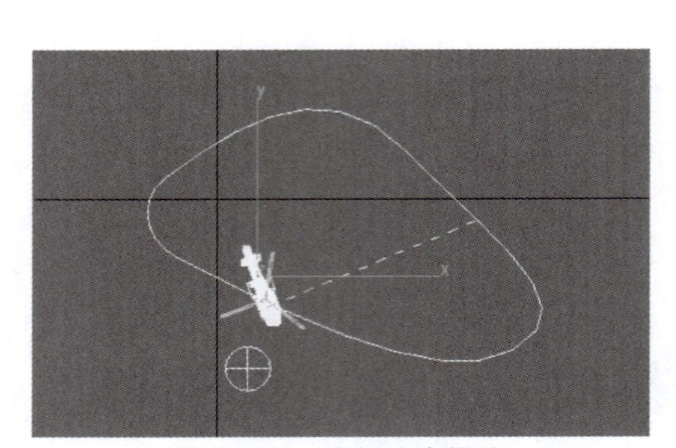

图 E10-5　路径约束操作

setup(渲染设置)”命令,将渲染范围改成 Active time segment(活动时间片段),并选择保存的地址及格式,如图 E10-7 所示。导出动画完成制作。

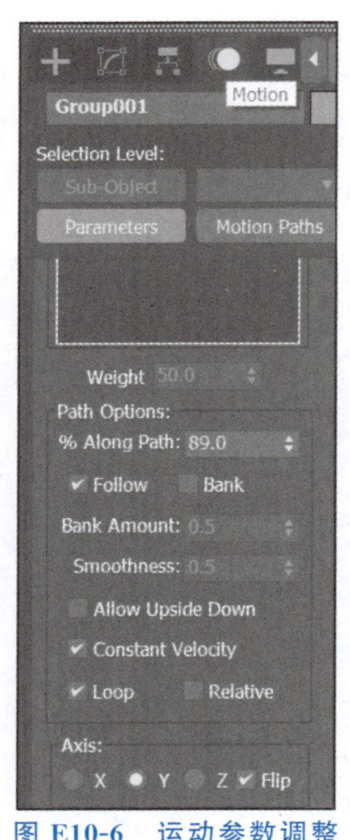

图 E10-6　运动参数调整

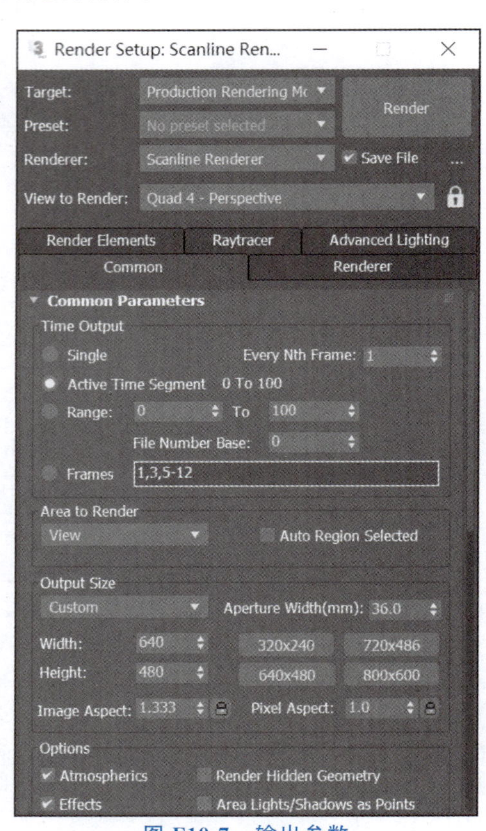

图 E10-7　输出参数

【实验总结与思考】

本实验使用直升机模型制作飞行效果,整个飞行涉及两个动画:直升机自身的路径动画和螺旋桨的旋转动画。通过本实验可以熟练掌握物体的链接、路径约束、路径跟随、旋转动画等基本操作,并具备一般的 3D 动画分解的基本能力。

思考题

(1) 如何使制作的路径动画更流畅?

(2) 如何加快直升机螺旋桨的转速?

【课外实践题】

(1) 了解 3D 动画原理。

(2) 自选模型制作路径跟随动画。

实验11　VR射箭模拟应用系统制作

【实验目的】

(1) 掌握 SteamVR Plugin 制作 VR 应用的基本流程。

(2) 掌握 Interaction System 中的 Teleport 模块的使用方法。

(3) 掌握 Interaction System 中的 ItemPackage 模块的使用方法。

【实验内容】

创作 VR 射箭模拟应用系统，场景效果如图 E11-1 所示。

图 E11-1　VR 射箭模拟应用系统场景效果

【实验预备】

(1) 环境安装

参照本书 8.3 节的内容，安装 Unity 软件。

(2) 准备素材

将本书附带的案例工程文件下载到本地目录，启动 Unity Hub。单击右上角的新建按钮，将工程文件目录添加到 Unity Hub 中，如图 E11-2 所示。单击新添加的工程，启动文件。

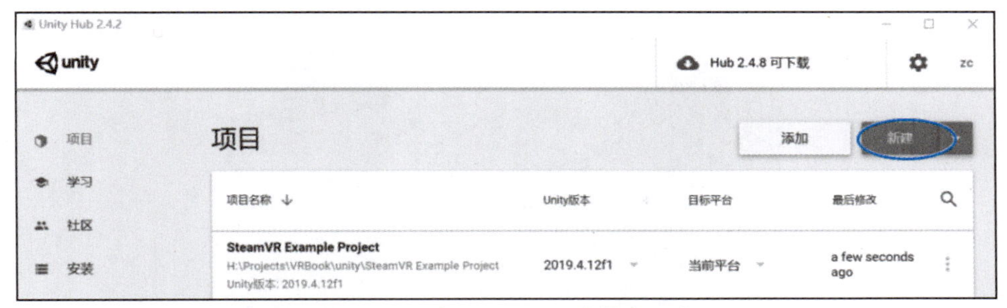

图 E11-2　在 Unity Hub 中添加工程

【实验步骤】

(1) 添加环境场景

在 Assets\Scenes 文件夹下找到 BowStart.unity，该场景文件为案例开始时的场景。打开 BowStart.unity，其中包含了一套环境模型。

(2) 添加 VR 头盔手柄控制功能

在 Assets\SteamVR\InteractionSystem\Core\Prefabs 文件夹下找到 Player 预制体，将其拖放到场景中。将 Player 预制体移动到场景中木桌的附近，调整 Player 预制体的高度，使其底端的位置刚好在地面以上，如图 E11-3 所示。此时，可以接上 HTC Vive VR 头盔，按 Unity 的“开始”键，测试 VR 画面并查看开始位置和高度是否合适。

图 E11-3　添加 Player 预制体

(3) 添加传送功能

首先，在工程文件夹 Assets\SteamVR\InteractionSystem\Teleport\Prefabs 中，找到 Teleporting 预制体，将其拖放入场景中。

在 Unity 顶部的菜单栏，执行“Game Object”→“3D Object”→“Plane”命令创建一个平面物体，其位置如图 E11-4 中所示。将平面物体重新命名为 TeleportArea，该平面物体的大小和位置将决定玩家的可移动范围。

然后，选中 TeleportArea 物体。进行如下设置：

在 Inspector 面板中，选中 Mesh Renderer 组件，修改 Material/Element 0 的材质，将其

图 E11-4　TeleportArea 的位置

设为插件中提供的 TeleportAreaVisible 材质球。该材质球可以在项目工程的 Assets\SteamVR\InteractionSystem\Teleport\Materials 文件夹中找到。

单击 Inspector 面板最下方的 Add Component 按钮,输入 Teleport Area 并单击出现的脚本。Inspector 面板中的设置如图 E11-5 所示。

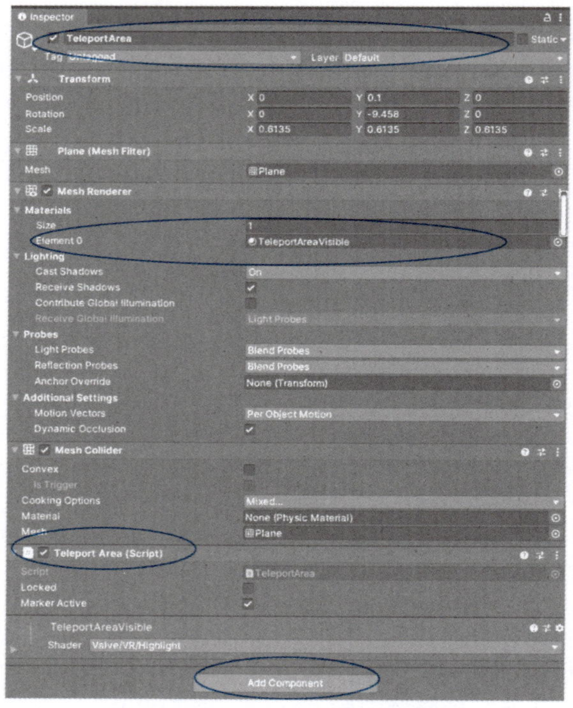

图 E11-5　Inspector 面板中的设置

(4) 添加道具拾取互动

这里使用 SteamVR InteractionSystem 中的 Item Package Spawner 组件来实现道具的拾取和放回功能。

首先,在 Hierarchy 面板空白处右击 Create Empty 创建一个空物体,重命名为 BowPickUp。

然后，选中 BowPickUp 物体。进行如下设置：

在 Inspector 面板中添加 Interactable 和 Item Package Spawner 脚本——这两个脚本在 Assets\SteamVR\InteractionSystem\Core\Scripts 文件夹中可以找到。将它们拖放到 Inspector 面板的空白处完成添加；或者单击 Inspector 面板最下方的 Add Component 按钮搜索脚本名称添加。

在 Item Package Spawner 脚本组件中，勾选 Require Grab Action To Take 选项。此选项的作用是，当玩家手柄接触到弓箭时需要按下手柄扳机键才能触发拿起动作。

勾选 Take Back Item 选项，此选项的作用是当玩家拿起弓箭后，如果再次接近初始位置则弓箭将被放回原处。

在 Project 面板中 Assets\SteamVR\InteractionSystem\Longbow\Prefabs 文件夹下找到 LongbowItemPackage 预制体，将其拖入 Item Package Spawner 组件的 Item Package 属性右边的输入框中。

为 BowPickUp 物体添加碰撞体，在 inspector 面板中单击 Add Component，输入 Sphere Collider。勾选 Is Trigger 属性，调整 Radius 属性值为 0.2。

BowPickUp 物体的设置如图 E11-6 所示。

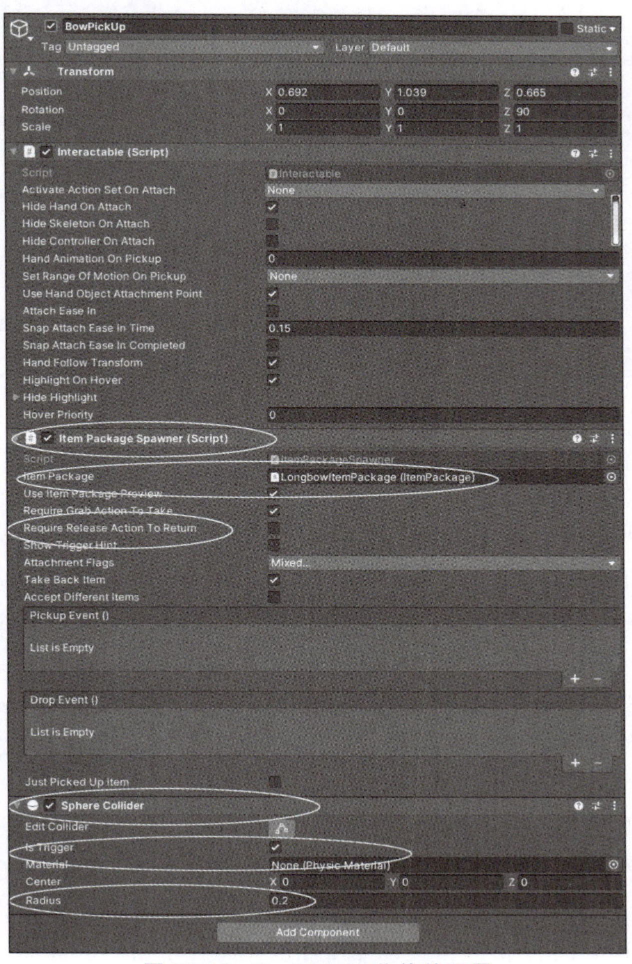

图 E11-6　BowPickUp 物体的设置

(5) 添加弓箭模型

SteamVR插件中提供了弓箭模型预制体,其中包含了完整的脚本功能。在Project面板下Assets\SteamVR\InteractionSystem\Longbow\Prefabs文件夹下,找到LongBow预制体,将其拖至Project面板中的BowPickUp物体上,作为BowPickUp的子物体。

选中BowPickUp物体,在Scene面板中调整弓箭的位置,将其放在场景中的木桌上,如图E11-7所示。

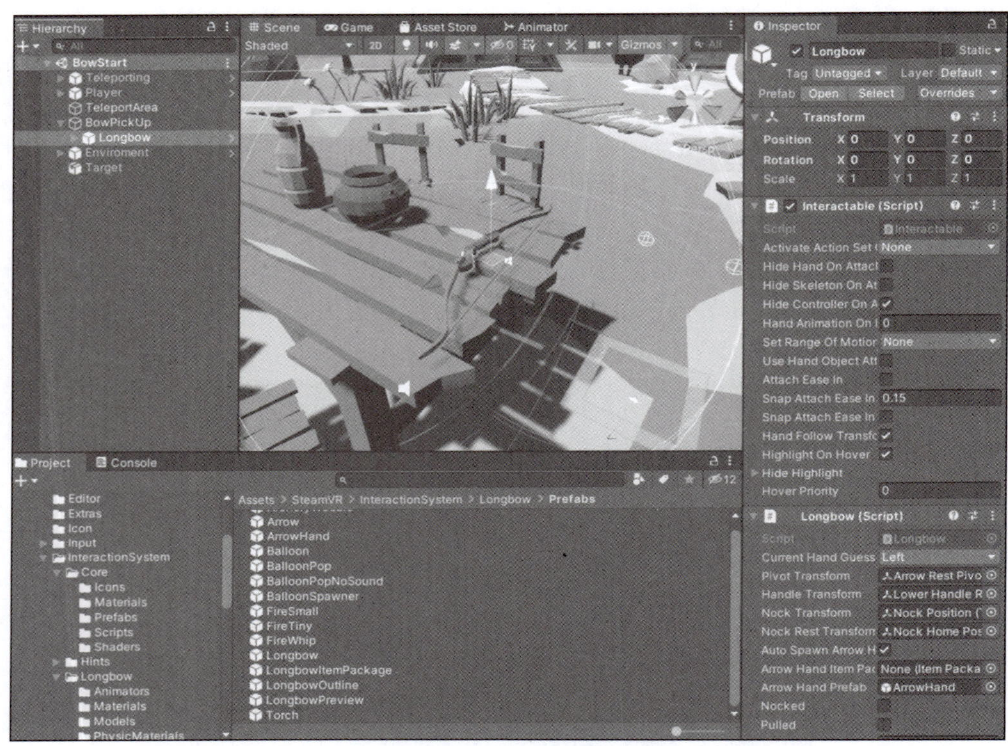

图E11-7 LongBow物体

(6) 添加箭靶

在Project面板下Assets\SteamVR\InteractionSystem\Samples\Models文件夹中找到Target,将其拖入场景中并调整位置和方向。

在Inspector面板中为Target物体添加Mesh Collider组件。

在Project面板的Assets\SteamVR\InteractionSystem\Longbow\PhysicsMaterials文件夹下,将ArcheryTargetPhysMaterial材质拖放到Mesh Collider组件的Material属性中。

找到Assets/SteamVR/InteractionSystem/Samples/Materials/ThrowingTarget.mat材质球,选中Target物体,将材质球拖放到Inspector面板的空白处。箭靶设置如图E11-8所示。

(7) 测试打包

单击Unity主界面的“开始”按钮,戴上VR头盔进行测试。按手柄上的圆盘按钮进行传送。一只手靠近弓,按下扳机键拿起,另一只手上会出现箭。将箭搭在弓上,按下扳机键拉弓射箭。

执行“File”→“Build Settings”命令,打开打包界面。单击Add Open Scenes按钮,将做

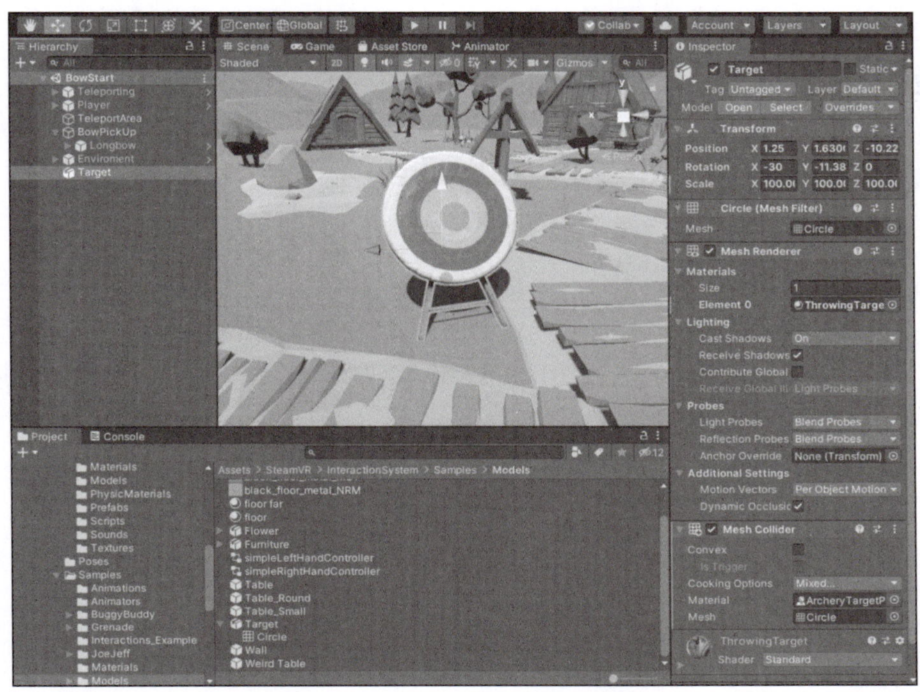

图 E11-8　箭靶设置

好的场景添加到打包文件中。

回到 Build Settings 面板，单击 Build 按钮将项目打包。打包完成后文件夹下会包含一个扩展名为.exe 的可执行文件。

连接好头盔后，双击可执行文件就可以开始 VR 内容的体验。

【实验总结与思考】

本实验使用 SteamVR 插件中 InteractionSystem 模块来实现 VR 应用中常见的交互功能。InteractionSystem 提供了大量强大易用的功能组件，这些组件有着很高的通用性。例如，本实验中用到的 Item Package 组件不仅可以用来制作弓箭交互，还可以制作各种武器、道具等的拾取交互。通过学习和使用这些组件，深入了解其参数设置，可以组合出绝大多数 VR 应用中的交互功能。

思考题

（1）如何调整箭的射出速度？

（2）如何调整弓的拾取动作识别范围？

（3）如何调整开始游戏时玩家的初始朝向？

【课外实践题】

了解 3D 建模原理，自建或自选一个物体模型，导入 VR 应用系统场景，为其设置适合的交互功能。

参考文献

[1] 安继芳.多媒体技术与应用[M].北京：清华大学出版社，2019.

[2] 刘成明，石磊.多媒体技术及应用[M]. 3版. 北京：清华大学出版社，2021.

[3] 李建，山笑珂，周苑，等.多媒体技术基础与应用教程[M].北京：机械工业出版社，2021.

[4] 张泊平.虚拟现实理论与实践[M].北京：清华大学出版社，2017.

[5] 雷运发，田惠英.多媒体技术与应用教程[M]. 2版. 北京：清华大学出版社，2016.